土木工程学科学术著作论丛

极地寒区钢-混凝土组合结构

STEEL-CONCRETE COMPOSITE STRUCTURES IN THE ARCTIC REGION

严加宝　王　煊　亢二聪　谢　剑　著

内 容 提 要

本书总结了作者近期关于低温环境下钢 - 混凝土组合结构破坏机理及力学性能研究的成果。本书从工程实际出发，采用试验、数值模拟及理论分析方法，对低温环境下钢 - 混凝土组合结构的构件破坏机理、力学性能进行了深入研究，阐述了低温环境对钢 - 混凝土组合结构构件力学性能的作用影响规律及关键影响参数；在试验及分析的基础上，发展了低温环境下钢 - 混凝土组合结构构件理论分析模型及设计方法。

本书为低温环境下钢 - 混凝土组合结构力学性能的分析及设计奠定了基础，为该领域相关分析软件、设计规范、规程的发展及修订提供了重要资料，可供低温环境下钢 - 混凝土组合结构领域的广大科技工作者及工程设计人员参考、借鉴，也可作为研究生及本科生的学习用书。

图书在版编目（CIP）数据

极地寒区钢-混凝土组合结构 / 严加宝等著. -- 天津 : 天津大学出版社, 2022.9

（土木工程学科学术著作论丛）

ISBN 978-7-5618-7199-7

Ⅰ. ①极… Ⅱ. ①严… Ⅲ. ①寒冷地区－钢筋混凝土结构 Ⅳ. ①TU375

中国版本图书馆CIP数据核字（2022）第089938号

JIDI HANQU GANG-HUNNINGTU ZUHE JIEGOU

出版发行 天津大学出版社
地　　址 天津市卫津路92号天津大学内（邮编：300072）
电　　话 发行部：022-27403647
网　　址 www.tjupress.com.cn
印　　刷 天津泰宇印务有限公司
经　　销 全国各地新华书店
开　　本 185 mm×260 mm
印　　张 18
字　　数 450千
版　　次 2022年9月第1版
印　　次 2022年9月第1次
定　　价 128.00元

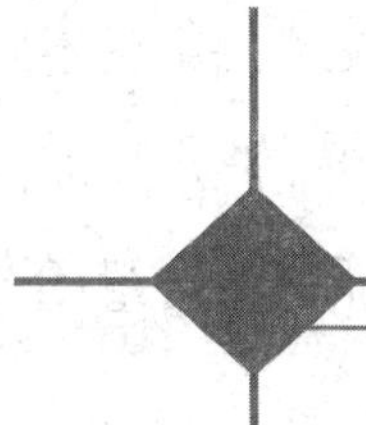

前言

近年来,随着社会经济发展,寒区及极寒地区(或称寒区及极地地区,简称极地寒区)的工程建设日益增多。我国在北方寒区修建了大量交通基础设施,例如青藏铁(公)路、川藏铁(公)路。北极地区拥有丰富的石油、天然气、矿物及渔业等自然资源,随着北极圈附近各国的社会经济发展,沿北极圈寒区兴建了大量土木工程设施。随着极地地区丰富的石油及天然气能源资源的开采,陆续兴建了一定数量的极地近海采油平台。除了桥梁及采油平台,各国在寒区及极寒地区亦建设有大量输油(气)管道及液化天然气储罐。这些工程结构中,钢-混凝土组合结构作为一种高效结构形式发挥着巨大作用。寒区及极寒地区钢-混凝土组合结构的研究、设计及施工水平对该区域交通、能源及经济社会的发展至关重要,亟须开展相关研究工作。

极地寒区低温环境会影响钢-混凝土组合结构主要构成材料——钢与混凝土的微观结构,从而影响组合结构的材料力学性能。此外,极地寒区低温环境会影响混凝土材料内部孔隙水及胶凝水的凝结,从而影响钢-混凝土组合界面的力学性能。上述低温环境对材料及钢-混凝土组合界面力学性能的影响,必然引起其结构力学性能变化,从而为极地寒区钢-混凝土组合结构的材料与结构力学性能、破坏机理、设计及分析方法等带来重要影响及全新挑战。本书围绕极地寒区钢-混凝土组合结构开展了一系列系统的初步研究,阐述了低温环境下钢-混凝土组合结构主要构成材料的力学性能,揭示了低温环境下钢-混凝土组合结构主要结构构件梁、柱、墙等的破坏机理,分析了低温环境下影响钢-混凝土组合结构构件力学性能的主要参数,建立了低温环境下钢 - 混凝土组合结构主要结构构件力学性能理论分析模型并提出了相应设计方法。所取得的研究成果可为该领域研究人员及从业工程师开展极地寒区钢 - 混凝土组合结构研究、设计与施工提供参考。

本书共分 8 章。第 1 章讲述了极地寒区土木工程结构及组合结构的发展、国内外研究现状及本书研究内容;第 2 章阐述了极地寒区低温环境下建筑材料的力学性能,主要包括混凝土、钢材及剪力连接件的低温力学性能;第 3 章讲述了剪力连接件在低温下的受剪及抗拉拔性能;第 4 章研究了空钢管柱及钢管 - 混凝土组合柱低温轴压性能;第 5 章研究了双钢板 - 混凝土组合墙低温受压性能;第 6 章研究了双钢板 - 混凝土组合梁低温受弯性能;第 7 章研究了钢 - 混凝土组合梁低温受弯性能;第 8 章为结论与展望。

本书第 1、5、6 章由严加宝教授编写,第 2、3、7 章由亓二聪博士、谢剑教授编写,第 4 章由王煊副教授编写,第 8 章由谢剑教授编写。全书由王煊副教授、亓二聪博士统稿、校正。研究生王哲、骆艳丽、刘家旺、西荣等参与了本书文字和图表的整理、绘制工作。硕士毕业生董昕、朱冠儒、杜雪玉等协助完成了本书中部分试验、数值及理论分析工作。他们对本书均做出了重要贡献,在此表示衷心的感谢!

本书是在作者及其科研团队近五年部分研究成果的基础上完成的。本书中的研究成果仅仅是极地寒区土木工程材料与结构领域研究之一隅,实属抛砖引玉,风起云涌的大时代远未来临。限于作者水平,书中难免存在不足与疏漏之处,敬请读者批评斧正,以求在今后研究工作中改进!

于北洋园

2022 年 5 月 25 日

目　　录

第 1 章　绪论

1.1　寒区及极寒地区工程结构发展背景

近年来，随着社会经济的发展，寒区及极寒地区的工程建设日益增多。我国在北方寒区修建了大量交通基础设施，例如青藏铁（公）路、川藏铁（公）路等，如图 1.1 所示。沿着我国寒区继续北上，穿过西伯利亚高寒地区，最终是环绕北极圈的广袤北极地区。该地区拥有丰富的石油、天然气、矿物及渔业等自然资源，从而引起广泛关注。北极地区包括北冰洋（占其总面积的 60%），由亚洲、欧洲和北美洲北部的永久冻土区组成，总面积为 2 100 万 km^2，约占地球总面积的 1/25[1-3]。北极圈以内的陆地面积约为 800 万 km^2，分属于俄罗斯、美国、加拿大、丹麦、挪威、冰岛、瑞典和芬兰八个环北极圈国家，主要海域有格陵兰海、挪威海、巴伦支海和白海。位于北极圈以北的地区为亚洲、欧洲、北美洲所环抱，近于半封闭[1]。

（a）

（b）

图 1.1　中国寒区基础设施

（a）西藏拉萨河特大组合桥[4]　（b）青藏铁路部分路段铁路桥[5]

1.1.1　寒区及极寒地区的桥梁与油气开采平台结构

基础设施建设与极地地区的大量石油及天然气资源开采促进了极地近海及土木工程结构设施的发展。据美国地质调查局（U.S. Geological Survey）报告[6-7]，北极地区拥有全球 13% 的石油未探明储量及 30% 的天然气未探明储量，如此巨大的石油及天然气储量，吸引了全世界的极大关注，使北极地区成为新的石油及天然气产量增长极。

随着北极圈附近各国社会经济的发展，沿北极圈寒区兴建了大量土木工程设施，例如：瑞典的 Motala 钢 - 混凝土（简称钢 - 混）组合桥、Munkedalsbron 钢 - 混组合桥、Jökulsá Canyon 钢 - 混组合桥、Munksjöbron 钢 - 混组合桥，芬兰的 Emäsalo 钢 - 混组合桥、Kirkonsalmen 钢 - 混组合桥、Rovaniemi 钢 - 混组合桥、Kuokkala 钢 - 混组合桥，加拿大的 Charles-de

Gaulle 钢 - 混组合桥、Pont des Isles 钢 - 混组合桥、Alex Fraser 钢 - 混组合桥等，见图 1.2[8-21]。

美国地质调查局报告进一步显示，北极地区绝大部分石油及天然气均储藏于陆地及 500 m 水深以内的近海地区，从而为近海石油开采平台的建设发展提供了舞台。依据工作水深不同，不同类型的极地寒区油气开采平台被研发并投入使用[7]。最简单的结构形式为钢导管架结构，它通过管桩安装于海床，如图 1.3（a）所示[7]，例如我国最早的寒区近海石油开采平台是建成于 1966 年 12 月 31 日的渤海 1 号钻井平台，该结构主要为钢导管架结构，设计水深为 6.5 m[22]。导管架、单柱塔（图 1.3（b））、多柱塔结构形式简单，但易引起浮冰在导管间堆积；且该类型结构抵抗冰荷载的能力较弱，会引起结构破坏，例如 1969 年渤海 2 号钻井平台曾被浮冰严重损伤[23]。除了导管架结构，自升平台导管架结构也被用于极地近海石油开采，例如图 1.4（a）为俄罗斯 Arkticheskaya 自升式导管架油气开采平台。该结构中平台可通过机械齿轮进行爬升，满足不同水深的工作需求。此外，近海采油平台还可采用人工岛、围堰人工岛、锥形自重式结构及沉箱自重式结构。20 世纪 70 年代，在英国与挪威之间荷兰北部的北海（North Sea）发现大型油田，14 座大型的采油平台在极地地区兴建并顺利投入使用[24-25]。美国阿拉斯加附近海域兴建了几座人工岛，并在人工岛上进行开采作业[7]，见图 1.3（c）。人工岛的外围坡度较缓，且人工岛所需砂石等材料的用量随着海深增加急剧增加，从而导致建造难度及成本剧增。此外，人工岛外围需要借助堆石来抵抗海水侵蚀、波浪及冰荷载，维持及疏浚堆石工程量巨大。随着海深进一步增加，可采用沉箱人工岛，它是一种近海采油平台常用结构形式，见图 1.3（d）。该结构中，沉箱可直接坐落于自然海床或平整的石子基床上，沉箱侧壁为钢或混凝土结构，可为直立或近乎直立的可变化形状，以减小作用于其上的冰荷载，并且侧壁表面可以覆盖硬质、低摩擦保护层以减小冰荷载。该结构可通过填装砂石进行沉箱，并且可卸舱、重浮、拖曳至新的油气开采点。具有代表性的钢 / 混凝土沉箱人工岛石油开采平台见图 1.4（b）~（d），依次为俄罗斯 Molikpaq 沉箱人工岛、俄罗斯 Prirazlomnaya 沉箱人工岛近海平台及俄罗斯 Orlan 混凝土沉箱人工岛开采平台。其中名气最大的 Molikpaq 沉箱人工岛（图 1.4（b））最初在加拿大波弗特海进行开采，随后于 1998 年被拖曳至韩国进行升级改造，并于 1999 年在俄罗斯库页岛附近参与 Sakhalin-2 项目进行油气开采。同时，Molikpaq 沉箱人工岛是俄罗斯第一座近海石油开采平台。其他的油气开采平台结构有混凝土或钢自重式近海石油开采平台，如图 1.3（e）所示。图 1.4（e）、（f）、（g）、（h）分别为挪威 Troll A 自重式混凝土天然气开采平台、俄罗斯 Berkut 混凝土开采平台、加拿大 Hibernia 自重式防冰撞混凝土采油平台及瑞典 Draugen 自重式混凝土采油平台及其水下部分示意图。自重式采油平台直接坐落于海床上，其抵抗水平荷载（包括波浪、冰及地震荷载）的能力可通过在结构底部打桩、加设裙围结构或堆石进行加强。自重式采油平台可为单体或多体（图 1.4（e）~（h）），结构截面可为圆形、八边形或方形，见图 1.3（e）。针对极地巨大的冰荷载，近年来有人提出将外围混凝土或钢 - 混凝土组合防冰墙应用于极地近海油气开采。图 1.4（i）为 Marshall 等[6]提出的采用花瓣形双钢板 - 混凝土组合防冰墙的锥形极地自重式采油平台，图 1.4（j）为 Yan 等[26]提出的八边锥形极地自重式采油平台。

（a）（b）（c）（d）（e）（f）（g）（h）（i）（j）（k）（l）（m）（n）

图 1.2　极地寒区组合桥梁[8-21]

（a）瑞典 Motala 钢 - 混组合桥[8]（b）瑞典 Munkedalsbron 钢 - 混组合桥[9]（c）瑞典 Jökulsá Canyon 钢 - 混组合桥[10]
（d）瑞典 Munksjöbron 钢 - 混组合桥[11]（e）瑞典 Hudälvenbro 钢 - 混组合桥[12]（f）瑞典 Hisingsbron 钢 - 混组合桥[13]
（g）芬兰 Emäsalo 钢 - 混组合桥[14]（h）芬兰 Kirkonsalmen 钢 - 混组合桥[15]（i）芬兰 Rovaniemi 钢 - 混组合桥[16]
（j）芬兰 Kuokkala 钢 - 混组合桥[17]（k）芬兰 Lövön 钢 - 混组合桥[18]（l）加拿大 Charles-de Gaulle 钢 - 混组合桥[19]
（m）加拿大 Pont des Isles 钢 - 混组合桥[20]（n）加拿大 Alex Fraser 钢 - 混组合桥[21]

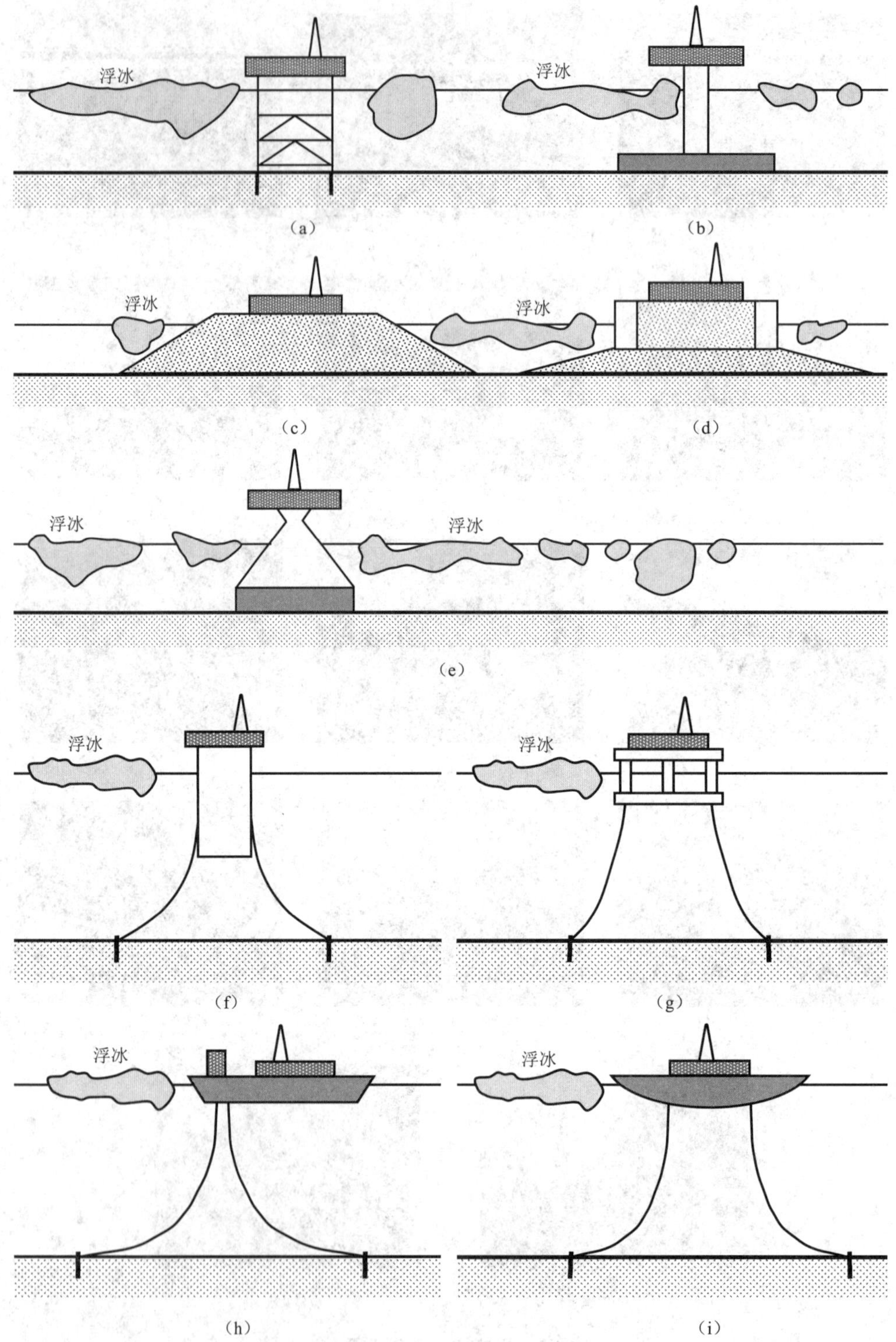

图 1.3 极地寒区采用底部基础及浮式采油平台

(a)钢导管架采油平台 (b)单柱塔采油平台 (c)人工岛采油平台 (d)沉箱人工岛采油平台 (e)自重式采油平台 (f)单柱式采油平台 (g)半潜式采油平台 (h)常规船形浮式采油平台 (i)异型浮式采油平台

对于极地深海油气开采,工程界给出了不同的结构解决方案,主要为浮式采油平台,如

图 1.3(f)~(i)所示。图 1.3(f)为单柱式采油平台(SPAR),该结构通常包含单柱浮筒和上部结构,这两部分结构通常分开建造,现场吊装;单柱浮筒底部通过锚链连接海床。图 1.3(g)为半潜式采油平台,该结构主要依赖其水下大型平底船的浮力,上部平台结构通过四根或多根空心管柱支承。半潜式采油平台同样通过缆索锚固于海底。除此之外,还有如图 1.3(h)所示的船形浮式采油平台和如图 1.3(i)所示异型浮式采油平台。图 1.4(k)为荷兰壳牌石油公司的 Kulluk 圆形浮式采油平台。Kulluk 采油平台由三井造船工程公司于 1983 年建造,并于 1993 年在加拿大极地海域安装并投入使用。2005 年,该平台被荷兰壳牌石油公司用于在阿拉斯加海域进行石油开采。Kulluk 圆形浮式采油平台采用锚链连接海床,并安装动力系统。2012 年 12 月 31 日,由于暴风雨, Kulluk 采油平台的锚链被破坏并漂浮数千米。上述内容表明,工程结构在极寒地区已经大量应用,尤其在近海采油平台领域。

(a)

(b)

(c)

(d)

(e)

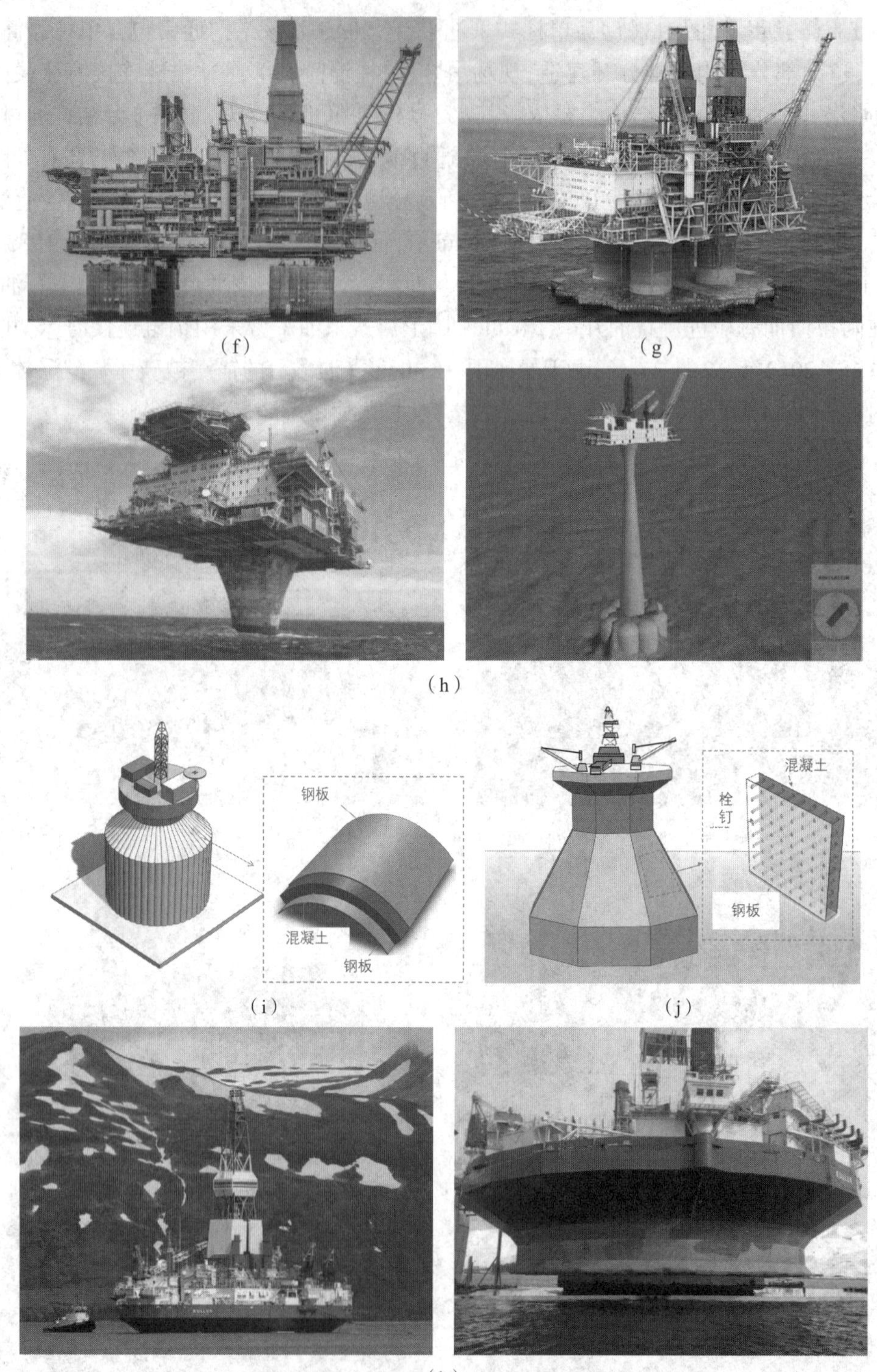

图 1.4 极地采油平台工程应用图

(a)俄罗斯 Arkticheskaya 自升式导管架油气开采平台[27] (b)俄罗斯 Molikpaq 沉箱人工岛[28]
(c)俄罗斯 Prirazlomnaya 沉箱人工岛近海平台[29]及其内部结构[30] (d)俄罗斯 Orlan 混凝土沉箱人工岛开采平台[31]
(e)挪威 Troll A 自重式混凝土天然气开采平台[32] (f)俄罗斯 Berkut 混凝土开采平台[33] (g)加拿大 Hibernia 自重式防冰撞混凝土采油平台[34] (h)瑞典 Draugen 自重式混凝土采油平台[35]及其水下部分示意图[36] (i)锥形极地自重式采油平台
(j)八边锥形极地自重式采油平台 (k)荷兰壳牌石油公司 Kulluk 圆形浮式采油平台[37] 及其细部[38]

1.1.2　寒区及极寒地区的油气输送管道

除了桥梁和采油平台，各国在寒区及极寒地区亦建设有大量输油（气）管道等工程。我国西气东输工程（图 1.5（a））西起新疆塔里木盆地的轮南，东至上海，横贯新疆、甘肃、宁夏、陕西、山西、河南、安徽、江苏、上海 9 个省区，全长 4 200 km，具有每年输送 300 亿 m^3 天然气的能力。该管道系统跨越我国新疆、甘肃、宁夏、陕西等寒区，在冬季会受到严寒气候影响。亚马尔—欧洲输气管道（Yamal-Europe Pipeline，图 1.5（b））将俄罗斯西西伯利亚的天然气输送到奥地利，全长 4 196 km，横贯俄罗斯、白俄罗斯、乌克兰和斯洛伐克等国。该输气管道直径 142 cm，为目前世界上管径最大的输气系统，具有年输送 330 亿 m^3 天然气的能力。亚马尔—欧洲输气管道穿过冬季严寒的俄罗斯西伯利亚，冬季受到严寒气候影响。图 1.5（c）为东西伯利亚—太平洋的输油管道。该工程全长 4 857 km，由俄罗斯石油运输公司（Transneft）运营。该管道于 2006 年始建于西伯利亚中部伊尔库茨克州的塔伊谢特镇，通过两条管道连接塔伊谢特和东西伯利亚海岸的科兹米诺，这两条管道在中国北部边界附近的斯科沃罗季诺连接。2009 年，俄罗斯与中国签署协议，建设一条独立的输油管道支线，在 2029 年之前每天向中国供应 1 500 万 t 或 30 万桶石油。俄罗斯于 2011 年 1 月开始向中国出口石油，该管道从斯科沃罗季诺至大庆，长度约 992 km。据英国广播公司报道，俄罗斯天然气工业股份公司计划新建一条 3 000 km 长的管道，连接东西伯利亚和中国边境各省。图 1.5（d）为德鲁日巴输油管道，它是俄罗斯向中欧和东欧国家输送原油的大型输油管道系统，是世界上最长的输油管道，从俄罗斯中部的 Almetyevsk 到德国北部的 Schwedt，沿途有 20 个泵站，其最大供应量为每天 120 万 ~140 万桶石油。图 1.5（e）为美加边境的 Keystone 输油管道，该管道系统连接加拿大阿尔伯塔省的 Keystone Hardisty 码头和美国伊利诺伊州的 Patoka 石油码头枢纽，每天可输送多达 83 万桶石油。图 1.5（f）为中哈输油管道，该管道总体规划年输油能力为 2 000 万 t，西起里海的阿特劳，途经阿克纠宾，终点为中哈边界阿拉山口，全长 2 798 km。该管道的前期工程阿特劳—肯基亚克输油管线全长 448.8 km，管径 610 mm，于 2003 年底建成投产，年输油能力为 600 万 t。中哈输油管道一期工程阿塔苏—阿拉山口段，西起哈萨克斯坦阿塔苏，东至中国阿拉山口，全长 962.2 km，管径 81.28 cm，于 2006 年 5 月实现全线通油。中哈输油管道二期一阶段工程肯基亚克—库姆克尔段，全长 761 km，于 2009 年 7 月建成投产，实现由哈萨克斯坦西部到中国新疆全线贯通。图 1.5（g）为麦肯齐山谷（Mackenzie Valley）天然气管道，该管道始于加拿大北部 Mackenzie 三角洲，终点在阿尔伯塔省北部，全长 1 220 km，增压后最大输送量可以达到 $196.4\times10^8\ m^3/a$。图 1.5（h）为加拿大 North Gateway 管道，项目计划在埃德蒙顿北部的 Bruderheim 修建一条始于阿尔伯塔省的管道，穿越阿尔伯塔省西北部和不列颠哥伦比亚省北部，并于 1 170 km 后在新的海运码头终止。此外，美国阿拉斯加输气管道主线起于北坡的普拉德霍湾，止于阿拉斯加湾瓦尔迪兹，南北全长接近 1 288 km。该管道经过怀斯曼、比特尔斯、利文古、福克斯、费尔班克斯和艾伦谷等多座城市，管道的建造要面临位置偏远和周围环境恶劣的挑战：中间要穿越三座山脉、活跃的断层、广大的冻土层和定时迁徙的驯鹿和驼鹿。自 1977 年落成以来，该管道已经输送了 150 亿桶原油。

(a) (b) (c) (d) (e) (f) (g) (h)

图 1.5 极地输油(气)管线工程应用图

(a)我国西气东输工程输气管道[39] (b)俄罗斯亚马尔—欧洲输气管道[40] (c)东西伯利亚—太平洋输油管道[41]
(d)德鲁日巴输油管道[42] (e)美国—加拿大 Keystone 输油管道[43] (f)中哈输油管道[44]
(g)麦肯齐山谷天然气管道[45] (h)加拿大 North Gateway 管道[46]

上述内容表明,国内外寒区及极寒地区已兴建大量石油及天然气输送管道。这些管道工程(包括油气管道、配套泵站及钢与混凝土结构)均位于寒区及极寒地区(其中大部分为西伯利亚、美国阿拉斯加、加拿大等),因此在冬季将承受寒区及极寒地区严寒气候与低温环境的影响。上述钢与混凝土结构材料在严寒气候与低温环境下的力学性能亟须研究。

1.1.3　液化气储罐

为早日实现习近平总书记在“十四五”规划中提出的“双碳”目标,应加大对液化天然气(Liquefied Natural Gas，LNG)这种清洁、高效新能源的开发利用。两极地区总面积占地球总面积的 14%,其中矿产、油气以及淡水资源丰富,是一座巨大的资源宝库,具有极大的勘探开发价值。

目前,极地地区油气资源已处在初级开发阶段。由中、俄、法合作建造的亚马尔液化天然气项目(Yamal LNG)是中国提出“一带一路”倡议后在俄罗斯实施的首个特大型能源合作项目，2013 年 12 月这个全球纬度最高、规模最大、总投资约 300 亿美元的极地超级工程正式启动。亚马尔液化天然气项目的天然气可采储量达到 1.3 万亿 m^3,凝析油可采储量 6 000 万 t;将建成 3 条年产量为 550 万 t 的 LNG 生产线,全部建成后每年可生产 LNG 约 1 650 万 t、凝析油 120 万 t。该项目位于俄罗斯境内的北极圈内,是全球在北极地区开展的最大型液化天然气工程,属于世界特大型天然气勘探开发、液化、运输、销售一体化项目,已成为“冰上丝绸之路”的重要支点,被誉为“镶嵌在北极圈上的一颗能源明珠”。

2018 年 7 月 19 日,亚马尔液化天然气项目向中国供应的首船液化天然气,通过北极东北航道,运抵中国石油旗下的江苏如东液化天然气接收站,完成交付。2019 年 8 月 27 日,“鲁萨诺夫”号俄罗斯籍液化天然气船靠泊天津港中海油液化天然气码头,天津口岸首次迎来从北极圈驶来的液化天然气船,京津冀等地百姓用上了来自北极圈的液化天然气。

北极液化天然气 2 号项目(Arctic LNG 2,图 1.6)以 North Obskoye 气田为基础,该气田是 2018 年世界上最大的天然气原始矿床,储有 20 亿 m^3 天然气和 1 亿 t 液化天然气,可以保证北极液化天然气稳定持续地输出。该项目位于西伯利亚北部的 Gydan 半岛,距亚马尔液化天然气公司约 30 km。Arctic LNG 2 是 Novatek 在俄罗斯北部亚马尔液化天然气项目之后的第二大液化天然气项目。作为中俄在北极圈合作的第二个全产业链油气合作项目,Arctic LNG 2 项目将和 Yamal LNG 项目共同成为“冰上丝绸之路”的两个重要支点,不仅带动俄罗斯能源产业发展,还将进一步丰富中国清洁能源供应来源,加快推进能源结构调整,同时也为优化世界天然气供需市场、供给优质清洁能源提供了更多可能。

除极地 LNG 项目外,各国为满足资源、能源利用和存储的需要,建立了诸多储罐项目。截至 2020 年底,我国已投产的 LNG 接收站达 20 多座,在建项目更是多达 30 多个。由于 LNG 存储的温度一般在 −162 ℃左右,因此 LNG 储罐的设计、建造与使用应充分考虑超低温度对工程材料性能及结构安全的影响。

除了 LNG 储罐,我国还兴建了大量液化气储罐,例如液氮、液氧、液氢等。数量众多的液化气储罐均为混凝土或钢储罐。上述液化气储罐一旦发生泄漏就必须考虑低温和超低温对钢筋混凝土外罐的影响,因此低温和超低温下钢及混凝土结构性能的研究亟须开展,以满足工程快速发展的需求。

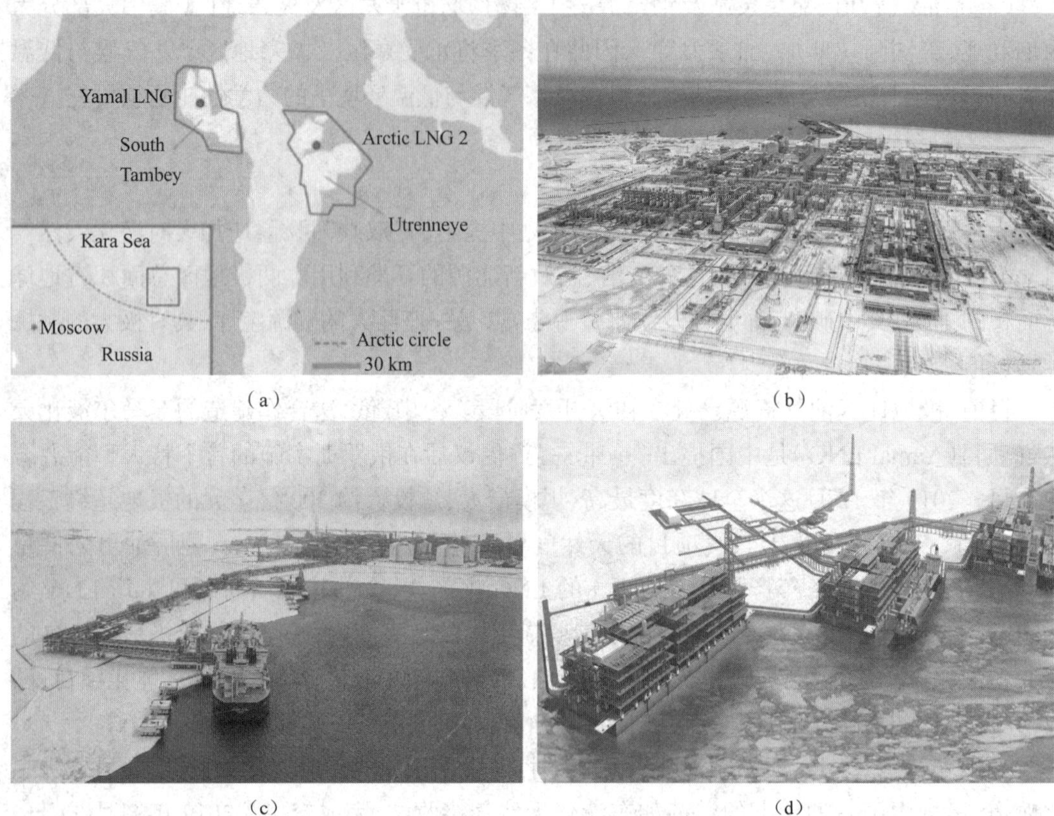

（a） （b）

（c） （d）

图 1.6 寒区及极寒地区 LNG 储罐项目

（a）Yamal LNG 及 Arctic LNG 2 项目分布图 （b）Yamal LNG 项目前三条生产线全部投产
（c）Yamal LNG 项目储罐实景图 （d）Arctic LNG 2 项目

综上所述，寒区及极寒地区的交通设施及能源开发为该地区的工程结构发展提供了广阔舞台。寒区及极寒地区的工程结构研究、设计及施工水平对该区域的交通、能源及经济社会发展至关重要，亟须开展相关研究工作。

1.2 寒区及极寒地区的气候及环境

1.2.1 北极地区的气候特点[7]

北极地区地域辽阔、环境多样，这里有高山、平原、山丘、悬崖、河流和巨大的三角洲。世界上其他地方存在的物理环境几乎都能在北极地区找到。研究单个未分化的“北极环境”比研究单独的“热带环境”更有意义。其中一个环境因素是气候，而且气候也是多种多样的。表 1-1[7] 列出了 2008 年 12 月 8 日（东半球是早晨，西半球是夜晚）北极地区的一些地点及各个地点的温度和风速。显然，表中的结果每天都是在变化的。该表是某个时间点的一个快照，并不能取代气候学家们进行的细致而详细的工作。通过表 1-1 发现，距离对气候的影响是巨大的。在北纬 60°，经度 10° 对应地面向东或向西 556 km，因此其中很多地方相距数千米[7]。

表 1-1　2008 年 12 月 8 日北极地区各地气候[7]

地区	纬度	经度	温度(℃)	风向	风速(km/h)	风寒指数(℃)
俄罗斯摩尔曼斯克	68° 57′ N	33° 18′ E	-5	N	4	-7
俄罗斯阿尔汉格尔斯克	63° 34′ N	40° 37′ E	-1	SW	2	-1
俄罗斯阿姆杰尔马	69° 47′ N	61° 51′ E	-6	SW	22	-13
俄罗斯沃尔库塔	67° 23′ N	63° 58′ E	-19	SW	4	-22
俄罗斯杜金卡	67° 24′ N	86° 11′ E	-27	S	11	-36
俄罗斯伊尔库茨克	52° 17′ N	104° 18′ E	-17	NW	25	-28
俄罗斯米尔尼	62° 32′ N	113° 58′ E	-45	—	7	-55
俄罗斯奥伊米亚康	63° 28′ N	142° 40′ E	-48	—	0	-17
俄罗斯马加丹	59° 34′ N	150° 46′ E	-15	NW	4	-18
俄罗斯佩韦克	69° 42′ N	170° 19′ E	-15	—	43	-28
俄罗斯弗兰格尔岛	71° 14′ N	179° 25′ E	-8	SE	11	-13
美国诺姆	64° 30′ N	165° 24′ W	-13	NE	11	-19
美国巴罗	71° 18′ N	156° 18′ W	-24	SE	24	-37
美国费尔班克斯	64° 50′ N	147° 43′ W	-26	NE	6	-32
美国安克拉治	71° 18′ N	156° 18′ W	0	—	0	13
加拿大剑桥湾	69° 07′ N	105° 03′ W	-29	N	28	-44
加拿大努纳武特	74° 41′ N	90° 50′ W	-32	NE	46	-51
加拿大卡纳克	77° 29′ N	69° 20′ W	-16	E	10	-22
加拿大伊卡卢伊特	63° 45′ N	68° 31′ W	-17	SE	17	-26
加拿大阿勒特	82° 28′ N	62° 30′ W	-34	W	7	-42
加拿大古斯湾	53° 18′ N	60° 25′ W	-5	NE	17	-11
格陵兰岛努克	64° 10′ N	60° 25′ W	-5	S	37	-14

表 1-1 中出现了几个引人注目的特征。最北的地方并不是最冷的。虽然奥伊米亚康位于北极圈以南，并且在北冰洋沿岸南部较远的地方，但它是表 1-1 中温度最低的地方，据说也是世界上连续有人居住的最冷的地方，几乎和米尔尼钻石开采中心的温度一样低。楚科奇的佩韦克市更北的地方，则要温暖得多。同样地，阿拉斯加、费尔班克斯地区也位于北极圈以南，但其温度比北冰洋上的巴罗还要低。米尔尼和费尔班克斯等地属于大陆性气候，夏季温暖，冬季极冷。而在海洋附近，气候由海洋调节，海洋具有很大的热惯性，可以与空气进行相对热交换。

同样值得注意的是，在同一纬度上，俄罗斯的气温随着向东移动而下降，而北美的气温则随着向西移动而下降。俄罗斯的气温特点反映了北大西洋漂移的影响，它将温暖的海水带到大西洋东北部，并绕过欧洲北海岸，将热量带到巴伦支海。诺瓦亚 - 泽姆利亚东部的气温要低得多。在北美洲，正是海洋的缓和效应导致了东西部温度升高，而大陆内部温度降低。

在 2008 年 12 月 8 日，表 1-1 中的几个地方都有大风。人类的舒适度可以通过半经验风寒指数来评估，该指数结合了风速和低温的影响，并可以与计算冻伤可能性的传热模型相联系。空气和人体之间的热传递是复杂的，涉及诸多因素，如一个人感到寒冷是主要与暴露在外的脸有关，还是与整个身体的冷却有关等，还有动态的因素，如暴露开始时冷却最快，因为皮肤血管没有时间收缩。表 1-1 列出了温度和风速。可以看出，风速对风寒指数计算结果的影响很大，这符合我们的日常经验。但是当风速非常低时，应用式（1.1）会产生误差，因为该公式对低风速具有异常敏感性。如果根本没有风，并且式（1.1）中的 V 项被视为零，则奥伊米亚康地区的风寒指数为 −17 ℃；但如果风速为 5 km/h，则其风寒指数会变为 −56 ℃，这符合人的基本认知。

有些地方有雾，这通常发生在地面强烈的雨水冷却使靠近地面的空气变冷时，水凝结形成水滴，存在温度反转，温度随高度的增加而增加。空气中的微粒起着成核的作用，并促使雾的形成，正如我们从著名的雾多的内陆城市（如兰州以及禁止燃烧煤炭之前的伦敦）所知道的那样。持续的雾干扰了交通和建筑，可能会使人心情沮丧。

冰雹通常以雪的形式落下，但雪的深度比人们想象的要小得多。沿着北冰洋，雪的累积深度小于 250 mm，而在整个北极，雪的累积深度很少达到 750 mm。通常情况下，雪在下落过程中，会被风吹到另一个地方。与一些内陆地区相比，这些地方雪的累积深度很小，如纽约的五指湖地区、欧洲的阿尔卑斯山脉和加拿大西部的山脉，再往南，尤其是在亚北极的山脉和海岸上，降雪更多。阿拉斯加湾的瓦尔迪兹每年降雪深度达 20 m，假设雪的密度为 100 kg/m³，这相当于 2 000 mm 的降雨量，这和潮湿气候的典型特征相似。

表 1-1 中的这些地方并不总是很冷。那些远离海岸的大陆性气候地区，夏季温度可能接近俄罗斯欧洲部分和美国中部。

美国国家气象局 2001 版的风寒指数表达式为

$$T_{\mathrm{wc}}=13.12+0.621\,5T_{\mathrm{a}}-11.37V^{0.16}+0.396\,5T_{\mathrm{a}}V^{0.16} \tag{1.1}$$

式中，T_{wc} 为风寒指数，℃；T_{a} 为空气温度，℃；V 为风速，km/h，取 10 m 高空处的风速。

1.2.2 我国的寒区气温情况

我国东北、西北、青藏高原地区冬季寒冷且持续时间长，温度通常在 −30~−20 ℃，表 1-2 给出了近 50 年我国部分地区的最低温度 [47]。随着国家西部大开发战略及振兴东北老工业基地战略的实施，大量的工程建设必然要在东北、西北、青藏高原等寒冷地区的低温环境下进行。因此，在这些寒冷地区的工程结构必然要考虑低温环境对建筑工程材料力学性能及结构安全的影响。

表 1-2 近 50 年来我国部分地区的计算低温 T_j 和历史出现过的极端最低温度 T_z 单位:℃

序号	地区	T_j	T_z	序号	地区	T_j	T_z
1	黑龙江境内	-38	-53.3	7	青海境内	-26	-42.0
2	新疆境内	-27	-49.8	8	辽宁境内	-23	-38.5
3	内蒙古境内	-31	-49.6	9	甘肃境内	-21	-36.4
4	西藏境内	—	-46.4	10	四川境内	—	-36.3
5	吉林境内	-26	-45.0	11	陕西境内	-19	-32.7
6	山西境内	-15	-44.8	12	宁夏境内	-19	-30.6

1.2.3 LNG 储罐泄漏情况下的温度特点

目前,比较受欢迎的两种大规模天然气运输方式为管道运输和液化天然气运输。值得一提的是,液化天然气输送成本仅为管道输送成本的 1/7~1/6[48]。相比较于管道运输的施工难、自动控制和监测检修方面的问题等,液化天然气运输具有以下优点:避免了由于气源不足而导致的管道闲置造成项目资金浪费的风险,且天然气液化前的净化处理可使其成为清洁燃料,对环境的污染更小。除了在成本控制和环境保护方面有着相当大的优势之外,液化天然气的体积仅占气态天然气体积的 1/625,质量还不到同体积水的一半[49],这极大地提高了储存和运输效率,液化天然气运输也成为目前最受欢迎的运输方式。

LNG 储罐的外围防护主要是混凝土结构,当 LNG 储罐的内罐发生泄漏时,应防止 LNG 气体扩散导致不良后果。大气压条件下,LNG 的温度一般为 -162 ℃[50]。当发生地震等情况导致 LNG 内罐发生泄漏时,外罐混凝土直接与液化天然气接触,处于低温或者超低温环境中[51]。LNG 类超低温储罐实际运行过程中并非处于恒定的超低温状态,而是经历复杂的温度作用工况。当 LNG 储量变化时,储罐中一些位置处混凝土的温度将发生明显的波动,甚至出现从超低温(-165 ℃)到常温的大幅度变化[52-56]。

1.3 钢 - 混凝土组合结构及其特点

钢 - 混凝土组合结构(有时简称组合结构)是一种结合了钢结构与混凝土结构优点的新型结构,具有承载力高、刚度大、截面尺寸小、抗震性能好、施工快捷等优点。改革开放以来,我国在基础设施领域的飞跃发展使得对组合结构的需求日益增长,并为组合结构的工程应用提供了广阔的舞台,钢 - 混凝土组合结构已大量应用于我国的高层和超高层建筑、桥梁、隧道、地下工程与海洋工程中,并显示出良好的结构性能及经济性能,具有广阔的工程应用前景。本节将介绍钢 - 混凝土组合梁、组合板、组合柱以及组合墙等组合结构的特点。

1.3.1 钢 - 混凝土组合梁

钢 - 混凝土组合梁(有时简称组合梁)通常是将钢梁和混凝土板通过抗剪连接件连接到一起,或将型钢直接埋入混凝土梁中形成的组合结构。钢 - 混凝土组合梁中的混凝土板可以是现浇混凝土板、预制混凝土板，也可以是压型钢板 - 混凝土组合板或者预应力混凝土板；另外，根据实际工程需要，混凝土翼板可以设置板托，也可以不设置板托。钢梁按截面形式分为工字梁、槽钢梁、蜂窝梁和箱形截面梁。

钢 - 混凝土组合梁的特点是钢梁主要承受拉力和剪力，混凝土板主要承受压力，受力合理，能够充分利用材料的性能，同时两者之间设置抗剪连接件能够有效抵抗混凝土板和钢梁之间的相对滑移和防止混凝土板掀起。与非组合梁相比，钢 - 混凝土组合梁的刚度和承载力均明显提高；与传统的钢筋混凝土梁相比，钢 - 混凝土组合梁可以有效降低结构的高度和自重，同时现场的湿作业也较少，可以有效缩短施工周期；与钢梁相比，钢 - 混凝土组合梁同样可以降低结构高度，增大刚度、整体稳定性和局部稳定性；当钢 - 混凝土组合梁应用于吊车梁和桥梁等结构时，可以明显提高结构的耐久性、抗疲劳性和抗冲击韧性。此外，钢 - 混凝土组合梁还具有截面高度相对小、自重轻、延性好等特点，因此在工程中得到了广泛的应用，如多层工业厂房（太原第一热电厂五期工程[57]等）、高层建筑（北京国际技术培训中心[57]等）、桥梁结构（北京国贸桥[57]、上海南浦大桥和杨浦大桥[58]等）。

1.3.2 钢 - 混凝土组合板

钢 - 混凝土组合板（有时简称组合板）主要是指压型钢板 - 混凝土组合板，是一种在压型钢板上现浇混凝土并配置适量钢筋所形成的板。压型钢板 - 混凝土组合板是将压型钢板直接铺设在钢梁上，用栓钉将压型钢板和钢梁翼缘焊接形成整体。压型钢板 - 混凝土组合板中的压型钢板不仅可作为永久性模板，而且能代替传统钢筋混凝土板的下部受拉钢筋与混凝土共同工作，进而减少钢筋的制作与安装工作量；同时，组合板可作为浇灌混凝土的永久性模板，节省了模板拆卸与安装工作，且在一层楼板浇筑完成后，无须等待楼板达到要求的混凝土强度等级，就可继续另一层楼板混凝土的浇筑，大大缩短了施工周期，节省了大量木模板及支撑材料，并减小了施工阶段木模板发生火灾的可能性；此外，在施工阶段，压型钢板可作为钢梁的侧向支撑，提高了钢梁的整体稳定性。

由于压型钢板 - 混凝土组合板具有很多优点，其在国际上特别是在西方发达国家已得到广泛的应用。在国内，压型钢板 - 混凝土组合板也被广泛应用在住宅建筑、工业厂房、大跨度结构以及大型桥梁结构等多个领域中[59-61]。

1.3.3 钢 - 混凝土组合柱

钢 - 混凝土组合柱（有时简称组合柱）是一种钢材与混凝土的组合构件，它充分发挥了钢材与混凝土两者的优点，具有良好的受力性能及经济效益，受到了工程界的青睐，应用也越来越广泛[62]，例如它已应用于超高层建筑（如广州塔[63]、武汉环球贸易中心[64]、北京四川大厦、厦门阜康大厦、广州新中国大厦、深圳赛格广场大厦等）及公路桥梁领域（浙江南浦大桥、南宁永和桥、重庆巫峡长江大桥、浙江钱江四桥（复兴大桥）、郑州黄河公路二桥主桥、湖南洞庭湖茅草街大桥[65-67]）等。

钢 - 混凝土组合柱主要分为两种，即钢管 - 混凝土组合柱和型钢 - 混凝土组合柱。钢管 - 混凝土组合柱能够充分发挥两种材料的优点，除了具有强度高、塑性好、耐冲击、耐疲劳等优点外,还具有良好的耐火性能、简便的施工工艺以及良好的经济效益。与钢结构柱相比,钢管 - 混凝土柱在承受相同荷载的作用下,用钢量能够减少 50% 左右,造价降低 40%~50%;与钢筋混凝土柱相比,可以节省 70% 左右的水泥,极大地减轻了自重。另外,钢管 - 混凝土柱中的钢管能够作为模板,施工简单方便,有助于降低造价。

型钢 - 混凝土组合柱是指在型钢周围配置钢筋,之后在外部浇筑混凝土的结构,又称为钢骨 - 混凝土组合柱。型钢 - 混凝土构件由内部型钢与外包钢筋混凝土部分形成整体,共同抵抗外荷载,受力性能较好,优于型钢与混凝土的简单叠加。型钢 - 混凝土组合构件的外包混凝土部分能够防止钢构件局部屈曲,提高钢结构的整体刚度,使钢材的强度得到充分的发挥,而且具有更大的刚度和阻尼,有利于结构变形的控制。采用型钢 - 混凝土组合结构,一般可以较纯钢结构节约钢材 50% 以上。

1.3.4　钢 - 混凝土组合墙

钢板 - 混凝土组合剪力墙是在内藏钢板支撑的混凝土剪力墙和钢板剪力墙的基础上发展演变而来的,是一种常见的钢 - 混凝土组合墙。钢板 - 混凝土组合剪力墙由钢板、混凝土板和两者之间的连接件组成。混凝土板通过连接件(如大头栓钉、槽钢等)设置于钢板的一侧或两侧。混凝土板可采用预制板,也可以采用现浇板。混凝土板为预制板时,常通过螺栓连接混凝土板和钢板;混凝土板为现浇板时,可通过在钢板上焊接抗剪栓钉来连接混凝土板和钢板。混凝土板的主要目的是防止钢板的平面外失稳,使钢板保持平面内受力,充分发挥钢板的承载力、延性和耗能能力。

钢板 - 混凝土组合剪力墙作为新兴的抗侧结构构件,能够有效结合钢与混凝土的性能特点,相比普通钢筋混凝土现浇剪力墙,墙体的承载力、耗能能力、延性都有所改善,近年来在工程中得到了较为广泛的应用,例如高层建筑中的剪力墙(如盐城电视塔[68]、广州东塔[69]等)、核电站安全壳[70-71]、防护结构[72]、沉管隧道[26](如港珠澳大桥沉管隧道最后连接节段[73])、盾构隧道管片、极地采油平台防冰墙[74]等。

1.3.5　钢 - 混凝土组合结构的优缺点

钢 - 混凝土组合结构由于同时具备钢材和混凝土的优良特性而被广泛应用于多层及高层房屋、大跨结构、桥梁结构、地下结构、结构改造和加固等领域[75],其主要优点如下。

(1)承载力高,刚度大。地震震害调查显示,与钢筋混凝土结构相比,钢 - 混凝土组合结构的破坏率较低,具有较高的承载力和刚度[75]。

(2)抗震性能和动力性能好。

(3)构件截面尺寸小,自重轻。同钢筋混凝土结构相比,钢 - 混凝土组合结构可以减小构件截面尺寸,减轻结构自重,减小地震作用,增加有效使用空间。

(4)整体性和稳定性较好。同钢结构相比,钢 - 混凝土组合结构具有较好的整体性能和稳定性能。

(5)施工方便,缩短工期。采用钢 - 混凝土组合结构可以节省脚手架和模板,安装方便,便于立体交叉施工,减少现场湿作业量,降低现场施工扰民程度,缩短工期。

（6）耐火性能和耐久性能较好。同钢结构相比，钢-混凝土组合结构的耐火性能和耐久性能有所提高。

（7）造价低。钢-混凝土组合结构的造价介于钢筋混凝土结构和钢结构之间，但如果考虑到因自重减轻而带来的竖向构件截面尺寸减小、地震作用减小、基础造价降低、施工周期缩短等有利因素，钢-混凝土组合结构的造价甚至比钢筋混凝土结构的造价还要略低。

同时，钢-混凝土组合结构也存在缺点，即钢-混凝土组合结构需要采取防火及防腐措施。不过，相较于钢结构，钢-混凝土组合结构的防火及维护费用较低。随着防腐涂料质量和耐久性的不断提高，钢-混凝土组合结构将会得到更好的发展。

1.4 极地寒区土木工程结构及组合结构发展现状

1.4.1 土木工程材料低温性能研究

1. 混凝土

混凝土属于多相复合材料，具有高抗压强度、高可塑性和高经济性等特点，被广泛应用于各种形式的工程结构中。早期混凝土低温性能研究与 LNG 行业发展密切相关，混凝土被广泛应用于储罐外罐结构中。20 世纪 50 至 70 年代，LNG 需求快速增长，相应的储罐建造迅速扩张，混凝土低温性能研究成为研究热点[76]；80 年代之后，LNG 行业发展遇冷，混凝土相关研究进入缓慢增长甚至停滞期[77]；21 世纪之后，LNG 需求上涨，建筑结构和基础设施等在极地寒区的建造需求增长，国内外针对混凝土低温性能的研究热度回升。近 10 年里，随着全混凝土储罐结构形式的提出，各国学者都在探索用混凝土替代 9% 镍钢在储罐内罐结构中应用的可能性，混凝土将直接承受储存液体的低温冲击。

早期混凝土低温性能研究主要集中于其基本力学性能指标。Yamane 等[78]研究了 20 到 −170 ℃条件下混凝土的力学性能，试验结果表明：混凝土强度随着温度的降低而提高，对于含水率和水灰比更高的混凝土，这种增强作用更加显著；低温下自由水结冰减小了混凝土内部孔的体积，且冰的强度随温度的降低而提高，二者综合作用导致了低温下混凝土强度的增长。Lee 等[79]关注了常温到 −70 ℃范围内混凝土基本力学性能的变化，发现：−70 ℃条件下水灰比为 0.48 的混凝土抗压强度较常温下提高 200%，劈裂抗拉强度增幅与抗压强度基本一致，但弹性模量增幅较小；单调、重复及反复加载条件下，混凝土与钢筋的黏结性能均随着温度的降低而提高；8 到 −52 ℃范围内的冻融循环导致混凝土材料性能损伤，这一损伤最终对结构的影响不容忽视。Pigeon 和 Cantin[80]研究了常温、−10 ℃和 −30 ℃条件下钢纤维混凝土的受弯性能，主要变量包括水泥种类、水灰比、钢纤维种类及掺量，结果表明：钢纤维混凝土的韧性随温度的降低而增加，韧性的增加主要与低温下混凝土强度的增长有关；纤维几何形状在常温及低温下对钢纤维混凝土的韧性影响都不大。近年来，低温下混凝土基本力学性能的研究范围不断扩大，从普通混凝土向高强、高性能混凝土拓展。Liu 等[81]进行了不同温度（30 ℃、0 ℃、−30 ℃和 −60 ℃）下超轻水泥基复合材料（ULCC）、普通混凝土（NWC）和轻质混凝土（LWC）三种混凝土的轴压和受弯试验，研究发现：不同温度下 ULCC

和 LWC 的应力 - 应变曲线的上升段接近直线；NWC 和 LWC 的抗压强度随着温度的降低而增强，但 ULCC 未观测到此规律，建议低温下 ULCC 的抗压强度取值与常温条件保持一致；当温度从 30 ℃降至 −60 ℃时，三种混凝土弹性模量的变化规律区别较大，ULCC 的弹性模量增长量很小，仅为 1.6 MPa，NWC 的增量达到 17.5 GPa，而 LWC 的弹性模量几乎未受温度影响；ULCC 的峰值应变远大于其他两种材料，但三种混凝土峰值应变受温度的影响都很小；三种混凝土的抗弯强度随温度的降低而增长，相同温度下，ULCC 和 LWC 的抗弯强度相当且远低于 NWC。为研究用超高性能混凝土（UHPFRC）替代普通混凝土（NC）应用于 LNG 储罐中的可行性，Kim 等[82]进行了常温、−170 ℃和经历一次常温到 −170 ℃冻融循环三种工况下 UHPFRC 和 NC 的抗压试验和直接拉伸试验，研究发现：低温下两种混凝土的抗压强度均显著提高；低温下 NC 的抗拉强度未提高，脆性明显增强，但是 UHPFRC 的开裂后刚度、拉伸强度和断裂能均显著提高；经历一次超低温冻融循环并未对 NC 的抗压强度和 UHPFRC 的抗拉及抗压强度产生明显损伤，但是 NC 的抗拉强度明显降低。此外，Zaki 等[83]还进行了 20 到 −20 ℃范围内钢纤维混凝土的抗冲击性能研究，发现低温下混凝土力学性能增强的同时，脆性破坏也更加显著；掺入钢纤维可提高混凝土的力学性能，降低其低温冷脆特性；钢纤维的掺量越高、长度越长，其对混凝土力学性能的提高和抗冲击性能的增强效果越显著。

2010 年左右开始，国内学者对低温混凝土性能的研究关注增多。时旭东等[84-87]重点关注混凝土在液化天然气等储罐结构中的应用，通过系列试验研究了低温（20 到 −190 ℃范围内）下混凝土强度等级、含水率对混凝土抗压强度、抗拉强度和弹性模量等的影响规律以及不同超低温冻融循环区间对其抗冻性能的影响规律。除混凝土超低温性能[88]外，蒋正武等[89-92]还对砂浆及高强砂浆超低温力学性能和超低温冻融循环性能进行了试验研究。谢剑和严加宝[93]全面考虑了温度、水灰比和含水率的影响，将宏观力学试验和微观 SEM 电镜扫描技术相结合，探索混凝土低温增强机理，建立了适用于 20 到 −165 ℃范围的混凝土抗压强度计算公式。谢剑等[94-95]进行了掺加引气剂和抗冻剂的混凝土的超低温冻融循环试验（最低循环温度为 −80 ℃），辅以 SEM 电镜扫描技术，揭示了其超低温冻融损伤机理；并在此基础上，深入研究了超低温冻融循环条件下引气剂对混凝土抗冻性能的改善作用，发现混凝土宏观力学性能变化与内部孔结构变化存在紧密联系。金浏等[96-97]对低温下混凝土材料及构件的国内外研究进展进行梳理总结，建立了考虑混凝土各相组分特征的细观层次有限元分析方法，获得了常温到 −160 ℃范围内混凝土单轴压缩破坏行为和尺寸效应行为的变化规律。苏骏等[98]进行了 20 到 −196 ℃范围内超高韧性水泥基复合材料（UHTCC）单轴受压试验，获得了 UHTCC 的等效抗压强度、变形能、纤维增强韧性指标和残余韧性指数等随温度和钢纤维体积掺量的变化规律：20 到 −150 ℃范围内不同钢纤维体积掺量的 UHTCC 的抗压强度均随着温度的降低而增长，当温度低于 −150 ℃时会略有下降；温度变化对不同钢纤维体积掺量 UHTCC 的变形能的影响规律不完全一致。方志等[99]考虑冬季低温对建筑结构的影响，进行了 20 ℃和 −20 ℃条件下超高性能混凝土（UHPC）的受压、劈裂抗拉和四点弯曲试验，试验表明：与 −20 ℃工况相比，低温下 UHPC 的立方体抗压强度、棱柱体抗压强度、抗拉强度、弯拉开裂强度和弯拉极限强度均有一定程度提高，提高幅度分别为

7.3%、8.0%、10.8%、13.7% 和 9.0%，弹性模量增幅明显低于强度增幅，仅为 4.1%；低温下 UHPC 的变形性能和延性性能总体有所降低。周大卫等 [100-101] 针对 LNG 储罐混凝土超低温冻融循环问题，研发了一种新型耐低温高性能混凝土，进行了超低温冻融循环（20 到 -165 ℃）条件下的单轴抗压、三轴抗压和抗拉试验，并通过压汞试验获得了其内部空隙特征的变化规律，从宏观和微观两个层面深入分析了新型耐低温高性能混凝土比 C60 混凝土具有更好抗冻性的作用机理。

混凝土的本构关系是进行混凝土构件和结构非线性分析的基础。Rostasy 等 [102-104] 先后对 20 到 -170 ℃范围内普通混凝土、钢纤维混凝土和轻骨料混凝土的应力 - 应变本构关系进行了试验研究，给出了峰值应力、峰值应变等关键指标随温度降低的变化规律，但并未明确低温下混凝土的应力 - 应变本构模型。Filiatrault 和 Holleran[105] 以寒区工程应用为背景，进行了常温、-20 ℃和 -40 ℃温度下不同加载速率的混凝土单向轴压试验，研究发现：混凝土的抗压强度和弹性模量随温度的降低、应变速率的增大而提高；低温和应变速率未对峰值应变产生显著影响。该研究仅对应力 - 应变曲线中各关键点的变化规律进行简略描述，未能形成可用于设计计算的混凝土低温本构模型。Berner[106] 以预应力混凝土结构在低温环境中的应用为研究背景，研究了单调及循环荷载作用下轻质混凝土的受压性能，但给出的应力 - 应变曲线仅包含上升段。MacLean 和 Lloyd[107] 借助 3D DIC 测量技术，获得不同强度等级混凝土在 20 到 -70 ℃范围内的单轴应力 - 应变本构关系，研究发现：-70 ℃条件下两组混凝土的抗压强度较常温提高幅度基本一致，约为 40%；混凝土的弹性模量随温度降低呈线性增长，但不同强度等级的混凝土增幅不同；峰值应变随温度降低的变化规律并不明显。刘超 [108] 进行了常温到 -196 ℃范围内 C60 混凝土的单轴受压试验，由于高强混凝土很难采集到稳定的下降段，仅对上升段应力 - 应变曲线进行了分析，研究发现：混凝土的峰值应力和峰值应变随温度降低整体呈先增大后减小的趋势，极值点分别出现在温度为 -140 ℃和 -100 ℃处；弹性模量随温度降低呈增大趋势，但增幅较小；他建立了低温条件下各关键力学性能指标的计算公式和应力 - 应变本构模型，但是给出的计算公式分段过于复杂。

混凝土内部结构具有不均匀性，内部微裂纹、初始缺陷等的演化可能导致结构的开裂甚至倒塌。低温环境下混凝土脆性增大，发生断裂破坏的危险性更大。因此，混凝土的断裂性能研究尤其是低温工况下的断裂性能研究对建筑物的安全性评价具有重要工程意义。常温条件下混凝土断裂性能的研究丰富，已深入微观尺度 [109-110]，但低温性能研究仅略有涉及。Planas 等 [111-112] 研究了 20 ℃、-20 ℃、-70 ℃、-120 ℃和 -170 ℃下混凝土的断裂性能，发现混凝土的断裂能和特征长度随温度的降低显著增加；但该研究集中于 20 世纪八九十年代，不仅时间久远且缺乏对断裂韧度的研究。Hu 等 [113-114] 研究发现，在 20 到 -40 ℃范围内，混凝土的断裂能和双 K 断裂韧度随温度的降低呈上升趋势，而特征长度呈下降趋势；但该研究涵盖的温度区间偏高，难以满足寒区及极寒地区的工程应用需求。谢剑等 [115] 针对极地应用环境，进行了 20 到 -80 ℃范围内的三点弯曲梁断裂试验，得到了不同强度等级混凝土的断裂能、特征长度和双 K 断裂韧度等关键断裂参数在低温下的变化规律：①低温下试件粗骨料断裂较多，荷载 - 位移曲线表现出明显脆性且斜率增大，当温度低至 -80 ℃时曲线下降段出现荷载突降，混凝土强度等级较高时这一特征更加突出；②随着温度的降低，起裂荷载、起裂断裂韧度、失稳断裂韧度和断裂能均呈增长趋势，特征长度呈下降趋势；③建立的混凝土低温断裂能计算模型具有较好的适用性。

2. 钢材

建筑钢材的破坏分为延性破坏和脆性破坏。延性破坏的特点是材料在破坏前具有较大的塑性变形，且变形持续时间较长，容易及时察觉并采取补救措施，不致引起严重后果。而脆性破坏前塑性变形很小，没有明显预兆，无法及时察觉和采取补救措施，个别重要构件的断裂常会引起结构连续倒塌，后果严重。在常温环境下，钢材是高强、匀质、具有良好塑性和韧性的理想建筑材料。但在超低温环境下，钢材性能受温度影响，韧性降低，材料变脆，发生脆性破坏的可能性很大。国内外学者已经对建筑钢材在超低温环境下的力学性能做了一些理论和试验研究，并取得了一些研究成果。

1）低温条件下钢筋材料力学性能的发展和研究

Filiatrault 和 Holleran[105] 对 36 根直径 6 mm 的钢筋试样在 20 到 −40 ℃条件下进行了单向拉伸试验，研究了应变速率和低温对钢筋力学性能的影响，试验结果表明：随着应变速率增大和温度降低，钢筋的屈服强度 f_y 和抗拉强度 f_u 都提高，且屈服强度 f_y 提高的幅度比抗拉强度 f_u 大；应变速率和温度对极限拉应变 ε_u 和弹性模量 E_s 影响不明显；随着温度的降低，钢筋延性降低。Elites 等 [116] 对两种钢筋（热轧和冷拉钢筋）在超低温环境下的性能进行了研究，结果表明：随着温度降低，钢筋的屈服强度 f_y 和抗拉强度 f_u 都有所提高，当温度在 −196 ℃时，屈服强度 f_y 和抗拉强度 f_u 分别比常温时提高 80% 和 36%；当钢筋的表面有缺陷时，温度的降低会明显减小钢筋的极限应变 ε_u；温度的变化对弹性模量 E_s 的影响不是很明显。Sloan 等 [117-118] 对钢筋在 20 到 −40 ℃范围内的力学性能进行了试验研究，结果表明：在 −25 到 −40 ℃范围内，钢筋的屈服强度 f_y 和抗拉强度 f_u 均提高 10%~12%；在 0 到 −25 ℃范围内，钢筋的屈服强度 f_y 和抗拉强度 f_u 都呈线性提高；在温度不低于 −30 ℃时，温度对钢筋弹性模量 E_s 和延性的影响不明显。Dahmani 等 [119] 总结了前人对低温环境下钢筋材料性能的研究成果，指出钢筋在低温下屈服强度 f_y 和抗拉强度 f_u 都有显著提高；低温环境下钢筋的弹性模量增加约 10%，而线膨胀系数在 70 到 −165 ℃范围内基本保持不变，为 10^{-5}/℃左右；钢筋在低温条件下延性降低而脆性增强，低温下钢筋变脆的性能可以通过添加少量钛、铌或者铝元素得以改善，从而使保持钢筋在低温条件下的延性成为可能。国内学者刘爽等 [120-121] 对超低温环境下钢筋单轴拉伸的力学性能进行了试验研究，试验结果表明：①随着温度的降低，屈服强度相对值和抗拉强度相对值均按指数关系递增，且屈服强度相对值比抗拉强度相对值增加更为显著；②随着温度的降低，钢筋的弹性模量 E_s 基本不变；③钢筋的强化应变近似按二次项关系递增；④随着温度的降低，极限应变的试验数据较离散，整体呈降低趋势，且钢筋应力 - 应变关系曲线的形状基本不随温度的变化而改变。文献 [122] 对低温（20 到 −40 ℃）环境下常用钢筋的力学性能进行了试验研究，研究表明：①钢筋的屈服强度 f_y 和抗拉强度 f_u 均提高，而伸长率 δ 则有所降低；②在低温环境下钢筋的屈服强度 f_y 通常比抗拉强度 f_u 提高的幅度大；③在 20 到 −40 ℃范围内，所有试件拉断时，皆呈塑性断口，有一定的颈缩；④随着温度的降低，钢筋的冲击韧性显著下降；⑤随着含碳量的增加，钢筋的强度升高，塑性降低，增加了低温下的冷脆倾向。严加宝和谢剑 [123] 在 20 到 −165 ℃范围内对 63 根热轧低碳钢筋进行了拉伸试验，试验结果表明：随着温度的降低，钢筋的屈服强度和极限强度均显著增加，但其延性降低。

2）低温条件下型材性能的发展与研究

Bruneau 等[124]对 25 mm 厚的 ASTM A572 50 级别钢材的单轴拉伸试验研究表明：随着温度的降低，钢材的屈服强度 f_y 和抗拉强度 f_u 均有所提高，极限应变 ε_u 降低；钢材的弹性模量 E_s 基本不受温度降低影响。Skibina 等[125]研究了 5~300 K 温度下不锈钢的线膨胀系数，发现不锈钢在 29~300 K 范围内的线膨胀系数单调递增，在 29 K 时几乎为 0（$\pm 10^{-8}$/K），低于 29 K 时线膨胀系数很小，20 K 时出现最小值，在液氮温度下线膨胀系数接近 0。Martelli 等[126]使用自己研发的试验仪器，测定了 AISI 420 钢在 20~293 K 范围内的线膨胀系数，并提出了试验结果误差的来源。结果表明，AISI 420 钢的线膨胀系数随温度上升呈增大趋势。王元清等[127]对常用三种结构钢材（Q235、16Mn、15MnV）在 20 到 −60 ℃范围内的主要力学指标进行了试验研究，并分析了这些指标随温度变化的规律。试验结果表明：钢材的屈服强度 f_y 和抗拉强度 f_u 均随温度的降低而提高，且屈服强度 f_y 的增幅比抗拉强度 f_u 要大，塑性指标（断后伸长率 δ 和截面收缩率 ψ）随温度的降低而减小。张玉玲[128]还针对青藏铁路修建中遇到的钢结构抗疲劳问题，以 364 根试件的裂纹尖端张开位移试验、702 根试件的夏比 V 形缺口冲击试验以及 24 mm 钢板对接焊缝疲劳裂纹扩展速率试验的数据为依据，研究了 −50 ℃低温环境下铁路钢桥的疲劳断裂性能。武延民等[129]研究了低温（20 到 −70 ℃）对结构钢材（Q235、16Mn、15MnVq）断裂韧度 J_{IC} 的影响，试验研究表明：钢材的断裂韧度 J_{IC} 随着温度的降低而下降；钢材的断裂韧度 J_{IC} 随温度变化的曲线呈 S 形，由上平台、转变区和下平台 3 个部分组成，其中上、下平台部分断裂韧度 J_{IC} 变化比较缓慢，转变区断裂韧度 J_{IC} 发生急剧变化。严加宝等[130-131]还通过试验研究了普通钢和高强钢在 20 到 −80 ℃低温范围内的材料力学性能，试验研究表明：随着温度的降低，钢板的屈服强度和极限强度显著增加，但断裂应变变化不大。赵旭平等[132]对 RW60E 钢在 25 到 −60 ℃范围内的线膨胀系数进行了测试，建立了线膨胀系数与温度关系的数学模型。陈应秀等[133]指出，多数金属材料从室温冷却到 77 K 时，长度要缩小 0.2%~0.3%；低于液氮温度时，收缩较小；并提出了基于周期法测量材料线膨胀系数的试验方法。

3）超低温条件下钢绞线性能的发展与研究

目前，国内外对钢绞线在超低温环境下的力学性能研究较少，现有的研究多集中在拉伸试验方面，但是受钢绞线几何形状所限，钢绞线的应力 - 应变曲线难以精确测量。国内外对钢绞线在低温环境下的线膨胀系数、应力松弛的研究较少，一般集中于常温以及高温环境，仅有少部分学者在低温环境下对金属材料进行了研究，而温度达到 −165 ℃的研究非常少，且在温度达到 −165 ℃的研究中没有涉及钢绞线这一特定结构形式。

钢绞线由冷拉光圆高碳钢丝按一定数量捻制而成，因此钢丝的性能直接影响钢绞线的性能，对钢丝力学性能的研究是对钢绞线性能研究的基础。Planas 等[134]对钢绞线在 20 ℃、−165 ℃下的力学性能进行了试验研究，结果表明：与 20 ℃相比，在 −165 ℃下预应力钢绞线的名义屈服应力 $\sigma_{0.2}$ 和断裂应力 σ_R 提高约 15%，且预应力钢绞线的伸长率也有少许提高。张建可[135]介绍了一种钢丝绳低温热膨胀系数试验方法，并在 25 到 −100 ℃范围内对钢丝绳进行了线膨胀试验研究，分析了直径和预紧力对钢丝绳线膨胀系数的影响以及影响测量数据的因素，给出了钢丝绳在低温条件下线膨胀系数随温度变化的规律。Kaci 等[136]使用自制试验设备研究了 100 到 -30 ℃钢绞线的蠕变性能。丁衍然[137]对钢绞线在低温以及超低温条件下的线膨胀系数以及应力松弛进行了试验研究，结果表明：①钢绞线随着温度的降低而收缩，随着温度的增加而伸长，其长度、应变均与温度成二次函数关系；②钢绞线瞬间线膨胀系数 α_t 随着初始应力的增大而增大，随着温度的降低而减小；③以 20 ℃为初始温度，钢绞线平均线膨胀系数 α_m 随着初始应力的增大而增大，随着温度的降低而减小；④在相同初始应力条件下，钢绞线应力松弛随着温度的降低而减小，且其松弛速率也随着温度的降低而减小，钢绞线进入稳定缓慢松弛阶段的时间随着温度的降低而缩短；⑤在低温条件下，钢绞线应力松弛和常温时一样，随着初始应力的增加而增加，松弛速率也随着初始应力的增加而增加。

4）超低温条件下栓钉力学性能的发展和研究

栓钉是钢 - 混凝土组合结构中最常用的剪力连接件之一，对钢材和混凝土之间的应力传递起着至关重要的作用，同时它还能有效抵抗两者之间的滑移，保证两种材料共同受力、协同变形，其受力状态和破坏模式对结构的受力性能和建筑的整体安全性都有着重要的影响。

目前，国内外对栓钉在常温下的力学性能进行了许多理论和试验研究，而对超低温条件下栓钉力学性能的研究较少。Ollgaard 等[138]通过回归分析方法提出了常温下栓钉抗剪性能的设计方程，这些方程已被许多设计规范采用，如 ACI 318（ACI 2014）、PCI（2004）、ANSI/AISC（ANSI 2010）、AASHTO（2017）和欧洲规范 4（CEN 2004）。Dalen[139]进行了一系列温度为 -10 到 -20 ℃的推出试验，结果表明，低温使直径为 13 mm 的栓钉的剪切强度增加，但直径为 19 mm 的栓钉的剪切强度降低。Hou 等[140]研究了 5 到 -50 ℃范围内直径为 22 mm 的栓钉的受剪疲劳性能，结果表明：在相同的疲劳荷载幅值下，低温下栓钉的疲劳寿命高于常温。谢宜琨等[141-142]将数值分析和试验研究相结合，获得了 20 到 -40 ℃范围内不同直径栓钉抗剪性能随温度的变化规律，研究发现：随着温度的降低，试件破坏形态由混凝土破坏变为栓钉剪断破坏，不同直径栓钉发生破坏形态转变的临界温度不尽相同；低温对栓钉的抗剪承载力、抗剪刚度有增强作用，但峰值荷载对应的峰值滑移呈减小趋势；栓钉直径越大，低温下栓钉抗剪刚度提升幅度越小。严加宝等[143]使用有限元分析方法研究了在 20~-80 ℃条件下栓钉的剪切性能，分析结果表明：栓钉在低温下的推出试验模拟中存在三种破坏模式，即混凝土断裂破坏、栓杆剪切破坏和混凝土板劈裂破坏；随着温度降低，栓钉的抗剪强度提高，并且由于钢筋和混凝土延性的提高，螺栓连接件的延性也得到了改善。谢剑和朱冠儒等[144-146]通过 60 个栓钉拉伸试验和 18 个栓钉抗拉拔试验，对栓钉在低温环境（20 到 -80 ℃）下的材料性能和抗拉拔性能进行了研究，试验结果表明：随着温度的降低，栓钉屈服强度和极限强度均提高，但弹性模量、延性受温度的影响较小，栓钉的破坏模式均为延性破坏；随着温度的降低，栓钉的抗拉拔承载力和前期刚度均有一定程度的提高，同时温度的降低还能改变栓钉抗拉拔构件的破坏模式，当温度下降到某一温度点时会由混凝土脆性破坏转变为栓钉拉断的延性破坏。严加宝与谢剑[147]通过 22 组推出试验研究了大头栓钉在低温环境(20 到 −80 ℃)下的受剪推出性能,结果表明:随着温度从 20 ℃降到 −80 ℃,其抗剪强度增加约 25%,但滑移能力降低了 33%,温度并未改变其失效模式。

1.4.2 寒区及极寒地区土木工程结构研究进展

混凝土结构、钢结构及钢 - 混凝土组合结构被广泛应用于寒区及极地寒区的工程建设中。

1. 混凝土结构

黑龙江省低温建筑科学研究所[148]以我国寒区结构的安全应用为研究背景,共进行了 20 ℃、−20 ℃和 −40 ℃下 30 个钢筋混凝土构件的受弯试验,研究对象主要包括钢筋混凝土梁和预应力混凝土梁,研究发现:试件承载力随温度的降低而提高,−20 ℃条件下试件承载力较常温提高 6%~7%,−40 ℃条件下较常温提高 7.5%~11%;负温下预应力混凝土梁的抗裂度较正温提高 10%~30%;相同荷载等级下,负温条件下梁的挠度小于正温时的挠度。刘爽等[149]进行了常温到 −180 ℃下 6 根钢筋混凝土梁的四点弯曲试验,发现钢筋混凝土梁的开裂荷载、屈服荷载和极限荷载均随着温度的降低而提高,适筋梁的最大配筋率随温度的降低而递增;提出了低温下钢筋混凝土梁受弯承载力计算公式。但该研究中梁试件尺寸过小,长 × 宽 × 高仅为 300 mm × 40 mm × 40 mm,过小的试件导致尺寸效应显著。李扬等[150]利用自主设计的超低温力学加载试验箱,实现温度场和荷载作用同步施加,研究超低温下钢筋混凝土梁的开裂前受力性能,验证了 0 到 −165 ℃范围内平截面假定的适用性;在一定温度范围内,钢筋混凝土梁开裂前抗弯刚度随温度降低呈非线性增长趋势,低于 −100 ℃后,抗弯刚度值基本稳定。但受加载装置限制,该研究未能实现低温下钢筋混凝土梁的受力全过程分析。谢剑等[151-152]进行了 20 ℃、−40 ℃、−70 ℃和 −100 ℃下 12 根不同配筋率的钢筋混凝土梁的受弯试验和数值模拟,研究表明:随着温度的降低,钢筋混凝土梁的延性降低,脆性特征逐渐明显;钢筋混凝土梁的受弯承载力随温度的降低呈增长趋势,−100 ℃条件下屈服荷载和极限荷载较常温增幅分别达 35% 和 26%。之后,谢剑等[153-155]针对 LNG 储罐应用需求,开展了 20 ℃、−40 ℃、−70 ℃和 −100 ℃下不同张拉控制应力的有黏结和无黏结预应力混凝土梁受弯试验,并进行了相应的数值模拟,获得了低温下预应力混凝土梁的荷载 - 挠度曲线、受弯承载力和破坏模式;验证了平截面假定的适用性;发现开裂荷载、极限荷载等均随温度降低而提高,变形性能降低;建立了相应预应力混凝土梁的低温受弯承载力计算公式;提出了能够合理模拟预应力混凝土梁低温结构性能的有限元分析方法。Mirzazadeh 等[156]进行了 15 ℃和 −25 ℃温度下钢筋混凝土梁的四点弯曲试验,需要注意的是,所有梁在其深度上都有温度差,以模拟太阳辐射和桥梁的运行温度,且加载过程中存在 50~90 kN 范围内反复 10 次的加卸载循环,研究发现:低温下钢筋混凝土梁的承载力、开裂荷载和延性都有一定程度的提高;借助 DIC/PIV 技术获得了更加详细的裂缝发展过程。此外,Mirzazadeh 等[157-159]还对低温下钢筋混凝土梁的疲劳性能、预应力碳纤维增强聚合物(CFRP)板加固混凝土梁进行了研究。

除梁式构件外,国内外学者对其他形式混凝土构件的低温受力性能也进行了部分研究。谢剑等[160]研究了常温到 −160 ℃范围内不同体积配箍率的混凝土柱的轴心受压性能,结果表明:素混凝土的强度、弹性模量随温度的降低而提高,峰值应变相反;钢筋混凝土本构关系随温度的变化趋势与素混凝土一致;适当提高体积配箍率可以提高低温下混凝土的峰值应变和延性系数,改善其低温工作性能。陈曦[161]进行了低温(-15 ℃左右)及冻融循环条件下配有不同直径钢筋的混凝土轴向拉拔试验,该试验的低温环境通过将试件直接置于我国东北黑河地区冬天室外实现,冻融循环次数为试件从制作完成后至进行试验时经历的实际正、负温交替变化次数,研究发现:低温条件下轴拉试件的平均裂缝间距和裂缝宽度随钢筋直径与配筋率比值的增大而增大;冻融循环条件下试件的平均裂缝间距介于常温与低温工况之间。Montejo 等[118, 162]进行了 20 ℃、-20 ℃、-30 ℃和 -40 ℃条件下钢筋混凝土柱和钢管混凝土柱的低周反复试验,以获得低温对其抗震性能的影响规律,研究发现:各温度下,两种柱均表现出良好的滞回特性,随着温度的降低,两种柱的承载力和刚度逐渐提高,变形能力呈降低趋势,钢管混凝土柱由温度降低导致的变形能力降低比钢筋混凝土柱更加显著。

2. 钢结构

Truong 等[163]关注液化石油气(LPG)运输船的安全运输问题,开展了常温和 -50 ℃条件下采用耐腐蚀性更好的 LT-FH32 低温钢的钢梁的单次及多次冲击试验和数值模拟,研究发现:低温条件下的试件残余变形小于常温工况,建立的数值模型可以较好地预测常温单次及多次冲击和低温单次冲击工况下钢梁的残余变形,提出需进一步对低温和多次冲击耦合作用下造成结构断裂的问题进行深入研究。Rokilan 和 Mahendran[164]基于试验和数值模拟结果,获得了 20 到 -70 ℃范围内低强和高强冷弯槽钢柱的轴压性能变化规律,结果表明:在冷轧钢的材料性能试验中,当温度为 -70 ℃时两种强度钢材的断裂应变均有所降低,但所有试件均未发生脆性断裂引起的过早失效;试件的屈服荷载和极限荷载随着温度的降低而提高;静载条件下发生局部屈曲和屈服破坏的冷弯槽钢柱可在低至 -70 ℃的环境下安全使用。为研究碰撞工况下北极地区船舶的结构性能, Paik 等[165]进行了常温、-20 ℃、-40 ℃和 -70 ℃温度下 ASTM A500 碳素钢的拉伸试验、薄壁方钢管柱的准静态轴压试验,低温下薄壁方钢管柱出现脆性断裂破坏,此外还在试验基础上采用 LS-DYNA 非线性有限元方法对薄壁钢管结构的耐撞性进行了数值模拟。

3. 钢 - 混凝土组合结构

常温工况下钢 - 混凝土组合梁的结构性能已有较深入的试验研究和理论分析。Ansourian 等[166]的研究表明,滑移效应会减小组合梁的弹性抗弯承载力,并使其挠度增大。石中柱等[167]发现简支组合梁的延性及变形特性在很大程度上受到剪力连接程度和横向配筋率的影响。Johnson 等[168]的试验结果表明,部分抗剪连接也可以满足设计要求。Davies[169]发现横向配筋率小于 0.5% 时,组合梁将产生纵向劈裂破坏,导致组合梁极限承载力降低。Oehlers[170]发现横向钢筋能够有效减小纵向开裂程度。Nie 等[171]考虑栓钉间距、翼缘宽度、横向配筋率等因素,建立了考虑滑移效应的组合梁计算模型。陈世鸣等[172]分析了高跨比对组合梁挠度计算的影响。付果等[173-174]通过受弯试验和理论分析研究了抗剪连接程度和正、负弯矩对钢 - 混凝土组合梁变形和抗剪性能的影响规律,结果表明:负弯矩作用下的界面滑移能够延缓混凝土翼板裂缝的开展,减小裂缝宽度,在一定程度上提高组合梁的抗剪强度;忽略混凝土翼板的抗剪作用计算得到的组合梁抗剪承载力偏保守。Long 等[175]进

行了常温和 -29 ℃低温下 3 根两跨连续组合梁的疲劳试验和理论分析，研究发现：负温并未对连续梁的疲劳性能产生明显不利的影响；常温和低温条件下组合梁挠度、应变的实测值均与理论值较为一致。但该研究涉及的负温仅至 -29 ℃，远未达到极寒地区工程应用的需求。Lin 等 [176] 关注由 UHPC 替代普通混凝土组成的双钢板混凝土（SCS）组合结构在北极地区近海结构中的应用，将试验研究和数值模拟相结合，重点研究钢纤维对双钢板混凝土组合梁破坏机理的影响，研究发现：掺加钢纤维可以提高核心混凝土的抗拉强度，最终改变组合梁的破坏模式，提高其极限承载力；由于钢纤维的桥接作用和应变硬化行为，组合梁的临界裂缝宽度减小，延性提高。该研究虽关注 SCS 组合结构在北极地区近海结构中的应用，但未能考虑低温这一重要因素的影响。

由上述研究可以发现，目前针对低温下土木工程结构性能的研究多集中于材料层面的基本力学性能，构件及结构层面的研究较少，且现有构件研究多依托于 LNG 储罐行业发展需求，主要集中于钢筋混凝土构件及预应力混凝土构件，组合结构构件的研究非常有限。因此，针对组合结构低温性能研究不足的问题，作者及其所在课题组开展了一系列研究。

1.5 本书的编写目的、内容与研究方法

钢 - 混凝土组合结构具有承载力高、刚度大、抗震性能好、施工快速方便等特点，在寒区与极寒地区的建筑、桥梁及近海结构工程中已大量应用，并面临低温环境的挑战。为进一步明确寒区与极寒地区低温环境下钢 - 混凝土组合结构的破坏机理，完善寒区与极寒地区低温环境下钢 - 混凝土组合结构的设计与分析方法，开展本书相关研究。

本书主要针对寒区与极寒地区低温环境下钢 - 混凝土组合结构中涉及的钢与混凝土材料、典型钢 - 混凝土组合构件（钢管 - 混凝土组合柱、钢 - 混凝土组合墙、钢 - 混凝土组合梁等）的力学性能开展了一系列研究工作与探索，具体研究内容如下。

（1）低温环境下钢 - 混凝土组合结构典型材料力学性能研究。首先，本书研究了低温环境下钢板、混凝土等材料的力学性能，研究了低温水平等参数对组合结构材料力学性能的影响规律；其次，提出了考虑低温影响的钢与混凝土材料本构模型。

（2）低温环境下钢 - 混凝土组合结构典型剪力连接件——栓钉的受拉、受剪力学性能研究。首先，本书通过低温拉拔试验研究了低温环境下埋置于混凝土板中栓钉的受拉力学性能及破坏机理；其次，通过低温推出试验研究了埋置于混凝土板中栓钉的受剪力学性能及破坏机理；再次，发展了低温环境栓钉拉剪工况下的有限元数值模型，并研究了栓钉低温拉剪影响参数；最后，发展了考虑低温影响的栓钉受拉、受剪力学本构模型。

（3）低温环境下钢管 - 混凝土组合柱轴压性能研究。首先，本书总结了作者在低温环境下所做钢管 - 混凝土组合柱轴压试验的结果，揭示了低温环境下钢管 - 混凝土组合柱的轴压破坏机理及轴压性能参数（例如低温水平、钢管径厚比、钢管约束效应系数、方柱长宽比、混凝土强度等）的作用影响规律；其次，发展了考虑低温影响的钢管 - 混凝土组合柱轴压性能理论分析模型；最后，提出了考虑低温影响的钢管 - 混凝土组合柱极限轴压承载力设计分析公式。

（4）低温环境下双钢板 - 混凝土组合墙轴压性能研究。本书开展了双钢板 - 混凝土组合墙低温下轴心受压试验，揭示了其在低温下的轴压力学性能，分析了组合墙在低温轴心荷载作用下的破坏模式、荷载 - 位移关系、钢板的荷载 - 应变关系，研究了低温水平、钢板厚度、混凝土强度、栓钉间距、栓钉类型等参数对组合墙极限承载力、初始刚度、延性系数的作用影响规律，提出了考虑低温影响的双钢板 - 混凝土组合墙受压性能有限元分析模型及极限抗压承载力设计计算公式。

（5）低温环境下双钢板 - 混凝土组合梁受弯性能研究。本书开展了双钢板 - 混凝土组合梁低温两点加载试验，以研究其低温受弯性能；研究了低温水平、钢板厚度、剪跨比和栓钉间距等参数对双钢板 - 混凝土组合梁低温受弯性能的作用影响规律；揭示了低温环境下双钢板 - 混凝土组合梁的受弯破坏机理，发展了低温环境下双钢板 - 混凝土组合梁的抗弯承载力理论模型。

（6）低温环境下钢 - 混凝土组合梁受弯性能研究。为研究正、负弯矩作用下采用柔性连接件（栓钉）的钢 - 混凝土组合梁的低温受弯性能，本书分别进行了钢 - 混凝土组合梁低温受弯试验，研究了温度、抗剪连接程度、配筋率、加载制度和混凝土类型等参数对低温下组合梁的破坏模式、跨中荷载 - 挠度曲线、跨中荷载 - 滑移曲线等力学性能的作用影响规律；揭示了正、负弯矩作用下采用柔性连接件（栓钉）的钢 - 混凝土组合梁的低温破坏机理；发展了低温环境下钢 - 混凝土组合梁的受弯承载力理论分析模型。

为完成上述研究目标与内容，作者及其所在课题组研究人员经历了以下几个阶段的研究：①在国内外常温及高温环境研究的基础上，有针对性地开展了低温环境下钢 - 混凝土组合结构典型材料及典型构件极限承载力力学性能试验；②在国内外钢 - 混凝土组合结构研究的基础上，发展了考虑低温环境影响的组合结构材料力学性能本构模型与典型钢 - 混凝土组合构件力学性能理论分析模型及部分有限元分析模型；③将上述步骤中的研究成果进一步实用化，提出了以理论分析模型为基础的实用计算公式。

作者及其所在课题组在低温环境下钢 - 混凝土组合结构领域取得了一系列阶段性研究成果，均发表于国内外重要学术期刊，例如 *Journal of Structural Engineering*[147]，*Journal of Constructional Steel Research*[144, 177-178]，*Thin-Walled Structures*[179-180]，*Construction and Building Materials*[123, 131, 145, 152, 155, 160, 181-183] 等。这些成果奠定了低温环境下钢 - 混凝土组合结构研究的基础，并为进一步深化研究提供了条件。本书将详细阐述作者及其所在课题组在该课题中所取得的阶段性研究成果。

寒区及极寒地区丰富的自然资源为钢 - 混凝土组合结构提供了广阔的发展空间，低温环境下土木工程材料与结构的研究精彩纷呈、日新月异，国内外学者在该领域的研究不断更新与深化，本书研究仅为沧海一粟，以期抛砖引玉，敬请读者斧正。

参考文献

[1]　北极地区[EB/OL]. [2021-12-06]. https://baike.baidu.com/item/%E5%8C%97%E6%9E%81%E5%9C%B0%E5%8C%BA/3859345?fr=aladdin.

[2]　环北极国家[EB/OL]. [2021-12-06]. https://www.baike.com/wikiid/7085911311467740279?-

from=wiki_content&prd=innerlink&view_id=5116wi0lx9c000.

[3] BIRD K J, CHARPENTIER R R, GAUTIER D L, et al. Circum-Arctic resource appraisal: estimates of undiscovered oil and gas north of the Arctic Circle[R]. [S.l.]: US Geological Survey, 2008.

[4] 拉萨市拉萨河大桥[EB/OL]. [2021-12-06]. http://www.china-qiao.com/ql30/xzql004.htm.

[5] 在青藏铁路感受生命的奔涌[EB/OL]. [2021-12-06]. http://www.cnr.cn/xz/jrxz/20190613/t20190613_524649011.shtml.

[6] MARSHALL P W, SOHEL K M A, LIEW J Y R, et al. Development of SCS sandwich composite shell for Arctic Caissons[C]. Houston: OTC Arctic Technology Conference, 2012.

[7] PALMER A, CROASDALE K. Arctic offshore engineering[M]. Singapore: World Scientific Publishing Co. Pte. Ltd, 2012.

[8] NCC har byggt RV 50 mellan Motaln och Mjölby. Foto: Per Pixel Petoxsson[EB/OL]. [2021-12-06]. https://news.cision.com/se/ncc/i/ncc-har-byggt-rv-50-mellan-motala-och-mjolby--foto--per-pixel-petersson,c1380849.

[9] Munkedalsbron[EB/OL]. [2021-12-06]. https://sv.wikipedia.org/wiki/Munkedalsbron.

[10] Jökulsá Canyon bridge[EB/OL]. [2021-12-06]. https://structurae.net/en/structures/jokulsa-canyon-bridge.

[11] Munksjöbron[EB/OL]. [2021-12-06]. https://structurae.net/en/structures/munksjobron.

[12] Hudälvenbro[EB/OL]. [2021-12-06]. https://structurae.net/de/bauwerke/hudaelvenbro.

[13] Hisingsbron-Hisingsbron high resolution stock photography and images alamy: the neighborhood is located right next to the river at Hisingsbron[EB/OL]. [2021-12-06]. https: //labraala.blogspot.com/2021/09/hisingsbron-hisingsbron-high-resolution.html.

[14] Emäsalo[EB/OL]. [2021-12-06]. https://fi.wikipedia.org/wiki/Em%C3%A4salo.

[15] Kirkonsalmen silta[EB/OL]. [2021-12-06]. https://fi.wikipedia.org/wiki/Kirkonsalmen_silta.

[16] Lumberjack's Candle bridge[EB/OL]. [2021-12-06]. https://structurae.net/en/structures/lumberjack-s-candle-bridge.

[17] Kuokkala-Brücke[EB/OL]. [2021-12-06]. https://structurae.net/de/bauwerke/kuokkala-bruecke.

[18] Lövön silta[EB/OL]. [2021-12-06]. https://fi.wikipedia.org/wiki/L%C3%B6v%C3%B6n_silta.

[19] Charles-de Gaulle bridge[EB/OL]. [2021-12-06]. https://apac.soprema.com/realization/charles-de-gaulle-bridge/.

[20] Bridge of the Isles[EB/OL]. [2021-12-06]. https://structurae.net/en/structures/bridge-of-the-isles.

[21] Alex Fraser bridge[EB/OL]. [2021-12-06]. https://structurae.net/en/structures/alex-fraser-bridge.

[22] 佚名. 渤海工程设计公司设计成果简介之一: 渤海一号钻井平台[J]. 中国海上油气 (工程), 1989, 1 (3): 26.

[23] 段梦兰, 方华灿, 陈如恒. 渤海老二号平台被冰推倒的调查结论[J]. 石油矿场机械, 1994 (3): 1-4.

[24] FURNES O. Concrete and other alternative platform designs[C]. [S.l.]: International Petroleum Exhibition and Technical Symposium, 1982.

[25] MOKSNES J. Quality assurance for concrete platforms in North Sea oil fields[J]. Concrete international, 1982, 4 (9): 13-19.

[26] YAN J B, WANG J Y, LIEW J Y R, et al. Ultimate strength behaviour of steel-concrete-steel sandwich plate under concentrated loads[J]. Ocean engineering, 2016, 118: 41-57.

[27] Jack-up drilling rig Arkticheskaya project 15402M[EB/OL]. [2012-12-06]. https://www.aoosk.ru/en/products/jack-up-drilling-rig/.

[28] Liebherr: large-scale conversion project on offshore platform Molikpaq operated by Sakhalin Energy[EB/OL]. [2012-12-06]. https://rogtecmagazine.com/liebherr-large-scale-conversion-project-on-offshore-platform-molikpaq-operated-by-sakhalin-energy/.

[29] Russia readies underwater monitoring system[EB/OL]. [2012-12-06]. https://www.maritime-executive.com/article/russia-readies-underwater-monitoring-system.

[30] Prirazlomnoye[EB/OL]. [2012-12-06]. http://ckb-rubin.ru/en/projects/offshore_facilities/prirazlomnoye/.

[31] Deepest drilling around the world[EB/OL].[2012-12-06]. https: //ep-bd.com/view/details/article/MjgxMQ==/title.

[32] Troll A platform[EB/OL]. [2012-12-06]. https://en.wikipedia.org/wiki/Troll_A_platform.

[33] Otorgan suspensión definitiva al acuerdo de Sener sobre importación y exportación de hidrocarburos[EB/OL]. (2021-02-24)[2021-12-06]. https://elheraldoslp.com.mx/2021/02/24/otorgan-suspension-definitiva-al-acuerdo-de-sener-sobre-importacion-y-exportacion-de-hidrocarburos/.

[34] Wood Group wins multi-year contract on Hibernia in Canada[EB/OL]. (2016-10-25) [2021-12-06]. https://www.vesselfinder.com/news/7562-Wood-Group-wins-multi-year-contract-on-Hibernia-in-Canada.

[35] Draugen oil field[EB/OL].[2021-12-06]. https://www.nrgedge.net/project/draugen-oil-field.

[36] https://www.iliketowastemytime.com/sites/default/files/draugen_platform_3d.png.

[37] The wreck of the Kulluk[EB/OL]. (2015-01-04)[2021-12-06]. https://www.nytimes.com/2015/01/04/magazine/the-wreck-of-the-kulluk.html? referrer=&_r=1.

[38] Ship photos of the day: Kulluk Rig gets loaded for Asia[EB/OL]. (2013-03-20) [2021-12-06]. https://gcaptain.com/ship-photo-kulluk-loaded-for-asia/.

[39] 50 个“新中国的第一”见证祖国 70 年辉煌[EB/OL]. (2019-10-10) [2021-12-06]. http://www.dangjian.cn/djw2016sy/djw2016tbch/201910/t20191010_5279002.shtml.

[40] Gazprom Neft delivers second tanker of Yamal Arctic oil to Europe[EB/OL]. (2014-09-23) [2021-12-06]. https://www.worldoil.com/news/2014/9/23/gazprom-neft-delivers-second-tanker-of-yamal-arctic-oil-to-europe.

[41] The keystone pipeline is an executive order away from being killed[EB/OL]. (2021-01-19)

[2021-12-06]. https://www.thedailyscrum.ca/2021/01/19/the-keystone-pipeline-is-an-executive-order-away-from-being-killed/.

[42] Мордор мобілізується. Огляд проникнення російської пропаганди в український медіапростір у вересні 2021 року[EB/OL]. (2021-09-30) [2021-12-06]. https://detector.media/propahanda_vplyvy/article/192434/2021-09-30-mordor-mobilizuietsya-oglyad-pronyknennya-rosiyskoi-propagandy-v-ukrainskyy-mediaprostir-u-veresni-2021-roku/.

[43] Keystone XL, the commons, and energy independence[EB/OL]. (2021-03-15) [2021-12-06]. https://brownpoliticalreview.org/2021/03/keystone-xl-the-commons-and-energy-independence/.

[44] China-Kazakhstan oil pipeline transports 5.59 mln tons in H1 2019[EB/OL]. [2021-12-06] https://www.antonoil.com/index.php?m=content&c=index&a=show&catid=83&id=3650.

[45] Rückschlag für Milliardengeschäft[EB/OL]. [2021-12-06]. https://www.manager-magazin.de/unternehmen/energie/a-753180.html.

[46] Canadian natural resources automatiza su operaciones para la industria de gas y petróleo utilizando pcvue solutions de arc informatique[EB/OL]. [2021-12-06]. https://www.mexicoindustrial.net/news/2665-canadian-natural-resources-automatiza-su-operaciones-para-la-industria-de-gas-y-petr%C3%B3leo-utilizando-pcvue-solutions-de-arc-informatique.

[47] 张玉玲, 潘际炎. 低温对钢材及其构件性能影响研究综述[J]. 中国铁道科学, 2003, 24 (2): 89-96.

[48] 王传星, 谢剑, 李会杰. 低温环境下混凝土性能的试验研究[J]. 工程力学, 2011, 28 (S2): 182-186.

[49] 徐烈, 李兆慈, 张洁, 等. 我国液化天然气(LNG)的陆地储存与运输[J]. 天然气工业, 2002 (3): 89-91.

[50] 刘亮. 液化天然气的储存与运输技术现状分析[J]. 化工管理, 2019 (15): 119-120.

[51] 谢剑, 韩晓丹, 裴家明, 等. 超低温环境下钢筋力学性能试验研究[J]. 工业建筑, 2015, 45 (1): 126-129, 172.

[52] 王传星. 超低温环境下混凝土性能的试验研究[D]. 天津: 天津大学, 2010.

[53] 山根昭, 赵克志. 超低温混凝土[J]. 低温建筑技术, 1980 (1): 60-63.

[54] YAMANE A, ZHAO K Z. Ultra-low temperature concrete[J]. Low temperature architecture technology, 1980 (1): 60-63.

[55] 三浦尚. 極低温下におけるコンクリートの特性[C]. コンクリート工學年次論文報告集, 1988, 10 (1): 69-75.

[56] 三浦尚. 極低温下のコンクリートの物性 [J]. コンクリート工学, 1984, 22 (3): 21-28.

[57] 聂建国, 余志武. 钢 - 混凝土组合梁在我国的研究及应用[J]. 土木工程学报, 1999 (2): 3-8.

[58] 孙鲞尧. 上海南浦大桥和杨浦大桥[J]. 科技导报, 1993(11): 37-40.

[59] 郭正平. 压型钢板 - 混凝土组合楼板研究综述[J]. 四川建筑, 2020, 40 (3): 306-308, 311.

[60] 胡少伟. 钢 - 混凝土组合结构[M]. 郑州: 黄河水利出版社, 2005.

[61] 林宗凡. 钢 - 混凝土组合结构[M]. 上海: 同济大学出版社, 2016.

[62] 韩林海. 钢管混凝土结构: 理论与实践[M]. 3 版. 北京: 科学出版社, 2016.

[63] 周定, 韩建强, 杨汉伦. 广州塔结构设计[J]. 建筑结构, 2012, 42 (6): 1-12.

[64] 温永坚, 董汉钢, 唐道伟, 等. 徐变对武汉环球贸易中心钢管混凝土框架 - 钢筋混凝土核心筒混合结构的影响[J]. 工业建筑, 2017, 47 (11): 137-141.

[65] 陈宝春. 钢管混凝土拱桥设计与施工[M]. 北京: 人民交通出版社, 1999.

[66] 蔡绍怀. 我国钢管混凝土结构技术的最新进展[J]. 土木工程学报, 1999 (4): 16-26.

[67] 陈宝春. 钢管混凝土拱桥计算理论研究进展[J]. 土木工程学报, 2003 (12): 47-57.

[68] 丁朝辉, 江欢成, 曾菁, 等. 双钢板 - 混凝土组合墙的大胆尝试: 盐城电视塔结构设计[J]. 建筑结构, 2011, 41 (12): 87-91.

[69] 侯胜利, 刘永策, 赵宏. 广州东塔内嵌双层钢板高强混凝土组合剪力墙的设计与施工[J]. 建筑结构, 2017, 47 (14): 74-79.

[70] 杨悦. 核工程双钢板 - 混凝土结构抗震性能研究[D]. 北京: 清华大学, 2015.

[71] 陈丹, 姚迪, 康琪, 等. 某核电厂核岛厂房蒸发器隔间墙采用钢板混凝土结构模块技术的可行性分析[C]// 中冶建筑研究总院有限公司. 2020 年工业建筑学术交流会论文集 (下册).

[72] REMENNIKOV A, GAN E C J, NGO T, et al. The development and ballistic performance of protective steel-concrete composite barriers against hypervelocity impacts by explosively formed projectiles[J]. Composite structures, 2019, 207: 625-644.

[73] 宋神友, 聂建国, 徐国平, 等. 双钢板 - 混凝土组合结构在沉管隧道中的发展与应用[J]. 土木工程学报, 2019, 52 (4): 109-120.

[74] LIN M, LIN W, WANG Q, et al. The deployable element, a new closure joint construction method for immersed tunnel[J]. Tunnelling and underground space technology, 2018, 80: 290-300.

[75] 聂建国. 钢 - 混凝土组合结构原理与实例[M]. 北京: 科学出版社, 2009.

[76] KRSTULOVIC-OPARA N. Liquefied natural gas storage: material behavior of concrete at cryogenic temperatures[J]. ACI structural journal, 2007, 104 (3): 297-306.

[77] JACKSON G, POWELL J, VUCINIC K, et al. Delivering LNG tanks more quickly using unlined concrete for primary containment[C]. Doha: The 14th International Conference on Liquefied Natural Gas, 2004.

[78] YAMANE S, KASAMI H, OKUNO T. Properties of concrete at very low temperatures[J]. Special publication, 1978, 55: 207-222.

[79] LEE G C, SHIH T S, CHANG K C. Mechanical properties of concrete at low temperature[J]. Journal of cold regions engineering, 1988, 2(1): 13-24.

[80] PIGEON M, CANTIN R. Flexural properties of steel fiber-reinforced concretes at low temperatures[J]. Cement and concrete composites, 1998, 20 (5): 365-375.

[81] LIU X M, ZHANG M H, CHIA K S, et al. Mechanical properties of ultra-lightweight ce-

ment composite at low temperatures of 0 to −60℃[J]. Cement and concrete composites, 2016, 73: 289-298.

[82] KIM M J, KIM S, LEE S K, et al. Mechanical properties of ultra-high-performance fiber-reinforced concrete at cryogenic temperatures[J]. Construction and building materials, 2017, 157: 498-508.

[83] ZAKI R A, ABDELALEEM B H, HASSAN A A, et al. Impact resistance of steel fiber reinforced concrete in cold temperatures[J]. Cement and concrete composites, 2021, 122: 104116.

[84] 时旭东, 崔一丹, 钱磊. 关键影响因素耦合作用下混凝土低温弹性模量试验研究[J]. 混凝土, 2021 (7): 1-6.

[85] 时旭东, 崔一丹, 钱磊. 关键影响因素耦合作用下混凝土低温受拉强度试验研究[J]. 工业建筑, 2020, 50 (8): 85-91.

[86] 时旭东, 钱磊, 崔一丹. 关键影响因素耦合作用下混凝土低温受压强度试验研究[J]. 工业建筑, 2020, 50 (1): 135-141.

[87] 时旭东, 李亚强, 李俊林, 等. 不同超低温温度区间冻融循环作用混凝土受压强度试验研究[J]. 工程力学, 2020, 37 (4): 153-164.

[88] JIANG Z W, HE B, ZHU X P, et al. State-of-the-art review on properties evolution and deterioration mechanism of concrete at cryogenic temperature[J]. Construction and building materials, 2020, 257:119456.

[89] 蒋正武, 李雄英. 超低温下砂浆力学性能的试验研究[J]. 硅酸盐学报, 2010, 38 (4): 602-607.

[90] 蒋正武, 李雄英, 张楠. 超低温下高强砂浆强度发展[J]. 硅酸盐学报, 2011, 39 (4): 703-707.

[91] 蒋正武, 邓子龙, 李文婷, 等. 超低温冻融循环对砂浆性能的影响[J]. 硅酸盐学报, 2014, 42 (5): 596-600.

[92] JIANG Z W, DENG Z L, ZHU X Q, et al. Increased strength and related mechanisms for mortars at cryogenic temperatures[J]. Cryogenics, 2018, 94: 5-13.

[93] XIE J, YAN J B. Experimental studies and analysis on compressive strength of normal-weight concrete at low temperatures[J]. Structural concrete, 2018, 19(4): 1235-1244.

[94] 谢剑, 崔宁, 姜晓峰. 混凝土超低温冻融循环损伤机理及控制措施[J]. 硅酸盐通报, 2018, 37 (8): 2367-2371.

[95] 谢剑, 唐静, 孙雅丹. 超低温条件下引气剂对混凝土抗冻性能影响的试验研究[J]. 硅酸盐通报, 2020, 39 (1): 12-10.

[96] 金浏, 张仁波, 杜修力, 等. 温度对混凝土结构力学性能影响的研究进展[J]. 土木工程学报, 2021, 54 (3): 1-8.

[97] 余文轩, 金浏, 张仁波, 等. 低温下混凝土单轴压缩破坏及尺寸效应细观有限元分析[J]. 中国科学 (技术科学), 2021, 51 (3): 305-314.

[98] 苏骏, 钱维民, 郭锋, 等. 超低温对高韧性水泥基复合材料抗压韧性影响试验研究[J]. 复合材料学报, 2021, 38 (12): 4349-4360.

[99] 方志, 刘绍琨, 黄政宇, 等. 不同温度下超高性能混凝土的弯拉性能[J]. 硅酸盐学报, 2020, 48 (11): 1732-1739.

[100] 周大卫, 刘娟红, 段品佳, 等. 混凝土超低温冻融循环损伤演化规律和机理[J]. 建筑材料学报, 2022(5):490-497.

[101] 张超, 杨海涛, 段品佳, 等. 低温环境中新型水泥基材料抗拉性能和微结构的演化行为[J]. 硅酸盐通报, 2021, 40 (10): 3405-3413.

[102] ROSTASY F S, WIEDEMANN G. Stress-strain-behaviour of concrete at extremely low temperature[J]. Cement and concrete research, 1980, 10 (4): 565-572.

[103] ROSTASY F S, SPRENGER K H. Strength and deformation of steel fibre reinforced concrete at very low temperature[J]. International journal of cement composites and lightweight concrete, 1984, 6 (1): 47-51.

[104] ROSTASY F S, PUSCH U. Strength and deformation of lightweight concrete of variable moisture content at very low temperatures[J]. International journal of cement composites and lightweight concrete, 1987, 9 (1): 3-17.

[105] FILIATRAULT A, HOLLERAN M. Stress-strain behavior of reinforcing steel and concrete under seismic strain rates and low temperatures[J]. Materials and structures, 2001, 34 (4): 235-239.

[106] BERNER D E. Behavior of prestressed concrete subjected to low temperatures and cyclic loading (cryogenic, offshore)[D]. Berkeley: University of California, 1984.

[107] MACLEAN T J, LLOYD A. Compressive stress-strain response of concrete exposed to low temperatures[J]. Journal of cold regions engineering, 2019, 33 (4): 04019014.

[108] 刘超. 混凝土低温受力性能试验研究[D]. 北京: 清华大学, 2011.

[109] KHALILPOUR S, BANIASAD E, DEHESTANI M. A review on concrete fracture energy and effective parameters[J]. Cement and concrete research, 2019, 120: 294-321.

[110] GUAN J F, HU X Z, LI Q B. In-depth analysis of notched 3-p-b concrete fracture[J]. Engineering fracture mechanics, 2016, 165: 57-71.

[111] PLANAS J, MATURANA P, GUINEA G, et al. Fracture energy of water saturated and partially dry concrete at room and at cryogenic temperatures[C]. Proceedings of the 7th International Conference on Fracture (ICF7), 1989: 1809-1817.

[112] MATURANA P, PLANAS J, ELICES M. Evolution of fracture behaviour of saturated concrete in the low temperature range[J]. Engineering fracture mechanics, 1990, 35 (4-5): 827-834.

[113] HU S W, FAN B. Study on the bilinear softening mode and fracture parameters of concrete in low temperature environments[J]. Engineering fracture mechanics, 2019, 211: 1-16.

[114] FAN B, QIAO Y M, HU S W. An experimental investigation on FPZ evolution of concrete at different low temperatures by means of 3D-DIC[J]. Theoretical and applied fracture mechanics, 2020, 108: 102575.

[115] 谢剑, 刘洋, 严加宝, 等. 极地低温环境下混凝土断裂性能试验研究[J]. 建筑结构学报, 2021, 42 (S01): 341-350.

[116] ELITES M, COMES H, PLANAS J. Behavior at cryogenic temperatures of steel for concrete reinforcement[J]. ACI structural journal, 1986, 83 (3): 405-411.

[117] SLOAN J E. The seismic behavior of reinforced concrete members at low temperature[D]. Raleigh: North Carolina State University, 2005.

[118] MONTEJO L A, SLOAN J E, KOWALSKY M J, et al. Cyclic response of reinforced concrete members at low temperatures[J]. Journal cold regions engineering, 2008, 22(3): 79-102.

[119] DAHMANI L, KHENANE A, KACI S. Behavior of the reinforced concrete at cryogenic temperatures[J]. Cryogenics, 2007, 47 (9-10): 517-525.

[120] 刘爽, 顾祥林, 黄庆华. 超低温下钢筋力学性能的试验研究[J]. 建筑结构学报, 2008, 29 (增刊): 47-51.

[121] 刘爽, 顾祥林, 黄庆华, 等. 超低温下钢筋单轴受力时的应力 - 应变关系[J]. 同济大学学报, 2010, 38 (7): 954-960.

[122] 黑龙江省低温建筑科学研究所. 钢筋在低温下的性能及应用[C]// 国家建委建筑科学研究院. 钢筋混凝土结构研究报告选集. 北京: 中国建筑工业出版社, 1985: 87-103.

[123] YAN J B, XIE J. Experimental studies on mechanical properties of steel reinforcements under cryogenic temperatures[J]. Construction and building materials, 2017, 151: 661-672.

[124] BRUNEAU M, ENG P, UANG C M, et al. Ductile design of steel structures[M]. [S.l.]: McGraw-Hill Education, 2011.

[125] SKIBINA L V, ILICHEV V Y, CHERNIK M M, et al. Thermal expansion of the austenitic stainless steels and titanium alloys in the temperature range 5-300 K[J]. Cryogenics, 1985, 25 (1): 31-32.

[126] MARTELLI V, BIANCHINI G, VENTURA G. Measurement of the thermal expansion coefficient of AISI 420 stainless steel between 20 and 293 K[J]. Cryogenics, 2014, 62: 94-96.

[127] 王元清, 武延民, 石永久, 等. 低温对结构钢材主要力学性能影响的试验研究[J]. 铁道科学与工程学报, 2005, 2 (1): 1-4.

[128] 张玉玲. 低温环境下铁路钢桥疲劳断裂性能研究[J]. 中国铁道科学, 2008, 29 (1): 22-25.

[129] 武延民, 王元清, 石永久, 等. 低温对结构钢材断裂韧度 J_{IC} 影响的试验研究[J]. 铁道科学与工程学报, 2005, 2 (1): 10-13.

[130] YAN J B, LIEW J Y R , ZHANG M H, et al. Mechanical properties of normal strength mild steel and high strength steel S690 in low temperature relevant to Arctic environment[J]. Materials and design, 2014, 61:150-159.

[131] YAN J B, LUO Y L, LIN X, et al. Effects of the Arctic low temperature on mechanical properties of Q690 and Q960 high-strength steels[J]. Construction and building materials, 2021, 300: 124022.

[132] 赵旭平, 张正芳, 袁启波. 低温材料 RW60E 钢的线膨胀系数测定及其数学模型[J]. 金属热处理, 2012, 37 (11): 116-118.

[133] 陈应秀, 杨德华, 崔向群. 一种测量材料线膨胀系数的新方法[J]. 工具技术, 2007, 40 (12): 84-87.

[134] PLANAS J, CORRES H, ELICES M. Behaviour at cryogenic temperatures of tendon anchorages for prestressing concrete[J]. Materials and structures, 1988, 21: 278-285.

[135] 张建可. 钢丝绳低温热膨胀系数试验方法研究[J]. 低温工程, 2012 (3): 26-30.

[136] KACI S, KHENNANE A. Temperature effects on the creep and dynamic behaviors of Kevlar prestressing cables[J]. Canadian journal of civil engineering, 1997, 24 (3): 431-437.

[137] 丁衍然. 超低温环境下钢绞线线膨胀系数与应力松弛试验研究[D]. 天津: 天津大学, 2016.

[138] OLLGAARD J G, SLUTTER R G, FISHER J W. Shear strength of stud connectors in lightweight and normal-weight concrete[J]. AISC engineering journal, 1971: 71-10.

[139] DALEN K V. The strength of stud shear connectors at low temperatures[J]. Canadian journal of civil engineering, 1983, 10 (3): 429-436.

[140] HOU W Q, YE M X, ZHANG Y Z. Cryogenic fatigue behaviour of steel-concrete composite structures[J]. Journal of physics: conference series, 2011, 305: 012099.

[141] 谢宜琨, 方国强, 张宁, 等. 低温下栓钉连接件抗剪承载力的数值模拟研究[J]. 工业建筑, 2019, 49 (10): 175-179, 145.

[142] 谢宜琨, 方国强, 张宁, 等. 低温下栓钉连接件的抗剪性能试验研究[J]. 建筑结构, 2020, 50 (9) : 86-91.

[143] YAN J B, ZHANG W, LIEW J Y R, et al. Numerical studies on shear resistance of headed stud connectors in different concretes under Arctic low temperature[J]. Materials and design, 2016, 112: 184-196.

[144] XIE J, ZHU G R, YAN J B. Mechanical properties of headed studs at low temperatures in Arctic infrastructure[J]. Journal of constructional steel research, 2018, 149: 130-140.

[145] XIE J, KANG E C, YAN J B, et al. Pull-out behaviour of headed studs embedded in normal weight concrete at low temperatures[J]. Construction and building materials, 2020, 264: 120692.

[146] 朱冠儒. 极地低温下组合结构中栓钉抗拉拔性能研究[D]. 天津: 天津大学, 2018.

[147] YAN J B, XIE J. Shear behavior of headed stud connectors at low temperatures relevant to the Arctic environment[J]. Journal of structural engineering, 2018, 144 (9): 04018139.

[148] 黑龙江省低温建筑科学研究所. 钢筋混凝土结构在负温下应用的几个问题[J]. 建筑结构, 1978(4): 44-49.

[149] 刘爽, 黄庆华, 顾祥林, 等. 超低温下钢筋混凝土梁受弯承载力研究[J]. 建筑结构学报, 2009 (S2): 86-91.

[150] 李扬, 杨侗伟, 黄德瑞. 超低温下钢筋混凝土梁开裂前受力性能试验研究[J]. 建筑结构学报, 2021, 42 (4): 110-116.

[151] 谢剑, 雷光成, 魏强, 等. 超低温下钢筋混凝土梁受弯性能试验研究[J]. 建筑结构学报, 2014 (12): 65-71.

[152] YAN J B, XIE J. Behaviours of reinforced concrete beams under low temperatures[J]. Construction and building materials, 2017, 141: 410-425.

[153] 谢剑, 丁衎然, 韩晓丹, 等. 超低温下有黏结预应力混凝土梁受弯性能试验研究[J]. 土木工程学报, 2016, 49 (8): 69-75.

[154] XIE J, CHEN X, YAN J B, et al. Ultimate strength behavior of prestressed concrete beams at cryogenic temperatures[J]. Materials and structures, 2017, 50 (1): 1-13.

[155] XIE J, ZHAO X, YAN J B. Experimental and numerical studies on bonded prestressed concrete beams at low temperatures[J]. Construction and building materials, 2018, 188: 101-118.

[156] MIRZAZADEH M M, NOËL M, GREEN M F. Effects of low temperature on the static behaviour of reinforced concrete beams with temperature differentials[J]. Construction and building materials, 2016, 112: 191-201.

[157] MIRZAZADEH M M, NOËL M, GREEN M F. Fatigue behavior of reinforced concrete beams with temperature differentials at room and low temperature[J]. Journal of structural engineering, 2017, 143 (7): 04017056.

[158] EL-HACHA R, GREEN M F, WIGHT R G. Flexural behaviour of concrete beams strengthened with prestressed carbon fibre reinforced polymer sheets subjected to sustained loading and low temperature[J]. Canadian journal of civil engineering, 2004, 31 (2): 239-252.

[159] EL-HACHA R, WIGHT R G, GREEN M F. Prestressed carbon fiber reinforced polymer sheets for strengthening concrete beams at room and low temperatures[J]. Journal of composites for construction, 2004, 8(1):3-13.

[160] XIE J, LI X M, WU H H. Experimental study on the axial-compression performance of concrete at cryogenic temperatures[J]. Construction and building materials, 2014, 72: 380-388.

[161] 陈曦. 低温环境下钢筋混凝土轴拉构件试验研究及有限元分析[D]. 天津: 天津大学, 2017.

[162] MONTEJO L A, KOWALSKY M J, HASSAN T. Seismic behavior of flexural dominated reinforced concrete bridge columns at low temperatures[J]. Journal of cold regions engineering, 2009, 23 (1): 18-42.

[163] TRUONG D D, JUNG H J, SHIN H K, et al. Response of low-temperature steel beams subjected to single and repeated lateral impacts[J]. International journal of naval architecture and ocean engineering, 2018, 10 (6): 670-682.

[164] ROKILAN M, MAHENDRAN M. Behaviour of cold-formed steel compression members at sub-zero temperatures[J]. Journal of constructional steel research, 2020 (172): 106156.

[165] PAIK J K, KIM B J, PARK D K, et al. On quasi-static crushing of thin-walled steel structures in cold temperature: experimental and numerical studies[J]. International journal of impact engineering, 2011, 38 (1):13-28.

[166] ANSOURIAN P, RODERICK J W. Analysis of composite beams[J]. Journal of the structural division, 1977, 104 (10):1631-1645.

[167] 石中柱, 崔玉萍, 王洪全, 等. 钢 - 高强混凝土组合梁的变形及延性分析[C]// 中国土木工程学会市政工程分会 2000 年学术年会论文集, 2000.

[168] JOHNSON R P, MAY I M. Partial-interaction design of composite beams[J]. Structural engineer, 1975, 53 (8): 305-311.

[169] DAVIES C. Tests on half-scale steel-concrete composite beams with welded stud connectors[J]. Structural engineer, 1969, 47 (1): 29-40.

[170] OEHLERS D J. Splitting induced by shear connectors in composite beams[J]. Journal of structural engineering, 1989, 115 (2): 341-362.

[171] NIE J G, CAI C S. Steel concrete composite beams considering shear slip effects[J]. Journal of structural engineering, 2003, 129 (4): 495-506.

[172] 陈世鸣, 顾萍. 影响钢 - 混凝土组合梁挠度计算的几个因素[J]. 建筑结构, 2004 (1): 31-33.

[173] 付果, 薛建阳, 葛鸿鹏, 等. 钢 - 混凝土组合梁界面滑移及变形性能的试验研究[J]. 建筑结构, 2007, 37 (10): 69-71.

[174] 付果, 赵鸿铁, 葛鸿鹏, 等. 钢 - 混凝土组合梁截面组合抗剪性能的试验研究[J]. 建筑结构, 2007, 37 (10): 66-68.

[175] LONG A E, DALEN K V, CSAGOLY P. The fatigue behavior of negative moment regions of continuous composite beams at low temperatures[J]. Canadian journal of civil engineering, 1975, 2 (1): 98-115.

[176] LIN Y Z, YAN J C, WANG Z F, et al. Effects of steel fibers on failure mechanism of S-UHPC composite beams applied in the Arctic offshore structure[J]. Ocean engineering, 2021, 234: 109302.

[177] YAN J B, XIE W J, LUO Y, et al. Behaviours of concrete stub columns confined by steel tubes at cold-region low temperatures[J]. Journal of constructional steel research, 2020,

170: 106-124.

[178] YAN J B, DONG X, WANG T. Axial compressive behaviours of square CFST stub columns at low temperatures[J]. Journal of constructional steel research, 2020, 164: 105812.

[179] YAN J B, WANG Z, XIE J. Compressive behaviours of double skin composite walls at low temperatures relevant to the Arctic environment[J]. Thin-walled structures, 2019, 140: 294-303.

[180] YAN J B, WANG Z, LUO Y B, et al. Compressive behaviours of novel SCS sandwich composite walls with normal weight concrete[J]. Thin-walled structures, 2019, 141: 119-132.

[181] YAN J B, WANG Z, WANG T. Compressive behaviours of steel-concrete-steel sandwich walls with J-hooks at low temperatures[J]. Construction and building materials, 2019, 207: 108-121.

[182] YAN J B, DONG X, ZHU J S. Behaviours of stub steel tubular columns subjected to axial compression at low temperatures[J]. Construction and building materials, 2019, 228: 116788.

[183] YAN J B, DONG X, ZHU J S. Compressive behaviours of CFST stub columns at low temperatures relevant to the Arctic environment[J]. Construction and building materials, 2019, 223: 503-519.

第 2 章　极地寒区低温环境下材料力学性能研究

低温下土木工程材料性能的改变势必对构件及结构整体的受力性能产生影响，材料低温力学性能研究是低温工程结构研究的基础，是建筑结构在极地寒区环境服役的重要安全保障。混凝土和钢材被广泛应用于极地寒区的桥梁、隧道、科考站、液化天然气和石油开采平台等建筑工程中。因此，对混凝土和钢材的低温力学性能进行研究非常有必要。

2.1　低温环境下混凝土力学性能研究

2.1.1　混凝土低温单轴试验研究

混凝土的本构关系是进行混凝土构件和结构非线性分析的基础。低温下混凝土材料性能的改变势必对结构构件的受力性能产生影响。因此，本章开展了单轴荷载作用下混凝土低温受压性能研究，主要研究温度、强度等级和试件形式对混凝土轴压性能的影响，得到了低温下混凝土试件的破坏模式和应力 - 应变曲线等关键数据，分析了低温下混凝土立方体抗压强度、轴心抗压强度、弹性模量和峰值应变等的变化规律，并以试验结果为基础，建立了低温下混凝土关键力学性能指标的计算公式。

1. 试验设计

为研究温度、强度等级和试件尺寸对单轴荷载作用下混凝土受压性能的影响，共设计两组试验。第Ⅰ组为混凝土立方体试件，试件尺寸为 100 mm × 100 mm × 100 mm，混凝土强度等级为 C20、C40 和 C60，试验温度为 20 ℃、−30 ℃、−60 ℃和 −80 ℃，共 12 组试件，每组试件有 6 个平行试件。第Ⅱ组为混凝土棱柱体试件，试件尺寸为 100 mm × 100 mm × 300 mm，混凝土强度等级和试验温度与第Ⅰ组一致，共 12 组试件，每组试件有 3 个平行试件。混凝土具体配合比见表 2-1。两组试件相同等级的混凝土同批浇筑，以尽量减小浇筑因素干扰。试验研究低温下混凝土立方体抗压强度与棱柱体抗压强度的对应关系。

表 2-1　混凝土配合比

强度等级	w/c	W_c(%)	水泥(kg/m³)	水(kg/m³)	砂(kg/m³)	石(kg/m³)
C20	0.69	3.91	316	219	783	1 082
C40	0.45	4.66	487	219	614	1 080
C60	0.39	4.56	562	219	550	1 069

注：w/c—混凝土的水灰比；W_c—混凝土的含水率。

第Ⅰ组试验主要研究不同温度下不同强度等级混凝土立方体抗压强度，C20、C40 和 C60 试件分别用 A1、B1 和 C1 表示。试验流程主要包括：首先将混凝土立方体试件放置于超低温冰箱中降至目标温度并持温 48 h，通过预埋于试件中心处的 PT100 温度传感器监测试件温度变化；然后将试件转移至放置于 200 t 压力试验机上的保温箱中，通入液氮使试件在加载过程中保持目标温度。试验采用应力控制加载，A1、B1 和 C1 组试件的加载速率分别为 0.3 MPa/s、0.5 MPa/s 和 0.8 MPa/s。

第Ⅱ组试验主要研究单轴荷载作用下不同强度等级混凝土的低温应力 - 应变本构关系，C20、C40 和 C60 试件分别用 A2、B2 和 C2 表示。为尽可能获得完整的混凝土应力 - 应变曲线，试验在 500 t 电液伺服压力试验机上进行，采用位移控制加载，加载速率为 0.3 mm/min。试验装置如图 2.1 所示。在试件中部 100 mm 范围内固定两个钢框架作为引出装置，将千分表架设在保温箱外测量试件该段范围内的整体变形，进而获得该段的平均应变。除需架设引出装置和千分表进行变形测量外，其余试验流程与第Ⅰ组试验基本一致，不再赘述。

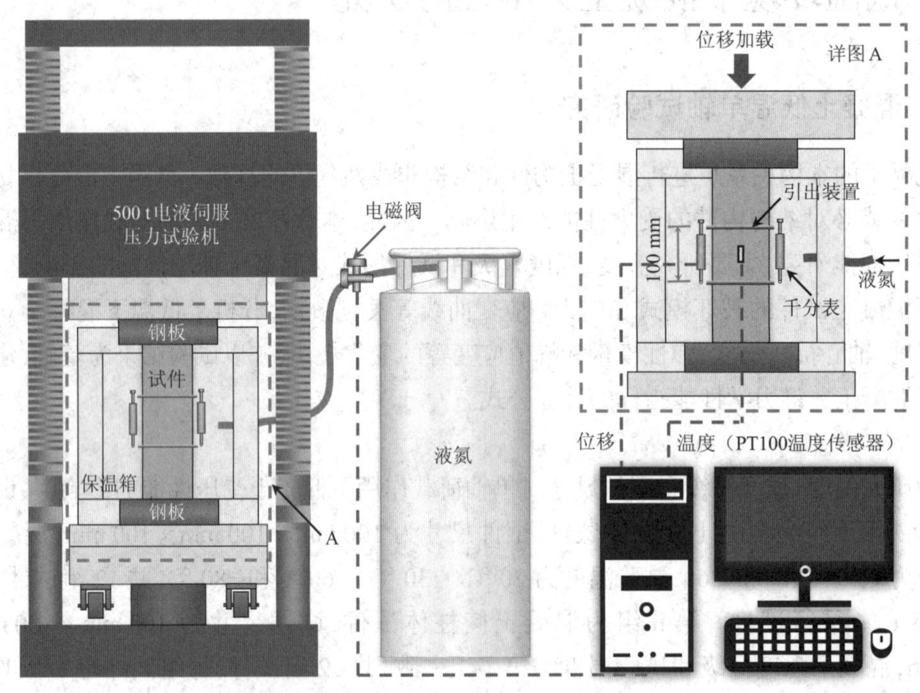

图 2.1　混凝土低温受压试验装置图

2. 破坏形态

低温下混凝土立方体试件的破坏形态如图 2.2 所示。从图中可以看出，不同强度等级的混凝土立方体试件均呈对顶棱锥状破坏，中部混凝土剥离，上下端角部相对完整。低温对混凝土立方体试件的破坏形态无明显影响。常温下混凝土立方体试件的破坏界面集中在粗骨料和水泥砂浆交界面处。随着温度降低，混凝土强度等级提高，−80 ℃条件下 C60 试件可观察到破坏界面贯穿粗骨料内部。此外，低温下混凝土强度提高，脆性破坏特征增强，破坏更加突然。

图 2.2　混凝土立方体试件破坏形态

低温下混凝土棱柱体试件的典型破坏形态如图 2.3 所示。从图中可以看出,试件破坏后,一般会在试件中部 100 mm 范围内产生一条斜向主裂缝,且沿主裂缝方向呈大面积片状或块状剥落。随着温度降低,混凝土强度等级提高,荷载达到峰值后,混凝土应力陡降,试件开裂后,混凝土碎块陆续掉落,裂缝不断发展,最后裂缝贯通,形成两个对顶的角锥体。与混凝土立方体试件相同,低温下混凝土强度提高,脆性破坏特征增强,破坏更加突然,试验结束后试件的完整性较差。

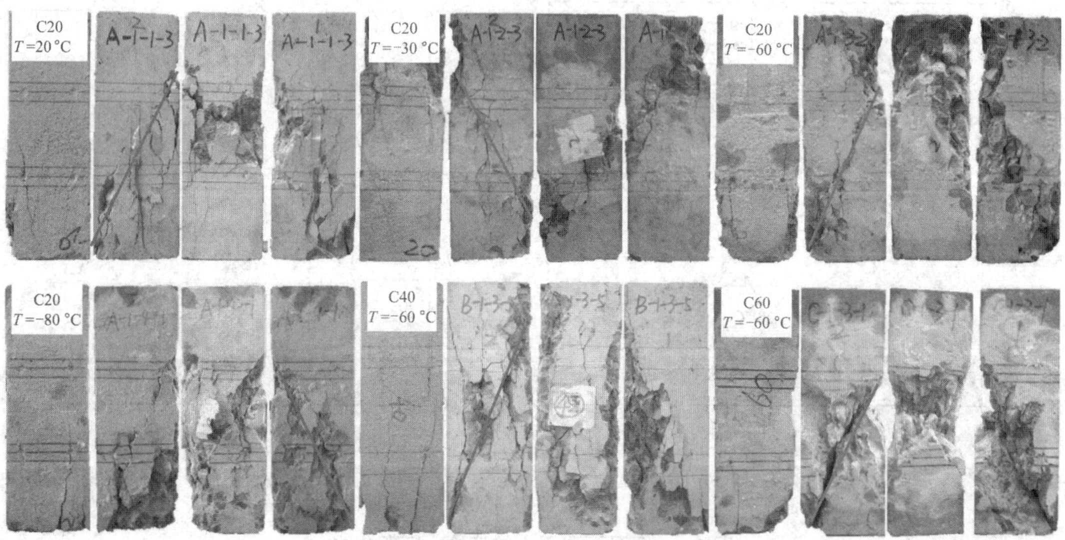

图 2.3　混凝土棱柱体试件典型破坏形态

3. 应力 - 应变曲线

不同温度下 C20、C40 和 C60 混凝土的应力 - 应变曲线见图 2.4(a)~(c),典型应力 - 应变曲线见图 2.4(d)。单轴荷载作用下,混凝土的应力 - 应变曲线可分为上升段和下降段。上升段可进一步划分为三个阶段:第一阶段为弹性阶段,混凝土应力 - 应变曲线接近直线,曲线的斜率即为混凝土的弹性模量,直至应力达到 $0.4f_c$ 左右;第二阶段,应力和应变不再呈线性增长,应变增长速率快于应力增长速率,试件开始进入裂缝稳定扩展阶段;第三阶段为试件裂缝快速发展阶段,最终应力达到峰值应力,峰值应力对应的应变即为峰值应变。上升段之后曲线进入下降段,裂缝继续扩展、贯通。试验中测得的不同强度等级混凝土的下降段区别较大,混凝土强度等级越高,脆性破坏越严重,试验中越难测得完整的下降段,如图 2.4(c)所示,当温度降至 −30 ℃及以下时,C60 混凝土的应力 - 应变曲线均无较完整的下降段。

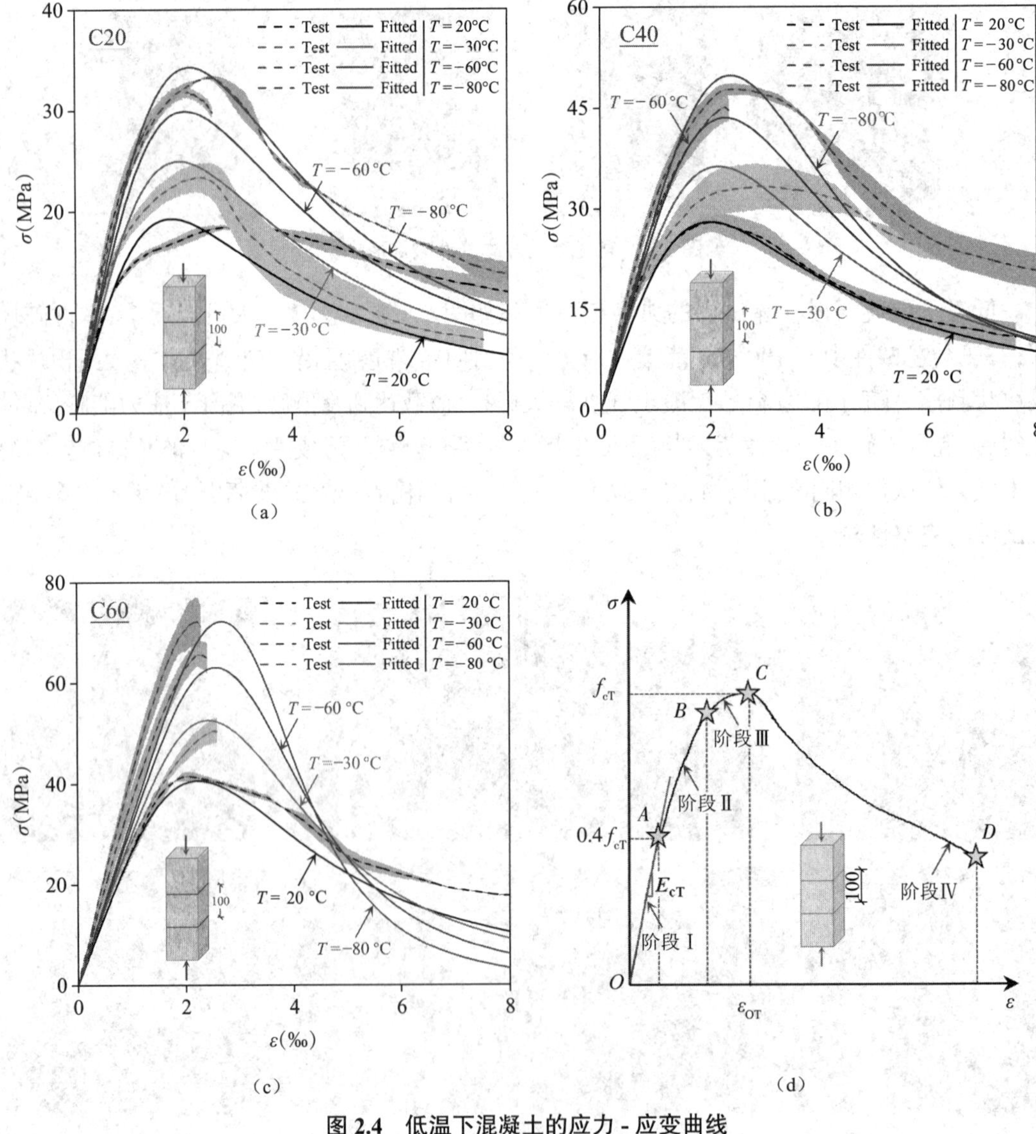

图 2.4 低温下混凝土的应力 - 应变曲线

(a)C20 (b)C40 (c)C60 (d)典型应力 - 应变曲线

4. 试验结果及分析

第Ⅰ组试验获得的不同温度下不同强度等级混凝土立方体抗压强度结果见表 2-2。其中，T 表示温度；f_{cu} 和 f_{cuT} 分别表示试验和回归公式得到的不同温度下混凝土立方体抗压强度；COV 表示变异系数。

表 2-2　混凝土立方体试验结果汇总

试件编号	强度等级	T（℃）	f_{cu1}（MPa）	f_{cu2}（MPa）	f_{cu3}（MPa）	f_{cu4}（MPa）	f_{cu5}（MPa）	f_{cu6}（MPa）	f_{cu}（MPa）	f_{cuT}（MPa）	$\frac{f_{cu}}{f_{cuT}}$
A1T1	C20	20	29.4	26.1	25.4	28.4	26.7	27.7	27.3	26.9	1.01
A1T2	C20	-30	29.4	28.2	30.1	32.7	34.5	34.0	31.5	31.9	0.99
A1T3	C20	-60	36.4	35.4	31.2	33.7	34.3	37.0	34.7	36.1	0.96
A1T4	C20	-80	39.8	34.0	37.1	35.7	36.2	32.5	35.9	39.5	0.91
B1T1	C40	20	50.7	52.1	47.4	47.7	45.2	43.4	47.8	47.0	1.02
B1T2	C40	-30	58.6	58.6	54.5	49.5	57.4	56.5	55.9	55.9	1.00
B1T3	C40	-60	63.4	58.7	63.7	67.3	67.4	65.4	64.3	63.1	1.02
B1T4	C40	-80	64.5	74.1	71.6	67.5	68.4	65.8	68.7	69.0	0.99
C1T1	C60	20	56.3	65.6	58.1	56.9	56.6	56.5	58.3	56.6	1.03
C1T2	C60	-30	68.2	67.9	70.3	73.7	60.5	71.1	68.6	67.2	1.02
C1T3	C60	-60	83.1	68.3	70.8	72.6	77.5	81.7	75.7	75.8	1.00
C1T4	C60	-80	75.7	92.9	81.6	93.4	81.7	90.1	85.9	83.0	1.03
均值											1.00
COV											0.04

第Ⅱ组试验获得的不同温度下不同强度等级混凝土棱柱体受压试验结果见表 2-3。其中，f_c 表示低温下混凝土的峰值应力，即棱柱体抗压强度；f_{cT} 表示低温下混凝土的峰值应力；E_c 表示低温下混凝土的弹性模量，取应力 - 应变曲线上原点与 $0.4f_c$ 连线的斜率作为混凝土的弹性模量；E_{cA}、E_{cB}、E_{cC}、E_{cD} 和 E_{cE} 表示低温下混凝土的弹性模量；ε_0 表示峰值应力对应的峰值应变；ε_{0A} 和 ε_{0B} 表示低温下混凝土的峰值应变，详见本节后面的回归分析。

1）抗压强度

温度对混凝土强度的影响如图 2.5 所示。低温下混凝土的立方体抗压强度和棱柱体抗压强度随温度降低均呈线性增长趋势，这主要是由于低温下混凝土中的水结冰填充其内部孔隙所致。当温度从常温降至 -30 ℃、-60 ℃和 -80 ℃时，C20 混凝土 f_c 分别提高 24.0%、68.4% 和 75.5%；C40 混凝土 f_c 分别提高 28.1%、64.0% 和 70.9%；C60 混凝土 f_c 分别提高 15.4%、49.6% 和 69.0%。对比分析上述数据可以发现，在 20 到 -80 ℃范围内，低温对混凝土棱柱体抗压强度的增强作用较立方体抗压强度更加显著，且这种增强作用随混凝土强度等级的提高呈降低趋势；当从 20 ℃降至相同低温条件时，不同强度等级混凝土立方体抗压强度的提高幅度区别不大，随强度等级增长有轻微增长趋势。

表 2-3 混凝土棱柱体试验结果汇总

试件编号	T（℃）	w/c	W_c（%）	f_c（MPa）	f_{cT}（MPa）	$\frac{f_c}{f_{cT}}$	E_c（GPa）	E_{cA}（GPa）	$\frac{E_c}{E_{cA}}$	E_{cB}（GPa）	$\frac{E_c}{E_{cB}}$	E_{cC}（GPa）	$\frac{E_c}{E_{cC}}$	E_{cD}（GPa）	$\frac{E_c}{E_{cD}}$	E_{cE}（GPa）	$\frac{E_c}{E_{cE}}$	ε_0（‰）	ε_{0A}（‰）	$\frac{\varepsilon_0}{\varepsilon_{0A}}$	ε_{0B}（‰）	$\frac{\varepsilon_0}{\varepsilon_{0B}}$
A2T1-1	20	0.69	3.91	20.0	19.3	1.04	19.88	25.09	0.79	21.41	0.93	24.00	0.83	22.1	0.90	20.1	0.99					
A2T1-2	20	0.69	3.91	18.3	19.3	0.95	22.46	25.09	0.90	21.41	1.05	24.00	0.94	22.1	1.02	20.1	1.11	2.758	1.777	1.55	1.455	
A2T1-3	20	0.69	3.91	18.7	19.3	0.97	19.08	25.09	0.76	21.41	0.89	24.00	0.79	22.1	0.86	20.1	0.95	2.545	1.777	1.43	1.455	
A2T2-1	−30	0.69	3.91	21.8	25.0	0.87	29.58	27.11	1.09	24.36	1.21	26.70	1.11	25.6	1.15	23.3	1.27	2.197	1.925	1.14	1.559	1.41
A2T2-2	−30	0.69	3.91	26.6	25.0	1.07	25.71	27.11	0.95	24.36	1.06	26.70	0.96	25.6	1.00	23.3	1.10	2.499	1.925	1.30	1.559	1.60
A2T2-3	−30	0.69	3.91	22.3	25.0	0.89	23.07	27.11	0.85	24.36	0.95	26.70	0.86	25.6	0.90	23.3	0.99	2.343	1.925	1.22	1.559	1.50
A2T3-1	−60	0.69	3.91	32.6	29.9	1.09	33.21	28.62	1.16	26.67	1.25	28.51	1.16	28.4	1.17	25.9	1.28	1.990	2.036	0.98	1.641	1.21
A2T3-2	−60	0.69	3.91	31.4	29.9	1.05	28.38	28.62	0.99	26.67	1.06	28.51	1.00	28.4	1.00	25.9	1.10	2.069	2.036	1.02	1.641	1.26
A2T3-3	−60	0.69	3.91	32.0	29.9	1.07	29.52	28.62	1.03	26.67	1.11	28.51	1.04	28.4	1.04	25.9	1.14	2.010	2.036	0.99	1.641	1.22
A2T4-1	−80	0.69	3.91	33.5	34.3	0.98	28.58	29.82	0.96	28.55	1.00	29.80	0.96	30.7	0.93	28.0	1.02	2.485	2.124	1.17	1.707	1.46
A2T4-2	−80	0.69	3.91	33.2	34.3	0.97	28.99	29.82	0.97	28.55	1.02	29.80	0.97	30.7	0.94	28.0	1.04	2.480	2.124	1.17	1.707	1.45
B2T1-1	20	0.45	4.66	29.1	28.0	1.04	30.08	28.06	1.07	25.80	1.17	27.86	1.08	25.9	1.16	27.3	1.10	2.007	1.995	1.01	1.610	1.25
B2T1-2	20	0.45	4.66	25.2	28.0	0.90	24.97	28.06	0.89	25.80	0.97	27.86	0.90	25.9	0.96	27.3	0.91	2.014	1.995	1.01	1.610	1.25
B2T1-3	20	0.45	4.66	29.8	28.0	1.06	28.26	28.06	1.01	25.80	1.10	27.86	1.01	25.9	1.09	27.3	1.03	1.900	1.995	0.95	1.610	1.18
B2T2-1	−30	0.45	4.66	30.0	36.3	0.83	29.28	30.32	0.97	29.35	1.00	30.30	0.97	30.1	0.97	31.7	0.92	2.840	2.161	1.31	1.736	1.64
B2T2-2	−30	0.45	4.66	40.9	36.3	1.13	32.89	30.32	1.08	29.35	1.12	30.30	1.09	30.1	1.09	31.7	1.04	2.351	2.161	1.09	1.736	1.35
B2T2-3	−30	0.45	4.66	36.8	36.3	1.02	26.09	30.32	0.86	29.35	0.89	30.30	0.86	30.1	0.87	31.7	0.82	2.784	2.161	1.29	1.736	1.60
B2T3-1	−60	0.45	4.66	43.4	43.5	1.00	33.12	32.01	1.03	32.15	1.03	31.88	1.04	33.4	0.99	35.1	0.94	2.564	2.286	1.12	1.834	1.40
B2T3-2	−60	0.45	4.66	46.9	43.5	1.08	28.74	32.01	0.90	32.15	0.89	31.88	0.90	33.4	0.86	35.1	0.82	1.965	2.286	0.86	1.834	1.07
B2T3-3	−60	0.45	4.66	47.6	43.5	1.09	29.58	32.01	0.92	32.15	0.92	31.88	0.93	33.4	0.89	35.1	0.84	2.273	2.286	0.99	1.834	1.24
B2T4-1	−80	0.45	4.66	49.5	49.8	0.99	39.61	33.35	1.19	34.41	1.15	32.98	1.20	36.1	1.10	38.0	1.04	2.386	2.385	1.00	1.914	1.25
B2T4-2	−80	0.45	4.66	47.1	49.8	0.95	35.40	33.35	1.06	34.41	1.03	32.98	1.07	36.1	0.98	38.0	0.93	2.491	2.385	1.04	1.914	1.30

续表

试件编号	T（℃）	w/c	W_c（%）	f_c（MPa）	f_{cT}（MPa）	$\frac{f_c}{f_{cT}}$	E_c（GPa）	E_{cA}（GPa）	$\frac{E_c}{E_{cA}}$	E_{cB}（GPa）	$\frac{E_c}{E_{cB}}$	E_{cC}（GPa）	$\frac{E_c}{E_{cC}}$	E_{cD}（GPa）	$\frac{E_c}{E_{cD}}$	E_{cE}（GPa）	$\frac{E_c}{E_{cE}}$	ε_0（‰）	ε_{0A}（‰）	$\frac{\varepsilon_0}{\varepsilon_{0A}}$	ε_{0B}（‰）	$\frac{\varepsilon_0}{\varepsilon_{0B}}$
B2T4-3	−80	0.45	4.66	47.1	49.8	0.95	31.04	33.35	0.93	34.41	0.90	32.98	0.94	36.1	0.86	38.0	0.82	2.592	2.385	1.09	1.914	1.35
C2T1-1	20	0.39	4.56	40.7	40.6	1.00	28.04	31.37	0.89	31.08	0.90	31.31	0.90	28.7	0.98	29.7	0.95	1.804	2.239	0.81	1.796	1.00
C2T1-2	20	0.39	4.56	42.6	40.6	1.05	27.75	31.37	0.88	31.08	0.89	31.31	0.89	28.7	0.97	29.7	0.94	2.001	2.239	0.89	1.796	1.11
C2T1-3	20	0.39	4.56	45.1	40.6	1.11	34.67	31.37	1.11	31.08	1.12	31.31	1.11	28.7	1.21	29.7	1.17	1.937	2.239	0.87	1.796	1.08
C2T2-1	−30	0.39	4.56	46.9	52.6	0.89	27.88	33.90	0.82	35.36	0.79	33.40	0.83	33.3	0.84	34.4	0.81	2.388	2.425	0.98	1.947	1.23
C2T2-2	−30	0.39	4.56	53.0	52.6	1.01	29.07	33.90	0.86	35.36	0.82	33.40	0.87	33.3	0.87	34.4	0.85	2.548	2.425	1.05	1.947	1.31
C2T2-3	−30	0.39	4.56	48.3	52.6	0.92	31.68	33.90	0.93	35.36	0.90	33.40	0.95	33.3	0.95	34.4	0.92	2.641	2.425	1.09	1.947	1.36
C2T3-1	−60	0.39	4.56	66.3	63.1	1.05	40.17	35.80	1.12	38.72	1.04	34.70	1.16	36.9	1.09	38.2	1.05	2.328	2.566	0.91	2.066	1.13
C2T3-2	−60	0.39	4.56	70.1	63.1	1.11	43.23	35.80	1.21	38.72	1.12	34.70	1.25	36.9	1.17	38.2	1.13	2.340	2.566	0.91	2.066	1.13
C2T3-3	−60	0.39	4.56	62.1	63.1	0.98	31.69	35.80	0.89	38.72	0.82	34.70	0.91	36.9	0.86	38.2	0.83	2.247	2.566	0.88	2.066	1.09
C2T3-4	−60	0.39	4.56	57.6	63.1	0.91	40.56	35.80	1.13	38.72	1.05	34.70	1.17	36.9	1.10	38.2	1.06	1.844	2.566	0.72	2.066	0.89
C2T4-1	−80	0.39	4.56	67.6	72.3	0.94	42.00	37.29	1.13	41.44	1.01	35.59	1.18	39.9	1.05	41.2	1.02	2.177	2.676	0.81	2.162	1.01
C2T4-2	−80	0.39	4.56	77.1	72.3	1.07	45.64	37.29	1.22	41.44	1.10	35.59	1.28	39.9	1.14	41.2	1.11	2.205	2.676	0.82	2.162	1.02
均值						1.00			0.99		1.01		1.00		1.00		1.00			1.01		1.26
COV						0.08			0.12		0.11		0.13		0.11		0.13			0.15		0.15

注：试验按照每组 3 个平行试件设计，但在实际操作过程中，由于意外因素影响，会对试件数量进行微调，所以各组试件的数据有可能会出现 2 个或 4 个。

图 2.5（c）、（d）给出了不同温度下混凝土立方体抗压强度和轴心抗压强度的换算系数随温度变化的情况。当温度从常温降至 −30 ℃、−60 ℃和 −80 ℃时，混凝土立方体抗压强度与棱柱体抗压强度的换算系数由 0.68 增长至 0.69、0.81 和 0.78。可以看出，随着温度的降低，f_c/f_{cu} 呈增长趋势，但是 R^2 仅为 0.25，相关性较弱，表明低温下混凝土的尺寸效应减弱，但由于试件数量有效，实现定量分析仍需进一步研究。

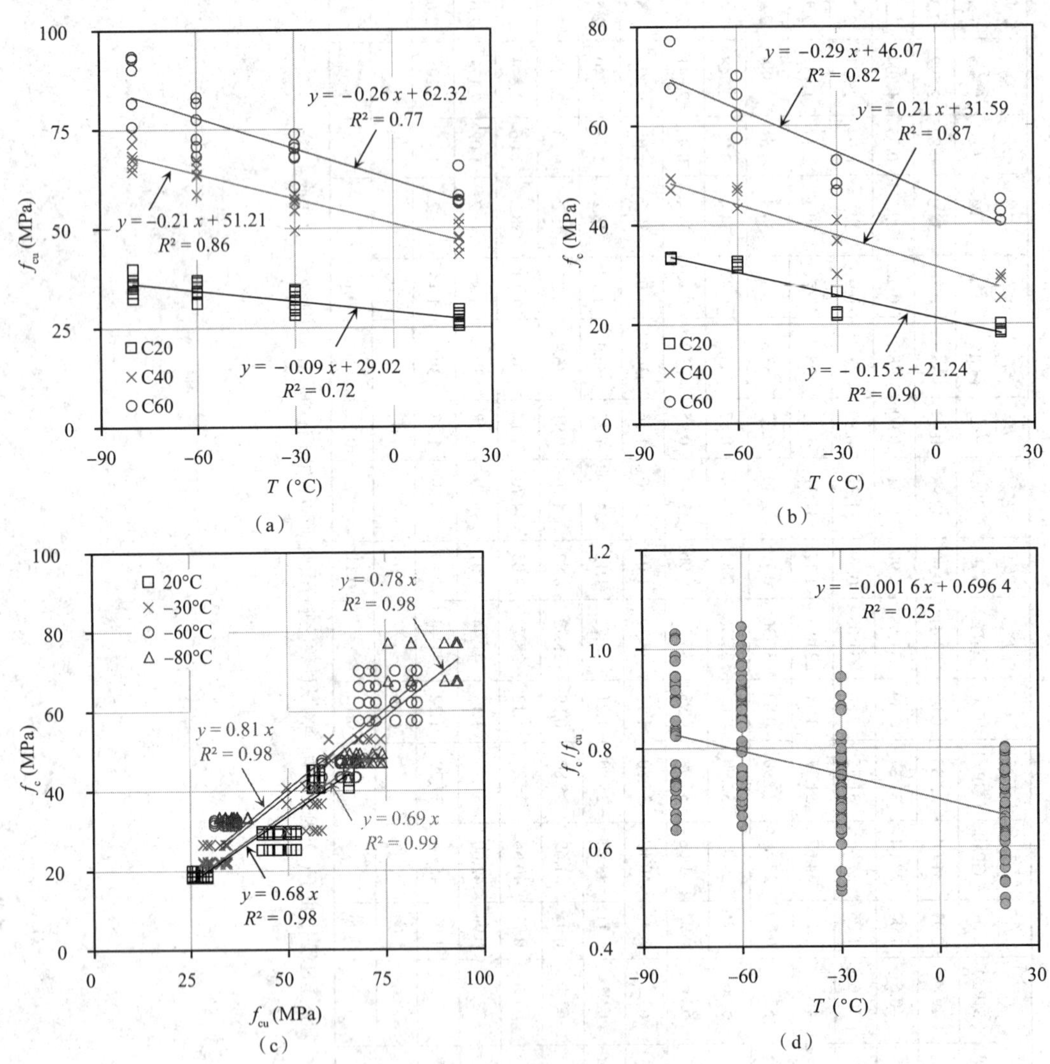

图 2.5　温度对混凝土强度的影响

（a）对 f_{cu} 的影响　（b）对 f_c 的影响　（c）不同温度下 f_{cu} 和 f_c 的对应关系　（d）对 f_c/f_{cu} 的影响

2）弹性模量

从图 2.6（a）可以看出，混凝土的弹性模量随温度的降低而增长。当温度从常温降至 −30 ℃、−60 ℃和 −80 ℃时，C20 混凝土 E_c 由 20.47 GPa 增长至 26.12 GPa、30.37 GPa 和 28.79 GPa，对应的增长率分别为 27.6%、48.3% 和 40.6%；C40 混凝土 E_c 由 27.77 GPa 增长至 29.42 GPa、30.48 GPa 和 35.35 GPa，对应的增长率分别为 5.9%、9.8% 和 27.3%；C60 混凝土 E_c 由 30.15 GPa 变至 29.54 GPa、38.19 GPa 和 43.82 GPa，对应的增长率分别为 −2.0%、

26.7% 和 45.3%。低温下混凝土弹性模量增长同样由于毛细孔中水结冰导致。此外还可发现，低温下混凝土 E_c 增长幅度明显小于 f_c 的增长幅度，且实测混凝土弹性模量离散性较大，与温度的相关性较弱，R^2 值相对较小。

3）峰值应变

温度对混凝土峰值应变（ε_0）的影响如图 2.6（b）所示。当温度从常温降至 −30 ℃、−60 ℃和 −80 ℃时，C20 混凝土 ε_0 由 2.652‰ 变为 2.346‰、2.023‰ 和 2.483‰；C40 混凝土 ε_0 由 1.971‰ 变为 2.658‰、2.267‰ 和 2.490‰；C60 混凝土 ε_0 由 1.914‰ 变为 2.526‰、2.190‰ 和 2.191‰。可以发现，不同温度下不同强度等级混凝土的峰值应变结果离散性较大，未表现出明显的规律性，这可能与混凝土材料的不均匀性有关，可认为混凝土峰值应变不受温度影响。当不考虑温度的影响时，C20、C40 和 C60 混凝土对应的峰值应变均值分别为 2.338‰、2.347‰ 和 2.205‰。

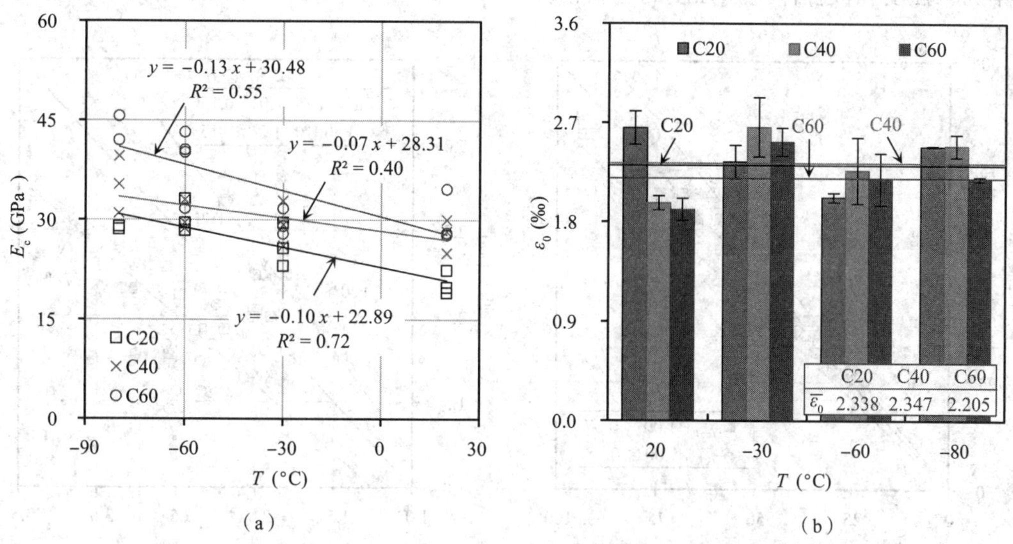

图 2.6 温度对混凝土弹性模量和峰值应变的影响

（a）T 对 E_c 的影响 （b）T 对 ε_0 的影响

5. 回归分析

1）抗压强度

从试验结果可知，温度（T）、含水率（W_c）和混凝土强度等级均对低温下混凝土的抗压强度有显著影响。因此，建立考虑 T、W_c 和混凝土强度等级影响的混凝土抗压强度计算公式，其中通过水灰比（w/c）反映混凝土强度等级对混凝土抗压强度的影响。为了便于回归分析，公式中温度采用开尔文温度（K）表示，建立的低温下混凝土抗压强度增长率（I_{f_T}）的计算公式形式如下：

$$I_{f_T} = \frac{f_T}{f_a} = AT^B e^{W_c \times C} (w/c)^D \tag{2.1}$$

式中，A、B、C 均为系数。

基于试验结果，通过回归分析，得到 20 到 −80 ℃范围内混凝土立方体抗压强度增长率

($I_{f_{cuT}}$)和棱柱体抗压强度增长率($I_{f_{cT}}$)的计算公式如下：

$$I_{f_{cuT}}=\frac{f_{cuT}}{f_{cua}}=156T^{-0.92}e^{0.05W_c}(w/c)^{0.09} \quad (2.2)$$

$$I_{f_{cT}}=\frac{f_{cT}}{f_{ca}}=1710T^{-1.38}e^{0.13W_c}(w/c)^{0.265} \quad (2.3)$$

式中，f_{cuT} 和 f_{cT} 分别表示温度 T 下混凝土立方体抗压强度和棱柱体抗压强度，MPa；f_{cua} 和 f_{ca} 分别表示常温下混凝土立方体抗压强度和棱柱体抗压强度，MPa；T 为温度，193 K ≤ T ≤ 293 K，K；W_c 为含水率，%；w/c 为水灰比。

图 2.7(a)对比了试验和拟合得到的混凝土抗压强度值，具体结果见表 2-3。从图中可以看出，f_{cu} 和 f_c 所有的预测值的误差均在 ±15% 范围内。f_{cu}/f_{cuT}(f_c/f_{cT})的均值为 1.00(1.00)，变异系数为 0.07(0.08)。这说明建立的回归公式能够较好地预测低温下混凝土立方体抗压强度和棱柱体抗压强度的增长情况。

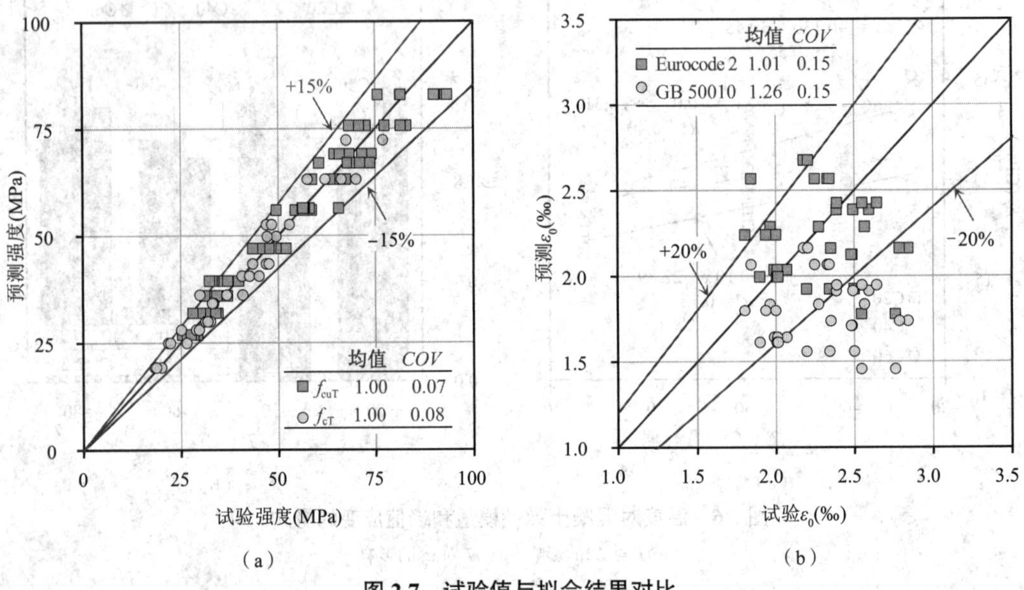

图 2.7 试验值与拟合结果对比

(a)f_{cu} 和 f_c (b)ε_0

2)弹性模量

基于试验结果，根据已知的混凝土性能指标，提出了两种不同的方法预测低温下混凝土的弹性模量(E_c)。

(1)根据 f_c 计算 E_c。规范 EC 2[1]、ACI 318-14[2] 和 GB 50010—2010[3] 中均给出了常温下混凝土弹性模量的计算公式。上述三个规范给出的计算公式中，均通过混凝土的抗压强度确定其弹性模量。因此，当混凝土抗压强度 f_c 已知时，根据 EC 2、ACI 318-14 和 GB 50010—2010 建立的修正的低温下混凝土弹性模量计算公式如下：

$$E_{cA}=20.6\left(\frac{f_{cT}}{10}\right)^{0.3} \quad (2.4)$$

$$E_{cB} = 4.875\sqrt{f_{cT}} \tag{2.5}$$

$$E_{cC} = \frac{95}{2.2 + \dfrac{33.9}{f_{cT}}} \tag{2.6}$$

其中，T 为温度，193 K ≤ T ≤ 293 K，K；f_{cT} 为温度 T 下混凝土棱柱体抗压强度，可由公式（2.3）计算得到，MPa；E_{cA}、E_{cB} 和 E_{cC} 分别表示由 EC 2、ACI 318-14 和 GB 50010—2010 建立的修正的计算公式得到的低温下混凝土的弹性模量，GPa。

修正公式（2.4）~（2.6）的相关系数 R^2 值分别为 0.61、0.67 和 0.57。表 2-3 和图 2.8 对比了低温下混凝土弹性模量的试验值与预测值。当仅 f_c 已知时，E_c/E_{cA}、E_c/E_{cB} 和 E_c/E_{cC} 的均值（*COV*）分别为 0.99（0.12）、1.01（0.11）和 1.00（0.13）。可以发现，上述三个修正公式均能较好地预测 C40 混凝土低温下的弹性模量，预测值的误差均在 ±20% 范围内；但是公式（2.6）和公式（2.5）能分别更好地预测 C20 和 C60 混凝土低温下的弹性模量，确保更多的预测值误差在 ±20% 范围内。因此，当仅 f_c 已知时，在不同的强度范围内可采用不同的回归公式计算混凝土的弹性模量以获得更加精确的预测结果。

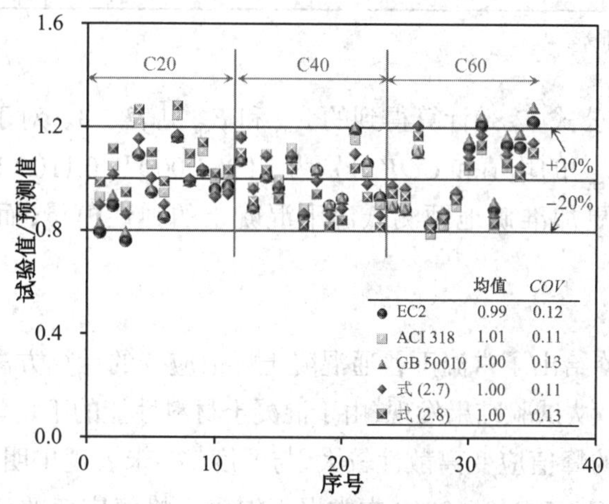

图 2.8　低温下混凝土弹性模量试验值与预测值对比

（2）根据 E_{ca} 和 W_c 计算 E_c。试验结果和其他学者的研究 [4] 表明，温度（T）、水胶比（w/b）和含水率（W_c）是影响低温下混凝土弹性模量提高幅度的重要因素。因此，建立与公式（2.1）形式一致的回归公式计算低温下混凝土弹性模量增长比 $I_{E_{cT}}=E_{cT}/E_{ca}$。根据试验结果，采用最优子集法进一步确定影响低温下混凝土弹性模量增长比（$I_{E_{cT}}$）的关键因素，如表 2-4 所示。从表 2-4 中可以看出，模型 $4E_{cT}$ 可以获得最为准确的预测结果（R^2=0.58），该模型中仅考虑 T 和 W_c 的影响，根据试验结果进一步确定回归公式（2.7）。此外，需要注意的是，虽然 $1E_{cT}$ 模型的 Mallow's C_p 值略大，但仍能获得较好的预测结果（R^2=0.46）。因此，若实际工程中缺乏混凝土含水率指标，可通过公式（2.8）简化计算得到低温下混凝土的弹性模量。具体回归公式如下：

$$I_{E_{cT}} = \frac{E_{cD}}{E_{ca}} = 204T^{-0.789}e^{-0.194W_c} \tag{2.7}$$

$$I_{E_{cT}}=\frac{E_{cE}}{E_{ca}}=87T^{-0.789} \tag{2.8}$$

式中，E_{ca} 表示常温下混凝土的弹性模量，GPa；T 为温度，193 K $\leqslant T \leqslant$ 293 K，K；W_c 为混凝土含水率，%；E_{cD} 和 E_{cE} 分别表示通过公式（2.7）和公式（2.8）计算得到的低温下混凝土的弹性模量，GPa。

表 2-4　$I_{E_{cT}}$ 最优子集参数分析

模型	n	R^2（%）	Mallow's C_p	S	ln T	W_c	ln w/b
$1E_{cT}$	1	46.2	10.8	0.127	×		
$2E_{cT}$	1	8.2	40.4	0.166		×	
$3E_{cT}$	1	5.2	42.7	0.168			×
$4E_{cT}$	2	58.2	2.5	0.112	×	×	
$5E_{cT}$	2	54.4	5.3	0.117	×		×
$6E_{cT}$	2	5.7	42	0.168		×	×
$7E_{cT}$	3	57.5	4	0.113	×	×	×

注：n—考虑的参数数量；S—标准差。

通过公式（2.7）和公式（2.8）计算得到的 E_{cD} 和 E_{cE} 见表 2-3。对于 35 个普通混凝土棱柱体试件，E_c/E_{cD}（E_c/E_{cE}）的均值和 COV 分别为 1.00（1.00）和 0.11（0.13）。从图 2.8 中可以看出，公式（2.7）可以更加准确地预测低温下混凝土的弹性模量，而公式（2.8）计算更加简略。

3）峰值应变

很多文献及规范均给出了常温下普通混凝土峰值应变的计算方法，主要通过峰值应力即抗压强度计算得到。从试验结果发现，由于混凝土材料性能的不均匀性，有限的试验数量得到的低温下混凝土的峰值应变离散性较大，与温度（T）未表现出明显的相关性。因此参考规范 Eurocode 2 和 GB 50010—2010 中常温下混凝土峰值应变的计算方法，建立了修正的低温下混凝土峰值应变（ε_0）计算公式，具体如下：

$$\varepsilon_{0A}=0.71f_{cT}^{0.31} \tag{2.9}$$

$$\varepsilon_{0B}=0.7+0.172\sqrt{f_{cT}} \tag{2.10}$$

式中，f_{cT} 表示温度 T 下混凝土棱柱体抗压强度，可通过试验或公式（2.3）计算得到，MPa；ε_{0A} 和 ε_{0B} 分别表示根据 ACI 318-14 和 GB 50010—2010 建立的修正的计算公式得到的低温下混凝土的峰值应变。

从图 2.7（b）中可以看出，$\varepsilon_{0T}/\varepsilon_{0A}$ 和 $\varepsilon_{0T}/\varepsilon_{0B}$ 的均值分别为 1.01 和 1.26，对应的 COV 均为 0.15。可以发现，由公式（2.9）得到的预测值误差大部分位于 ±20% 范围内，而由公式（2.10）得到的预测值误差仅有一半位于 ±20% 范围内。因此，根据 ACI 318-14 建立的回归公式（2.9）能更好地预测低温下混凝土的峰值应变。

4）本构模型

从图 2.4 中可以发现，普通混凝土应力 - 应变曲线受温度和其力学性能指标影响。在

Carreira 和 Chu 提出的常温本构模型中[5]，混凝土应力 - 应变曲线的上升段及下降段采用相同的公式形式，计算方法简单。为简化计算，参考上述学者提出的常温本构模型，建立修正的混凝土低温本构关系计算公式如下：

$$\frac{\sigma}{f_{\mathrm{cT}}}=\frac{\beta_{\mathrm{cT}}(\varepsilon/\varepsilon_{0\mathrm{T}})}{(\beta_{\mathrm{cT}}-1)+(\varepsilon/\varepsilon_{0\mathrm{T}})^{\beta_{\mathrm{cT}}}} \tag{2.11}$$

式中，σ 和 ε 分别表示应力和应变；f_{cT} 和 $\varepsilon_{0\mathrm{T}}$ 表示峰值应力和峰值应变；β_{cT} 为计算系数，由公式（2.12）确定。

对试验得到的低温下混凝土的应力 - 应变曲线进行拟合，得到各曲线实测 β_{cT} 值，具体结果见表 2-5。基于试验结果，进一步进行回归分析，得到 β_{cT} 的计算公式如下：

$$\beta_{\mathrm{cT}}=\left(\frac{f_{\mathrm{cT}}}{50.2}\right)^3+2.3 \tag{2.12}$$

式中，f_{cT} 为温度 T 下混凝土棱柱体抗压强度，由公式（2.3）计算得到。

从表 2-5 中可以看出，$\beta_{\mathrm{c}}/\beta_{\mathrm{cT}}$ 的均值和 *COV* 分别为 1.00 和 0.31。其中，*COV* 较大主要是由于混凝土材料的不均匀性导致的。图 2.4（a）、（b）和（c）分别对比了 C20、C40 和 C60 混凝土的实测和预测的应力、应变。从图中可以看出，建立的本构模型能较好地预测低温下混凝土的应力 - 应变曲线。

表 2-5　计算系数 β_{cT} 实测值与预测值对比

试件编号	T（℃）	w/c	W_{c}（%）	f_{cT}（MPa）	β_{c}	R^2	β_{cT}	$\frac{\beta_{\mathrm{c}}}{\beta_{\mathrm{cT}}}$
A2T1-1	20	0.69	3.91	19.3				
A2T1-2	20	0.69	3.91	19.3	2.000	0.88	2.357	0.85
A2T1-3	20	0.69	3.91	19.3	1.702	0.97	2.357	0.72
A2T2-1	−30	0.69	3.91	25.0	2.677	0.74	2.424	1.10
A2T2-2	−30	0.69	3.91	25.0	2.916	0.90	2.424	1.20
A2T2-3	−30	0.69	3.91	25.0	3.850	0.68	2.424	1.59
A2T3-1	−60	0.69	3.91	29.9	4.168	0.88	2.515	1.66
A2T3-2	−60	0.69	3.91	29.9	2.268	1.00	2.515	0.90
A2T3-3	−60	0.69	3.91	29.9	2.350	0.98	2.515	0.94
A2T4-1	−80	0.69	3.91	34.3	2.351	0.89	2.623	0.90
A2T4-2	−80	0.69	3.91	34.3	2.528	0.92	2.623	0.96
B2T1-1	20	0.45	4.66	28.0	1.967	0.95	2.476	0.79
B2T1-2	20	0.45	4.66	28.0	2.366	0.98	2.476	0.96
B2T1-3	20	0.45	4.66	28.0	2.590	0.97	2.476	1.05
B2T2-1	−30	0.45	4.66	36.3	1.616	0.98	2.681	0.60
B2T2-2	−30	0.45	4.66	36.3	2.888	0.97	2.681	1.08
B2T2-3	−30	0.45	4.66	36.3	2.184	0.98	2.681	0.81
B2T3-1	−60	0.45	4.66	43.5	2.149	1.00	2.958	0.73

续表

试件编号	T(℃)	w/c	W_c(%)	f_{cT}(MPa)	β_c	R^2	β_{cT}	$\frac{\beta_c}{\beta_{cT}}$
B2T3-2	-60	0.45	4.66	43.5	5.857	1.00	2.958	1.98
B2T3-3	-60	0.45	4.66	43.5	3.510	1.00	2.958	1.19
B2T4-1	-80	0.45	4.66	49.8	2.187	0.99	3.289	0.66
B2T4-2	-80	0.45	4.66	49.8	2.276	0.99	3.289	0.69
B2T4-3	-80	0.45	4.66	49.8	2.655	1.00	3.289	0.81
C2T1-1	20	0.39	4.56	40.6	2.192	0.72	2.837	0.77
C2T1-2	20	0.39	4.56	40.6	2.310	0.83	2.837	0.81
C2T1-3	20	0.39	4.56	40.6	2.845	0.99	2.837	1.00
C2T2-1	-30	0.39	4.56	52.6	3.609	1.00	3.464	1.04
C2T2-2	-30	0.39	4.56	52.6	4.048	1.00	3.464	1.17
C2T2-3	-30	0.39	4.56	52.6	2.438	0.99	3.464	0.70
C2T3-1	-60	0.39	4.56	63.1	4.344	0.99	4.309	1.01
C2T3-2	-60	0.39	4.56	63.1	3.753	1.00	4.309	0.87
C2T3-3	-60	0.39	4.56	63.1	6.688	1.00	4.309	1.55
C2T3-4	-60	0.39	4.56	63.1	5.465	1.00	4.309	1.27
C2T4-1	-80	0.39	4.56	72.3	4.155	0.96	5.320	0.78
C2T4-2	-80	0.39	4.56	72.3	5.193	1.00	5.320	0.98
均值								1.00
COV								0.31

注：β_c、β_{cT}—试验和回归公式得到的计算系数。

6. 结论

（1）低温对混凝土立方体和棱柱体的破坏形态无显著影响，低温下混凝土的脆性破坏特征增强，破坏界面有由粗骨料和水泥砂浆交界面向粗骨料内部发展的趋势。

（2）20 到 -80 ℃范围内，混凝土立方体抗压强度和棱柱体抗压强度均随温度的降低呈线性增长。温度降低对混凝土棱柱体抗压强度的增强作用更加显著，当温度从常温降至 -80 ℃时，不同强度等级混凝土的棱柱体抗压强度提高幅度达到 70% 左右，而立方体抗压强度增幅均未超过 50%。

（3）不同强度等级混凝土的弹性模量随温度降低均呈增长趋势，但提高幅度明显低于强度提高幅度，且与温度的相关性较差；低温下混凝土的峰值应变变化未表现出明显的规律性。

（4）基于试验结果，建立了能够较好预测低温下混凝土立方体抗压强度、棱柱体抗压强度和弹性模量的计算公式；进一步进行回归分析，建立了适用于极地寒区的低温混凝土本构模型，可为低温混凝土结构设计提供参考。

2.1.2　混凝土断裂性能研究

低温环境下混凝土断裂参数的确定有助于建立裂缝扩展准则，保障混凝土结构在极地寒区环境中安全服役。鉴于此，本节利用低温加载系统，对 36 个混凝土试件进行三点弯曲梁断裂试验，分析不同强度等级混凝土的断裂能、特征长度和双 K 断裂韧度等关键断裂参数在 20 到 -80 ℃范围内的变化规律，基于相应低温工况下立方体抗压、劈裂抗拉试验结果，提出适用于低温环境的混凝土断裂能计算模型。

1. 试验设计

为研究低温环境下混凝土的断裂性能，共设计 36 个三点弯曲缺口梁试件，研究参数包括混凝土强度等级（C20、C40、C60）和温度（20 ℃、-30 ℃、-60 ℃和 -80 ℃），每组 3 个平行试件。根据《水工混凝土断裂试验规程》（DL/T 5332—2005）[6]，梁试件尺寸为 515 mm × 100 mm × 100 mm，净跨为 400 mm，初始裂缝高度为 40 mm。

混凝土低温断裂试验示意图如图 2.9 所示。通过量程为 30 kN 的 LTR-1 型荷载传感器测得试验荷载，精度为 3 N。裂缝张开位移测量采用美国 Epsilon 公司生产的 3541 型超低温断裂力学夹式引伸计，量程为 -1.0~7.0 mm，精度为 0.001 mm。跨中位移测量采用量程为 10 mm 的 BFQ-312 A 型千分表，精度为 0.001 mm。试验开始时，首先将试件置于超低温冰箱中降温并持温 48 h，然后将试件转移至放置于液压伺服试验机上的保温箱中进行断裂试验，并持续向保温箱中通入液氮，使试件维持在目标温度。试验采用位移控制加载，加载速率为 0.1 mm/min。当跨中位移超过 2 mm 或荷载低于峰值荷载的 5% 时终止试验。

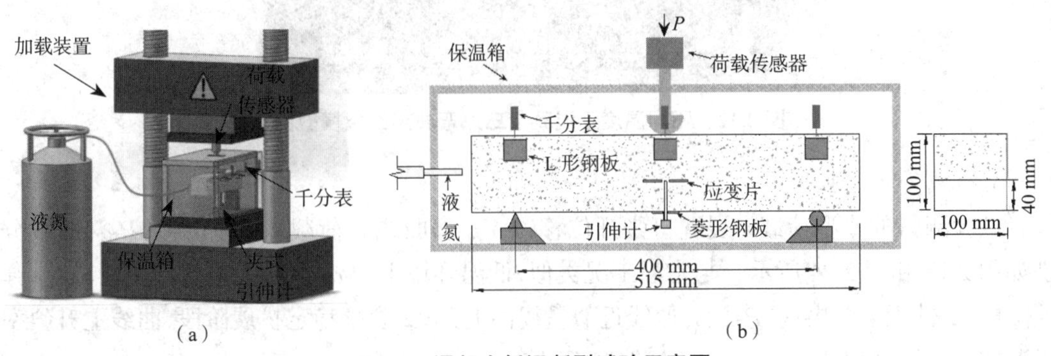

图 2.9　混凝土低温断裂试验示意图

（a）加载装置示意图　（b）细部详图

预留同条件养护的 100 mm × 100 mm × 100 mm 混凝土试块，测得不同温度下混凝土的立方体抗压强度和劈裂抗拉强度，具体结果见图 2.10 和图 2.11。从图中可以看出，温度从常温降至 -60 ℃，混凝土的抗压强度和劈裂抗拉强度几乎呈线性增长，从 -60 ℃降到 -80 ℃时，增长趋势变缓。-80 ℃时，C20、C40 和 C60 试件的平均抗压强度 $f_{cu,m}$ 较常温分别提高了 84.6%、66.4%、51.9%，平均劈裂抗拉强度 $f_{ts,m}$ 较常温分别提高了 72.0%、105.5%、45.7%。

2. 破坏模式

混凝土的典型断裂横截面如图 2.12 所示，试验过程中裂缝沿初始裂缝向上扩展，最终混凝土三点弯曲梁发生断裂破坏。从图中可以发现，常温工况下粗骨料与砂浆界面断裂破坏较多,低温工况下粗骨料断裂破坏较多。这主要是因为低温环境下混凝土内部孔隙水逐渐结冰,导致粗骨料和砂浆界面强度提高,断裂过程中裂缝不再绕过粗骨料,而是将其直接切断。

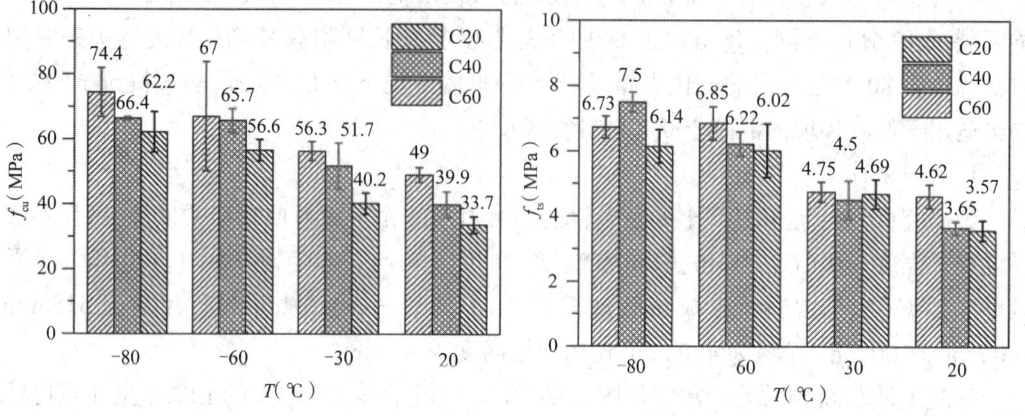

图 2.10 混凝土立方体抗压强度　　图 2.11 混凝土立方体劈裂抗拉强度

图 2.12 不同温度下混凝土三点弯曲梁断裂横截面

3. 荷载 - 位移曲线

试验测得的典型荷载 - 裂缝口张开位移(P-δ_{CMO})曲线和荷载 - 跨中位移(P-δ)曲线分别如图 2.13 和图 2.14 所示。与常温工况类似,低温环境下 P-δ_{CMO} 曲线包含三个阶段:①弹性阶段,试件无裂缝出现,P-δ_{CMO} 曲线近似呈线性上升;②裂缝稳定扩展阶段,曲线上升斜率逐渐减小;③裂缝失稳扩展阶段,荷载快速下降。

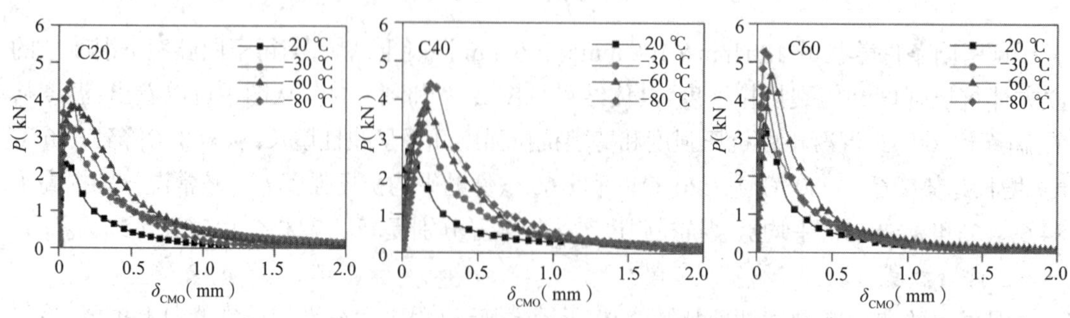

图 2.13 荷载 - 裂缝口张开位移曲线

从图中可以看出,低温条件下试验曲线形状更加陡峭,峰值荷载更大。低温环境下,图 2.13 和图 2.14 中的试验曲线出现明显的荷载陡降现象,试件的脆性破坏特征更加明显,与图 2.12 的破坏模式一致。相比 C20 和 C40 组试件，C60 组试件的荷载 - 位移曲线更加陡峭。混凝土强度等级越高,低温下脆性增大越明显。低温对起裂荷载和峰值荷载均有明显的提高作用。-80 ℃时，C20、C40 和 C60 组试件的峰值荷载较常温分别提高了 80.8%、61.4% 和 56.6%。各组试件提高幅度不同,C20 组由于水胶比最大,低温增强作用更加明显。

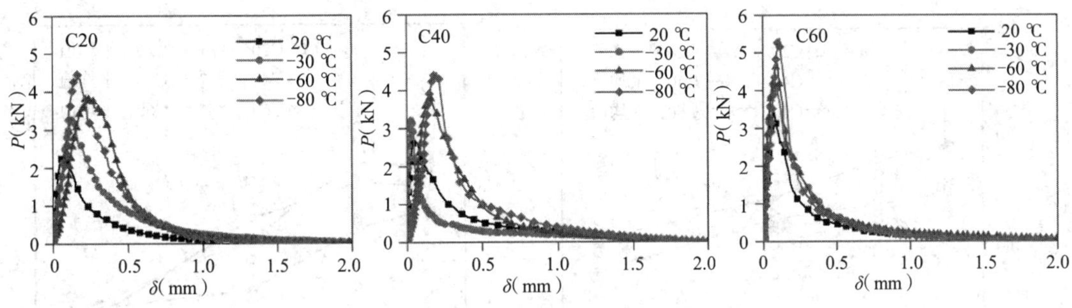

图 2.14　荷载 - 跨中位移曲线

4. 试验结果及分析

混凝土低温断裂试验结果汇总见表 2-6。各关键参数的确定方法具体如下。

1)双 K 断裂韧度

文献 [7] 和 [8] 提出了双 K 断裂准则,指出混凝土结构破坏过程中存在起裂、裂缝稳定扩展、裂缝失稳扩展三个阶段,可利用起裂断裂韧度和失稳断裂韧度作为判断准则。根据《水工混凝土断裂试验规程》(DL/T 5332—2005)，P-δ_{CMO} 曲线上升段中从直线段转为曲线段的转折点所对应的荷载即为起裂荷载 P_{ini};起裂断裂韧度 $K_{IC,ini}$ 的计算公式如下:

$$K_{IC,ini}=\frac{3\left(P_{ini}+mg/2\times10^{-3}\right)\times10^{-3}}{2th^2}L\sqrt{a_0}f\left(\alpha_0\right) \tag{2.13}$$

$$f\left(\alpha_0\right)=\frac{1.99-\alpha_0\left(1-\alpha_0\right)\left(2.15-3.93\alpha_0+2.7{\alpha_0}^2\right)}{\left(1+2\alpha_0\right)\left(1-\alpha_0\right)^{3/2}} \tag{2.14}$$

$$\alpha_0=a_0/h \tag{2.15}$$

式中,m 是试件跨间质量,kg; g 为重力加速度,取 9.8 m/s²; t 是试件厚度,m; h 是试件高度,m;L 是试件跨度,m;a_0 是初始裂缝深度,m。

将式(2.13)~(2.15)中的起裂荷载 P_{ini} 和初始裂缝深度 a_0 分别替换为峰值荷载 P_{max} 和临界有效裂缝长度 a_c,即可求得失稳断裂韧度 $K_{IC,un}$。临界有效裂缝长度 a_c 可由下式计算得到:

$$a_c=\frac{2}{\pi}\left(h+h_0\right)\arctan\sqrt{\frac{tE\delta_{CMO,c}}{32.6P_{max}}-0.1135}-h_0 \tag{2.16}$$

式中,h 为菱形钢板厚度,m; h_0 是夹式引伸计刀口厚度,取 0.003 m; $\delta_{CMO,c}$ 为峰值荷载 P_{max} 对应的裂缝口张开位移,μm;E 为混凝土弹性模量,GPa。

起裂断裂韧度和失稳断裂韧度计算结果如图 2.15 和图 2.16 所示。随着温度降低,C20、C40 和 C60 三组试件的起裂断裂韧度近似呈线性上升趋势,并在 -80 ℃达到峰值,相比常温工况分别提高了 94.6%、50.0% 和 84.6%。随着温度降低，C20、C40 和 C60 三组试件的失稳断裂韧度均呈现明显的上升趋势，温度从 −60 ℃降低到 −80 ℃时，失稳断裂韧度变化幅度很小；−80 ℃时相比常温分别提高了 140.0%、119.6% 和 82.7%。由图 2.13 和表 2-6 可知，C60 试件低温下脆性较大，裂缝口张开位移 $\delta_{CMO,c}$ 较小，导致失稳断裂韧度计算值较小；C40 试件在 −60 ℃和 −80 ℃时，测得的 P-δ_{CMO} 曲线斜率较小，导致裂缝口张开位移 $\delta_{CMO,c}$ 和失稳断裂韧度 $K_{IC,un}$ 计算值较大。

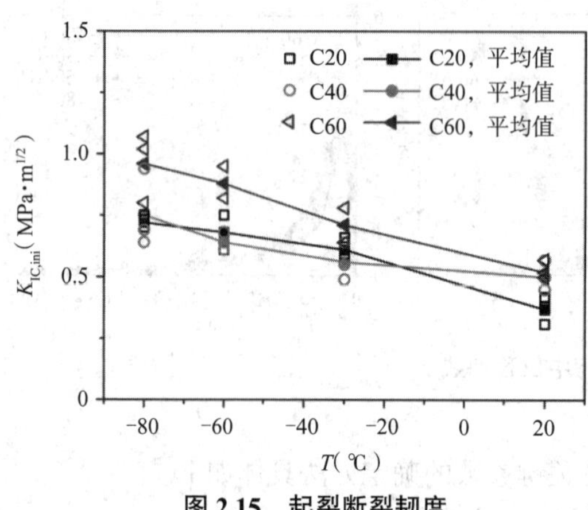

图 2.15 起裂断裂韧度

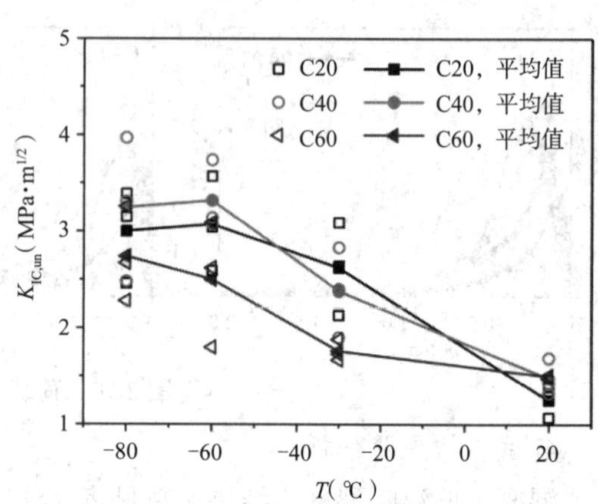

图 2.16 失稳断裂韧度

2）断裂能

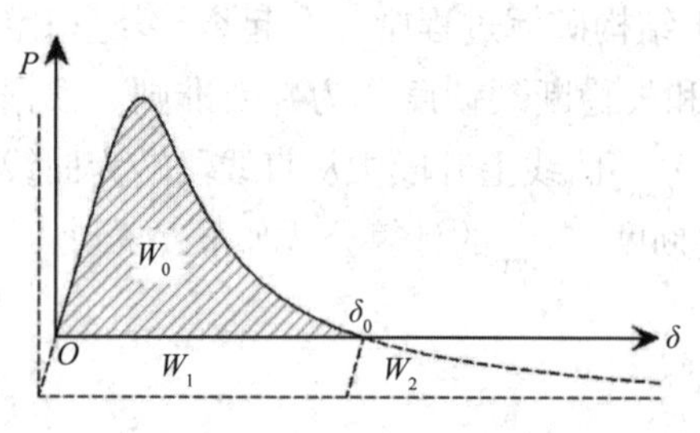

图 2.17 断裂能计算示意图

断裂能表示裂缝扩展单位面积所消耗的能量，在概念上是一个平均值。外荷载所做的功全部流入断裂过程区时，其值可取荷载 - 跨中位移曲线与坐标横轴围成的面积[9]。采用三点弯曲梁测量混凝土断裂能，计算方法如图 2.17 所示。图中 W_0 为实测荷载 - 跨中位移曲线包络面积，δ_0 是试件完全破坏时的位移。真实的荷载 - 跨中位移曲线（考虑自重）应当包括图中的虚线部分，即 $W=W_0+W_1+W_2$。其中，W_0 可利用 MATLAB 软件对实测数据点求积分；W_1 是自重做功，其值等于 $0.5mg\delta_0$；根据简化的刚体分析，可计算出 $W_2=W_1=0.5mg\delta_0$。因此，RILEM 推荐的断裂能计算公式为

$$G_F=\frac{W}{A}=\frac{W_0+mg\delta_0}{t(h-a_0)} \tag{2.17}$$

式中，A 为断裂过程区面积，m^2。

表 2-6 混凝土低温断裂试验结果汇总

试件编号	T（℃）	h（mm）	a_0（mm）	P_{ini}（kN）	P_{max}（kN）	$\delta_{CMO,c}$（μm）	a_c（mm）	$K_{IC,ini}$（MPa·m$^{1/2}$）	$K_{IC,un}$（MPa·m$^{1/2}$）	G_F（N/m）	L_{ch}（mm）
C20+20-1	20	100.8	38.4	1.58	2.54	48.2	62.1	0.38	1.30	161.9	343.0
C20+20-2	20	100.7	39.7	1.23	1.95	40.8	63.7	0.31	1.07	197.2	417.7
C20+20-3	20	101.8	39.5	1.74	2.33	57.2	66.7	0.42	1.39	142.4	301.7

续表

试件编号	T（℃）	h（mm）	a_0（mm）	P_{ini}（kN）	P_{max}（kN）	$\delta_{CMO,c}$（μm）	a_c（mm）	$K_{IC,ini}$（MPa·m$^{1/2}$）	$K_{IC,un}$（MPa·m$^{1/2}$）	G_F（N/m）	L_{ch}（mm）
平均值	20	101.1	39.2	1.52	2.27	48.7	64.2	0.37	1.25	167.2	354.2
C20-30-1	-30	99.9	39.8	2.61	3.98	147.0	70.6	0.66	3.09	297.8	389.1
C20-30-2	-30	99.5	40.8	2.21	2.39	280.0※	76.2	0.59	2.64	390.5※	510.2※
C20-30-3	-30	99.7	40.3	2.26	3.32	83.7	66.4	0.59	2.13	240.2	313.8
平均值	-30	99.7	40.3	2.36	3.23	115.4	71.1	0.61	2.62	269.0	351.5
C20-60-1	-60	99.8	40.6	2.32	4.12	122.0	69.5	0.61	3.04	301.1	267.5
C20-60-2	-60	99.8	40.1	2.91	3.84	95.2	67.7	0.75	2.59	290.8	258.3
C20-60-3	-60	100.2	39.8	3.23	3.81	211.1	74.4	0.81	3.57	459.4※	408.1※
平均值	-60	99.9	40.2	2.83	3.92	142.8	70.5	0.73	3.07	295.9	262.9
C20-80-1	-80	100.0	39.8	2.95	4.46	76.9	63.3	0.75	2.46	293.7	258.2
C20-80-2	-80	99.7	39.8	2.84	3.88	164.0	72.6	0.73	3.39	259.5	228.2
C20-80-3	-80	99.9	39.6	2.75	3.99	133.4	71.0	0.70	3.15	368.9	324.3
平均值	-80	99.9	39.7	2.85	4.11	124.8	69.0	0.72	3.00	307.4	270.2
C40+20-1	20	100.0	40.0	1.93	2.83	63.9	65.1	0.50	1.69	137.6	294.9
C40+20-2	20	100.3	39.7	1.77	2.56	51.9	63.8	0.45	1.43	194.7	417.2
C40+20-3	20	100.6	40.5	2.22	2.74	44.9	60.4	0.57	1.32	173.6	372.1
平均值	20	100.3	40.1	1.97	2.71	53.6	63.1	0.50	1.48	168.6	361.4
C40-30-1	-30	99.9	39.9	1.92	3.08	67.1	65.7	0.49	1.90	235.9	362.7
C40-30-2	-30	99.8	40.1	2.47	3.30	141.7	72.4	0.64	2.83	178.6	274.6
C40-30-3	-30	100.7	39.7	2.22	3.80	88.6	67.2	0.55	2.40	198.5	305.2
平均值	-30	100.1	39.9	2.20	3.39	99.1	68.4	0.56	2.38	204.3	314.1
C40-60-1	-60	100.1	39.9	2.69	3.81	131.2	71.5	0.68	3.07	266.5	232.4
C40-60-2	-60	100.4	39.6	2.57	3.52	159.0	73.6	0.64	3.14	229.0	199.8
C40-60-3	-60	100.4	39.7	2.41	5.33	138.7	69.2	0.61	3.74	383.5※	334.5※
平均值	-60	100.3	39.7	2.56	4.22	143.0	71.4	0.64	3.32	247.8	216.1
C40-80-1	-80	100.3	39.3	2.76	4.24	136.0	71.1	0.69	3.31	314.2	189.6
C40-80-2	-80	100.2	39.9	2.51	4.47	199.5	73.4	0.64	3.97	287.4	173.4
C40-80-3	-80	100.2	39.8	3.74	4.39	77.5	64.2	0.94	2.48	282.6	170.6
平均值	-80	100.2	39.7	3.00	4.37	137.7	69.6	0.75	3.25	294.7	177.9
C60+20-1	20	101.8	37.6	2.20	3.38	46.2	59.0	0.50	1.48	164.4	235.9
C60+20-2	20	101.3	40.2	2.28	3.26	48.2	60.2	0.57	1.51	187.3	268.8
C60+20-3	20	101.8	39.9	2.04	3.41	47.0	59.2	0.50	1.50	178.3	255.8
平均值	20	101.6	39.2	2.17	3.35	47.1	59.5	0.52	1.50	176.6	253.5
C60-30-1	-30	99.9	39.4	2.82	4.01	47.5	56.0	0.71	1.67	198.3	281.8
C60-30-2	-30	100.1	39.7	2.53	4.32	48.6	55.1	0.64	1.73	235.2	334.2
C60-30-3	-30	100.6	39.2	3.17	4.33	55.0	57.8	0.78	1.88	280.3	398.2
平均值	-30	100.2	39.4	2.84	4.22	50.4	56.3	0.71	1.76	237.9	338.1
C60-60-1	-60	100.2	39.7	3.78	6.40	70.2	55.8	0.95	2.62	225.9	163.5

续表

试件编号	T (℃)	h (mm)	a_0 (mm)	P_{ini} (kN)	P_{max} (kN)	$\delta_{CMO,c}$ (μm)	a_c (mm)	$K_{IC,ini}$ (MPa·m$^{1/2}$)	$K_{IC,un}$ (MPa·m$^{1/2}$)	G_F (N/m)	L_{ch} (mm)
C60-60-2	−60	100.6	39.8	3.29	4.73	107.2	67.8	0.82	3.09	251.9	182.3
C60-60-3	−60	100.0	39.8	3.41	4.86	46.0	52.6	0.86	1.80	250.1	181.0
平均值	−60	100.3	39.8	3.49	5.33	88.7	58.7	0.88	2.50	242.6	175.6
C60-80-1	−80	100.1	39.9	4.05	5.38	59.9	56.7	1.02	2.28	233.0	181.1
C60-80-2	−80	100.2	38.6	3.28	5.36	102.8	65.9	0.80	3.26	263.9	205.0
C60-80-3	−80	100.4	39.5	4.33	5.03	78.0	62.9	1.07	2.67	218.5	169.8
平均值	−80	100.2	39.3	3.88	5.26	80.2	61.8	0.96	2.74	238.5	185.3

注：※ 代表不参与平均值计算。

计算得到的混凝土断裂能如图 2.18 所示，计算过程中，曲线尾部截断点位移 δ_0 统一取为 2 mm。随着温度降低，C20、C40 和 C60 三组试件的断裂能明显提高，−80 ℃时分别较常温工况提高了 83.9%、74.8%、35.1%。C60 组试件温度从 20 ℃降低到 −30 ℃时断裂能快速增加，从 −30 ℃降低到 −80 ℃时，断裂能变化很小。由图 2.14 可知，C60 组试件在 −60 ℃和 −80 ℃时脆性较大，试验测得的荷载 - 跨中位移曲线下降段非常陡峭，曲线包围面积较小，导致计算断裂能较小。

3）特征长度

混凝土的特征长度 L_{ch} 是一个综合脆性参数，计算公式如下：

$$L_{ch}=\frac{EG_F}{f_t^2} \tag{2.18}$$

式中，E 为混凝土弹性模量，GPa；G_F 为混凝土断裂能，N/m；f_t 为混凝土抗拉强度，MPa。

f_t 取劈裂抗拉强度，得到各组试件的特征长度如图 2.19 所示。各组试件的特征长度变化规律有较大差异，但总体上仍随温度的降低而下降，脆性随温度降低而增大。温度从 20 ℃降低到 −30 ℃时，特征长度的规律性不明显；从 −30 ℃降低到 −60 ℃时，特征长度快速下降；从 −60 ℃降低到 −80 ℃时，特征长度变化不大。

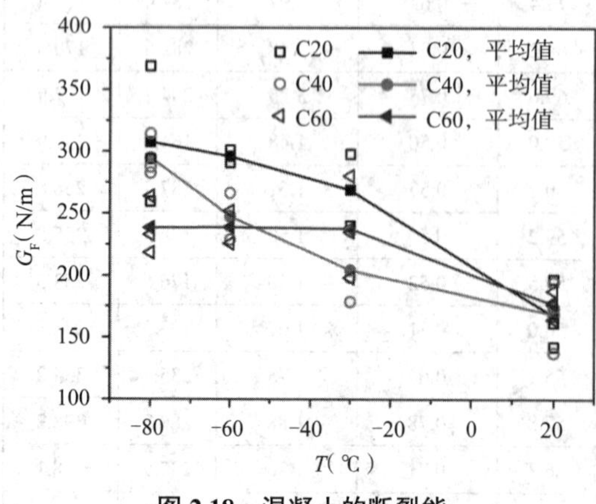

图 2.18 混凝土的断裂能

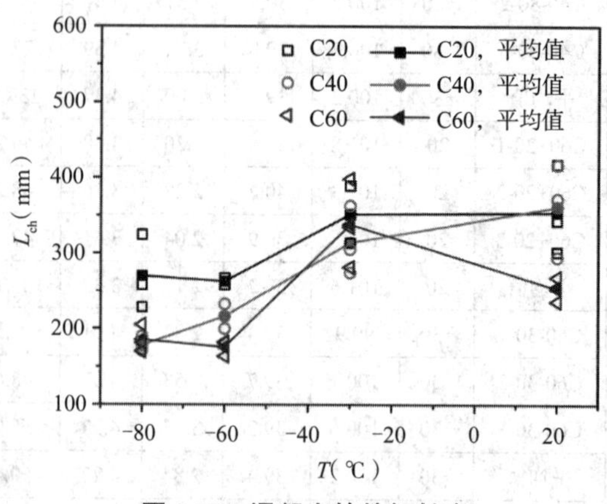

图 2.19 混凝土的特征长度

5. 断裂能计算模型

1）低温环境下的断裂能计算模型

为定量分析低温环境对混凝土断裂能的影响规律，本节采用无量纲化方法计算混凝土断裂能低温影响系数（即 $G_F(T)/G_F$），进而提出在低温环境下混凝土的断裂能计算模型：

$$G_F(T) = G_F(1.14 - 0.007T) \tag{2.19}$$

式中，$-80\ ℃ \leqslant T \leqslant 20\ ℃$。

由图 2.20 可知，低温环境下混凝土的断裂能与温度具有较强的线性关系。代入 Hu 等[10-11]的试验数据对比分析可知，本节提出的断裂能低温计算模型具有一定的适用性，但还需要更多低温断裂试验数据进行修正，以提高计算模型的适用性。但此模型对规范 CEB-FIP MC2010 仍具有重要的补充作用。

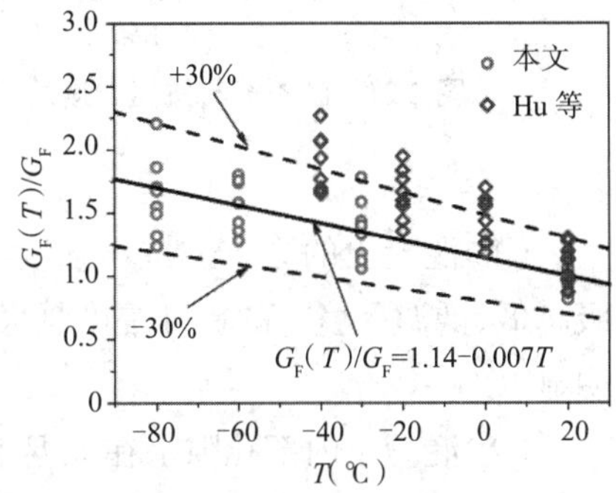

图 2.20　低温对断裂能的影响

2）基于抗压强度的断裂能计算模型

混凝土断裂试验难度较高，且断裂参数计算过程相对复杂，因此提出简明实用的断裂能计算模型具有重要的工程意义。部分学者基于试验数据提出了一些断裂能计算模型[12]，但都局限于常温环境。

为此，本书基于低温环境下混凝土立方体抗压强度和断裂试验获取的断裂能，拟合得到适用于低温环境的混凝土断裂能计算模型：

$$G_F = 2.5 f_{cu} + 96.7 \tag{2.20}$$

式中，f_{cu} 为混凝土立方体抗压强度，MPa。

图 2.21 为断裂能与抗压强度的关系。由图可以看出，基于抗压强度的断裂能计算模型具有较好的适用性，大多试验数据误差在 ± 30% 范围内。实际工程应用中，可利用此模型快速计算混凝土在低温环境下的断裂能。需要说明的是，文献 [10] 和 [11] 中仅给出了混凝土在常温下的抗压强度，低温下混凝土的抗压强度课题组已由低温混凝土抗压强度公式计算得到[13]。

3）基于抗拉强度的断裂能计算模型

根据混凝土裂缝扩展机理可知，混凝土的断裂能高度依赖抗拉强度。为此，本书基于低温下混凝土立方体劈裂抗拉强度和断裂试验获取的断裂能，拟合得到适用于低温环境的混凝土断裂能计算模型：

$$G_F = 29.6 f_{ts} + 75.2 \tag{2.21}$$

式中，f_{ts} 为混凝土立方体抗拉强度，MPa。

图 2.22 为断裂能与抗拉强度的关系。由图可以看出，基于抗拉强度的断裂能计算模型具有良好的适用性，大多试验数据误差在 ± 30% 范围内，且均匀分布在直线两侧。实际工程应用中，亦可利用此模型快速计算混凝土在低温环境下的断裂能。由于文献 [6] 和 [7] 仅给出了混凝土在常温下的抗拉强度，其低温下的抗拉强度利用《混凝土结构设计规范》（GB 50010—2010）推荐的换算公式计算得到。

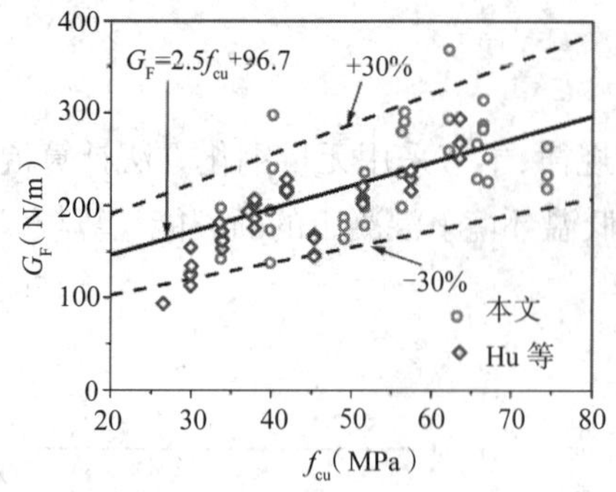

图 2.21 断裂能与抗压强度的关系

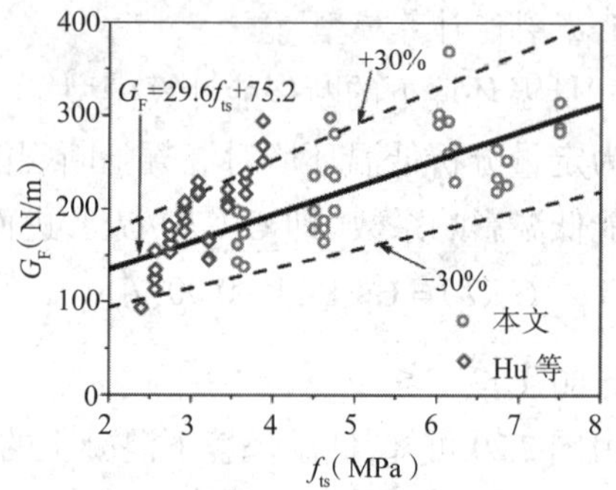

图 2.22 断裂能与抗拉强度的关系

6. 结论

(1)混凝土的立方体抗压强度和劈裂抗拉强度均随温度的降低而提高,混凝土强度等级越低,低温环境下的提升幅度越大。温度从 −60 ℃降低到 −80 ℃时,劈裂抗拉强度增长不明显。

(2)混凝土内部孔隙水在低温下逐渐结冰,提高了混凝土的密实性,导致骨料和砂浆界面黏结力增强,低温断裂试件中粗骨料断裂较多,在荷载 - 位移曲线中表现出明显的脆性。

(3)低温下试件的起裂荷载和峰值荷载均明显提升,荷载 - 位移曲线斜率更大。当温度降低至 −80 ℃时,试验曲线下降段出现荷载突降,混凝土强度等级较高时此现象更加明显。

(4)低温对混凝土的断裂性能有明显的增强作用,随着温度降低,起裂荷载、起裂断裂韧度、失稳断裂韧度和断裂能升高,特征长度呈现下降趋势,混凝土材料的脆性增大。

(5)本节定量分析了低温对混凝土断裂能的影响规律,对规范 CEB-FIP MC2010 的断裂能计算模型进行了补充,将适用范围拓展到低温领域;结合立方体和梁式试验,提出了两个简明实用的断裂能计算模型,可有效预测混凝土在低温环境下的断裂能。

2.2 低温环境下钢材力学性能研究

2.2.1 试验设计

根据《金属材料 拉伸试验 第 1 部分:室温试验方法》(GB/T 228.1—2021)和《金属材料 拉伸试验 第 3 部分:低温试验方法》(GB/T 228.3—2019)等规范,选取钢结构及组合结构中广泛采用的 Q235 型钢,进行了 20 ℃、−30 ℃、−60 ℃和 −80 ℃下的静力拉伸试验。型钢规格为 HW125 × 125 × 6.5 × 9,分别从型钢腹板和翼缘取样,研究厚度对型钢低温拉伸性能的影响。本试验共包含 8 组试件,试件总长 300 mm,包含夹持端、过渡区和工作段:工作段长 100 mm、宽 15 mm,原始标距取为 50 mm;夹持端开直径 20 mm 的孔以安装低温卡具,受型钢规格限制,腹板和翼缘试件的夹持端宽度分别为 65 mm 和 50 mm。试件具体尺寸见图 2.23。

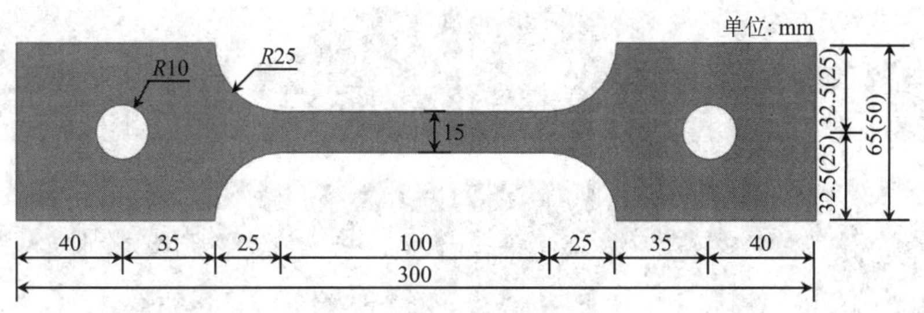

图 2.23　型钢拉伸试件尺寸

试验在天津大学建筑材料实验室进行,试验装置如图 2.24 所示。试验荷载由万能试验机自动采集系统提供;在试件中部上、下表面对称粘贴应变片,以消除偏心对应变测量的影响,并在中部标距 50 mm 范围内夹持超低温引伸计,二者共同工作获得拉力作用下试件的变形量;在试件上、下两端及中部固定 PT100 温度传感器监测试件温度变化,通过引出夹具保证试件全部置于低温环境下;试件安装完成后,通入液氮将试件降至目标温度并持温不少于 15 min 后进行试验。试验采用位移控制加载,加载速率为 1 mm/min。

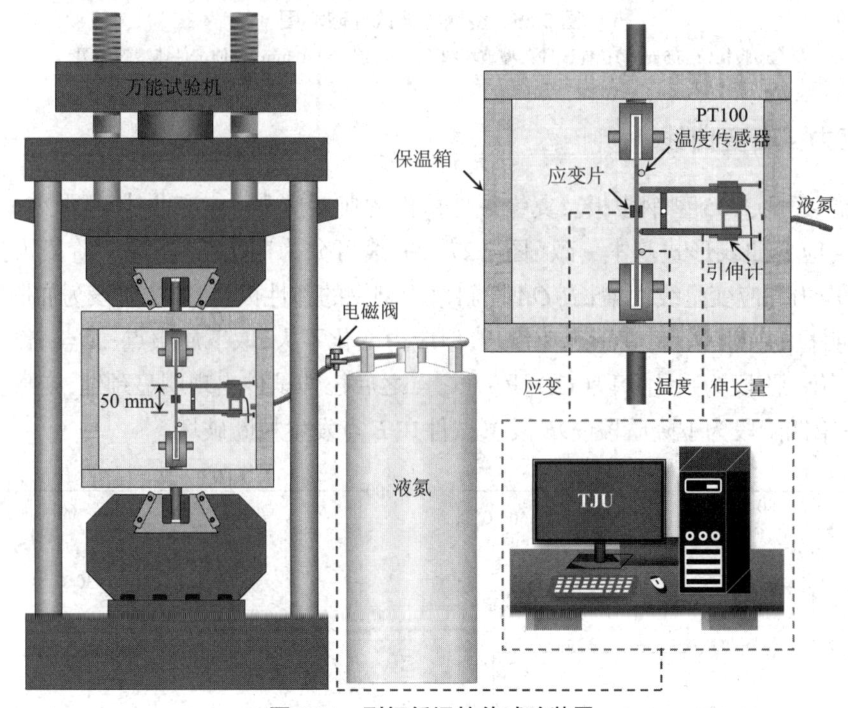

图 2.24　型钢低温拉伸试验装置

2.2.2　破坏形态

各温度下型钢腹板及翼缘拉伸试件的破坏形态基本一致,如图 2.25 所示。试件断裂位置均出现在标距段内,呈现明显颈缩现象,断面相对平滑且与受力方向垂直。随着温度降低,试件断面平整度提高,沿厚度方向分层现象减弱。

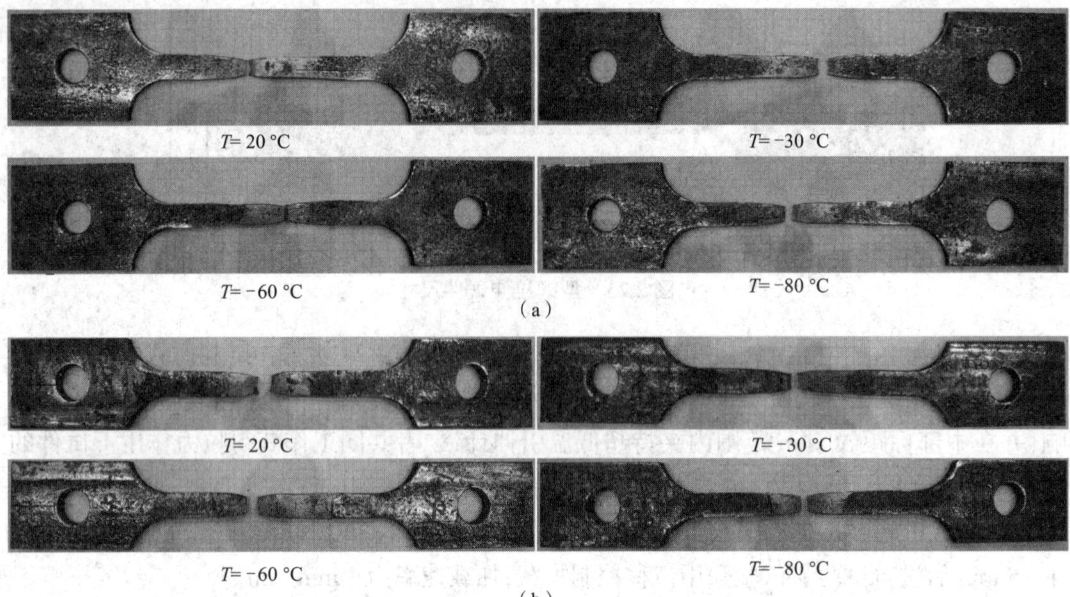

图 2.25 型钢拉伸试件破坏图

（a）腹板（t=6.5 mm）拉伸试件典型破坏图 （b）翼缘（t=9.0 mm）拉伸试件典型破坏图

2.2.3 应力 - 应变曲线

不同温度下 Q235 型钢腹板及翼缘拉伸试件的典型应力 - 应变曲线见图 2.26。所有试件的应力 - 应变曲线形式基本一致（图 2.27），曲线可分为四个阶段：第一阶段为弹性阶段（*OA* 段），应力和应变呈线性增长，*OA* 段斜率为型钢的弹性模量；第二阶段为屈服阶段（*AC* 段），具有明显的屈服平台，变形迅速增长，但应力变化不大，取下屈服点（*B* 点）作为型钢的屈服强度；第三阶段为强化阶段（*CD* 段），*C* 点之后拉伸试件出现明显颈缩，变形主要集中于颈缩段；第四阶段为下降阶段（*DE* 段），试件在 *E* 点发生拉断破坏。

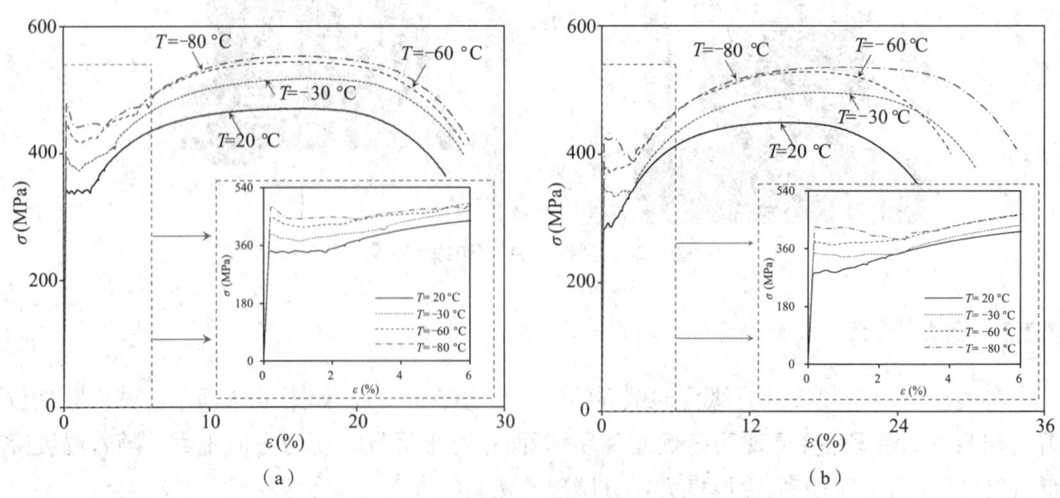

图 2.26 不同温度下型钢的典型应力 - 应变曲线

（a）腹板（t=6.5 mm）试件应力 - 应变曲线 （b）翼缘（t=9.0 mm）试件应力 - 应变曲线

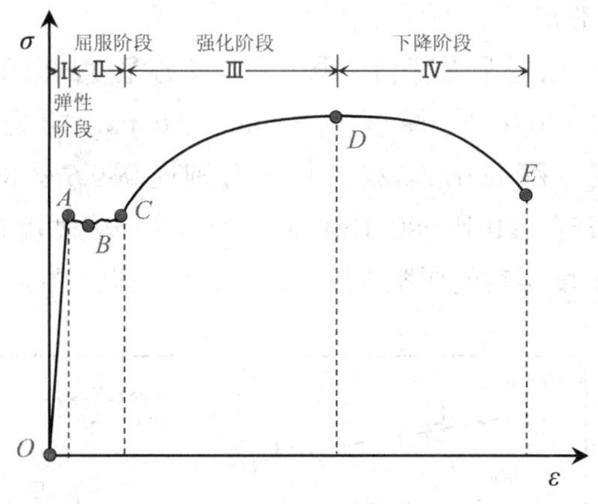

图 2.27　型钢典型应力 - 应变曲线

2.2.4　试验结果及分析

通过低温拉伸试验获得的低温下型钢的主要力学性能指标见表 2-7。其中，f_y 和 f_u 分别表示型钢的屈服强度和极限强度，MPa；f_y/f_u 表示型钢的屈强比；ε_y 和 ε_u 分别表示屈服应变和极限应变，%；ε_F 表示断裂应变，%；ψ_s 表示断后伸长率，%；E_s 表示弹性模量，GPa。

表 2-7　型钢低温拉伸试验结果汇总

试件编号	T（℃）	t（mm）	ε_y（%）	ε_u（%）	ε_F（%）	ψ_s（%）	E_s（GPa）	f_y（MPa）	f_u（MPa）	f_y/f_u	I_{fy}	I_{fu}
FB+20-1	20	6.5	0.160 7	14.18	24.30	25.00	216.5	328.9	459.2	0.716	0.978	0.976
FB+20-2	20	6.5	0.153 2	16.45	26.04	25.62	224.7	336.6	470.5	0.715	1.001	1.000
FB+20-3	20	6.5	0.164 1	12.36	21.58	22.74	211.0	342.9	481.8	0.712	1.020	1.024
FB-30-1	-30	6.5	0.169 0	16.08	25.41	25.90	225.5	350.3	493.7	0.710	1.042	1.049
FB-30-2	-30	6.5	0.175 7	15.84	26.25	24.84	226.4	379.1	535.2	0.708	1.128	1.138
FB-30-3	-30	6.5	0.174 5	16.44	27.24	27.96	224.4	372.9	517.5	0.721	1.109	1.100
FB-60-1	-60	6.5	0.188 7	15.16	25.47	25.02	234.0	417.3	564.2	0.740	1.241	1.199
FB-60-2	-60	6.5	0.182 4	16.11	27.26	26.66	241.4	416.3	544.4	0.765	1.238	1.157
FB-60-3	-60	6.5	0.167 5	15.66	27.34	27.30	241.3	398.3	537.7	0.741	1.185	1.143
FB-80-1	-80	6.5	0.202 2	19.34	30.33	30.98	233.0	424.7	554.1	0.766	1.264	1.178
FB-80-2	-80	6.5	0.199 7	14.83	27.61	26.74	236.2	440.6	553.2	0.796	1.311	1.176
FB-80-3	-80	6.5	0.210 4	14.83	26.05	26.36	243.9	471.9	594.2	0.794	1.404	1.263
YY+20-1	20	9.0	0.124 2	14.33	26.15	26.78	217.0	269.4	449.5	0.599	0.941	0.983
YY+20-2	20	9.0	0.139 1	15.92	26.59	28.20	223.6	303.2	464.9	0.652	1.059	1.017
YY-30-1	-30	9.0	0.151 7	17.18	30.41	30.46	228.1	334.8	495.9	0.675	1.169	1.085
YY-60-1	-60	9.0	0.166 4	16.49	28.37	28.20	232.5	371.9	528.3	0.704	1.299	1.155
YY-80-1	-80	9.0	0.184 4	20.57	38.37	37.18	241.1	371.7	537.0	0.692	1.298	1.175
YY-80-2	-80	9.0	0.178 5	18.99	33.73	32.30	237.5	388.9	535.9	0.726	1.358	1.172

注：FB 表示腹板试件，YY 表示翼缘试件。

1. 屈服强度和极限强度

从图 2.28 可知，型钢的屈服强度和极限强度均随着温度的降低而提高。当温度从常温降至 -30 ℃、-60 ℃和 -80 ℃时，厚度为 6.5 mm(9.0 mm)的型钢的 f_y 分别提高 9.3%(16.9%)、22.2%(29.9%)和 32.6%(32.8%)，f_u 分别提高 9.6%(8.5%)、16.6%(15.5%)和 20.5%(17.3%)。可以发现，20 到 -80 ℃范围内，型钢屈服强度提高幅度略大于极限强度提高幅度；各温度下不同厚度型钢的屈服强度和极限强度的提高幅度与常温下区别不大。

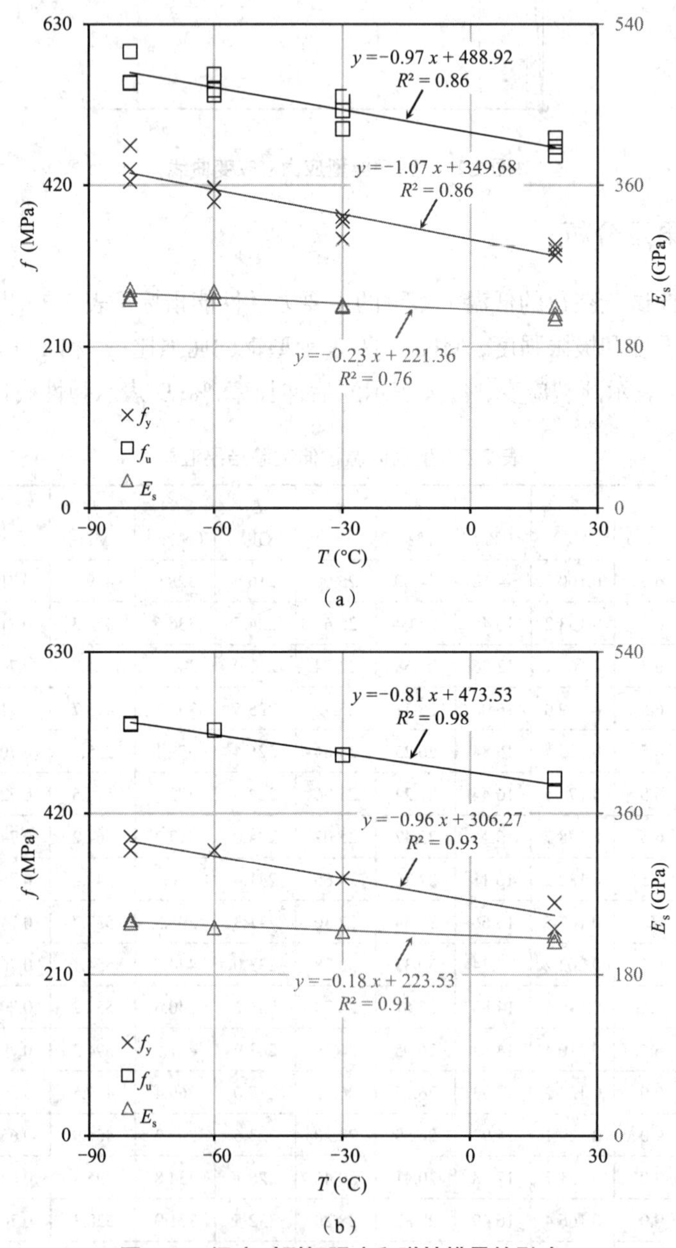

图 2.28 温度对型钢强度和弹性模量的影响

(a)t=6.5 mm(腹板) (b)t=9.0 mm(翼缘)

厚度对型钢屈服强度和极限强度的影响如图 2.29(a)、(b)所示。相同试验温度下，型钢厚度越大，屈服强度和极限强度越低。20 ℃、-30 ℃、-60 ℃和 -80 ℃条件下，6.5 mm 厚型钢的 f_y（f_u）较 9.0 mm 厚型钢分别提高 17.4%（2.9%）、9.8%（4.0%）、10.4%（3.9%）和 17.2%（5.7%）。厚度变化对型钢屈服强度的影响更加显著。屈强比反映了钢材强度的安全储备能力，型钢的屈强比随温度及厚度的变化情况如图 2.29（c）所示。从图中可以发现，型钢的屈强比随温度的降低呈增长趋势，说明低温下型钢的强度储备略有降低。20 到 -80 ℃范围内，6.5 mm 和 9.0 mm 厚型钢的强屈比分别在 0.71~0.79 和 0.62~0.71 范围内变化。相同试验温度下，厚度越大，型钢的屈强比越小，强度储备能力越高。

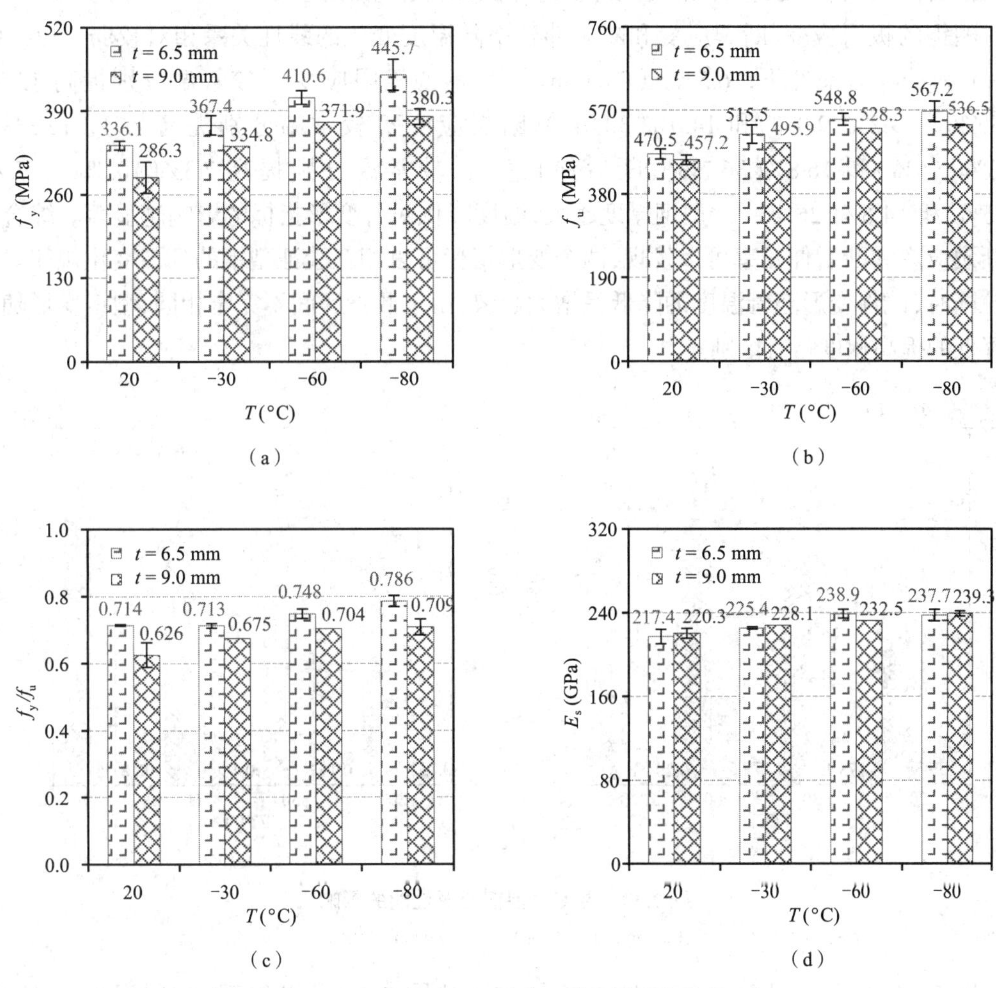

图 2.29　厚度对型钢强度和弹性模量的影响

（a）屈服强度 f_y　（b）极限强度 f_u　（c）屈强比 f_y/f_u　（d）弹性模量 E_s

2. 弹性模量

温度对型钢弹性模量的影响如图 2.28 所示。从图中可以看出，20 到 -80 ℃范围内，型钢的弹性模量随温度的降低呈增长趋势，但增幅不大。-30 ℃、-60 ℃和 -80 ℃条件下，6.5 mm（9.0 mm）厚型钢的弹性模量较常温分别提高 3.7%（3.5%）、9.9%（5.5%）和 9.3%（8.6%），最高未超过 10%。温度降低导致的型钢弹性模量的提高幅度远低于强度指标的提高幅度。对比相同温度条件下不同厚度型钢的弹性模量(图 2.29(d))可以发现,厚度变化对型钢弹性模量的影响很小,可忽略不计。

3. 变形性能

温度对型钢变形性能的影响如图 2.30 所示。型钢的屈服应变、极限应变、断裂应变和断后伸长率随温度的降低均呈增长趋势,但温度降低对各变形指标的影响程度不尽相同。

与常温相比,−30 ℃、−60 ℃和 −80 ℃条件下,6.5 mm(9.0 mm)厚型钢的 ε_y 分别提高 8.6%(15.2%)、12.7%(26.4%)和 28.1%(37.8%)。可以发现,型钢的屈服应变随温度的降低呈线性增长;型钢厚度越大,屈服应变随温度降低的提高幅度越大。

型钢的极限应变、断裂应变和断后伸长率随温度变化的线性关系相对较弱。−30 ℃、−60 ℃和 −80 ℃条件下,6.5 mm(9.0 mm)厚型钢的极限应变 ε_u 较常温分别提高 12.5%(13.6%)、9.2%(9.0%)和 14.0%(30.8%);断裂应变 ε_F 较常温分别提高 9.7%(15.3%)、11.3%(7.6%)和 16.8%(36.7%);断后伸长率 ψ_s 较常温分别提高 7.3%(10.8%)、7.7%(2.6%)和 14.6%(26.4%)。型钢厚度越大,温度降低对各变形指标的影响越显著。综合分析断裂应变和断后伸长率可以发现,两个变形指标可以相互验证型钢的延性变化规律。型钢拉断时,试件变形随着温度的降低呈增大趋势,由于测量区间不完全相同,型钢变形随温度降低的提高幅度略有区别。

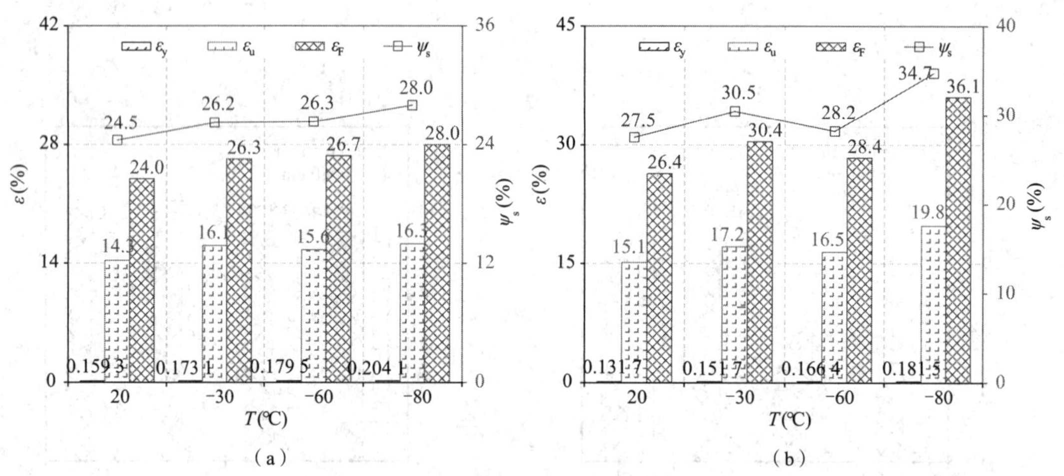

图 2.30 温度对型钢变形性能的影响

(a)t=6.5 mm(腹板) (b)t=9.0 mm(翼缘)

图 2.31 为厚度对型钢变形性能的影响。从图 2.30 可以发现,相同温度工况下,6.5 mm 厚型钢的极限应变、断裂应变和断后伸长率均低于 9.0 mm 厚型钢。但屈服应变呈相反的规律,厚度越大,型钢的屈服应变越小,与型钢屈服强度随厚度变化的规律一致。由于型钢的弹性模量受温度和厚度的影响均较小,屈服应变与屈服强度的变化规律一致是合理的。

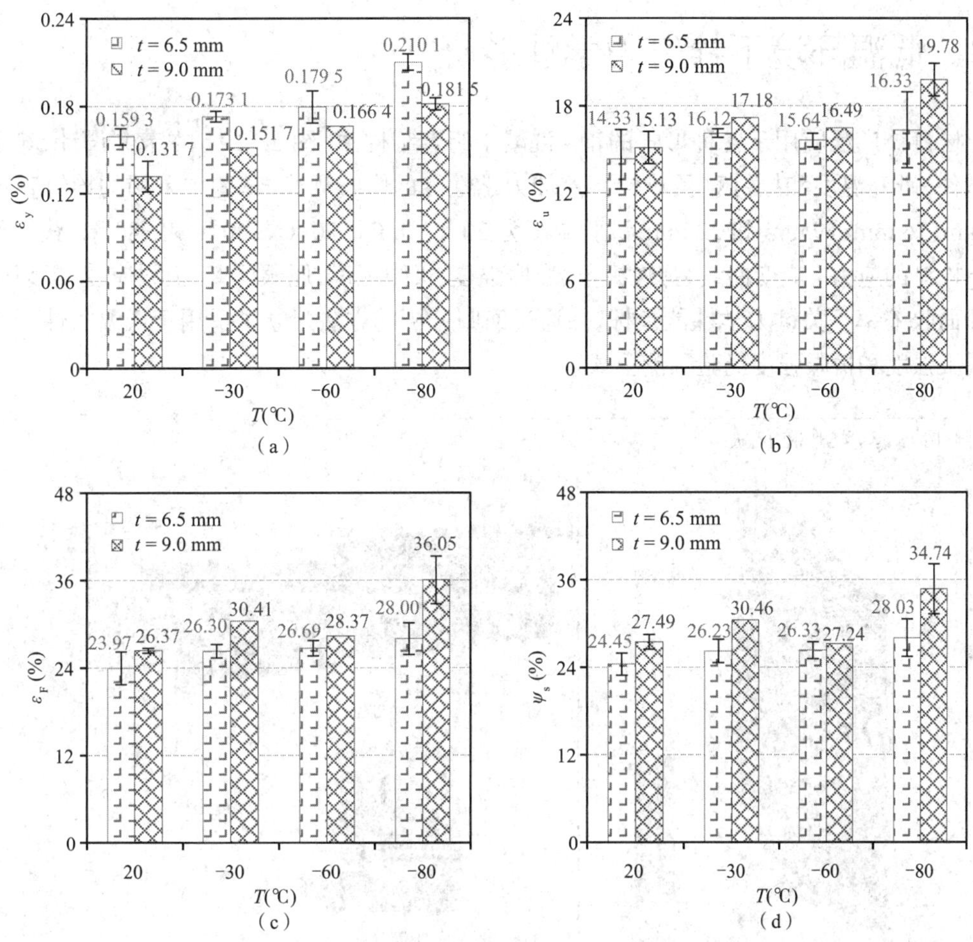

图 2.31　厚度对型钢变形性能的影响

(a)屈服应变　(b)极限应变　(c)断裂应变　(d)断后伸长率

2.2.5　结论

(1)低温下 Q235 型钢均发生延性破坏,呈明显颈缩现象,试件断面随温度降低接近直线,对应的应力 - 应变曲线具有明显的屈服平台。

(2)20 到 −80 ℃范围内,型钢的屈服强度、极限强度和屈服应变随温度的降低呈线性增长。−80 ℃下,6.5 mm 厚型钢的 f_y、f_u 和 ε_y 较常温分别提高 32.6%、20.5% 和 28.1%。相同温度下,厚度对型钢屈服强度和极限强度的低温增强幅度影响不大,但对屈服应变影响较大。相同温度条件下,型钢厚度越大,屈服应变的提高幅度较常温越大。

(3)温度的降低和型钢厚度变化对型钢弹性模量的影响均很小,可忽略不计。

(4)低温下,型钢的变形性能略有提高,断裂应变和断后伸长率均呈增长趋势;厚度变化对型钢的变形性能有一定影响,厚度越大,型钢的变形性能越好。

2.3 低温环境下栓钉力学性能研究

栓钉被广泛应用于各种形式的钢 - 混凝土组合结构中(图 2.32)。本节共设计 56 个拉伸试件,研究温度和栓钉直径对栓钉拉伸力学性能的影响规律,试验中采用的栓钉直径为 13 mm、16 mm、19 mm 和 22 mm,试验温度为 20 ℃、0 ℃、-30 ℃、-60 ℃和 -80 ℃,获得了低温下栓钉的应力 - 应变曲线、弹性模量、屈服强度、极限强度、屈服应变、极限应变、断裂应变和断面收缩率等关键力学性能指标,并通过回归分析的方法建立了适用于低温条件下的栓钉屈服强度和极限强度经验预测公式。

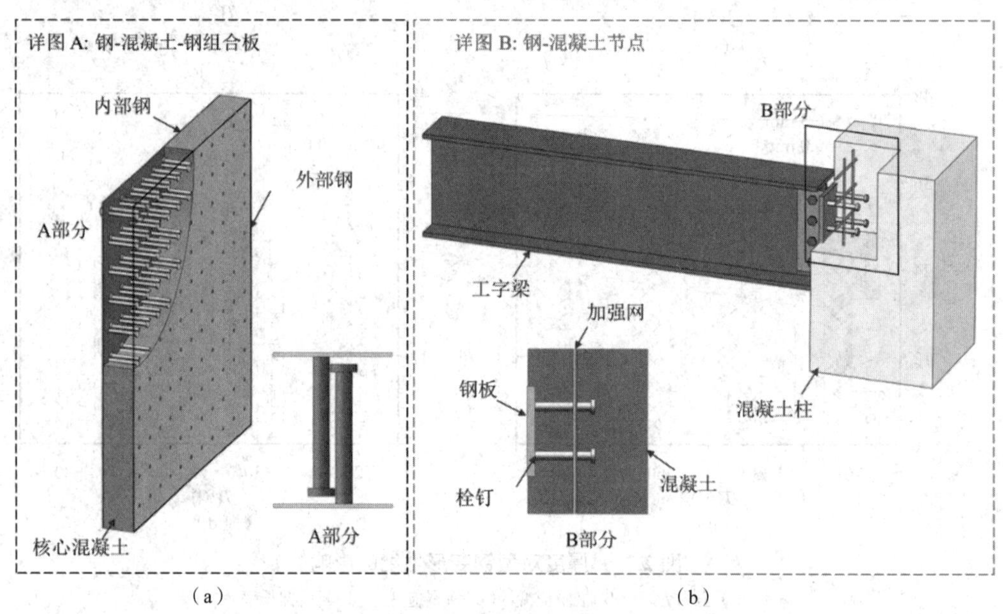

(a) (b)

图 2.32 栓钉在钢 - 混凝土组合结构中的应用

(a)双钢板混凝土组合剪力墙 (b)钢梁 - 混凝土柱节点

2.3.1 试件设计

典型栓钉拉伸试件见图 2.33。各拉伸试件中栓钉长度均为 180 mm,通过焊接固定在 100 mm × 100 mm × 30 mm 的钢板上,具体化学成分见表 2-8。试验主要研究变量包括温度(20 ℃、0 ℃、-30 ℃、-60 ℃和 -80 ℃)和栓钉直径(13 mm、16 mm、19 mm 和 22 mm),共 20 组试件,每组 3 个平行试件,实际试件数量合计 56 个。

栓钉拉伸试验装置由电液伺服加载系统、保温箱和数据采集系统组成。所用试验机为量程 100 t、试验力精度 ±1% 的 WAW-1000 A 型微机控制电液伺服万能试验机。保温箱的尺寸为 450 mm × 400 mm × 600 mm,保温箱上、下两面开圆形孔,以便上、下夹具引伸杆引出并固定在试验机上。保温箱内侧壁和栓钉中部分别固定 4 个和 2 个 PT100 温度传感器,实时监测试验过程中保温箱内部环境温度及栓钉试件温度。

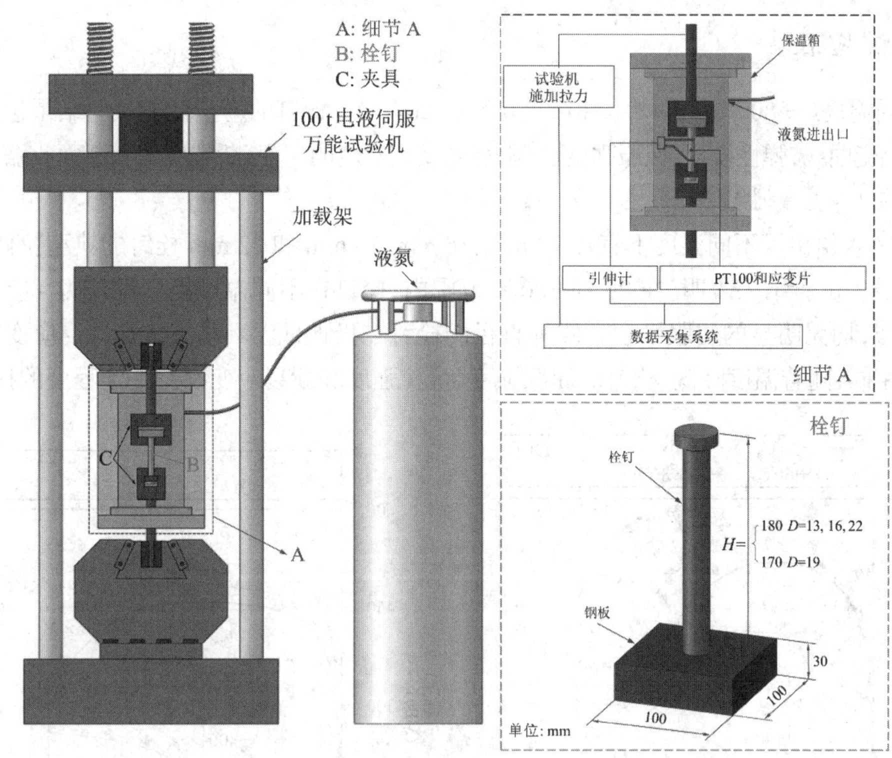

图 2.33　栓钉试件低温拉伸试验装置

表 2-8　栓钉的化学组成

直径(mm)	C(%)	Si(%)	Mn(%)	S(%)	P(%)	Alt(%)	Cr(%)	Cu(%)	Ni(%)
13	0.150	0.040	0.410	0.006	0.006	0.035	—	—	—
16	0.150	0.060	0.360	0.007	0.016	0.037	0.025	0.010	0.010
19	0.160	0.040	0.420	0.005	0.016	0.051	0.140	0.020	0.090
22	0.140	0.040	0.420	0.007	0.012	0.045	0.030	0.010	0.010

在降温阶段,保温箱内环境温度前期降温速率为 2~4 ℃ /min。为了使环境温度能够平稳地进入持温阶段,在距离目标温度还有 10 ℃时减小环境温度的降温速率,控制降温速率在 0.2~0.5 ℃ /min 范围内。为了保证栓钉试件温度的均匀分布,根据《金属材料 拉伸试验 第 3 部分:低温试验方法》(GB/T 228.3—2019)[14] 的相关规定,当冷却介质为液体时,对于直径大于 5 mm 的试件,保温时间不小于 10 min。在试件温度达到指定温度后,试验持温 30 min。

在持温阶段结束后,开始拉伸试验。试验采用位移控制加载,根据《金属材料 拉伸试验 第 3 部分:低温试验方法》(GB/T 228.3—2019)[14] 关于试验速率的相关规定,本次试验在达到屈服强度前加载速率为 0.04 mm/min,在达到屈服强度后加载速率为 0.4 mm/min,持续加载至试件拉断。试验过程中试验力、温度和栓钉的应变等数据均由多功能静态应变采集仪采集。

2.3.2 试验结果

不同温度(－80 ℃、-60 ℃、-30 ℃、0 ℃和 20 ℃)下栓钉的力学性能试验结果包括拉伸应力 - 应变曲线,弹性模量,屈服强度、极限强度及其对应的应变,断裂应变和断面收缩率。

1. 应力 - 应变曲线

图 2.34 给出了不同温度下直径 13 mm、16 mm、19 mm 和 22 mm 栓钉的典型拉伸应力 - 应变曲线。试验结果表明,在 20 到 -80 ℃范围内,栓钉在不同温度点下的应力 - 应变曲线形状相似,均无明显的屈服平台。四种直径的栓钉在极地低温环境下的应力 - 应变曲线变化趋势相同,随着温度降低,栓钉的屈服强度、抗拉强度和断裂应变都有一定程度的提高。

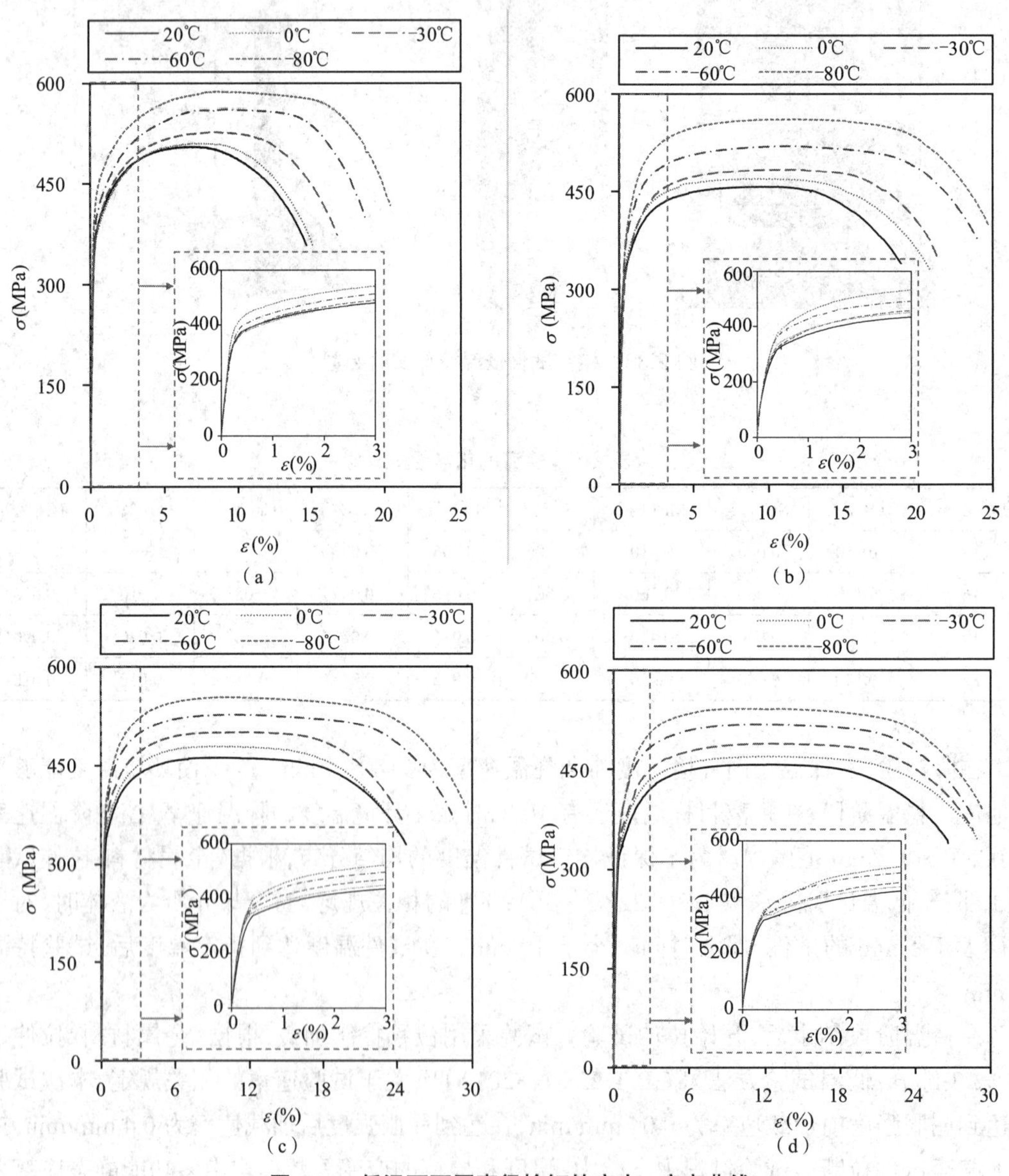

图 2.34 低温下不同直径栓钉的应力 - 应变曲线

(a)ϕ13 mm (b)ϕ16 mm (c)ϕ19 mm (d)ϕ22 mm

图 2.35 为低温下典型栓钉应力 - 应变曲线，曲线主要包括弹性阶段、应力强化阶段和颈缩阶段三个阶段。在达到屈服强度之前，栓钉应力与应变主要呈线性增长的趋势；在达到屈服强度后为应力强化阶段，在该阶段应变的增长速率大于应力的增长速率，两者呈现曲线式的增长关系；在达到极限强度后，进入颈缩阶段，栓钉开始出现颈缩现象，并在断裂时发出巨大的响声。

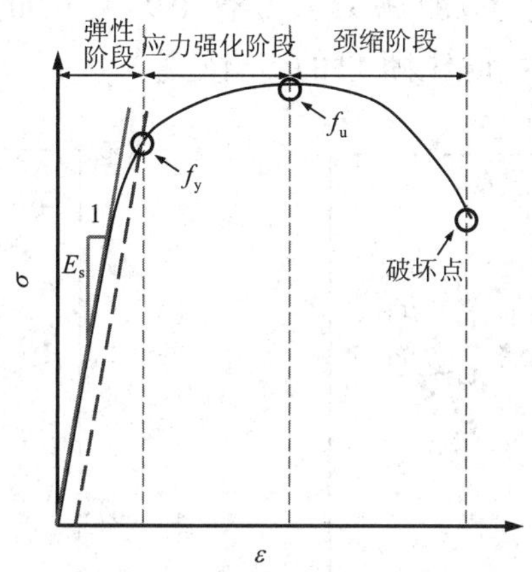

图 2.35　低温下典型栓钉应力 - 应变曲线

2. 弹性模量

图 2.34 表明，不同温度下各直径栓钉的拉伸应力 - 应变曲线均没有明显的屈服平台。因此，本试验采用 ASTM：370-13 中建议的“0.2% 偏移法”来确定其弹性模量和屈服强度（图 2.35）。表 2-9 列出了所有试件弹性模量的实验值。图 2.36（a）给出了不同直径栓钉弹性模量与温度的关系。从图 2.36（a）和表 2-9 可以发现，当温度从 20 ℃降至 -80 ℃时，直径 13 mm、16 mm、19 mm 和 22 mm 栓钉的弹性模量有小幅增长趋势，对应的增长率分别为 3.1%、2.0%、1.9% 和 2.5%。然而应注意，直径 13 mm、16 mm、19 mm 和 22 mm 栓钉的温度（T）与弹性模量（E_s）的相关系数分别为 0.07、0.17、0.07 和 0.02，这表明栓钉的弹性模量与温度呈弱相关性。综上所述，温度降低对栓钉弹性模量的影响有限，可忽略不计。

3. 屈服强度和极限强度

栓钉的屈服强度 f_y 和极限强度 f_u 均由图 2.35 的应力 - 应变曲线确定，具体值见表 2-9。采用强度提高系数评估低温对栓钉 f_y 和 f_u 的影响。栓钉强度提高系数为低温栓钉强度与常温下强度的比值，即屈服强度提高系数 $I_{f_{yT}}=f_{yT}/f_{y0}$，极限强度提高系数 $I_{f_{uT}}=f_{uT}/f_{u0}$，具体结果见表 2-9。

图 2.36（b）和（c）分别给出了温度对栓钉 f_y 和 f_u 的影响。结果表明，20 到 -80 ℃范围内，f_y 和 f_u 均随温度的降低而增加。当温度从常温降至 0 ℃、-30 ℃、-60 ℃和 -80 ℃时，ϕ13 mm 栓钉的 f_u 值分别提高了 3.0%、5.6%、12.2% 和 19.9%。当温度从常温降至 -80 ℃时，ϕ13 mm、ϕ16 mm、ϕ19 mm 和 ϕ22 mm 栓钉的 f_y（f_u）分别提高了 18.8%（19.9%）、14.3%（22.3%）、18.1%（21.8%）和 17.4%（20.1%）。低温下栓钉强度的提高可能是由于原子间的距离随着温度的降低而减小，使得低温下原子间的相互作用力较常温时更大，在低温下需要

施加更大的荷载才能使栓钉发生断裂。此外还可发现,低温下栓钉极限强度的提高幅度略大于屈服强度的提高幅度,这可能是由于栓钉中添加了 Ni 和 Cu 元素。对比各温度下不同直径的栓钉的屈服强度和极限强度提高系数可以发现,栓钉直径对栓钉强度提高系数的影响很小。

从图 2.36(b)和(c)可以看出,ϕ13 mm、ϕ16 mm、ϕ19 mm 和 ϕ22 mm 栓钉的 f_y(f_u)和温度之间的相关系数 R^2 值分别为 0.82(0.92)、0.88(0.94)、0.90(0.95)和 0.91(0.96),均大于 0.8,表明低温对栓钉屈服强度和极限强度的影响显著。

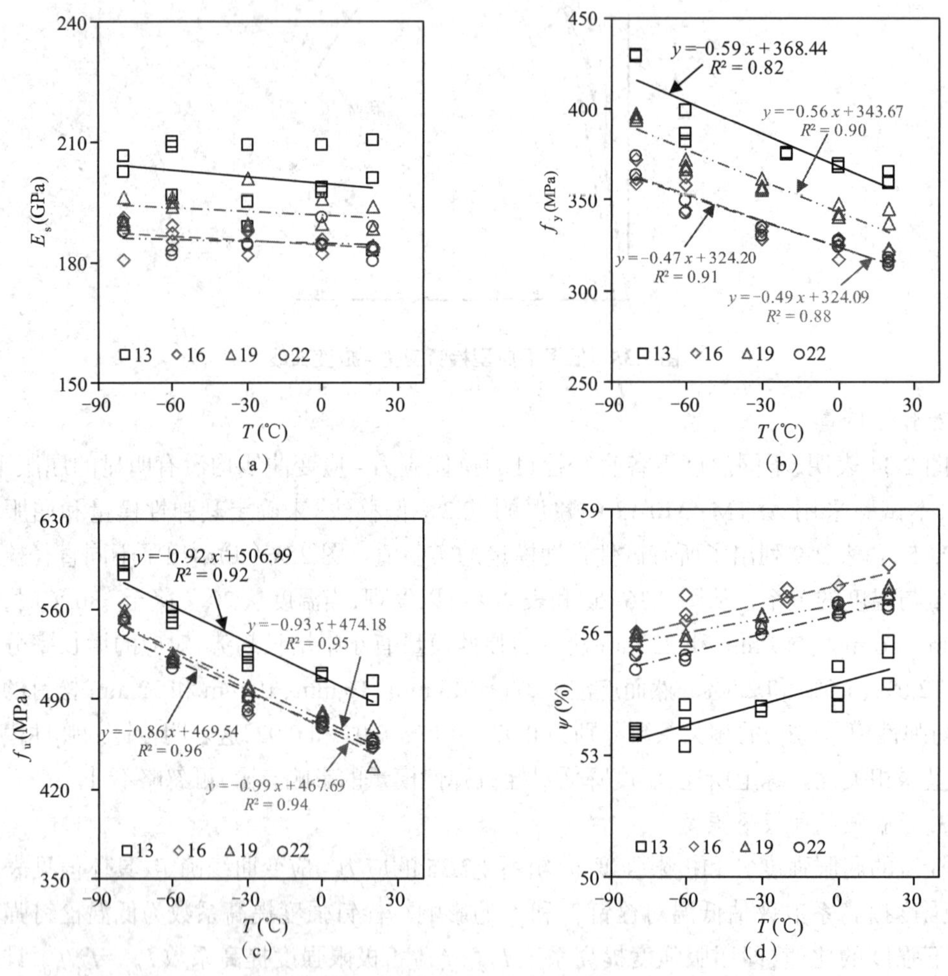

(a) (b) (c) (d)

图 2.36 低温对栓钉力学性能的影响

(a)低温对栓钉弹性模量的影响 (b)低温对栓钉屈服强度的影响

(c)低温对栓钉极限强度的影响 (d)低温对栓钉断面收缩率的影响

表 2-9　栓钉的详细情况及拉伸试验结果

编号	T(℃)	A_0(mm^2)	E_s(GPa)	ε_y(%)	ε_u(%)	ε_F(%)	A_u(mm^2)	ψ(%)	$\bar{\psi}$(%)	f_u(MPa)	$\bar{f}_u$(MPa)	f_y(MPa)	$\bar{f}_y$(MPa)	$I_{f_{uT}}$	$I_{f_{yT}}$
A-T1-1	20	128.1	210.3	0.378	6.41	14.66	57.0	55.49	55.33	504.5	494.4	365.2	361.5	1.02	1.01
A-T1-2	20	128.3	183.0	0.395	6.53	15.24	56.5	54.72		489.9		360.0		0.99	1.00
A-T1-3	20	128.1	200.9	0.381	6.57	14.96	56.6	55.78		488.9		359.2		0.99	0.99
A-T2-1	0	126.7	197.6	0.383	7.79	15.07	57.7	54.46	54.58	510.3	509.4	369.4	368.8	1.03	1.02
A-T2-2	0	127.9	198.8	0.372	6.98	14.79	58.6	54.15		510.4		368.2		1.03	1.02
A-T2-3	0	127.1	209.4	0.386	7.31	16.29	57.0	55.14		507.6		350.2		1.03	0.97
A-T3-1	−30	127.3	209.1	0.395	7.94	16.69	58.4	54.15	54.07	526.9	522.1	375.5	375.1	1.07	1.04
A-T3-2	−30	128.1	188.9	0.394	7.79	16.19	58.0	54.03		522.6		349.7		1.06	0.97
A-T3-3	−30	127.5	195.1	0.385	7.67	15.78	57.7	54.03		516.7		374.7		1.05	1.04
A-T4-1	−60	127.3	210.1	0.403	8.54	18.11	58.9	53.72	53.69	553.9	554.6	381.9	389.0	1.12	1.06
A-T4-2	−60	127.7	196.9	0.406	8.11	18.70	59.4	54.19		560.7		399.1		1.13	1.10
A-T4-3	−60	128.1	208.9	0.411	8.67	18.04	60.7	53.16		549.2		386.0		1.11	1.07
A-T5-1	−80	127.9	202.6	0.410	8.88	19.05	61.4	53.62	53.54	598.1	592.8	428.7	429.3	1.21	1.19
A-T5-2	−80	127.7	206.5	0.408	8.45	20.23	60.4	53.44		593.8		430.0		1.20	1.19
A-T5-3	−80	127.7	202.4	0.407	8.46	20.14	60.0	53.55		586.4		429.3		1.19	1.19
B-T1-1	20	196.3	183.3	0.381	9.60	20.15	83.2	57.64	57.64	458.0	455.3	316.2	318.8	1.01	0.99
B-T1-2	20	196.1	184.0	0.375	10.51	20.24	87.4	—		452.6		321.3		0.99	1.01
B-T2-1	0	195.1	185.9	0.376	9.11	20.89	83.6	57.12	56.97	470.5	470.7	328.8	323.7	1.03	1.03
B-T2-2	0	195.3	182.1	0.381	9.39	20.97	83.8	56.68		469.0		317.2		1.03	1.00
B-T2-3	0	194.3	184.7	—	9.59	21.99	83.3	57.12		472.5		325.2		1.04	1.02
B-T3-1	−30	195.3	181.8	0.388	10.01	21.01	84.3	56.84	56.88	492.0	485.0	335.7	331.7	1.08	1.05
B-T3-2	−30	195.3	188.2	0.386	11.47	21.38	84.5	56.76		484.8		333.3		1.06	1.05
B-T3-3	−30	195.8	187.6	0.388	10.17	21.41	84.1	57.03		478.3		328.8		1.05	1.03

续表

编号	T(℃)	A_0(mm²)	E_s(GPa)	ε_y(%)	ε_u(%)	ε_F(%)	A_u(mm²)	ψ(%)	$\bar{\psi}$(%)	f_u(MPa)	$\bar{f}_u$(MPa)	f_y(MPa)	$\bar{f}_y$(MPa)	$I_{f_{uT}}$	$I_{f_{yT}}$
B-T4-1	-60	195.6	189.3	0.394	11.90	24.52	84.3	56.90	56.53	519.9	521.3	358.5	355.2	1.14	1.12
B-T4-2	-60	196.1	185.4	0.390	11.30	24.79	85.4	56.42		523.1		344.7		1.15	1.08
B-T4-3	-60	195.3	187.3	0.391	11.96	23.94	85.4	56.26		520.9		362.5		1.14	1.14
B-T5-1	-80	195.3	191.2	0.396	11.65	24.65	85.9	56.01	55.73	563.1	556.9	372.4	364.5	1.24	1.17
B-T5-2	-80	195.1	180.7	0.395	12.47	24.09	86.4	55.70		554.7		361.8		1.22	1.14
B-T5-3	-80	196.1	187.6	0.394	11.81	24.63	87.1	55.50		553.0		359.4		1.21	1.13
C-T1-1	20	274.9	194.0	0.376	9.50	24.47	118.4	56.92	57.04	469.1	455.9	344.8	335.1	1.03	1.03
C-T1-2	20	275.5	184.4	0.380	9.55	24.78	118.2	57.08		460.3		337.0		1.01	1.01
C-T1-3	20	271.7	188.7	0.370	10.50	22.89	117.3	57.11		438.2		323.4		0.96	0.97
C-T2-1	0	275.5	196.6	0.380	9.19	24.04	119.8	56.52	56.55	478.0	478.8	348.0	348.7	1.05	1.04
C-T2-2	0	275.5	189.6	0.382	9.74	23.57	118.4	56.59		477.6		340.9		1.05	1.02
C-T2-3	0	274.6	196.1	0.376	9.71	21.85	119.4	56.52		480.8		342.9		1.05	1.02
C-T3-1	-30	276.1	201.1	0.373	10.51	23.81	120.4	56.40	56.32	497.4	496.9	355.4	358.1	1.09	1.06
C-T3-2	-30	276.1	189.8	0.381	10.62	24.85	121.2	56.12		492.6		357.2		1.08	1.07
C-T3-3	-30	276.7	189.4	0.388	10.57	24.59	120.6	56.43		500.7		361.6		1.10	1.08
C-T4-1	-60	276.1	194.2	0.390	11.41	28.27	121.7	55.91	55.89	525.7	522.8	372.5	369.1	1.15	1.11
C-T4-2	-60	275.8	195.3	0.389	11.15	30.06	121.5	55.93		520.1		368.3		1.14	1.10
C-T4-3	-60	275.5	196.3	0.392	11.99	27.97	121.7	55.82		522.7		366.6		1.15	1.09
C-T5-1	-80	277.6	196.3	0.405	11.62	29.07	122.3	55.93	55.90	553.4	555.3	395.9	395.8	1.21	1.18
C-T5-2	-80	274.9	189.8	0.408	11.68	28.93	121.7	55.79		554.0		393.8		1.22	1.18
C-T5-3	-80	274.6	190.6	0.398	12.12	29.17	121.3	55.99		558.5		397.8		1.23	1.19
D-T1-1	20	372.6	180.2	0.377	10.74	26.39	162.0	56.53	56.64	455.5	455.6	316.0	314.1	1.00	1.00
D-T1-2	20	372.2	189.0	0.370	10.47	26.40	161.5	56.61		453.3		313.7		0.99	0.99

续表

编号	T(℃)	A_0(mm²)	E_s(GPa)	ε_y(%)	ε_u(%)	ε_F(%)	A_u(mm²)	ψ(%)	$\overline{\psi}$(%)	f_u(MPa)	$\overline{f}_u$(MPa)	f_y(MPa)	$\overline{f}_y$(MPa)	$I_{f_{uT}}$	$I_{f_{yT}}$
D-T1-3	20	373.6	183.8	0.379	10.83	26.58	161.5	56.77		458.0		318.1		1.01	1.01
D-T2-1	0	372.9	184.0	0.377	11.07	27.08	160.6	56.63	56.57	472.1	470.2	324.1	328.0	1.04	1.03
D-T2-2	0	372.9	184.5	0.378	10.88	28.99	162.6	56.39		471.7		327.8		1.04	1.04
D-T2-3	0	372.9	191.2	0.375	11.07	28.16	161.5	56.69		466.9		326.9		1.02	1.03
D-T3-1	-30	372.6	184.8	0.381	11.38	28.64	163.5	56.10	56.00	481.1	485.9	330.0	332.5	1.06	1.04
D-T3-2	-30	371.9	184.2	0.383	11.07	28.53	164.0	55.90		490.6		335.0		1.08	1.06
D-T4-1	-60	373.3	182.0	0.393	12.32	29.24	166.5	55.39	55.35	514.2	516.2	342.9	346.2	1.13	1.09
D-T4-2	-60	370.5	183.0	0.391	12.40	28.56	165.6	55.31		518.2		349.5		1.14	1.11
D-T5-1	-80	372.9	187.6	0.400	13.15	29.32	167.6	55.04	55.23	543.1	547.3	363.7	368.6	1.19	1.15
D-T5-2	-80	373.3	190.0	0.403	11.91	30.83	167.2	55.41		551.4		373.5		1.21	1.18

A-T1-1

温度等级：1~5 分别代表 20 ℃，0 ℃，-30℃，-60℃，-80℃

平行试件号

直径：A—13 mm；B—1€ mm；C—19 mm；D—22 mm

A_0、A_u—栓钉原始截面面积和断裂点处最小截面面积；E_s—栓钉的弹性模量；ε_y、ε_u、ε_F—屈服应变、极限应变和断裂应变；ψ、$\overline{\psi}$—断面收缩率和断面收缩率的平均值；f_u、$\overline{f}_u$—极限强度、平均极限强度；f_y、$\overline{f}_y$ —屈服强度、平均屈服强度；$I_{f_{yT}}$、$I_{f_{uT}}$ —屈服强度提高系数和极限强度提高系数。

4. 断面收缩率

断面收缩率 ψ 是常用的评价钢材延性性能的指标之一。该指标反映了断裂点处横截面面积与原始横截面面积之间的差异,可通过 ASTMA 370-13 规范给出的公式进行计算:

$$\psi=\frac{A_0-A_u}{A_0}\times 100\% \tag{2.22}$$

式中,A_0 表示栓钉的原始横截面面积;A_u 表示栓钉断裂点处最小横截面面积。

表 2-9 列出了试验得到的 ψ 值,图 2.36(d)给出了温度 T 对 ψ 的影响。当温度从 20 ℃降至 -80 ℃时,ψ 有小幅下降。以直径 22 mm 的栓钉为例,在 20 ℃、0 ℃、-30 ℃、-60 ℃和 -80 ℃下,其平均断面收缩率分别为 56.6%、56.5%、56.0%、55.4% 和 55.2%。当温度从 20 ℃降至 -80 ℃时,直径 22 mm 栓钉的断面收缩率仅降低 2.5%。同样,在 20 到 -80 ℃范围内,直径 13 mm、16 mm 和 19 mm 栓钉的断面收缩率变化幅度很小。表明 20 到 -80 ℃范围内的温度降低对栓钉断面收缩率的影响有限。

图 2.37 为不同温度下栓钉的典型破坏形态。在本次试验中,所有试件在断裂前均出现明显的颈缩现象,为延性破坏。

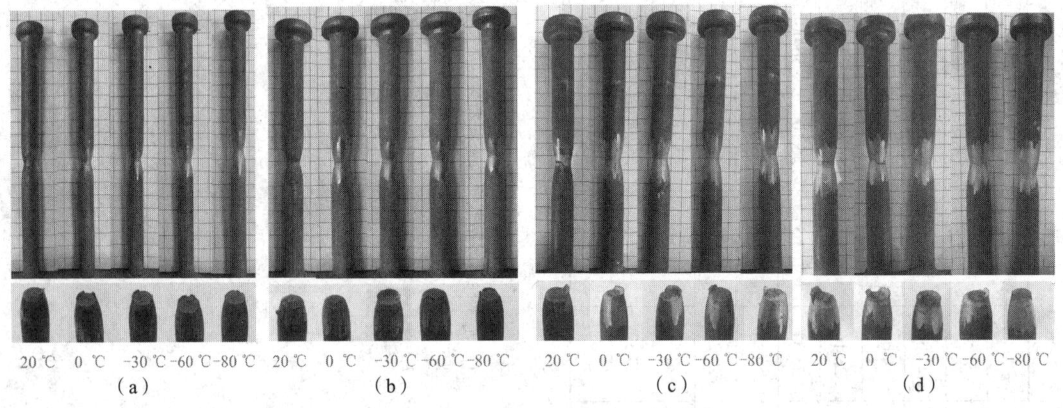

图 2.37 不同温度下栓钉的破坏形态

(a)ϕ13 mm 栓钉 (b)ϕ16 mm 栓钉 (c)ϕ19 mm 栓钉 (d)ϕ22 mm 栓钉

5. 屈服应变、极限应变和断裂应变

参考 ASTMA 370-13 规范,根据不同温度下的栓钉拉伸应力 - 应变曲线确定其屈服应变 ε_y、极限应变 ε_u 和断裂应变 ε_F,试验结果见表 2-9。图 2.38 给出了低温对屈服应变、极限应变和断裂应变的影响。当温度从 20 ℃降至 -80 ℃时,ε_y、ε_u 和 ε_F 随温度的降低几乎呈线性增长。当温度从 20 ℃降至 0 ℃、-30 ℃、-60 ℃和 -80 ℃时,ε_y 值分别增加 0.1%、1.8%、4.5% 和 6.3%;ε_u(ε_F)值分别增加 1.6%(2.7%)、9.3%(5.8%)、19.7%(18.0%)和 22.1%(22.0%)。上述试验结果表明,栓钉的延性并未随着温度的降低而减小,同时温度的降低对栓钉极限应变和断裂应变的影响大于屈服应变。低温下栓钉各应变指标呈一定程度增加的原因可能是栓钉中含有化学元素镍(Ni),Ni 元素在低温下能够改善材料中晶体的位错滑移,从而影响栓钉的变形能力。

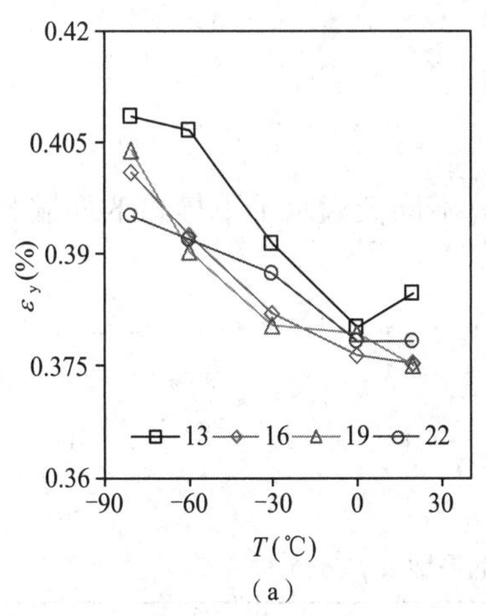

(a)

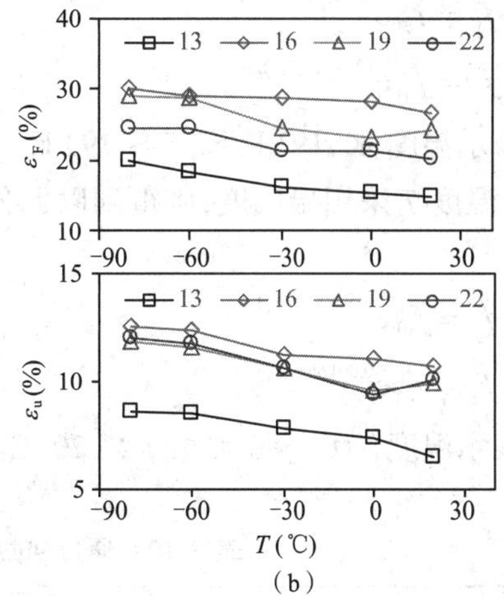

(b)

图 2.38　温度对屈服应变、极限应变和断裂应变的影响

(a)对 ε_y 的影响　(b)对 ε_u 和 ε_F 的影响

2.3.3　低温下 f_y 和 f_u 的回归分析

由以上试验结果可知，低温对栓钉的材料力学性能，尤其是屈服强度和极限强度影响显著。为了便于在实际工程中应用，仅考虑温度影响，通过回归分析的方法，建立低温环境下栓钉屈服强度和极限强度的计算公式。采用指数函数模型进行低温下栓钉强度的拟合，栓钉屈服强度和极限强度在低温环境下的变化规律可近似由公式(2.23)和(2.24)得到：

$$f_y = f_{yT}e^{\alpha(1/T_0-1/T)} \tag{2.23}$$

$$f_u = f_{uT}e^{\beta(1/T_0-1/T)} \tag{2.24}$$

式中，T 为温度，K；f_y 表示常温 T_0 下的屈服强度，MPa；f_u 表示常温 T_0 下的极限强度，MPa；f_{yT} 表示温度 T 下的屈服强度，MPa；f_{uT} 表示温度 T 下的极限强度，MPa；α 和 β 分别是屈服强度和极限强度对不同低温的敏感系数，1/K。

α 和 β 之间的关系可以由下式表示：

$$\beta=A\alpha \tag{2.25}$$

式中，A 是常数，可通过试验数据计算得出。

需要注意的是，式(2.23)、式(2.24)中的温度 T 的单位为开尔文温度，不便于工程应用。因此，为简化计算，采用摄氏度作为 T 的单位，则计算公式如下所示：

$$f_y = f_{yT}e^{a(T-T_0)} \tag{2.26}$$

$$f_u = f_{uT}e^{b(T-T_0)} \tag{2.27}$$

$$b=Ba \tag{2.28}$$

式中，a、b 和 B 是常数，可通过试验数据计算得到。

由于预测公式(式(2.23)~(2.28))更关注栓钉低温下的材料力学性能，因此使用 −30 ℃、−60 ℃和 −80 ℃温度下的试验结果来拟合系数 α、β、a 和 b，具体结果见表 2-10。得到的低温下栓钉屈服强度和极限强度计算公式如下：

$$f_y = f_{yT}e^{76.94(1/T_0-1/T)} \tag{2.29}$$

$$f_u = f_{uT}e^{101.09(1/T_0-1/T)} \tag{2.30}$$

式中，T 表示温度，K，193 K ≤ T ≤ 293 K。

如果温度 T 采用摄氏度，则得到以下公式来计算不同低温水平下栓钉的屈服强度和极限强度：

$$f_y = f_{yT}e^{0.0012(T-T_0)} \tag{2.31}$$

$$f_u = f_{uT}e^{0.0016(T-T_0)} \tag{2.32}$$

式中，T 表示温度，℃，-80 ℃≤ T ≤ 20 ℃。

表 2-10 通过回归分析得到的系数 α、β、a、b

栓钉直径(mm)	T(℃)	α	β	a	b
13	-30	52.59	77.54	0.000 7	0.001 1
13	-60	57.20	89.64	0.000 9	0.001 4
13	-80	97.25	102.61	0.001 6	0.001 6
	平均值	69.01	89.93	0.001 1	0.001 4
16	-30	60.34	90.08	0.000 8	0.001 3
16	-60	84.42	105.60	0.001 4	0.001 7
16	-80	75.81	113.93	0.001 2	0.001 8
	平均值	73.52	103.20	0.001 1	0.001 6
19	-30	94.40	122.63	0.001 3	0.001 7
19	-60	75.46	106.87	0.001 2	0.001 7
19	-80	94.19	111.53	0.001 5	0.001 8
	平均值	88.02	113.68	0.001 3	0.001 7
22	-30	72.93	91.54	0.001 0	0.001 3
22	-60	71.45	97.42	0.001 1	0.001 6
22	-80	87.25	103.65	0.001 4	0.001 7
	平均值	77.21	97.54	0.001 2	0.001 5

注：α、β、a、b 的平均值分别为 76.94、101.09、0.001 2、0.001 6。

用试验值与预测值比值的平均值和变异系数（COV）来评估所建立预测公式（2.29）~（2.32）的精确度。表 2-11、图 2.39 和图 2.40 对比了不同温度（20 ℃、0 ℃、-30 ℃、-60 ℃和 -80 ℃）下栓钉屈服强度和极限强度的试验结果与通过拟合公式（式（2.29）~（2.32））得到的计算值。可以发现，计算得到的栓钉屈服强度和极限强度的误差小于 10%，试验值与公式（2.29）~（2.32）计算值比值的变异系数分别为 0.02、0.01、0.03 和 0.02，均不大于 0.03。这说明回归分析建立的低温下栓钉的屈服强度和极限强度计算公式具有较高的精确度，公式计算值与拉伸试验结果吻合良好。

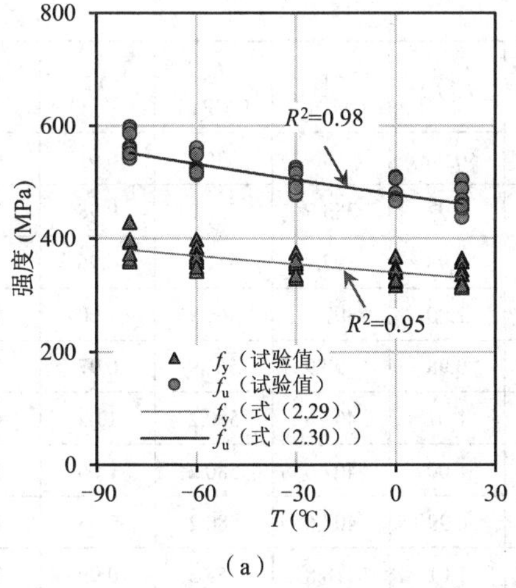

（a）

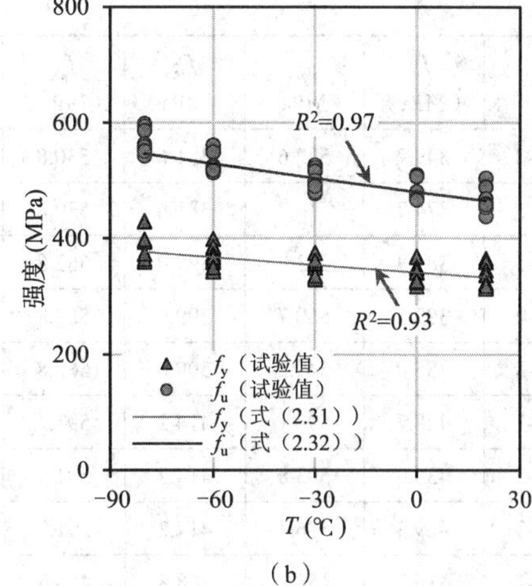

（b）

图 2.39　回归公式计算值与试验值相关性对比

（a）式（2.29）和（2.30）（b）式（2.31）和（2.32）

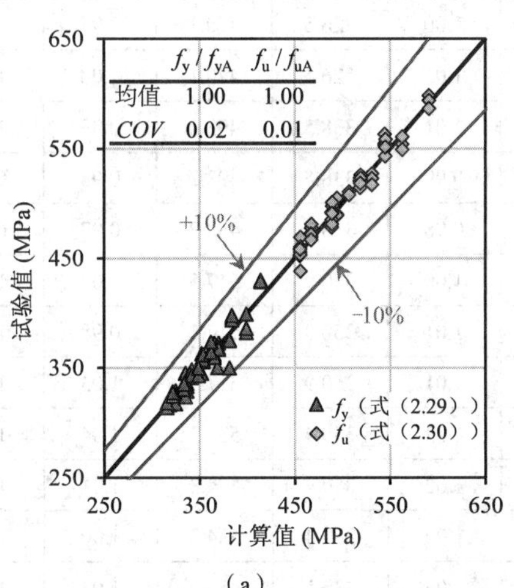

（a）

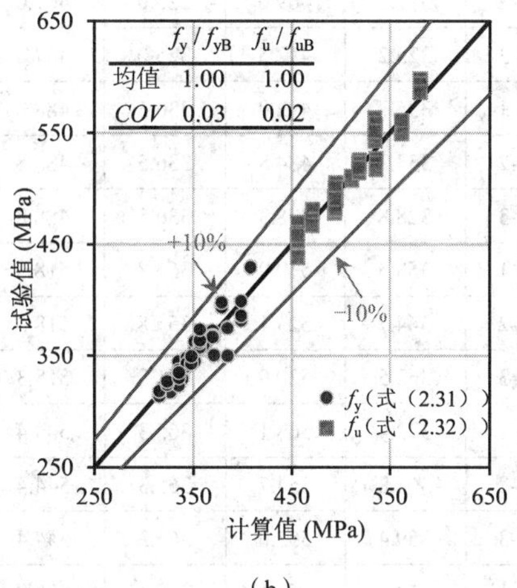

（b）

图 2.40　回归公式计算值与试验值对比

（a）式（2.29）和（2.30）（b）式（2.31）和（2.32）

表 2-9　拟合公式计算结果

编号	f_y（MPa）	f_u（MPa）	f_{yA}（MPa）	f_{uA}（MPa）	f_y/f_{yA}	f_u/f_{uA}	f_{yB}（MPa）	f_{uB}（MPa）	f_y/f_{yB}	f_u/f_{uB}
A-T1-1	365.2	504.5	361.5	494.4	1.01	1.02	361.5	494.4	1.01	1.02
A-T1-2	360.0	489.9	361.5	494.4	1.00	0.99	361.5	494.4	1.00	0.99
A-T1-3	359.2	488.9	361.5	494.4	0.99	0.99	361.5	494.4	0.99	0.99
A-T2-1	369.4	510.3	368.5	507.1	1.00	1.01	370.3	510.5	1.00	1.00
A-T2-2	368.2	510.4	368.5	507.1	1.00	1.01	370.3	510.5	0.99	1.00
A-T2-3	350.2	507.6	368.5	507.1	0.95	1.00	370.3	510.5	0.95	0.99
A-T3-1	375.5	526.9	381.6	530.8	0.98	0.99	383.9	535.6	0.98	0.98

续表

编号	f_y（MPa）	f_u（MPa）	f_{yA}（MPa）	f_{uA}（MPa）	f_y/f_{yA}	f_u/f_{uA}	f_{yB}（MPa）	f_{uB}（MPa）	f_y/f_{yB}	f_u/f_{uB}
A-T3-2	349.7	522.6	381.6	530.8	0.92	0.98	383.9	535.6	0.91	0.98
A-T3-3	374.7	516.7	381.6	530.8	0.98	0.97	383.9	535.6	0.98	0.96
A-T4-1	381.9	553.9	399.0	562.8	0.96	0.98	397.9	561.9	0.96	0.99
A-T4-2	399.1	560.7	399.0	562.8	1.00	1.00	397.9	561.9	1.00	1.00
A-T4-3	386.0	549.2	399.0	562.8	0.97	0.98	397.9	561.9	0.97	0.98
A-T5-1	428.7	598.1	414.2	591.2	1.04	1.01	407.6	580.2	1.05	1.03
A-T5-2	430.0	593.8	414.2	591.2	1.04	1.00	407.6	580.2	1.06	1.02
A-T5-3	429.3	586.4	414.2	591.2	1.04	0.99	407.6	580.2	1.05	1.01
B-T1-1	316.2	458.0	318.8	455.3	0.99	1.01	318.8	455.3	0.99	1.01
B-T1-2	321.3	452.6	318.8	455.3	1.01	0.99	318.8	455.3	1.01	0.99
B-T2-1	328.8	470.5	325.0	467.0	1.01	1.01	326.5	470.1	1.01	1.00
B-T2-2	317.2	469.0	325.0	467.0	0.98	1.00	326.5	470.1	0.97	1.00
B-T2-3	325.2	472.5	325.0	467.0	1.00	1.01	326.5	470.1	1.00	1.01
B-T3-1	335.7	492.0	336.5	488.8	1.00	1.01	338.5	493.2	0.99	1.00
B-T3-2	333.3	484.8	336.5	488.8	0.99	0.99	338.5	493.2	0.98	0.98
B-T3-3	328.8	478.3	336.5	488.8	0.98	0.98	338.5	493.2	0.97	0.97
B-T4-1	358.5	519.9	351.8	518.3	1.02	1.00	350.9	517.5	1.02	1.00
B-T4-2	344.7	523.1	351.8	518.3	0.98	1.01	350.9	517.5	0.98	1.01
B-T4-3	362.5	520.9	351.8	518.3	1.03	1.01	350.9	517.5	1.03	1.01
B-T5-1	372.4	563.1	365.3	544.4	1.02	1.03	359.4	534.3	1.04	1.05
B-T5-2	361.8	554.7	365.3	544.4	0.99	1.02	359.4	534.3	1.01	1.04
B-T5-3	359.4	553.0	365.3	544.4	0.98	1.02	359.4	534.3	1.00	1.04
C-T1-1	344.8	469.1	335.1	455.9	1.03	1.03	335.1	455.9	1.03	1.03
C-T1-2	337.0	460.3	335.1	455.9	1.01	1.01	335.1	455.9	1.01	1.01
C-T1-3	323.4	438.2	335.1	455.9	0.97	0.96	335.1	455.9	0.97	0.96
C-T2-1	348.0	478.0	341.6	467.6	1.02	1.02	343.2	470.7	1.01	1.02
C-T2-2	340.9	477.6	341.6	467.6	1.02	1.02	343.2	470.7	1.01	1.01
C-T2-3	342.9	480.8	341.6	467.6	1.03	1.03	343.2	470.7	1.02	1.02
C-T3-1	355.4	497.4	353.7	489.4	1.00	1.02	355.8	493.9	1.00	1.01
C-T3-2	357.2	492.6	353.7	489.4	1.01	1.01	355.8	493.9	1.00	1.00
C-T3-3	361.6	500.7	353.7	489.4	1.02	1.02	355.8	493.9	1.02	1.01
C-T4-1	372.5	525.7	369.8	519.0	1.01	1.01	368.9	518.2	1.01	1.01
C-T4-2	368.3	520.1	369.8	519.0	1.00	1.00	368.9	518.2	1.00	1.00
C-T4-3	366.6	522.7	369.8	519.0	0.99	1.01	368.9	518.2	0.99	1.01
C-T5-1	395.9	553.4	383.9	545.1	1.03	1.02	377.8	535.0	1.05	1.03
C-T5-2	393.8	554.0	383.9	545.1	1.03	1.02	377.8	535.0	1.04	1.04

续表

编号	f_y（MPa）	f_u（MPa）	f_{yA}（MPa）	f_{uA}（MPa）	f_y/f_{yA}	f_u/f_{uA}	f_{yB}（MPa）	f_{uB}（MPa）	f_y/f_{yB}	f_u/f_{uB}
C-T5-3	397.8	558.5	383.9	545.1	1.04	1.02	377.8	535.0	1.05	1.04
D-T1-1	316.0	455.5	315.9	455.6	0.99	1.00	315.9	455.6	0.99	1.00
D-T1-2	313.7	453.3	315.9	455.6	1.00	0.99	315.9	455.6	1.00	0.99
D-T1-3	318.1	458.0	315.9	455.6	1.01	1.01	315.9	455.6	1.01	1.01
D-T2-1	324.1	472.1	322.0	467.3	1.02	1.01	323.6	470.4	1.01	1.00
D-T2-2	327.8	471.7	322.0	467.3	1.02	1.01	323.6	470.4	1.02	1.00
D-T2-3	326.9	466.9	322.0	467.3	1.03	1.00	323.6	470.4	1.03	0.99
D-T3-1	330.0	481.1	333.4	489.1	1.00	0.98	335.4	493.5	0.99	0.97
D-T3-2	335.0	490.6	333.4	489.1	1.01	1.00	335.4	493.5	1.00	0.99
D-T4-1	342.9	514.2	348.6	518.6	0.99	0.99	347.7	517.8	0.99	0.99
D-T4-2	349.5	518.2	348.6	518.6	1.01	1.00	347.7	517.8	1.01	1.00
D-T5-1	363.7	543.1	361.9	544.8	1.01	1.00	356.2	534.7	1.03	1.02
D-T5-2	373.5	551.4	361.9	544.8	1.04	1.01	356.2	534.7	1.05	1.03
均值					1.00	1.00			1.00	1.00
COV					0.02	0.01			0.03	0.02

注：f_{yA}、f_{uA}、f_{yB}、f_{uB} 分别由公式（2.29）~（2.32）得出。

2.3.4　结论

本节设计制作了适用于低温环境的栓钉拉伸夹具，并在 20 到 -80 ℃范围内对 56 个栓钉试件进行了拉伸试验，研究了低温下栓钉的材料力学性能。随后，通过回归分析建立了适用于极地低温下的栓钉屈服强度和极限强度计算公式。具体可以得到如下结论。

（1）在 20 到 -80 ℃范围内，不同温度下的栓钉的应力 - 应变曲线形状相似；同时温度对栓钉弹性模量的影响有限，可近似认为栓钉弹性模量不随温度的降低而变化。

（2）栓钉强度受温度的影响较大，栓钉的屈服强度和极限强度均随着温度的降低而提高；栓钉极限强度提高的幅度比屈服强度的提高幅度大。

（3）当温度高于 -80 ℃时，栓钉的延性并没有随着温度的降低而降低，试验中所有栓钉的破坏模式均为延性破坏。

（4）通过回归分析建立的低温下栓钉强度计算公式具有较高的精确度，公式计算值同拉伸试验结果吻合良好。

参考文献

[1]　EN 1992-1-1. Eurocode 2：design of concrete structures：Part 1-1：general rules and rules for buildings[S]. London：British Standard Institution，2004.

[2]　American Concrete Institute Committee 318（ACI）. Building code requirements for struc-

tural concrete (ACI 318-14) and commentary (ACI 318R-14) [S]. Farmington Hills (MI): American Concrete Institute, 2014.

[3] 中华人民共和国住房和城乡建设部. 混凝土结构设计规范: GB 50010—2010[S]. 北京: 中国建筑工业出版社, 2015.

[4] BERNER D E. Behavior of prestressed concrete subjected to low temperatures and cyclic loading [D]. Berkeley: California University, 1984.

[5] CARREIRA D J, CHU K H. Stress-strain relationship for plain concrete in compression[J]. Journal proceedings, 1985, 82 (6): 797-804.

[6] 中华人民共和国国家发展和改革委员会. 水工混凝土断裂试验规程: DL/T 5332—2005[S]. 北京: 中国电力出版社, 2006.

[7] XU S L, REINHARDT H W. Determination of double-K criterion for crack propagation in quasi-brittle materials, Part I: experimental investigation of crack propagation[J]. International journal of fracture, 1999, 98:111-149.

[8] XU S L, RRINHARDT H W. Determination of double-K criterion for crack propagation in quasi-brittle fracture, Part II: analytical evaluating and practical measuring methods for three-point bending notched beams[J]. International journal of fracture, 1999, 98 (2): 151-177.

[9] RECOMMENDATION R D. Determination of the fracture energy of mortar and concrete by means of three-point bend tests on notched beams[J]. Materials and structures, 1985, 18 (4): 287-290.

[10] HU S W, FAN B. Study on the bilinear softening mode and fracture parameters of concrete in low temperature environments[J]. Engineering fracture mechanics, 2019, 211: 1-16.

[11] FAN B, QIAO Y M, HU S W. An experimental investigation on FPZ evolution of concrete at different low temperatures by means of 3D-DIC[J]. Theoretical and applied fracture mechanics, 2020, 108: 102575.

[12] FIB. Fib model code for concrete structures 2010[M]. Weinheim: Wiley-VCH Verlag GmbH & Co. KGaA, 2013.

[13] 王传星, 谢剑, 李会杰. 低温环境下混凝土性能的试验研究[J]. 工程力学, 2011, 28 (增刊 2) : 182-186.

[14] 中国钢铁工业协会. 金属材料 拉伸试验 第 3 部分: 低温试验方法: GB/T 228.3—2019 [S]. 北京: 中国标准出版社, 2019.

第 3 章　剪力连接件低温力学性能研究

3.1　剪力连接件低温受剪性能研究

为研究极地低温条件下栓钉连接件的受剪性能，在 20 到 −80 ℃范围内进行了 22 个推出试验。本试验研究的关键参数包括温度、混凝土强度等级、栓钉直径和长径比。本节通过低温推出试验，得到低温下栓钉连接件的破坏形态、抗剪承载力和荷载 - 滑移曲线等关键数据，讨论并分析了上述研究参数对栓钉低温受剪性能的影响，并建立了相应的有限元分析模型和计算公式，以预测 20 到 −80 ℃范围内栓钉的抗剪承载力及荷载 - 滑移关系曲线。

3.1.1　试件设计

为研究温度 T（20 ℃、−30 ℃、−60 ℃和 −80 ℃）、混凝土强度等级 f_{cu}（C45、C55 和 C65）、栓钉直径 d（13 mm、16 mm 和 19 mm）和长径比 h/d（3.1、4.1、5.0 和 5.9）对栓钉连接件受剪性能的影响规律，共设计 22 个（即 11 组）推出试件。试件具体参数见表 3-1。

表 3-1　低温推出试验试件详细信息

试件编号	D（mm）	d（mm）	h（mm）	h/d	T（℃）	f_{ca}（MPa）	f_{cT}（MPa）	E_{ca}（GPa）	E_{cT}（GPa）	σ_{ua}（MPa）	σ_{uT}（MPa）	E_{sT}（GPa）
S1A	29	16	80	5.0	20	47.0	47.0	29.0	29.0	595	595	202
S1B	29	16	80	5.0	20	47.0	47.0	29.0	29.0	595	595	202
S2A	29	16	80	5.0	−30	47.0	59.0	29.0	37.4	595	622	205
S3A	29	16	80	5.0	−60	47.0	70.3	29.0	35.3	595	639	207
S3B	29	16	80	5.0	−60	47.0	70.3	29.0	35.3	595	639	207
S3C	29	16	80	5.0	−60	47.0	70.3	29.0	35.3	595	639	207
S4A	29	16	80	5.0	−80	47.0	69.4	29.0	39.8	595	651	208
S4B	29	16	80	5.0	−80	47.0	69.4	29.0	39.8	595	651	208
S5A	32	19	95	5.0	−60	47.0	70.3	29.0	35.3	476	512	206
S5B	32	19	95	5.0	−60	47.0	70.3	29.0	35.3	476	512	206
S6A	22	13	65	5.0	−60	47.0	70.3	29.0	35.3	521	560	207
S6B	22	13	65	5.0	−60	47.0	70.3	29.0	35.3	521	560	207
S7A	29	16	50	3.1	−60	47.0	70.3	29.0	35.3	524	532	207
S7B	29	16	50	3.1	−60	47.0	70.3	29.0	35.3	524	563	207
S8A	29	16	65	4.1	−60	47.0	70.3	29.0	35.3	524	563	207
S8B	29	16	65	4.1	−60	47.0	70.3	29.0	35.3	524	563	207

续表

试件编号	D (mm)	d (mm)	h (mm)	h/d	T (℃)	f_{ca} (MPa)	f_{cT} (MPa)	E_{ca} (GPa)	E_{cT} (GPa)	σ_{ua} (MPa)	σ_{uT} (MPa)	E_{sT} (GPa)
S9A	29	16	95	5.9	-60	47.0	70.3	29.0	35.3	499	536	207
S9B	29	16	95	5.9	-60	47.0	70.3	29.0	35.3	499	536	207
S10A	29	16	80	5.0	-60	40.0	59.7	26.3	33.8	595	639	207
S10B	29	16	80	5.0	-60	40.0	59.7	26.3	33.8	595	639	207
S11A	29	16	80	5.0	-60	54.1	83.3	31.1	38.9	595	639	207
S11B	29	16	80	5.0	-60	54.1	83.3	31.1	38.9	595	639	207

注：d、D、h—栓杆大头直径、栓杆直径和长度；T—温度；f_{ca}、f_{cT}—混凝土常温和低温下 ϕ100 mm × 200 mm 圆柱体抗压强度；E_{ca}、E_{cT}—常温和低温下混凝土的弹性模量；σ_{ua}、σ_{uT}—常温和低温下栓钉的抗拉强度；E_{sT}—低温下栓钉的弹性模量。

栓钉推出试件均参照欧规 BS EN 1994-1-1[1] 并结合保温加载装置尺寸设计，由栓钉连接件、钢梁及两块对称的混凝土板组成。所有试件尺寸、钢梁及混凝土板几何尺寸相同。栓钉为铆螺钢 ML15，采用高压熔焊工艺焊接。钢梁采用强度高、低温性能良好的 Q420E 型钢，规格为 HW150 × 150 × 7 × 10，长 400 mm，屈服强度和极限强度分别为 425 MPa 和 589 MPa。两侧混凝土板的尺寸均为 250 mm × 150 mm × 300 mm（长 × 宽 × 高），混凝土板中横向和纵向钢筋均采用直径 10 mm 的 HRB400 钢筋，钢筋的屈服强度和极限强度分别为 445 MPa 和 570 MPa。推出试件具体尺寸及各直径栓钉的尺寸见图 3.1。

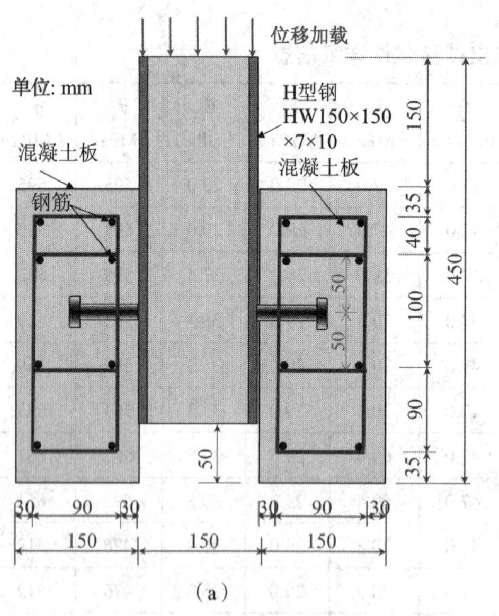

(a)

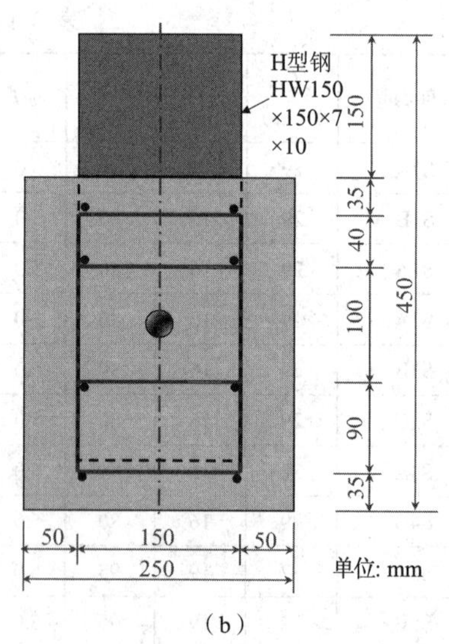

(b)

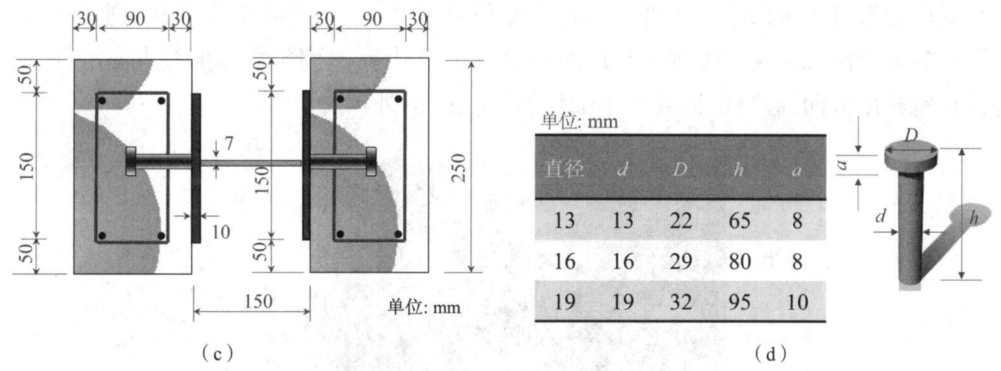

直径	d	D	h	a
13	13	22	65	8
16	16	29	80	8
19	19	32	95	10

图 3.1　推出试件尺寸

（a）主视图　（b）侧视图　（c）俯视图　（d）栓钉尺寸

低温下栓钉连接件推出试验装置如图 3.2 所示。在钢梁顶部、底部和栓钉对应位置处安装位移计，测量加载过程中栓钉和混凝土板之间的相对滑移量。试件内部及表面、保温箱侧壁设置 PT100 温度传感器监测降温及加载过程中试件温度、保温箱内部环境温度的变化。通过向自制保温箱中通入液氮维持试件温度，液氮通入速率由电磁阀自动控制，在试件达到目标温度且持温 1 h 后进行试验。试验采用位移控制加载，加载速率为 0.1 mm/min。

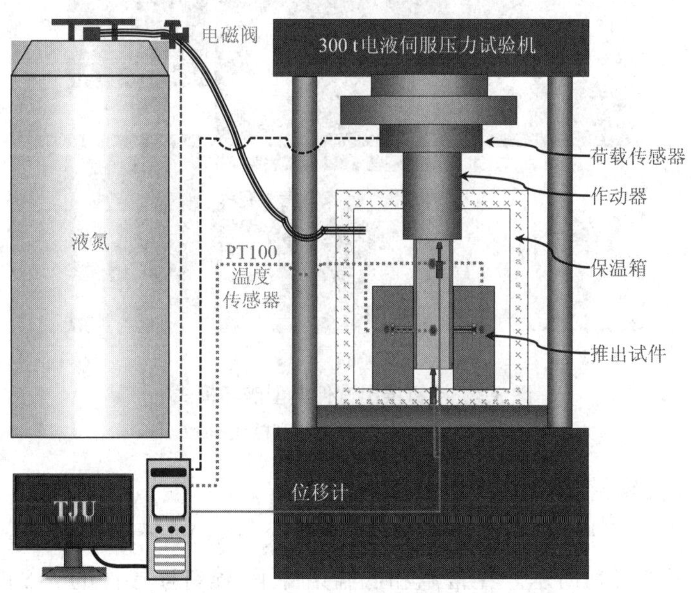

图 3.2　栓钉连接件推出试验装置

3.1.2　试验结果

1. 破坏模式

试验中出现两种破坏模式：栓钉剪断；混凝土劈裂和栓钉剪断混合破坏。栓钉剪断破坏如图 3.3（a）所示，混凝土板未出现明显破坏，栓钉根部靠近型钢位置处的栓杆被剪断，焊缝未发生破坏，栓杆断面光滑。由于栓钉根部发生局部变形，其下部混凝土发生局部压碎，混凝土板对应位置处出现凹槽。大部分试件为此种破坏模式。混凝土劈裂和栓钉剪断混合破坏如图 3.3（b）所示，混凝土板侧面及顶面均出现劈裂裂缝，侧面裂缝与加载方向平行，顶面裂缝沿栓钉长度方向，裂缝由混凝土中部（栓钉位置）向外扩展。

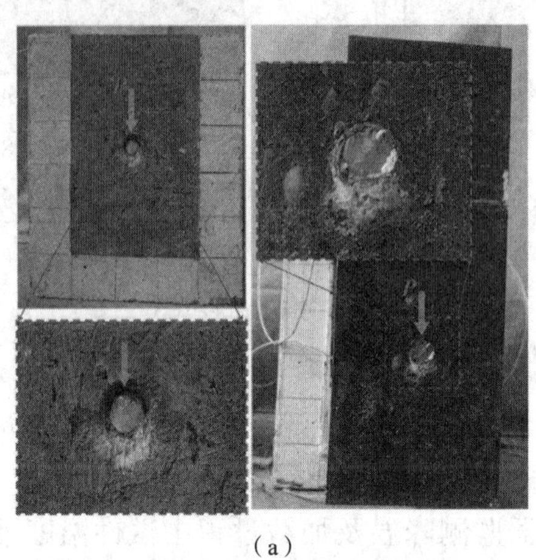

（a）

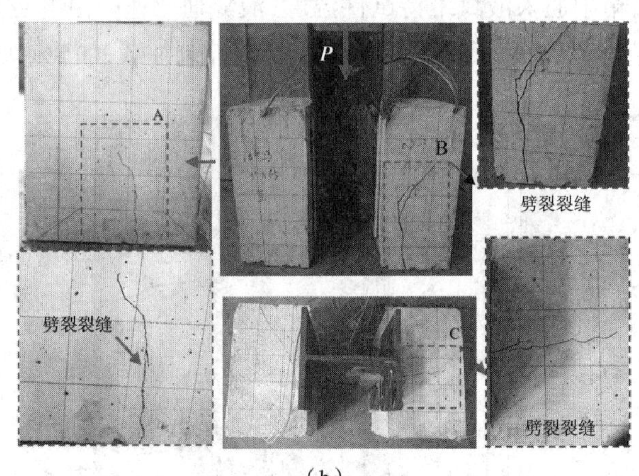

（b）

图 3.3 栓钉推出试件典型破坏模式

（a）栓钉剪断破坏 （b）混凝土劈裂和栓钉剪断混合破坏

2. 荷载 - 滑移曲线

图 3.4 给出了 22 个推出试件的荷载 - 滑移曲线（*P-S*）。不同破坏模式试件的典型荷载 - 滑移曲线如图 3.4（1）所示。在常温和低温条件下，栓钉连接件的 *P-S* 曲线均可分为三个阶段。第一阶段：弹性阶段，荷载和滑移近似呈线性增长，直至荷载达到 55% 峰值荷载左右。第二阶段：塑性阶段，由于栓钉屈服，滑移增长速率快于荷载增长速率，荷载 - 滑移曲线斜率逐渐减小。在该阶段结束时，试件发生栓杆剪断或混凝土板劈裂破坏。第三阶段：下降阶段，发生栓钉剪断破坏的试件，*P-S* 曲线表现出明显延性，最大滑移量大于 6 mm；发生混凝土劈裂和栓钉剪断混合破坏的试件，*P-S* 曲线的屈服平台无法充分发展，由于混凝土板过早劈裂而结束，延性较差。

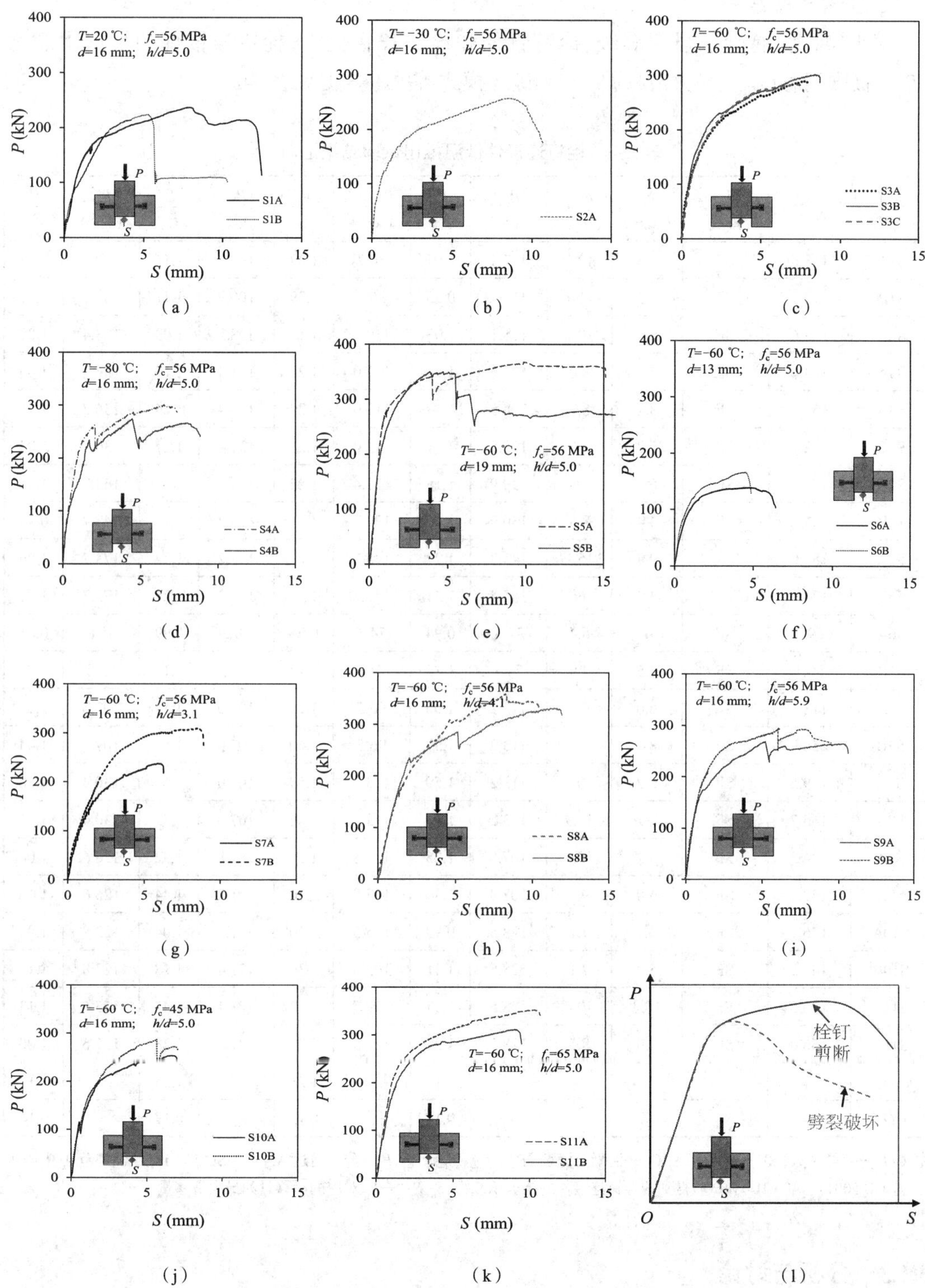

图 3.4　低温下栓钉受剪的荷载 - 滑移曲线

(a)S1　(b)S2　(c)S3　(d)S4　(e)S5　(f)S6　(g)S7　(h)S8　(i)S9　(j)S10　(k)S11　(l)典型荷载 - 滑移曲线

3. 主要试验结果

不同温度、混凝土强度等级、栓钉直径和栓钉长径比下，栓钉连接件的抗剪承载力（P_u）、极限滑移（S_u）、最大滑移（S_{max}）和破坏模式等关键数据见表 3-2。

表 3-2　栓钉连接件低温推出试验结果汇总

试件编号	P_u(kN)	破坏模式	S_u (mm)	S_{max} (mm)	P_{uA} (kN)	$\frac{P_u}{P_{uA}}$	P_{uE} (kN)	$\frac{P_u}{P_{uE}}$	P_{uC} (kN)	$\frac{P_u}{P_{uC}}$	P_{uT} (kN)	$\frac{P_u}{P_{uT}}$
S1A	118.6	SF	7.8	12.5	117.4	1.01	86.7	1.37	100.9	1.17	100.9	1.17
S1B	112.1	SF	5.3	11.7	117.4	0.95	86.7	1.29	100.9	1.11	100.9	1.11
S2A	128.6	SF	8.4	10.7	125.1	1.03	110.3	1.17	118.2	1.09	128.4	1.00
S3A	144.8	SF	7.9	8.0	128.5	1.13	117.0	1.24	121.4	1.19	136.2	1.06
S3B	151.0	SF	8.4	8.7	128.5	1.18	117.0	1.29	121.4	1.24	136.2	1.11
S3C	142.0	SF	7.2	7.7	128.5	1.11	117.0	1.21	121.4	1.17	136.2	1.04
S4A	150.2	SF	6.5	7.3	130.9	1.15	123.4	1.22	123.7	1.21	143.7	1.05
S4B	137.1	SF	4.4	8.8	130.9	1.05	123.4	1.11	123.7	1.11	143.7	0.95
S5A	184.0	SF+CS	9.9	15.1	145.2	1.27	145.2	1.27	137.2	1.34	173.7	1.06
S5B	175.0	CS+SF	3.9	16.7	145.2	1.21	145.2	1.21	137.2	1.28	173.7	1.01
S6A	69.7	SF	4.7	6.4	74.3	0.94	74.3	0.94	70.2	0.99	85.8	0.81
S6B	83.1	SF	4.5	4.9	74.3	1.12	74.3	1.12	70.2	1.18	85.8	0.97
S7A	118.6	SF	6.0	6.3	113.2	1.05	96.5	1.23	107.0	1.11	107.6	1.10
S7B	154.9	SF	8.5	8.9	113.2	1.37	96.5	1.60	107.0	1.45	107.6	1.44
S8A	179.5	SF	8.2	10.4	113.2	1.59	113.2	1.59	107.0	1.68	130.4	1.38
S8B	165.7	SF	11.4	11.9	113.2	1.46	113.2	1.46	107.0	1.55	130.4	1.27
S9A	134.3	SF	5.2	10.6	107.8	1.25	107.8	1.25	101.8	1.32	126.6	1.06
S9B	147.1	SF	6.0	9.5	107.8	1.36	107.8	1.36	101.8	1.44	126.6	1.16
S10A	126.7	SF	6.1	7.1	128.5	0.99	105.5	1.20	121.4	1.04	122.8	1.03
S10B	143.2	SF	5.7	7.1	128.5	1.11	105.5	1.36	121.4	1.18	122.8	1.17
S11A	176.5	SF	10.3	10.7	128.5	1.37	128.5	1.37	121.4	1.45	155.6	1.13
S11B	156.0	SF	9.0	9.5	128.5	1.21	128.5	1.21	121.4	1.28	155.6	1.00
平均值						1.18		1.28		1.25		1.10
COV						0.17		0.15		0.17		0.14

注：*COV*—变异系数；SF—栓钉断裂；CS—混凝土劈裂；P_{uA}、P_{uE}、P_{uC}、P_{uT}、P_u—分别通过 ANSI/AISC 360-10、欧洲规范 4、中国规范 GB 50017、式（3.10）和试验得到的栓钉连接件的抗剪承载力；S_u、S_{max}—P_u 对应的滑移量和最大滑移量。

3.1.3　分析与讨论

1. 温度的影响

S1、S2、S3 和 S4 四组试件主要研究温度对栓钉连接件受剪性能的影响，试验温度分别为 20 ℃、-30 ℃、-60 ℃和 -80 ℃。图 3.5（a）给出了不同温度下栓钉推出试件的荷载 - 滑移曲线，图 3.5（b）给出了不同温度下的 P_u、S_u 和 S_{max}。从图中可以看出，温度对栓钉的荷载-滑移曲线影响显著。随着温度降低，栓钉的刚度和极限承载力均呈增大趋势，但最大滑移量降低。当温度从 20 ℃降至 -30 ℃、-60 ℃和 -80 ℃时，栓钉的极限承载力 P_u 分别平均增长 11%、26% 和 25%，最大滑移量 S_{max} 分别平均降低 12%、33% 和 33%。上述四组试件的破坏模式均为栓钉剪断破坏，未随着温度的降低而改变。这主要是因为低温下混凝土抗压强度、栓钉的屈服强度和极限强度均有所提高，但低温导致栓钉延性降低。当温度从 20 ℃降至 -80 ℃时，混凝土强度的增强提高了其对栓钉的约束能力，从而避免试件发生混凝土劈裂破坏，同时提高了栓钉连接件的抗剪承载力。

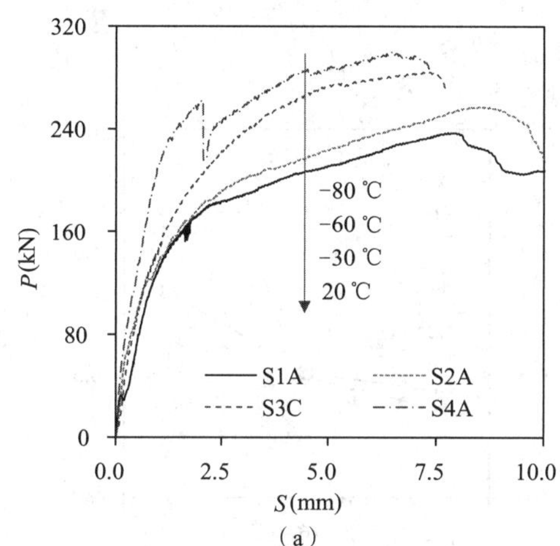

（a）

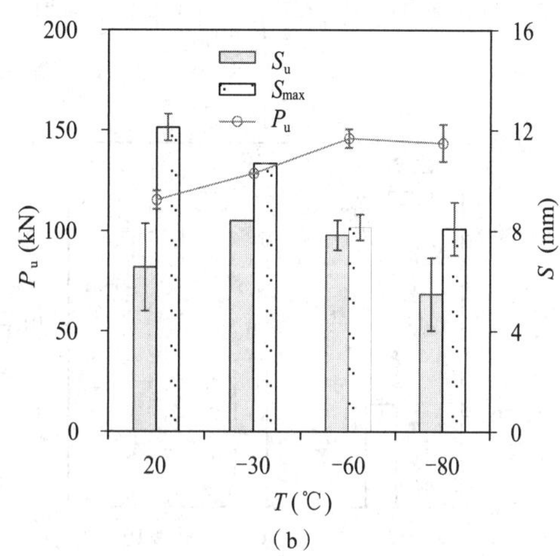

（b）

图 3.5　温度对栓钉连接件受剪性能的影响

（a）T 对 P-S 曲线的影响　（b）T 对 P_u、S_u 和 S_{max} 的影响

2. 栓钉直径的影响

S3、S5 和 S6 三组试件主要研究 -60 ℃温度下栓钉直径 d 对其受剪性能的影响，对应的栓钉直径分别为 16 mm、19 mm 和 13 mm，除栓钉直径外，三组试件的几何尺寸和材料均相同。图 3.6（a）给出了不同直径下栓钉推出试件的 P-S 曲线，图 3.6（b）对曲线进行了归一化处理。从图 3.6 和表 3-2 中可以看出，-60 ℃温度下栓钉推出试件的刚度、极限承载力和延性均随着 d 的增大而提高，但破坏模式由栓钉剪断变为混凝土劈裂（S5B，d=19 mm）。

图 3.6（c）给出了 d 对栓钉连接件 P_u、S_u 和 S_{max} 的影响。为了消除材料强度和栓钉几何尺寸的影响，图 3.6（d）给出了归一化的 $P_u/\sigma_u A_s$、S_u/d 和 S_{max}/d 与 d 的关系图。从图中可以看出，栓钉的极限承载力 P_u 随着栓钉直径的增大呈线性增大。当 d 从 13 mm 增加至 16 mm 和 19 mm 时，P_u 分别平均增加 91% 和 135%，S_u 分别平均增加 44% 和 182%，S_{max} 分别平均增加 68% 和 48%。S5 试件的 S_u 低于 S3 试件的主要原因在于，d=19 mm 的试件发生混凝土板中出现脆性的劈裂破坏，降低了栓钉推出试件的滑移能力。但是从图 3.6（c）可以看出，S_u 随着 d 的增大呈增大趋势，图 3.6（d）中 $P_u/\sigma_u A_s$ 和 d 呈现良好的线性增长关系。除发生混凝土劈裂破坏的试件 S5B 外，栓钉直径 d 的增加对 S_u/d 和 S_{max}/d 均有提高作用，表明 -60 ℃温度下增加栓钉的直径不会降低其承载力和延性。

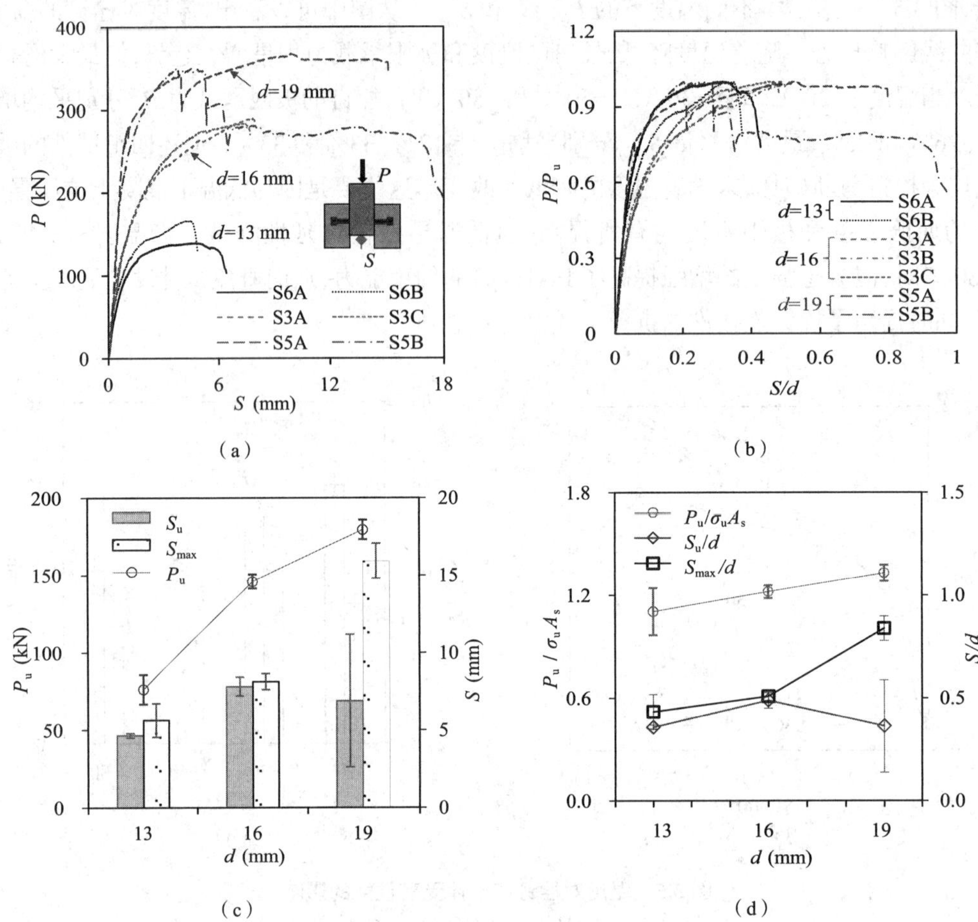

图 3.6 栓钉直径对栓钉连接件受剪性能的影响

（a）d 对 P-S 曲线的影响 （b）d 对广义 P-S 曲线的影响 （c）d 对 P_u、S_u 和 S_{max} 的影响 （d）d 对广义 P_u、S_u 和 S_{max} 的影响

3. 栓钉长径比的影响

试件 S7、S8、S3 和 S9 研究 -60 ℃温度下栓钉的长径比对其受剪性能的影响，各组试件的几何尺寸和材料均相同，仅栓钉长度 h 不同，分别为 50 mm、65 mm、80 mm 和 95 mm，对应的 h/d 分别为 3.1、4.1、5.0 和 5.9。h/d 对栓钉连接件荷载 - 滑移曲线的影响见图 3.7（a）。从图中可以看出，当 h/d 从 3.1 增至 4.1 时，栓钉推出试件的刚度、延性和抗剪承载力均有所提高；但是当 h/d 从 4.1 增至 5.9 时，上述影响作用减弱。

图 3.7（b）给出了 h/d 对栓钉连接件 P_u、S_u 和 S_{max} 的影响。从图中可以看出，-60 ℃温度下，当 h/d 从 3.1 增加到 4.1、5.0 和 5.9 时，栓钉的极限承载力分别增加 26%、7% 和 3%；S_{max} 分别增加 47%、7% 和 32%。此外，当 h/d 超过 4.0 时，栓钉的破坏模式从混凝土劈裂和栓钉剪断的混合模式转变为栓钉剪断。上述研究表明，h/d 小于 4.0 时对栓钉连接件抗剪承载力、滑移性能和破坏模式有显著影响。这主要是由于栓钉锚固长度不足无法有效防止钢 - 混凝土黏结破坏，从而导致试件的抗剪承载力较低。

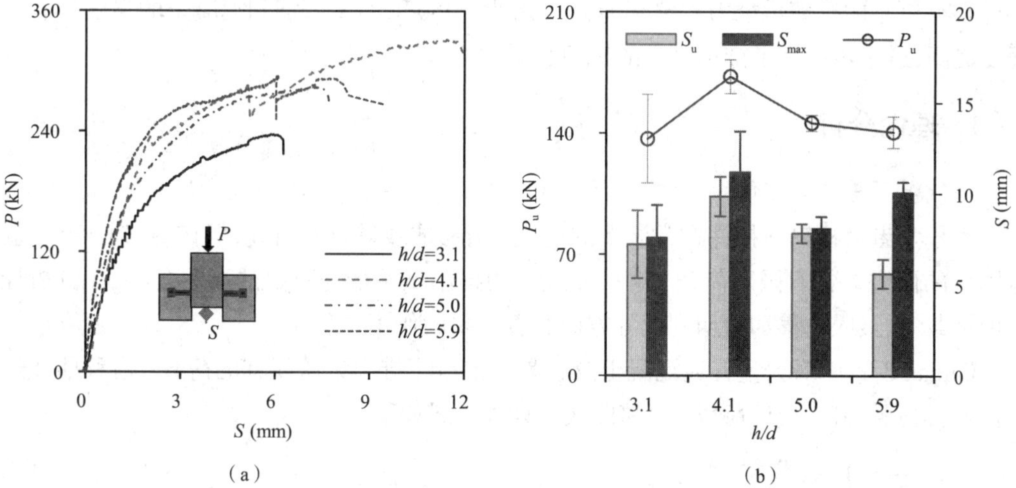

图 3.7　栓钉长径比对栓钉连接件受剪性能的影响

(a)h/d 对 P-S 曲线的影响　(b)h/d 对 P_u、S_u 和 S_{max} 的影响

4. 混凝土强度的影响

试件 S10、S3 和 S11 在 −60 ℃温度下进行试验,各组试件的几何尺寸相同,仅混凝土强度等级不同,分别为 C45、C55 和 C65。图 3.8(a)给出了 −60 ℃时不同混凝土强度下栓钉推出试件的荷载 - 滑移曲线。可以发现,随着混凝土强度的增加,栓钉连接件的延性和抗剪承载力均有所增加,但并未提高栓钉连接件的弹性刚度。

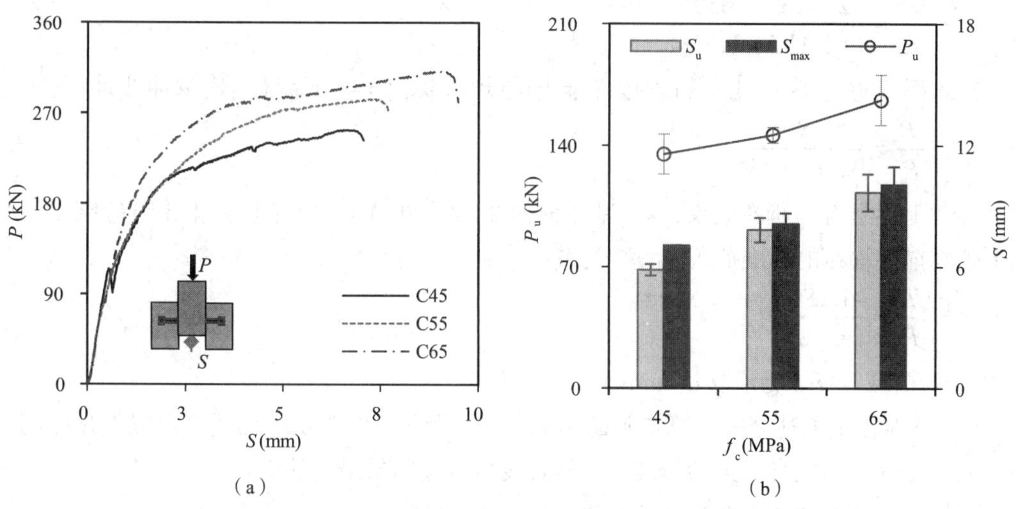

图 3.8　混凝土强度对栓钉连接件受剪性能的影响

(a)混凝土强度对 P-S 曲线的影响　(b)混凝土强度对 P_u、S_u 和 S_{max} 的影响

图 3.8(b)给出了混凝土强度对栓钉推出试件 P_u、S_u 和 S_{max} 的影响。可以发现,P_u、S_u 和 S_{max} 均随着混凝土强度的增加而线性增加。当混凝土抗压强度从 45 MPa 提高到 55 MPa 和 65 MPa 时,P_u 分别提高 8% 和 23%;S_u 分别增加 34% 和 65%;S_{max} 分别增加 15% 和 43%。这主要是因为混凝土强度的提高增强了其对栓钉的约束和抗劈裂承载力,从而确保栓钉连

接件具有更高的抗剪承载力和滑移能力。此外，−60 ℃温度下钢和混凝土的强度均有一定程度提高，进一步提高了推出试件的抗剪承载力。

3.1.4 理论分析

1. 低温下栓钉连接件的荷载 - 滑移曲线

大量学者对栓钉连接件在常温下的荷载 - 滑移曲线进行了研究，但在 20 到 −80 ℃温度范围内的研究非常有限。荷载 - 滑移曲线作为推出试验最为重要的指标之一，在分析栓钉抗剪承载力、极限位移和剪切刚度等方面有着重要的作用。

Ollgaard 等[2] 对大量普通混凝土及轻骨料混凝土推出试验得到的荷载 - 滑移曲线进行了拟合，得到栓钉连接件荷载 - 滑移曲线的计算公式如下：

$$\frac{P}{P_{\mathrm{u}}}=(1-\mathrm{e}^{-18S})^{0.4} \tag{3.1}$$

此外，还有其他学者对栓钉连接件的荷载 - 滑移关系进行了研究，并建立了相关计算公式。

1965 年，Buttry[3] 提出的栓钉连接件荷载 - 滑移曲线的计算公式如下：

$$\frac{P}{P_{\mathrm{u}}}=\frac{80S}{1+80S} \tag{3.2}$$

An 和 Cederwall[4] 对一系列推出试验进行了非线性回归分析，得到普通混凝土推出试件荷载 - 滑移曲线的计算公式如下：

$$\frac{P}{P_{\mathrm{u}}}=\frac{2.24(S-0.058)}{1+1.98(S-0.058)} \tag{3.3}$$

Xue 等[5] 进行了 30 组栓钉连接件推出试验，并提出了如下荷载 - 滑移曲线计算公式：

$$\frac{P}{P_{\mathrm{u}}}=\frac{S}{0.5+0.97S} \tag{3.4}$$

参考上述学者的研究成果，本书基于前面 20 到 −80 ℃下 22 个栓钉推出试验结果，建立如下公式描述栓钉的标准荷载 - 滑移关系：

$$\frac{P}{P_{\mathrm{u}}}=\frac{1.2S}{1+1.1S} \tag{3.5}$$

式中，P 为荷载，kN；S 为滑移量，mm。

图 3.9 对比了上述公式计算得到的标准荷载 - 滑移曲线与试验曲线。可以发现，与其他公式相比，式（3.5）拟合得到的荷载 - 滑移曲线与试验结果最为接近。

2. 低温下栓钉连接件的极限承载力

国内外多个规范，包括 ANSI/AISC 360-10[6]、欧洲规范 4[7] 和中国规范[8]，给出了常温下栓钉连接件的抗剪承载力公式。

ANSI/AISC 360-10[6] 中，嵌入混凝土板中的栓钉连接件的抗剪承载力计算公式如下：

$$P_{\mathrm{uA}}=0.5A_{\mathrm{s}}\sqrt{f_{\mathrm{ck}}E_{\mathrm{c}}}\leqslant R_{\mathrm{g}}R_{\mathrm{p}}\sigma_{\mathrm{u}}A_{\mathrm{s}} \tag{3.6}$$

式中，A_{s} 为栓钉的横截面面积，mm²；E_{c} 为混凝土弹性模量，GPa，$E_{\mathrm{c}}=\mu^{1.5}\sqrt{f_{\mathrm{c}}}$，$\mu$ 为混凝土密度；σ_{u} 为栓钉抗拉强度，MPa；R_{g} 为群锚影响系数，对于单锚推出试件，R_{g}=1.0；R_{p} 为位置影

响系数，对于栓钉推出试件，R_p=0.75。

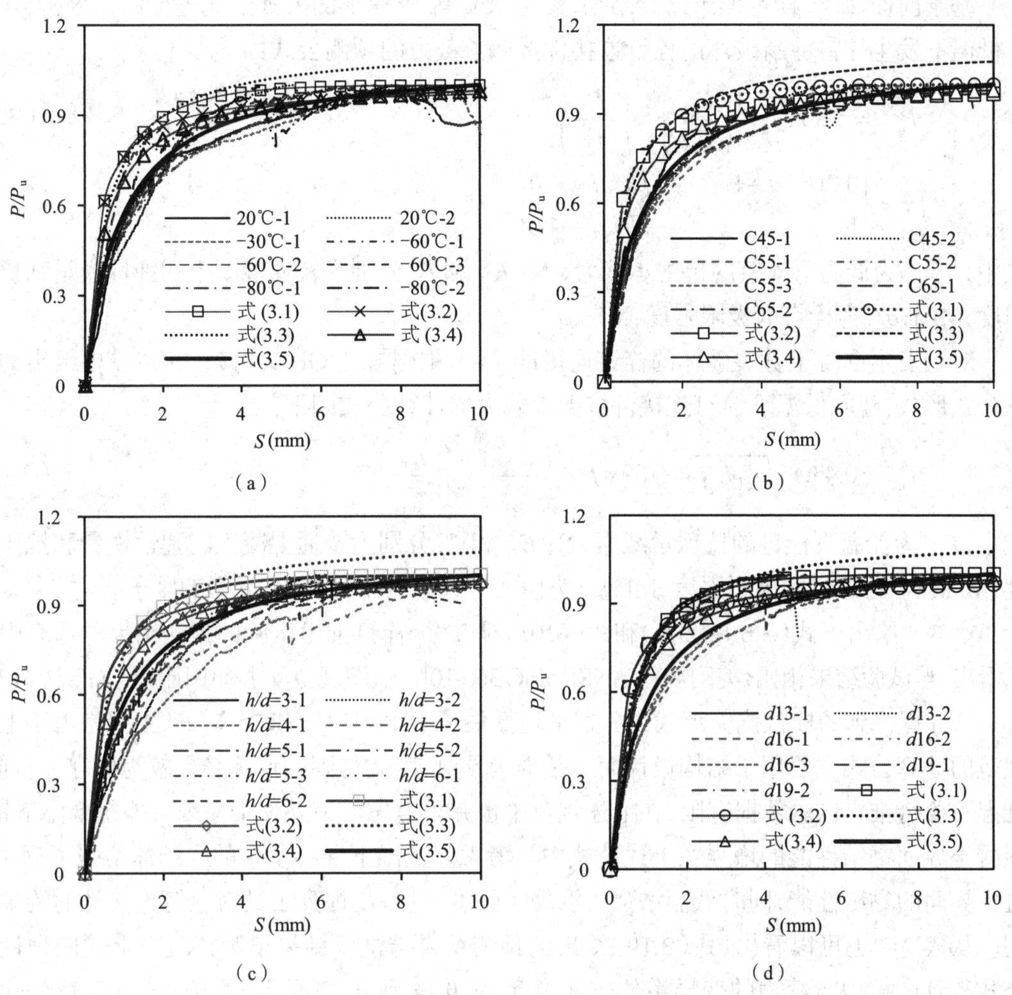

图 3.9　试验与预测荷载 - 滑移曲线对比

（a）T 的影响　（b）f_c 的影响　（c）h/d 的影响　（d）d 的影响

在欧洲规范 4 [7] 中，栓钉的抗剪承载力计算公式如下：

$$P_{uE} = \min(0.8\sigma_u \frac{\pi d^2}{4\gamma_v}, 0.29\alpha d^2\sqrt{f_c E_c}/\gamma_v) \tag{3.7}$$

式中，P_{uE} 为栓钉抗剪承载力，N；σ_u 为栓钉抗拉强度（$\leqslant$ 500 MPa）；f_c 为混凝土圆柱体抗压强度，MPa；E_c 为混凝土弹性模量，MPa；$\alpha=0.2(h/d+1)$（$3\leqslant h/d \leqslant 4$），$\alpha=1.0$（$h/d \geqslant 4$）；$h$ 为栓钉高度，mm；d 为栓钉直径，mm；γ_v 为局部安全系数，建议取 1.25。

在中国规范 GB 50017—2017 [8] 中，栓钉的抗剪承载力计算公式为

$$P_{uC} = 0.43A_s\sqrt{f_{cp}E_c} \leqslant 0.7\gamma\sigma_u A_s \tag{3.8}$$

式中，P_{uC} 为栓钉抗剪承载力，N；f_{cp} 为混凝土棱柱体抗压强度，MPa；γ 为栓钉的最小抗拉强度与屈服强度之比，取 1.35。

上述公式中，栓钉和混凝土均取其低温（20 到 −80 ℃）下的力学性能指标，包括栓钉的

弹性模量(E_{sT})和抗拉强度(σ_{uT}),混凝土的弹性模量(E_{cT})和抗压强度(f_{cT})。

基于前面 22 个栓钉推出试验结果,参考 Xue 等 [5] 提出的公式形式进行回归分析,建立了低温下发生栓钉剪断破坏的栓钉连接件抗剪承载力的预测公式:

$$P_{u,sT}=5.80\kappa f_u A_s\left(\frac{E_{cT}}{E_{sT}}\right)^{0.41}\left(\frac{f_{cT}}{\sigma_{uT}}\right)^{0.39} \tag{3.9}$$

$$\kappa=\begin{cases}0.2(h/d+1) & (h/d\leqslant 4.0)\\ 1 & (h/d>4.0)\end{cases}$$

式中, $P_{u,sT}$ 为低温下栓钉的抗剪承载力, N; E_{cT} 和 f_{cT} 分别为普通混凝土的弹性模量和抗压强度,MPa; σ_{uT} 为栓钉的极限强度,MPa。

对于发生混凝土劈裂破坏的栓钉连接件,参考中国规范 GB 50017—2017 [8] 中给出的计算公式形式,建立低温下栓钉连接件抗剪承载力的计算公式如下:

$$P_{uT}=0.43A_s\sqrt{f_{cT}E_{cT}}\leqslant 5.80\kappa f_u A_s\left(\frac{E_{cT}}{E_{sT}}\right)^{0.41}\left(\frac{f_{cT}}{\sigma_{uT}}\right)^{0.39} \tag{3.10}$$

式中, P_{uT} 为低温下栓钉的抗剪承载力,N; E_{cT} 和 f_{cT} 分别为普通混凝土的弹性模量和抗压强度,MPa; σ_{uT} 为栓钉的极限强度,MPa; κ 为由式(3.9)计算得到的高度影响因子。

表 3-2 给出了式(3.6)~(3.8)和式(3.10)对 22 个栓钉推出试验的预测结果。从表中可以看出,与试验结果相比,美国规范 ANSI/AISC 360-10 [6]、欧洲规范 4 [7] 和中国规范 GB 50017—2017 [8] 计算得到的栓钉抗剪承载力分别平均低估了 18%、28% 和 25%。这主要是由于上述规范的计算公式主要用于结构设计而不是准确预测,因此得到的计算结果较为保守。目前,低温下栓钉推出试验数据有限,在上述规范中也并未考虑。另外一个原因可能是低温下钢 - 混凝土界面黏结性能的增强在上述公式中未考虑。低温下混凝土中的水结冰增强了钢 - 混凝土界面的黏结性能,同时低温增强了混凝土强度,进一步提高了其对栓钉连接件的约束作用。从表 3-2 也可以看出,式(3.10)给出的预测结果与试验结果最为接近。上述四种计算公式得到的抗剪承载力的变异系数非常接近,从 0.14 到 0.17 不等,也表明不同计算公式预测结果差异很小。

此外,式(3.10)基于 20 到 −80 ℃范围内 22 个栓钉推出试验进行回归分析得到,试验数据有限。为了进一步验证所提出的预测公式,进行更多试验数据的验证非常有必要。

3.1.5 有限元分析

1. 材料模型

1)混凝土模型

混凝土材料是应用最为广泛的建筑材料之一,由于其组分复杂,国内外学者对其进行过大量的研究,建立了许多理论模型。常温下混凝土本构关系的研究比低温下成熟,低温和超低温下混凝土的本构关系有少量研究,比如国内谢剑等 [9]、刘爽等 [10] 均对低温下混凝土的本构关系进行过相关试验研究。

本书中混凝土的受压本构关系参照本课题组已有的试验成果,在过镇海等 [11] 混凝土应力 - 应变公式的基础上给出了低温和超低温下混凝土的本构关系公式,具体如下:

$$Y = Ax + (3-2A)x^2 + (A-2)x^3 \quad (0<x\leqslant 1) \tag{3.11}$$

$$Y = x[a(x-1)^2 + x]^{-1} \quad (x>1) \tag{3.12}$$

其中，上升段参数 A 的值为 E_0/E_p，为混凝土初始弹性模量与峰值点处混凝土割线模量的比值；下降段参数 a 可在一定程度上表示下降段的陡峭程度，当 a 趋于无穷大时 y 为 0，此时混凝土材料为理想脆性材料，当 a 趋于无穷小时 y 为 1，此时混凝土材料为理想弹塑性材料。

本次试验中共有 3 种不同强度的混凝土，设计强度分别为 C45、C55 和 C60。不同强度混凝土在不同温度下应力 - 应变曲线的待定参数见表 3-3。从表中可以看出，随着温度的降低，A 逐渐减小，a 逐渐增大。A 减小，表示随着温度降低，混凝土峰值点割线模量与初始弹性模量逐渐接近；a 增大，表示随着温度降低，混凝土应力 - 应变曲线下降段的刚度绝对值逐渐增大，因此混凝土脆性随着温度降低而增大。

表 3-3　不同强度混凝土各温度下参数取值汇总

混凝土类型	参数	温度(℃)			
		20	−30	−60	−80
C45	A			1.99	
	a			1.74	
C55	A	2.70	2.33	2.14	1.80
	a	0.70	1.60	1.64	2.00
C60	A			2.00	
	a			1.85	

参照本课题组的已有试验成果，根据温度及混凝土强度进行插值，可以得到不同强度混凝土在不同温度下的关键点值，具体取值见表 3-4。

表 3-4　不同强度混凝土各温度下峰值应变取值

混凝土类型	温度(℃)	峰值应变(με)	轴心抗压强度(MPa)	弹性模量(MPa)
C45	−60	1 560	48	48 331
C55	20	1 933	34	41 299
	−30	1 703	44	44 009
	−60	1 570	49	47 375
	−80	1 484	52	49 620
C60	−60	1 590	51	52 350

在 ABAQUS 中对混凝土材料性能的定义主要有三种类型，包括塑性、混凝土塑性损伤模型和混凝土裂缝弥散模型。本书采用混凝土塑性损伤模型进行有限元分析。混凝土塑性损伤模型中的受压应力 - 应变曲线用压缩应力与塑性应变关系曲线来描述，需要在 ABAQUS 软件中输入压缩应力(Yield Stress)和非弹性应变(Inelastic Strain)，ABAQUS 软件通

过计算自动将非弹性应变转化为塑性应变。通过能量法(GFI)定义混凝土的受拉性能。

非弹性应变的计算方法如下：

$$\tilde{\varepsilon}_{c}^{in} = \varepsilon_{c} - \varepsilon_{oc}^{el} \tag{3.13a}$$

$$\varepsilon_{oc}^{el} = \frac{\sigma_{c}}{E_{0}} \tag{3.13b}$$

$$\tilde{\varepsilon}_{c}^{pl} = \tilde{\varepsilon}_{c}^{in} - \frac{D_{c}}{1-D_{c}}\frac{\sigma_{c}}{E_{0}} \tag{3.13c}$$

式中，ε_{oc}^{el} 为无损伤的混凝土弹性受压应变；$\tilde{\varepsilon}_{c}^{pl}$,$\tilde{\varepsilon}_{c}^{in}$ 分别为混凝土的受压塑性应变和受压非弹性应变；σ_{c} 为混凝土受压应力；E_{0} 为混凝土的弹性模量；D_{c} 为混凝土的受压损伤因子，当 D_{c}=0 时，$\tilde{\varepsilon}_{c}^{pl} = \tilde{\varepsilon}_{c}^{in}$。

此外，还需对混凝土塑性损伤模型中的各参数进行设定，通过剪胀角描述混凝土材料的剪胀效应，混凝土的剪胀角取 30°；流动势偏量取 0.1；混凝土的黏滞系数取 0.000 1；双轴受压与单轴受压极限强度之比为 1.16；受拉子午线与受压子午线常应力比值为 0.666 7。

2)栓钉和钢梁模型

栓钉材料为 ML15，钢梁采用 Q420E 热轧 H 型钢，二者本构关系均采用 ABAQUS 中的塑性材料特性，用 Mises 屈服面来定义各向同性屈服。参考以往研究成果，栓钉和钢梁本构关系采用三折线的弹塑性模型。对于其材料的弹塑性变形行为描述如下：在外荷载较小时材料性质为线弹性，弹性模量为常数；应力超过屈服应力后，刚度会显著下降，此时材料的应变包括塑性应变和弹性应变两部分，在栓钉从弹性阶段进入塑性阶段后仍具有强化作用，当栓钉的应力达到一定值时，随着应变的增长其应力不变。

栓钉的应力 - 应变的三折线关系的公式如下：

$$\sigma_{i} = \begin{cases} E_{s}\varepsilon_{i} & (\varepsilon_{i} \leqslant \varepsilon_{y}) \\ f_{y} + 0.01E_{s}(\varepsilon_{i} - \varepsilon_{y}) & (\varepsilon_{y} < \varepsilon_{i} \leqslant \varepsilon_{u}) \\ f_{u} = 1.2f_{y} & (\varepsilon_{i} > \varepsilon_{u}) \end{cases} \tag{3.14}$$

式中，σ_{i} 为栓钉的等效应力，MPa；f_{y} 为栓钉的屈服强度，MPa；f_{u} 为栓钉的极限强度，MPa；E_{s} 为栓钉的弹性模量，MPa；ε_{i} 为栓钉的等效应变；ε_{y} 为栓钉屈服时的应变；ε_{u} 为栓钉的极限应变，ε_{u}=21ε_{y}。

Yan 等 [12] 对普通低碳钢及高强度钢材在低温下的材料性能做了相关研究，得出了低温下钢材的弹性模量、屈服强度和极限强度与常温下各值的关系，相关计算公式如下。参考该研究成果，对不同温度下栓钉的本构关系进行拟合，将栓钉及钢梁不同温度下的各参数分别汇总到表 3-5 和表 3-6。

$$I_{E} = \frac{E_{sT}}{E_{sa}} = \begin{cases} 4.17T^{-0.249} & (低碳钢) \\ 4.03T^{-0.245} & (高强钢) \end{cases} \tag{3.15a}$$

$$I_{f_{y}} = \frac{f_{yT}}{f_{ya}} = \begin{cases} 6.67T^{-0.334} & (低碳钢) \\ 2.21T^{-0.139} & (高强钢) \end{cases} \tag{3.15b}$$

$$I_{f_u}=\frac{f_{uT}}{f_{ua}}=\begin{cases}6.07T^{-0.317} & \text{(低碳钢)}\\ 2.90T^{-0.185} & \text{(高强钢)}\end{cases} \tag{3.15c}$$

为了准确地描述大变形过程中截面面积的改变，需要使用真实应变 ε_{true} 和真实应力 σ_{true}，它们与单向拉伸或压缩试验中得到的名义应变 ε_{nom} 和名义应力 σ_{nom} 的关系如下：

$$\varepsilon_{true}=\ln\left(1+\varepsilon_{nom}\right) \tag{3.16a}$$

$$\sigma_{true}=\sigma_{nom}\left(1+\varepsilon_{nom}\right) \tag{3.16b}$$

真实应变是由塑性应变 ε_{pl} 和弹性应变 ε_{el} 两部分构成的。在 ABAQUS 中定义材料属性时，需要使用塑性应变 ε_{pl}，其表达式如下：

$$\varepsilon_{pl}=\varepsilon_{true}-\frac{\sigma_{true}}{E} \tag{3.17}$$

通过上述一系列转变，在 ABAQUS 软件中设置材料属性时，将换算得到的真实应力 σ_{true} 和塑性应变 ε_{pl} 按照列表的方式输入。

表 3-5　栓钉的材料参数

T(℃)	f_y(MPa)	f_u(MPa)	E(MPa)
20	562	595	200 000
-30	579	624	209 795
-60	589	640	216 674
-80	598	652	221 968

表 3-6　钢梁的材料参数

T(℃)	f_y(MPa)	f_u(MPa)	E(MPa)
20	425	589	200 000
-30	438	618	209 795
-60	446	633	216 674
-80	452	645	221 968

3）钢筋模型

钢筋采用理想弹塑性模型。理想弹塑性模型是两折线模型，在弹性阶段弹性模量是定值，应力随着应变的增加而线性增加；在塑性阶段，随着应变的增加栓钉应力保持不变。钢筋在低温下的材料性能同样需要考虑，方法同栓钉在低温下的材料性能的推导方法，钢筋的相关材料参数见表 3-7。

表 3-7　钢筋的材料参数

T(℃)	f_y(MPa)	f_u(MPa)	E(MPa)
20	445	570	210 000
-30	458	598	220 285

续表

T(℃)	f_y(MPa)	f_u(MPa)	E(MPa)
-60	467	613	227 508
-80	473	624	233 067

2. 单元选择与网格划分

模型中钢梁、栓钉和混凝土采用线性减缩积分单元 C3D8R 单元(图 3.10(a))。C3D8R 单元可以减少计算时间,提高计算效率,位移计算结果较精确。钢筋采用两节点线性三维桁架单元 T3D2(图 3.10(b))。T3D2 单元模拟不能承受弯曲、只能承受拉伸和压缩荷载的杆。

(a) (b)

图 3.10 有限元模型中使用的单元

(a)C3D8R 单元 (b)T3D2 单元

3. 有限元模型的建立

采用 ABAQUS/Standard 模块建立有限元模型(图 3.11)。模型包括钢梁、栓钉、混凝土及钢筋网四部分。由于试件双轴对称,考虑到有限元分析的计算代价及收敛时间并兼顾计算结果的准确性,采用 1/4 试件进行建模。模型的剖面处采用对称约束施加边界。

栓钉与钢梁是焊接在一起的整体,先分别建立栓钉与钢梁的部件,再将二者结合成一个整体,通过切割该整体再分别赋予其不同属性,使其与试件实际情况一致。

ABAQUS 为模型的各部分组件之间的相互作用提供了多种接触形式,包括通用接触、面面接触和自接触。在本次分析中采用通用接触的形式。通用接触不用设置接触对,可以自动寻找接触对,对有接触的部分进行定义。通用接触相对于其他两种接触形式需要的计算代价较大一些。栓钉与混凝土及钢梁与混凝土之间发生接触时,通常通过接触面传递剪力和法向力。在本次有限元模拟中,该部分相互作用包括切向作用和法向作用两部分。切向作用为摩擦,通过定义摩擦系数用罚摩擦公式来表示;法向作用是"硬接触"。

钢筋采用桁架的形式建模。钢筋与混凝土之间的相互作用是通过将建立好的钢筋笼采用内置区域约束的方式埋入混凝土内进行传递的。

荷载采用位移加载的方法。通过创建刚体约束的参考点,将参考点绑定在刚性区域上,刚性区域为 H 型钢梁的截面,绑定参考点的位置在钢梁 H 形截面的中心点位置,如图 3.11 所示。通过设定增量步,在参考点上分步施加位移,H 型钢的整个截面将随之产生相同大小的位移。

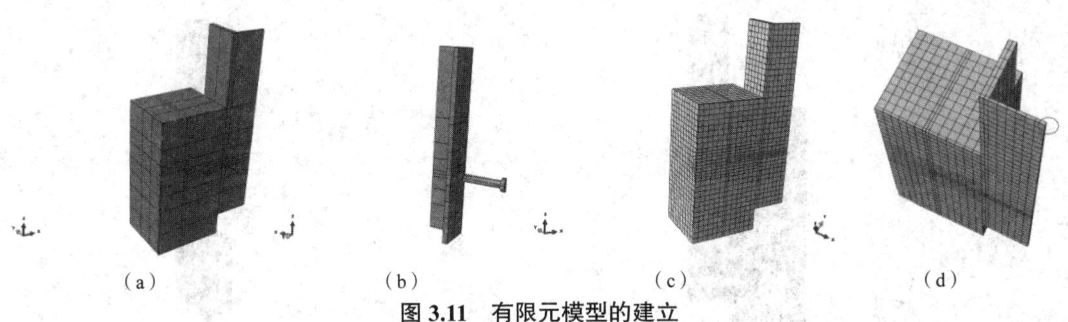

(a)　(b)　(c)　(d)

图 3.11　有限元模型的建立

(a)栓钉的 1/4 模型　(b)栓钉与钢梁绑定　(c)网格划分后的模型　(d)建立参考点

4. 分析结果

1)推出试件结果云图

通过对推出试验进行有限元分析,可以得到如图 3.12 所示结果云图。从推出试件的结果云图可以看出,栓钉最大应力出现在栓钉与钢梁焊缝的一段区域,不同试件该区域的范围不同。栓钉在靠近焊缝的位置处变形比较大,远离焊缝根部的部分变形较小。混凝土板在焊缝根部的部分区域被压碎,该区域大小不一但形状相似,远离焊缝根部的混凝土应力较小。钢梁在靠近焊缝的一定区域内应力较大,离焊缝位置越远钢梁受力越小。在竖向荷载的作用下,焊缝上部的钢梁受力比焊缝下部受力大,钢梁也存在一定程度的变形,焊缝上部的钢梁变形较下部大。而且栓钉直径越大,其最大应力的区域就越大,因此最终破坏时其最终变形量就会越大,延性越好。对于长径比小的栓钉,其应力较大的区域比较小,最终变形量相对于长径比大的栓钉小,整根栓钉会在竖向位移下有微小的转动。

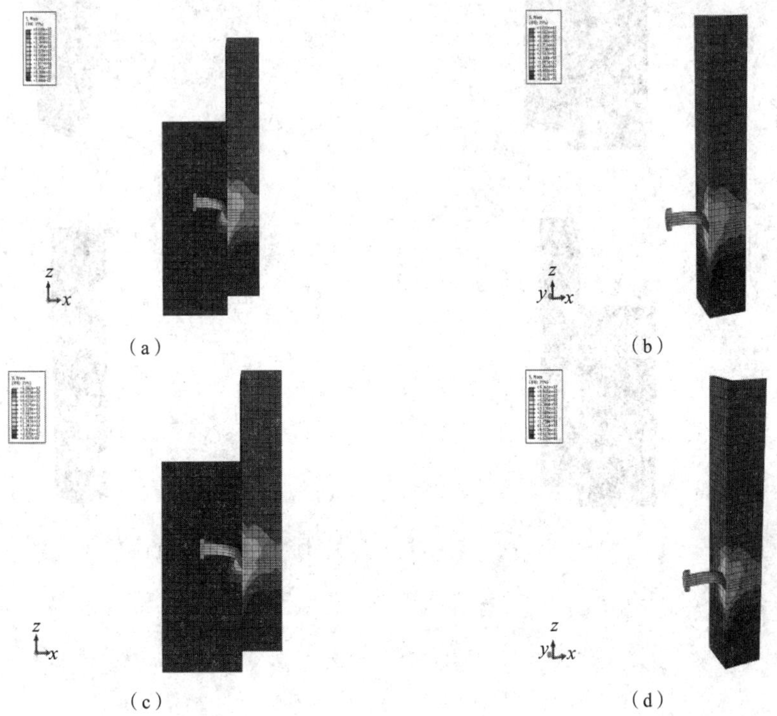

(a)　(b)

(c)　(d)

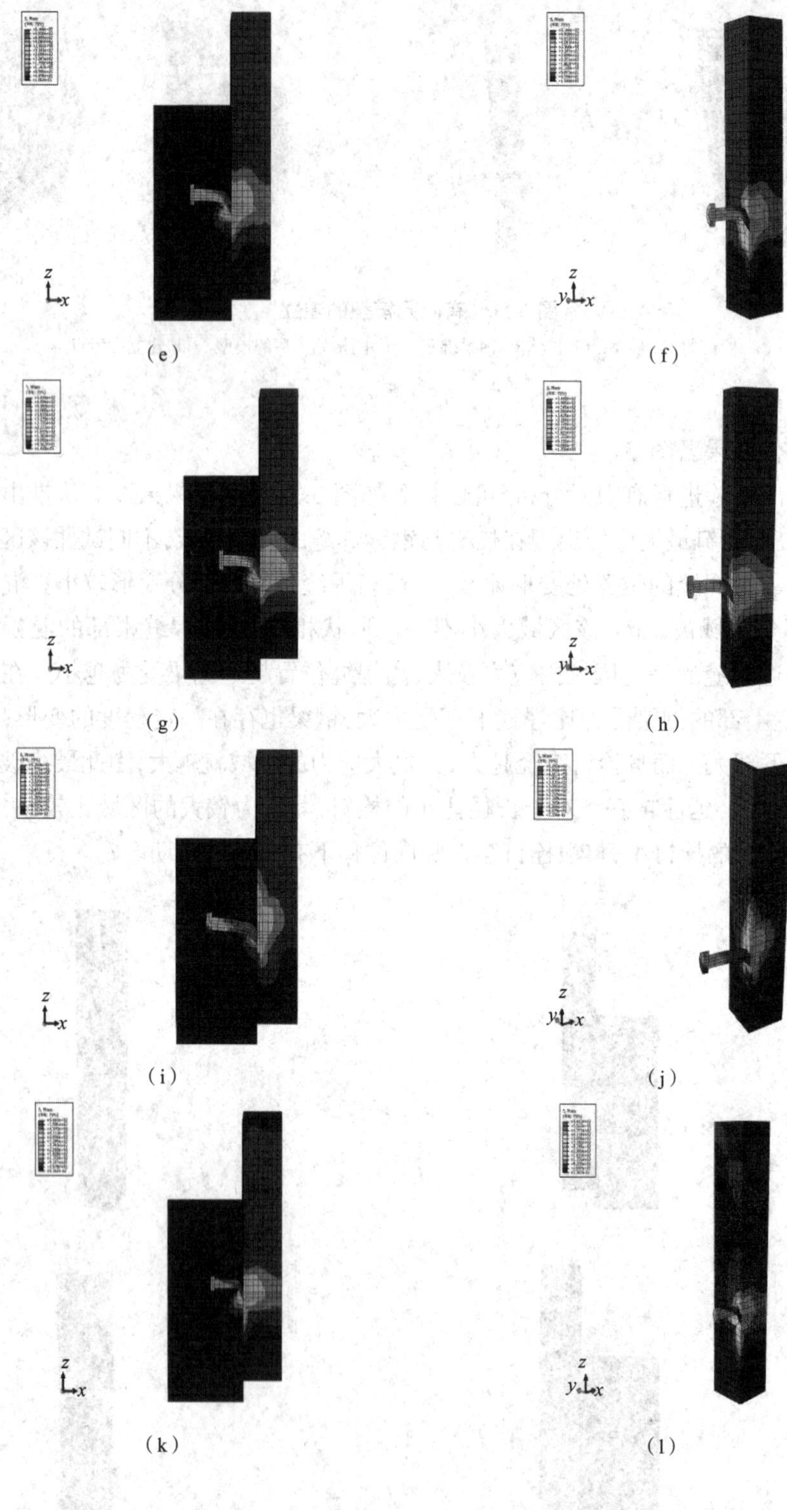
z
x
(e)
z
y x
(f)
z
x
(g)
z
y x
(h)
z
x
(i)
z
y x
(j)
z
x
(k)
z
y x
(l)

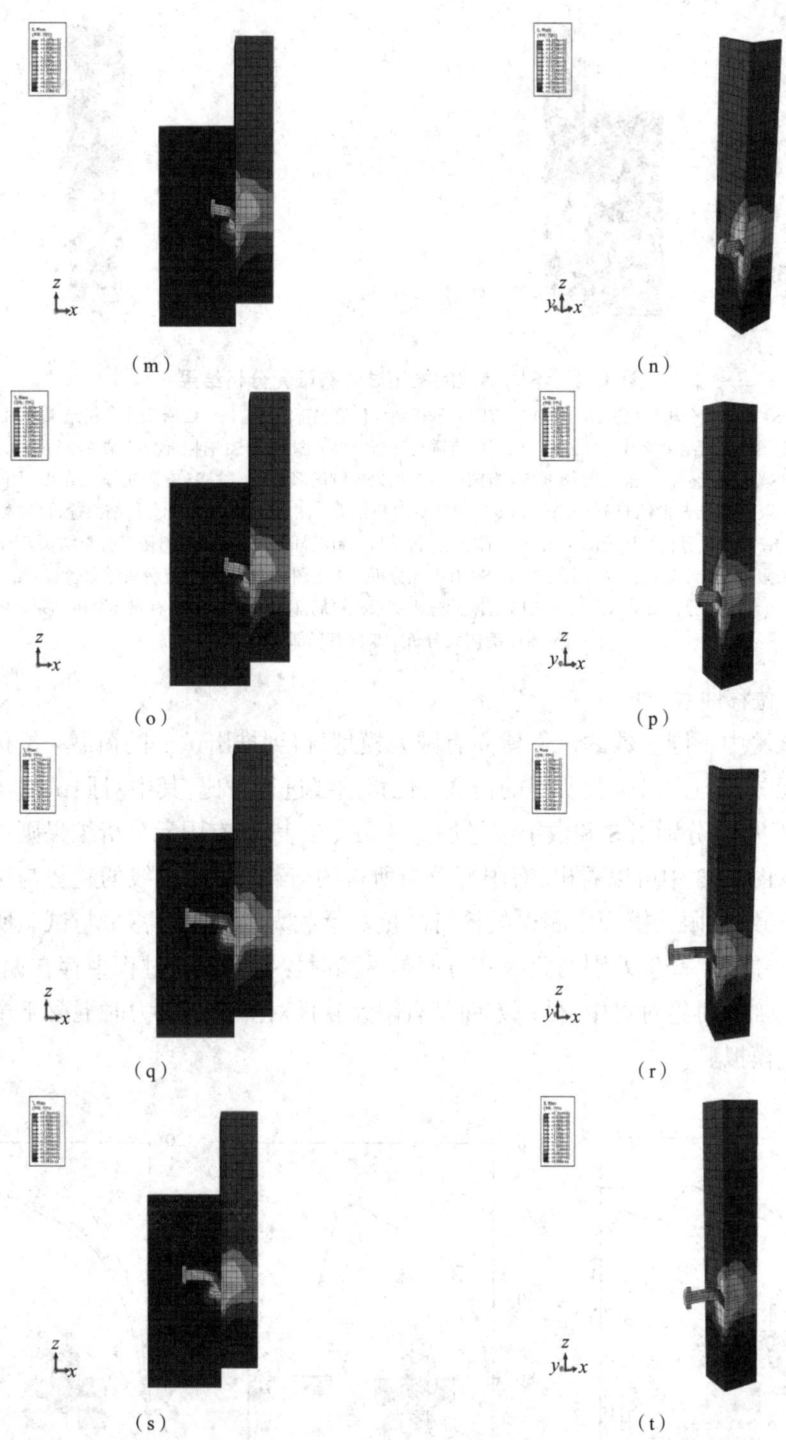

z
x
(m)
z
y
x
(n)
z
x
(o)
z
y
x
(p)
z
x
(q)
z
y
x
(r)
z
x
(s)
z
y
x
(t)

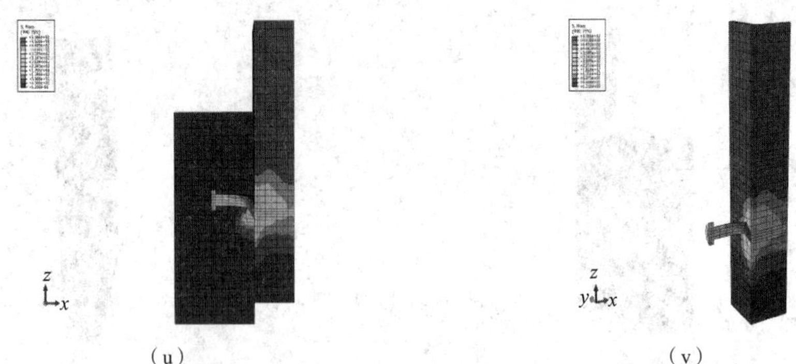

（u） （v）

图 3.12 不同参数的推出试件有限元分析结果

（a）S1 有限元分析结果云图 （b）S1 有限元分析结果栓钉局部云图 （c）S2 有限元分析结果云图
（d）S2 有限元分析结果栓钉局部云图 （e）S3 有限元分析结果云图 （f）S3 有限元分析结果栓钉局部云图
（g）S4 有限元分析结果云图 （h）S4 有限元分析结果栓钉局部云图 （i）S5 有限元分析结果云图
（j）S5 有限元分析结果栓钉局部云图 （k）S6 有限元分析结果云图 （l）S6 有限元分析结果栓钉局部云图
（m）S7 有限元分析结果云图 （n）S7 有限元分析结果栓钉局部云图 （o）S8 有限元分析结果云图
（p）S8 有限元分析结果栓钉局部云图 （q）S9 有限元分析结果云图 （r）S9 有限元分析结果栓钉局部云图
（s）S10 有限元分析结果云图 （t）S10 有限元分析结果栓钉局部云图 （u）S11 有限元分析结果云图
（v）S11 有限元分析结果栓钉局部云图

2）荷载 - 位移曲线对比

通过对试验中不同参数的试件建立有限元模型，得到推出试件的荷载 - 位移曲线。图 3.13 将有限元分析与推出试验所得的荷载 - 位移曲线进行对比，其中对照试件与前文推出试验中的编号一致，分别用 S 和数字编号加上 A、B、C 表示，有限元分析结果则用 S 和数字编号表示。从图 3.13 中可以看出，有限元分析所得的荷载 - 位移曲线的趋势与试验所测得的结果基本一致，有限元模型中测得的栓钉的抗剪承载力和极限位移量与试验所测得的结果会有一定的差别。产生差别的原因一方面是试验时栓钉在加载过程中存在偏心，而有限元分析中试件加载时绝对对中；另一方面是有限元软件对降温及受力时混凝土微观结构的改变不能完全模拟。

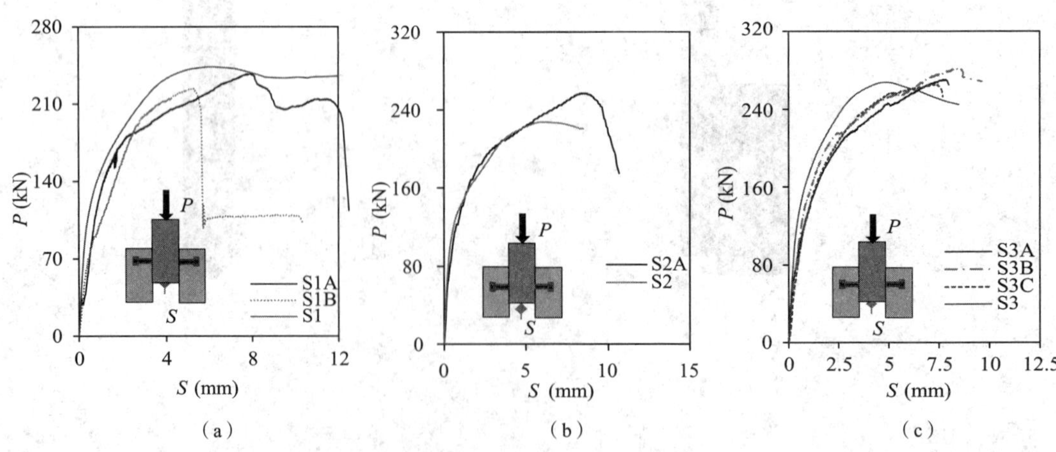

（a） （b） （c）

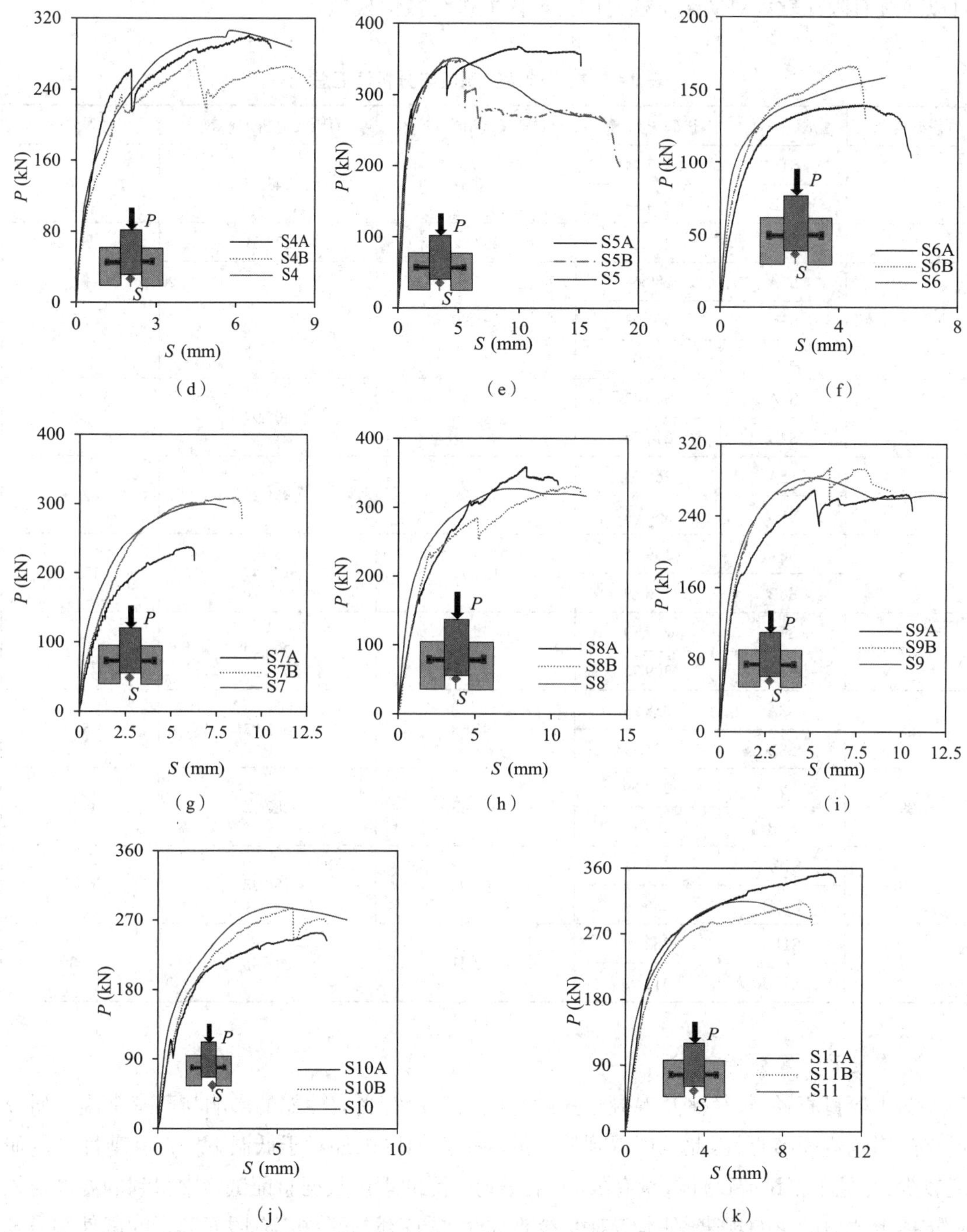

图 3.13 推出试件试验与分析荷载 - 位移曲线对比

(a)S1 (b)S2 (c)S3 (d)S4 (e)S5 (f)S6 (g)S7 (h)S8 (i)S9 (j)S10 (k)S11

表 3-8 中统计了栓钉推出试验中试件的抗剪承载力和有限元模型计算的抗剪承载力，并且计算了二者的相对误差。9 组试件的相对误差控制在 ± 10% 以内，只有 2 组试件的相对误差超过了 ± 10%。通过上述分析可知，本书提出的有限元模型可以很好地模拟栓钉抗剪性能，与推出试验结果比较接近。在一些物质条件缺乏或者客观条件不允许进行试验时，

可以通过有限元软件对低温下栓钉的抗剪性能进行数值模拟。

表 3-8 推出试件实测值与分析值汇总

模型编号	试件编号	试验 P_u(kN)	试验 P_u 均值(kN)	有限元分析 P_u(kN)	相对误差(%)
S1	S1A	237.14	230.64	243.47	5.56
	S1B	224.14			
S2	S2A	257.12	257.12	227.51	-11.52
S3	S3A	289.68	291.90	286.40	-1.88
	S3B	301.93			
	S3C	284.08			
S4	S4A	300.47	287.36	305.97	6.48
	S4B	274.24			
S5	S5A	367.93	358.99	351.26	-2.15
	S5B	350.06			
S6	S6A	139.35	152.77	173.47	13.55
	S6B	166.19			
S7	S7A	237.19	273.45	299.49	9.52
	S7B	309.70			
S8	S8A	358.96	345.18	327.07	-5.25
	S8B	331.39			
S9	S9A	268.69	281.43	282.25	0.29
	S9B	294.17			
S10	S10A	253.48	269.96	287.28	6.42
	S10B	286.44			
S11	S11A	352.90	332.41	314.48	-5.39
	S11B	311.92			

5. 有限元参数分析

鉴于栓钉直径、长径比及混凝土强度对低温下栓钉受剪性能的影响与已有常温下研究成果的影响规律接近,因此可以得到较好的验证。但国内外对于低温下栓钉受剪性能的研究较少,并且本书试验试件数量有限,为了得到广泛的理论数据验证试验中得到的温度对栓钉抗剪承载力的影响规律,在本节对变参数试件进行有限元分析,有限元分析的试件编号及相关参数见表 3-9。

表 3-9 有限元分析试件编号及相关参数

试件编号	直径(mm)	高度(mm)	长径比	温度(℃)	混凝土强度 MPa)
D1-1	13	65	5	20	55
D1-2	13	65	5	-30	55

续表

试件编号	直径（mm）	高度（mm）	长径比	温度（℃）	混凝土强度 MPa）
D1-3	13	65	5	-60	55
D1-4	13	65	5	-80	55
D2-1	19	95	5	20	55
D2-2	19	95	5	-30	55
D2-3	19	95	5	-60	55
D2-4	19	95	5	-80	55
L1-1	16	50	3	20	55
L1-2	16	50	3	-30	55
L1-3	16	50	3	-60	55
L1-4	16	50	3	-80	55
L2-1	16	65	4	20	55
L2-2	16	65	4	-30	55
L2-3	16	65	4	-60	55
L2-4	16	65	4	-80	55
L3-1	16	95	6	20	55
L3-2	16	95	6	-30	55
L3-3	16	95	6	-60	55
L3-4	16	95	6	-80	55
F1-1	16	80	5	20	45
F1-2	16	80	5	-30	45
F1-3	16	80	5	-60	45
F1-4	16	80	5	-80	45
F2-1	16	80	5	20	60
F2-2	16	80	5	-30	60
F2-3	16	80	5	-60	60
F2-4	16	80	5	-80	60

本节通过对直径 13 mm 和 19 mm 的栓钉试件进行有限元分析，验证了前文中直径 16 mm 推出试件得到的抗剪承载力规律的适用性；通过对长径比为 3、4 和 6 的栓钉试件进行有限元分析，验证了前文中长径比为 5 的推出试件得到的抗剪承载力规律的适用性；通过对混凝土强度 C45 和 C60 的栓钉试件进行有限元分析，验证了前文中对混凝土强度为 C55 的推出试件得到的抗剪承载力规律的适用性。

通过有限元分析可以得到图 3.14 所示的荷载 - 位移曲线。对于不同直径、长径比及混凝土强度的试件，在 20 到 -60 ℃温度下，通过有限元分析得出的试件抗剪承载力的变化规律与试验中直径为 16 mm、长径比为 5、混凝土强度为 C55 的试件得到的规律一致，即随着温度降低，栓钉的抗剪承载力不断提高；当温度从 -30 ℃降低至 -60 ℃时，栓钉抗剪承载力提高显著；与 20 到 -30 ℃和 -60 到 -80 ℃范围相比，在 -30 到 -60 ℃范围内降低单位温度导致的栓钉抗剪承载力增长率最大。-80 ℃时栓钉的抗剪承载力高于 -60 ℃时栓钉的抗剪承载力，原因可能是有限元分析无法模拟降温过程中混凝土的逆膨胀现象，使得有限元分析与试验有所差异，还需要进一步分析研究。

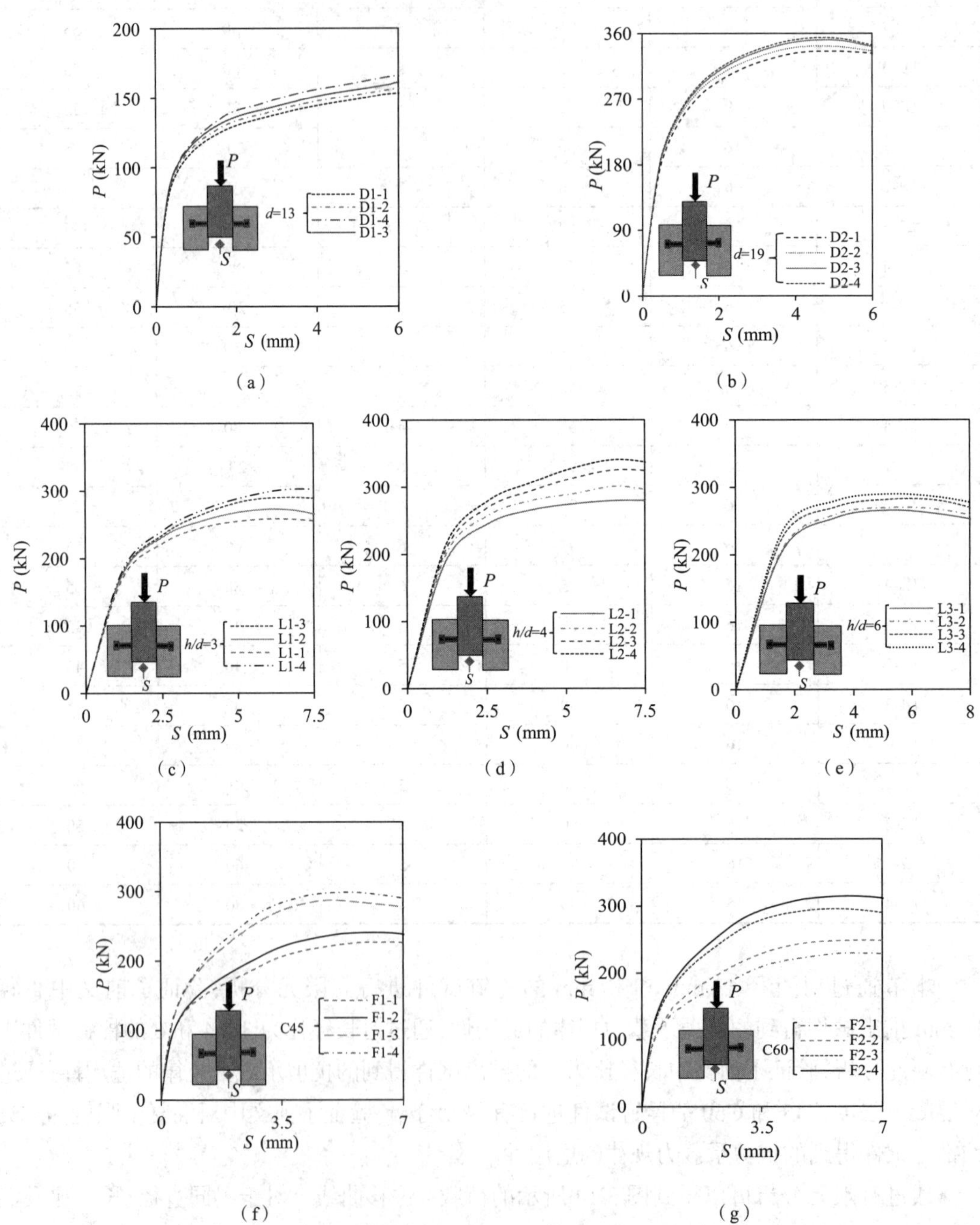

图 3.14　不同试件各温度下的荷载 - 位移曲线

（a）直径 13 mm 栓钉　（b）直径 19 mm 栓钉　（c）长径比 =3　（d）长径比 =4　（e）长径比 =6　（f）C45 混凝土　（g）C60 混凝土

3.1.6　结论

本节进行了 22 个栓钉连接件推出试验,得到了栓钉连接件在低温下的破坏形态、抗剪承载力及荷载 - 滑移曲线等关键数据,研究了温度、混凝土强度等级、栓钉直径和长径比对栓钉连接件受剪性能的影响规律。具体结论如下。

(1)低温下栓钉推出试件的荷载 - 滑移曲线可分为三个阶段:弹性阶段、塑性阶段和下降阶段。试验中共出现两种破坏模式:栓钉剪断与混凝土劈裂和栓钉剪断混合破坏。

(2)当温度从 20 ℃降到 −80 ℃时,栓钉连接件抗剪承载力增加约 25%,但滑移能力降低 33%,低温未改变试件破坏模式,均发生栓钉剪断破坏。

(3)−60 ℃时,增加栓钉的直径不会降低其承载力和延性,但会增加试件发生混凝土劈裂破坏的概率。−60 ℃时,当 $h/d<4.0$ 时,长径比的减小会降低栓钉连接件的抗剪承载力;当 $h/d>4.0$ 时,长径比增加对栓钉的抗剪承载力无显著影响。

(4)在低温下,由于钢和混凝土强度以及钢 - 混凝土黏结强度的增加,P_u、S_u 和 S_{max} 几乎随混凝土强度的增加而线性增加。

(5)在 20 到 −80 ℃范围内,栓钉连接件的荷载 - 滑移曲线可由式(3.5)预测得到。ANSI/AISC 360-10[6]、欧洲规范 4[7] 和中国规范 GB 50017—2017[8] 中的设计公式都低估了 20 到 −80 ℃范围内栓钉连接件的抗剪承载力。基于试验数据拟合得到的式(3.10)能较好地预测低温下栓钉的抗剪承载力。但是,式(3.10)建立在有限的试验数据基础上,仍需更多试验数据进一步验证。

(6)利用 ABAQUS 软件建立了低温下栓钉连接件受剪模型,并进行参数分析,进一步补充完善了栓钉连接件在低温工况下的研究。

3.2　剪力连接件低温抗拉拔性能研究

针对低温环境下栓钉连接件抗拉拔性能研究不足的现状,本节采用试验研究与数值模拟相结合的方法,进行 9 组栓钉低温拉拔试验。针对不同温度(20 ℃、−30 ℃、−60 ℃和 −80 ℃)、不同栓钉有效埋深(57 mm、92 mm 和 142 mm)和不同混凝土强度(C35、C45 和 C55)的试件进行拉拔试验,以得到其破坏模式、荷载 - 滑移曲线和极限承载力等。同时,采用数值模拟方法,开展参数分析,以温度、栓钉有效埋深和混凝土强度为参数对栓钉连接件抗拉拔性能进行全面分析。此外,建立了低温下栓钉连接件抗拉拔承载力计算公式,以期为我国极地资源开发和寒区基础设施建设提供参考。

3.2.1　试件设计

为研究极地低温下栓钉连接件的抗拉拔性能,本节共设计 8 组 16 个试件进行栓钉连接件低温拉拔试验,主要研究栓钉埋深(57 mm、92 mm 和 142 mm)、温度(20 ℃、−30 ℃、−60 ℃和 −80 ℃)和混凝土强度(C35、C45 和 C55)的影响。所有试件均采用直径为 16 mm 的 ML15 栓钉,将其焊接在 150 mm × 150 mm × 25 mm 的 Q420E 钢板上,预埋于素混凝土板正中位置。为减小试件重量，方便试验，在不影响试验结果的前提下，将混凝土板制作为正八边形，见图 3.15。为方便描述，后续用栓钉有效埋深与栓杆直径比 h_{ef}/d 分析栓钉有效埋深的影响。h_{ef}/d=3.56 和 5.75 的试件中混凝土板的尺寸为 450 mm × 450 mm × 150 mm，而 h_{ef}/d=8.88 的试件中混凝土板的尺寸为 550 mm × 550 mm × 200 mm。

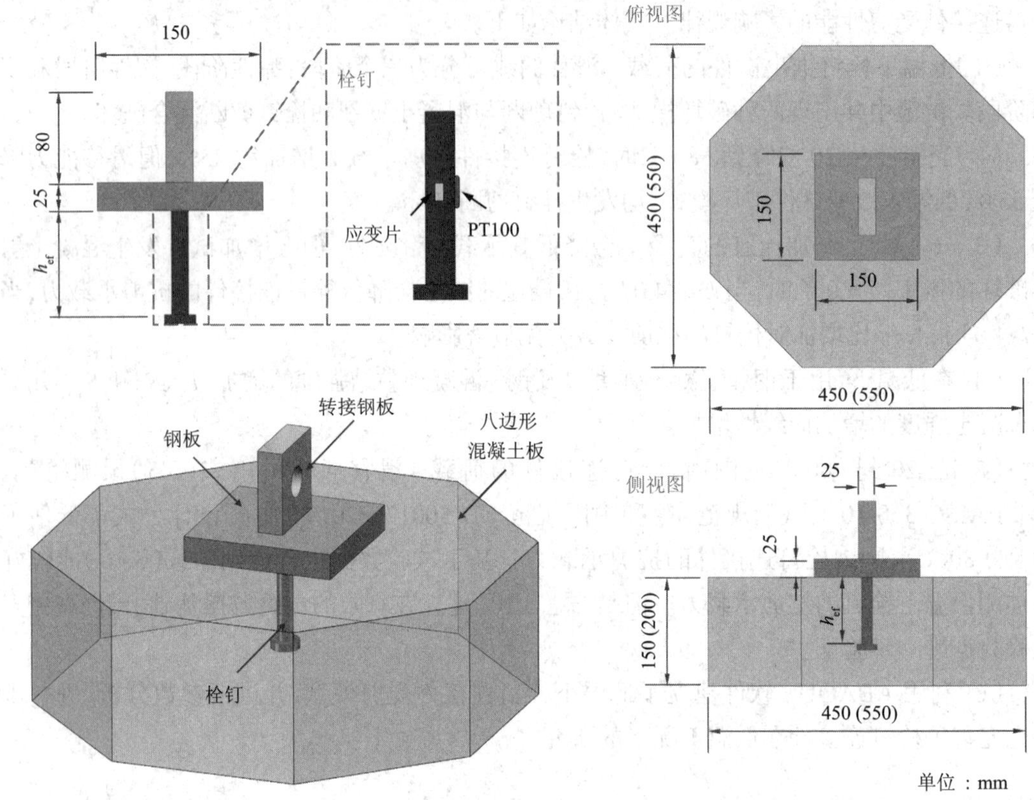

图 3.15 栓钉拉拔试件尺寸图

不同强度等级混凝土的配合比见表 3-10。试件具体参数设计见表 3-11。设计两组试验研究温度对栓钉抗拉拔性能的影响：①在 20 ℃、−30 ℃、−60 ℃和 −80 ℃温度下，分别对 C55 栓钉拉拔试件 AT1H2、AT2H2、AT3H2 和 AT4H2 进行试验；②在 −30 ℃和 −60 ℃温度下，分别对 C35 栓钉拉拔试件 CT2H2 和 CT3H2 进行试验。设计两组试验研究混凝土强度等级的影响：①在 −30 ℃下，分别对试件 AT2H2（C55）、BT2H2（C45）和 CT2H2（C35）进行拉拔试验；②在 −60 ℃下，分别对试件 AT3H2（C55）和 CT3H2（C35）拉拔试验。为研究低温下 h_{ef}/d 的影响，分别对试件 AT3H1、AT3H2 和 AT3H3 在 −60 ℃下进行拉拔试验，对应的 h_{ef} 分别为 57 mm、92 mm 和 142 mm，即 h_{ef}/d 分别为 3.56、5.75 和 8.88。

表 3-10 普通混凝土的配合比 单位：kg/m³

混凝土强度等级	水泥	水	粗砂	细砂	砾石	矿渣	粉煤灰	减水剂
C35	148	165	784	215	888	95	72	6.4
C45	276	165	654	163	978	96	68	9.3
C55	410	160	540	135	1 018	110	65	12.9

表 3-11　栓钉拉拔试件参数设计

试件编号	T（℃）	强度等级	f_{cu0}（MPa）	f_{cuT}（MPa）	f'_{cT}（MPa）	h_{ef}（mm）	d（mm）	h_{ef}/d	$L \times W \times H$（mm × mm × mm）
AT1H2-1/2	20	C55	56.4	56.4	46.2	92	16	5.75	450 × 450 × 150
AT2H2-1/2	−30	C55	56.4	73.6	60.7	92	16	5.75	450 × 450 × 150
AT3H2-1/2	−60	C55	56.4	84.1	69.5	92	16	5.75	450 × 450 × 150
AT4H2-1/2	−80	C55	56.4	91.4	75.6	92	16	5.75	450 × 450 × 150
AT3H1-1/2	−60	C55	56.4	84.1	69.5	57	16	3.56	450 × 450 × 150
AT3H3-1/2	−60	C55	56.4	84.1	69.5	142	16	8.88	550 × 550 × 200
BT2H2-1/2	−30	C45	47.3	61.5	50.5	92	16	5.75	450 × 450 × 150
CT2H2-1	−30	C35	36.4	47.3	38.6	92	16	5.75	450 × 450 × 150
CT3H2-1	−60	C35	36.4	54.2	44.4	92	16	5.75	450 × 450 × 150

AT1H1-1
温度(℃): T1表示温度为20 ℃；T2表示温度为-30 ℃，T3表示温度为-60 ℃，T4表示温度为-80 ℃
平行试件编号
栓钉有效埋深(mm): H1、H2、H3分别表示栓钉有效埋深为57 mm、92 mm、142 mm
混凝土强度等级: A、B、C分别表示混凝土强度等级为C55、C45、C35

f_{cu0}—常温下混凝土的立方体抗压强度；
f_{cuT}—温度 T 下混凝土的立方体抗压强度；
f'_{cT}—温度 T 下混凝土的圆柱体抗压强度；
h_{ef}—栓钉有效埋深；
d—栓钉直径

3.2.2　材料低温性能

1. 混凝土

对与试件同批浇筑养护的边长为 150 mm 的立方体做试验，得到常温下的立方体抗压强度（f_{cu0}），并通过式（3.18）计算 20 到 −120 ℃时的立方体抗压强度 f_{cuT}（见表 3-11）：

$$f_{cuT} = (-0.0065T + 1.1) f_{cu0} \tag{3.18}$$

2. 栓钉

对试验中使用的直径 16 mm 的栓钉进行低温拉伸试验，得到不同温度下栓钉的关键力学性能指标，见表 3-12 和图 3.16。不同温度下栓钉的应力 - 应变曲线类似，无明显的屈服平台，曲线可分为三个阶段：弹性阶段、塑性阶段和下降阶段。结果表明：① 20 到 −80 ℃范围内，栓钉的屈服强度（f_{yT}）、极限强度（f_{uT}）、屈服应变（ε_{yT}）和极限应变（ε_{uT}）都随着温度的降低而增加；② 20 到 −80 ℃范围内低温对弹性模量（E_s）的影响可忽略不计。

表 3-12　拉拔试验中栓钉的力学性能

T（℃）	E_{sT}（GPa）	ε_{yT}（%）	ε_{uT}（%）	f_{yT}（MPa）	f_{uT}（MPa）
+20	184.8	0.382	4.259	408.0	524.8
−30	186.1	0.387	4.470	425.2	559.4
−60	184.5	0.392	4.648	452.9	593.7
−80	188.7	0.402	4.967	479.3	624.7

注：T—温度；E_{sT}—温度 T 下的栓钉弹性模量；ε_{yT}、ε_{uT}—栓钉在温度 T 时的屈服应变和极限应变；f_{yT}、f_{uT}—栓钉在温度 T 时的屈服强度和极限强度。

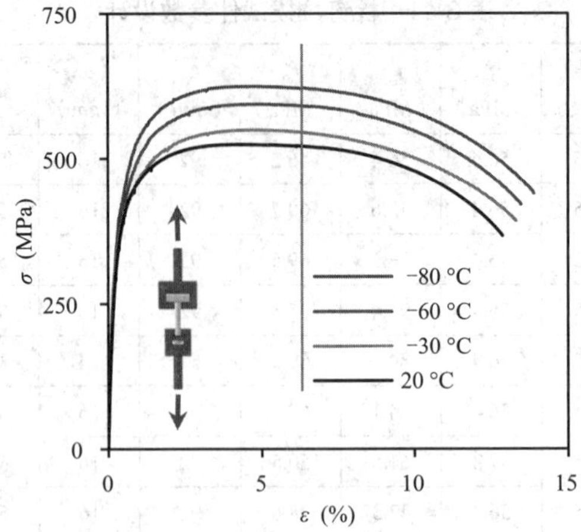

图 3.16 低温下栓钉的应力 - 应变曲线

3.2.3 试验方法及量测方案

试验主要包括试件降温、转移安装、液氮持温和正式加载等过程。试验装置如图 3.17 所示。首先在复叠式低温冷库中将试件降至目标温度，然后将试件转移至自制保温箱中进行安装加载，并在加载过程中持续喷入液氮使试件保持目标温度。通过预埋于试件内部及粘贴在保温箱内壁的 PT100 温度传感器监测试件及保温箱内部环境温度的变化。采用自平衡加载装置进行拉拔试验，它主要由加载部件和传力部件组成。其中，环氧树脂短柱强度高、导热系数低，主要作为外部千斤顶与内部加载架之间的传力部件。

当温度达到目标值后，对拉拔试件进行预加载，预加载值约为试件预估极限荷载的 20%。在预加载过程中检查位移计、压力传感器和 PT100 温度传感器等是否正常工作。预加载结束后，进行正式加载，采用力控制连续加载，速率约为 0.15 kN/s。破坏判定准则为发生下列情况之一：①栓钉发生拉断破坏；②混凝土发生锥体破坏；③混凝土发生劈裂破坏。

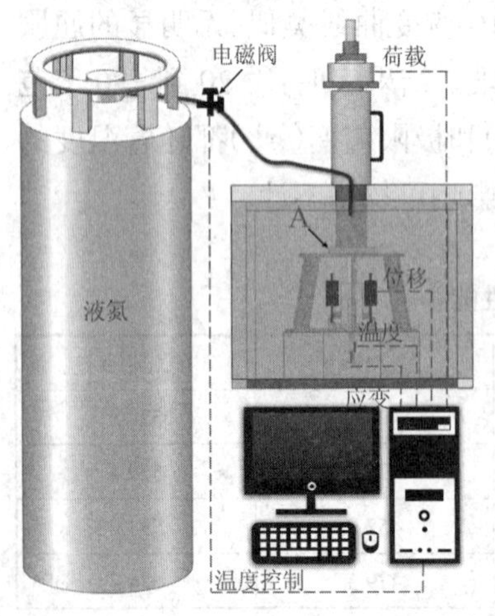

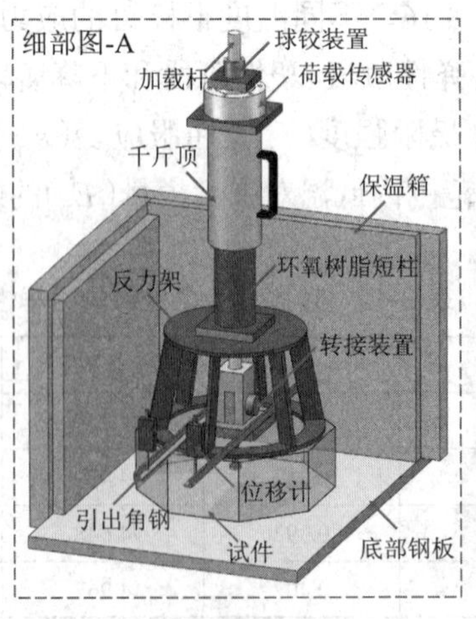

(a)

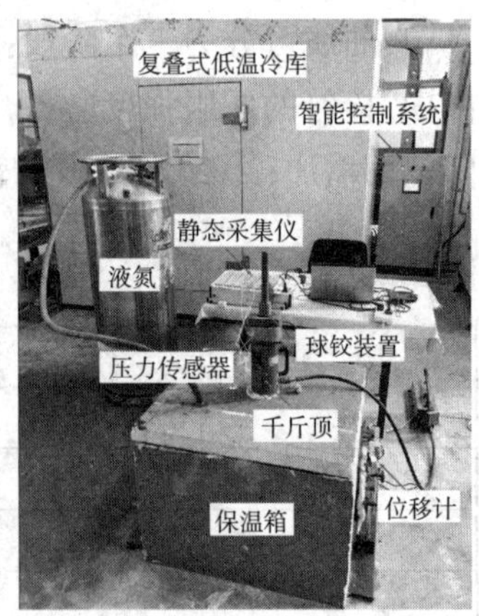

(b)

图 3.17 栓钉拉拔试验加载装置

(a)示意图 (b)实景图

3.2.4　试验结果

1. 破坏模式

图 3.18 给出了所有试件的破坏模式图。试验中共出现四种破坏模式:混凝土锥体破坏、混凝土劈裂破坏、栓钉拉断破坏和栓钉焊缝拉断破坏,具体如下。

(1)试件 AT3H1-1/2(h_{ef}/d=3.56)均发生脆性的混凝土锥体破坏,见图 3.18(i)和(j)。当荷载为 30%~40% 极限荷载时,裂缝从栓钉大头部位出现并向混凝土板表面发展,最终形成与栓钉长度几乎等高的倒圆锥体,破坏界面与混凝土表面的角度大约为 35°。试验结束后能明显地在混凝土表面观测到环形裂缝。与此同时,混凝土表面还出现了从栓钉埋置处出发向混凝土自由边扩展的径向裂缝。

(2)试件 AT1H2-1/2 和 CT2H2-1 均发生脆性的混凝土劈裂破坏,其中 AT1H2-1 还发生了混凝土锥体破坏。当试件达到极限荷载时,弯曲 / 劈裂裂缝迅速发展,将试件分为两到三部分。对应的荷载 - 位移曲线,下降段急剧下降,表现出明显的脆性。但与混凝土锥体破坏不同,试件极限承载力未显著下降,仅略低于发生栓钉拉断破坏的试件。随着温度降低,栓钉拉拔试件的破坏模式由混凝土劈裂破坏转变为栓钉拉断。这种破坏模式的改变主要是因为低温下混凝土弹性模量和抗压强度增强,提高了混凝土板的整体刚度,由于混凝土板弯曲导致锚固区的拉应力也随之减小,最终阻碍了锚固区弯曲 / 劈裂裂缝的形成[13]。

(3)试件 AT2H2、AT3H2、AT4H2-1、AT3H3、BT2H2 和 CT3H2-1 均发生栓钉拉断破坏。在试验结束后,将试件 CT3H2-1 切割为两部分,观察试件内部的破坏情况,如图 3.18(p)所示,栓钉在拉断后发生明显的颈缩现象,断裂面靠近栓钉大头附近,混凝土板中未出现明显裂缝。发生栓钉拉断破坏的抗拉拔承载力主要由栓钉抗拉强度和截面面积决定。

(4)由于焊缝质量不满足要求,试件 AT4H2-2 因焊缝拉断而破坏,如图 3.18(h)所示。这导致栓钉的抗拉拔承载力明显较低,仅为 98.8 kN。发生栓钉焊缝破坏的试件为典型的脆性破坏,实际工程中应保证焊接质量,避免出现此类破坏。

2. 荷载 - 位移曲线

图 3.19 给出了所有拉拔试件的荷载 - 位移(*N-S*)曲线及不同破坏模式试件的典型 *N-S* 曲线。从图 3.19(f)可以看出,不同破坏模式拉拔试件的 *N-S* 曲线均可分为三个阶段:弹性阶段、塑性阶段和下降阶段。

第一阶段,弹性阶段,施加在栓钉拉拔试件上的荷载几乎随位移的增加而线性增加,直到达到极限荷载的 30% 左右。

第二阶段,塑性阶段,试件位移增长速率快于荷载增长速率,二者在达到极限荷载前呈非线性增长关系,曲线呈抛物线状。不同破坏模式试件对应的荷载 - 位移曲线区别较大。若试件发生混凝土破坏比发生栓钉拉断破坏所需荷载值更大,则试件发生栓钉拉断破坏,荷载 - 位移曲线趋于平缓直至试件达到极限荷载,极限位移值均大于 5 mm,此种破坏形态下试件极限承载力主要由对应温度下栓钉本身的抗拉强度决定;反之,则试件发生混凝土锥体或劈裂破坏,极限位移值均小于 2 mm,明显小于栓钉拉断时的极限位移值,曲线塑性段很短。需要注意的是,发生混凝土劈裂破坏试件的极限承载力略低于发生栓钉拉断破坏的试件,但发生混凝土锥体破坏试件的抗拉拔承载力明显低于其余两种破坏形态。

图 3.18 栓钉拉拔试件破坏图

(a)AT1H2-1(C) (b)AT1H2-2(SP) (c)AT2H2-1(S) (d)AT2H2-2(S) (e)AT3H2-1(S) (f)AT3H2-2(S) (g)AT4H2-1(S) (h)AT4H2-2(W) (i)AT3H1-1(C) (j)AT3H1-2(C) (k)AT3H3-1(S) (l)AT3H3-2(S) (m)BT2H2-1(S) (n)BT2H2-2(S) (o)CT2H2-1(SP) (p)CT3H2-1(S)

注:S—栓钉拉断破坏;C—混凝土锥体破坏;SP—混凝土劈裂破坏;W—栓钉焊缝拉断破坏

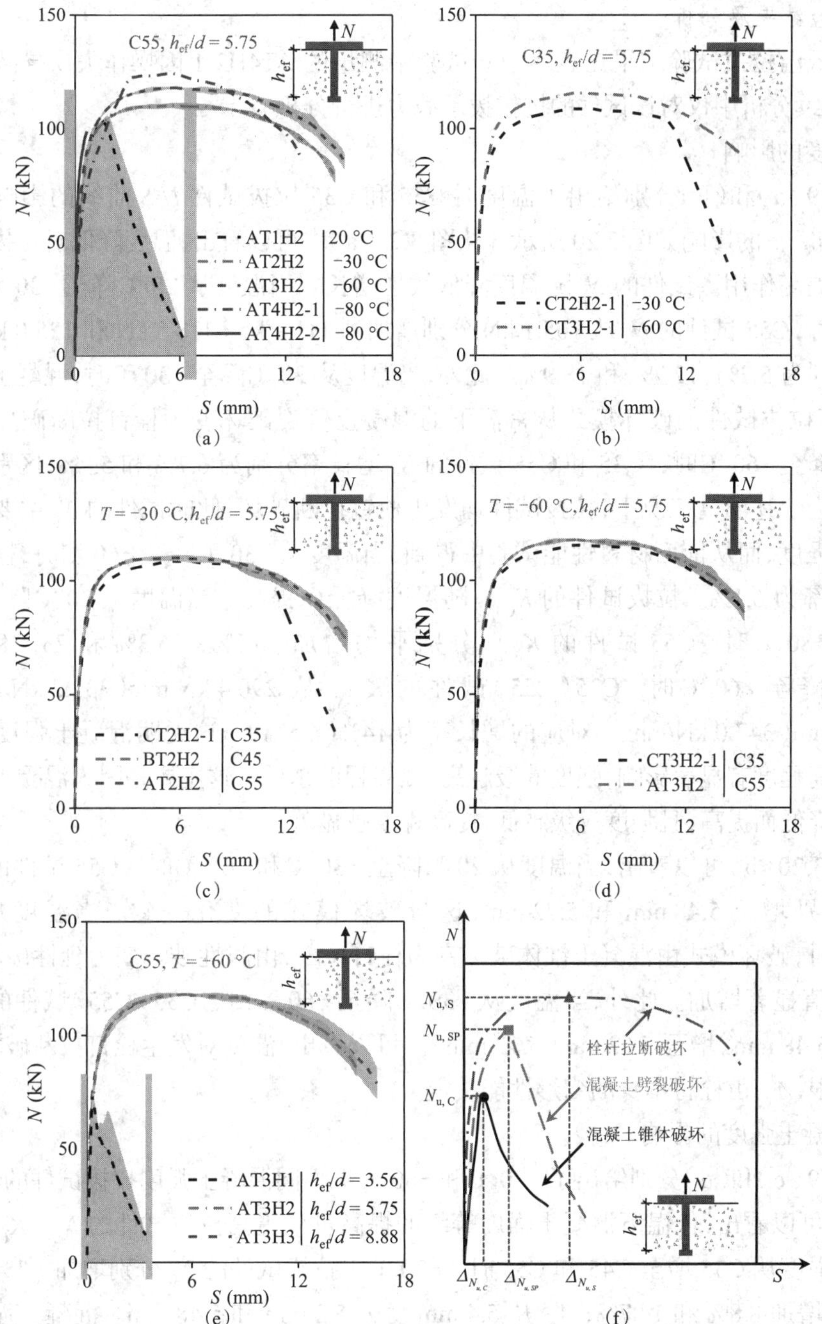

图 3.19　栓钉拉拔试件荷载 - 位移曲线

(a)T 的影响，C55　(b)T 的影响，C35　(c)混凝土强度的影响，T = −30 ℃　(d)混凝土强度的影响，T = −60 ℃
(e)h_{ef}/d 的影响　(f)不同破坏模式试件的典型 N-S 曲线

第三阶段，下降阶段，对于发生栓钉拉断破坏的试件，荷载 - 位移曲线下降段较为平缓，表现出较好的延性特征；对于发生混凝土锥体或劈裂破坏的试件，破坏突然，下降段较陡，呈现出明显的脆性破坏特征。

3. 试验结果及分析

栓钉低温拉拔试验结果见表 3-13。试验中测量的 AT4H2-1 因操作失误导致位移测量不准确，后续分析中仅对该试件的抗拉拔承载力进行分析。

1）温度的影响

图 3.19（a）和（b）分别给出了温度对 C55 和 C35 拉拔试件 *N-S* 曲线的影响。温度对 N_u、$K_{0.3N_u}$ 和 $\varDelta_{N_u}$ 的影响如图 3.20 所示。从图 3.20（a）中可以看出，温度降低对拉拔试件的抗拉性能有提高作用。试件的 N_u 随温度降低线性增长。当温度从 20 ℃降至 −30 ℃、−60 ℃和 −80 ℃时，C55 试件的 N_u 从 105.1 kN 分别增加到 111.1 kN、118.5 kN 和 125.0 kN，对应的增长率分别为 5.7%、12.7% 和 18.9%。此外，当温度从 20 ℃降至 −30 ℃时，混凝土强度显著提高，栓钉拉拔试件的破坏模式从常温下的混凝土劈裂破坏变为栓钉拉断破坏。当温度从 −30 ℃降至 −60 ℃时，C35 和 C55 试件的 N_u 增长率分别为 6.7% 和 5.9%，区别不大。这主要是因为上述温度工况下，拉拔试件均发生栓钉拉断破坏，此时试件的 N_u 主要取决于栓钉的抗拉强度，而从前面材料性能试验中得到，当温度从 −30 ℃降至 −60 ℃时，栓钉抗拉强度的增长率为 6.1%。拉拔试件的 $K_{0.3N_u}$ 随温度降低而提高。当温度从 20 ℃降至 −30 ℃、−60 ℃和 −80 ℃时，C55 试件的 $K_{0.3N_u}$ 分别平均增加 10.7%、15.3% 和 23.1%。当温度从 −30 ℃降至 −60 ℃时，C35（C55）试件的 $K_{0.3N_u}$ 从 290.4 kN/mm（332.2 kN/mm）增至 331.1 kN/mm（347.0 kN/mm），对应的增长率为 14%（4.5%）。这说明混凝土强度改变对试件刚度提高程度有显著影响，强度等级越高，提高程度越低。这主要是因为混凝土的弹性模量随温度降低而提高，且强度等级越低，提高程度越显著。

从图 3.20（b）可以看出，当温度从 20 ℃降至 −30 ℃和 −60 ℃时，C55 试件的 $\varDelta_{N_u}$ 值从 1.8 mm 分别增至 5.48 mm 和 5.72 mm，这与破坏模式的变化一致。当温度从 20 ℃降至 −30 ℃时，破坏模式由混凝土锥体破坏变为栓钉拉断，由脆性破坏变为延性破坏，对应的极限位移值显著增加。此外，当温度从 −30 ℃降至 −60 ℃时，C35（C55）试件的 $\varDelta_{N_u}$ 值从 5.42 mm（5.48 mm）增至 5.62 mm（5.72 mm）。可以看出，温度对发生栓钉拉断破坏试件 $\varDelta_{N_u}$ 的影响有限，$\varDelta_{N_u}$ 由栓钉本身的变形性能决定。

2）混凝土强度的影响

图 3.19（c）和（d）分别给出了 −30 ℃和 −60 ℃下不同混凝土强度拉拔试件的 *N-S* 曲线。从图 3.21 可以看出，低温下混凝土强度等级的提高可以提高拉拔试件的 N_u、$K_{0.3N_u}$ 和 $\varDelta_{N_u}$。当混凝土强度从 C35 增至 C45 和 C55 时，−30 ℃下拉拔试件的 N_u 分别增加 1.1% 和 1.6%；$K_{0.3N_u}$ 分别增加 8.8% 和 14.7%；$\varDelta_{N_u}$ 从 5.4 mm 变为 5.2 mm 和 5.48 mm。混凝土强度等级的提高对拉拔试件 N_u 的影响很小。这主要是因为除 CT2H2-1 外，所有试件均发生钢材拉断破坏，试件极限承载力由低温下栓钉本身的力学性能决定。因此，混凝土强度等级对低温下栓钉的 N_u 和 $\varDelta_{N_u}$ 影响不大。当混凝土强度等级从 C35 增至 C55 时，−60 ℃下拉拔试件的 N_u 和 $K_{0.3N_u}$ 分别提高 2.2% 和 4.8%，$\varDelta_{N_u}$ 从 5.62 mm 增至 5.72 mm。试件刚度的提高主要是因为混凝土弹性模量随强度等级的提高而增大。但是当温度从 −30 ℃降至 −60 ℃时，试件混凝土强度等级由 C35 增至 C55 导致的 $K_{0.3N_u}$ 的增长率，由 14.7% 降为 4.8%，明显减小。

表 3-13 低温拉拔试件试验结果、有限元预测结果和理论计算结果汇总

试件编号	破坏模式	T (℃)	h_{ef}/d	f_{cuT} (MPa)	Δ_{N_u} (mm)	$K_{0.3N_u}$ (kN/mm)	N_u (kN)	$N_{u,F}$ (kN)	$N_u/N_{u,F}$	N_A (kN)	N_B (kN)	N_C (kN)	N_T (kN)	$N_{A,P}$ (kN)	$N_u/N_{A,P}$	$N_{B,P}$ (kN)	$N_u/N_{B,P}$	$N_{C,P}$ (kN)	$N_u/N_{C,P}$
AT1H2-1	C + SP	20	5.75	56.4	1.98	318.9	106.3	99.9	1.06	76.1	76.9	100.3	105.5	76.1	1.40	76.9	1.38	100.3	1.06
AT1H2-2	SP	20	5.75	56.4	1.61	283.1	103.8	99.9	1.04	76.1	76.9	100.3	105.5	76.1	1.36	76.9	1.35	100.3	1.03
AT2H2-1	S	-30	5.75	73.6	5.40	335.7	111.9	108.9	1.03	86.8	87.7	114.4	113.3	86.8	1.29	87.7	1.28	113.3	0.99
AT2H2-2	S	-30	5.75	73.6	5.55	330.6	110.2	108.9	1.01	86.8	87.7	114.4	113.3	86.8	1.27	87.7	1.26	113.3	0.97
AT3H2-1	S	-60	5.75	84.1	5.75	340.9	119.3	119.2	1.00	93.2	94.2	122.9	119.9	93.2	1.28	94.2	1.27	119.9	0.99
AT3H2-2	S	-60	5.75	84.1	5.68	353.1	117.7	119.2	0.99	93.2	94.2	122.9	119.9	93.2	1.26	94.2	1.25	119.9	0.98
AT4H2-1	S	-80	5.75	91.4	5.61	304.9	125.0	124.7	1.00	96.9	97.9	127.7	123.8	96.9	1.29	97.9	1.28	123.8	1.01
AT4H2-2	W	-80	5.75	91.4	0.87	370.5	98.8	124.7	0.79	96.9	97.9	127.7	123.8	96.9	1.02	97.9	1.01	123.8	0.80
AT3H1-1	C	-60	3.56	84.1	0.36	236.2	74.8	68.1	1.10	45.5	45.9	59.9	119.9	45.5	1.64	45.9	1.63	59.9	1.25
AT3H1-2	C	-60	3.56	84.1	0.33	331.8	75.2	68.1	1.10	45.5	45.9	59.9	119.9	45.5	1.65	45.9	1.64	59.9	1.26
AT3H3-1	S	-60	8.88	84.1	5.74	362.4	118.4	119.2	0.99	178.7	180.6	235.6	119.9	119.9	0.99	119.9	0.99	119.9	0.99
AT3H3-2	S	-60	8.88	84.1	5.00	341.1	119.4	119.2	1.00	178.7	180.6	235.6	119.9	119.9	1.00	119.9	1.00	119.9	1.00
BT2H2-1	S	-30	5.75	61.5	5.37	295.5	111.3	108.9	1.02	79.4	80.3	104.6	113.3	79.4	1.40	80.3	1.39	104.6	1.06
BT2H2-2	S	-30	5.75	61.5	5.02	336.4	109.9	108.9	1.01	79.4	80.3	104.6	113.3	79.4	1.38	80.3	1.37	104.6	1.05
CT2H2-1	SP	-30	5.75	47.3	5.42	290.4	109.4	108.9	1.00	69.7	70.4	91.9	113.3	69.7	1.57	70.4	1.55	91.9	1.19
CT3H2-1	S	-60	5.75	54.2	5.62	331.1	115.9	119.2	0.97	74.9	75.6	98.7	119.9	74.9	1.55	75.6	1.53	98.7	1.17
均值									1.01						1.33		1.32		1.05
COV									0.07						0.16		0.16		0.11

注：h_{ef}/d—栓钉有效埋深与栓杆直径的比值；N_u、Δ_{N_u}—试验中栓钉的极限抗拉拔承载力和相应的位移；$K_{0.3N_u}$—在 30 % 极限承载力处的割线刚度，取该值作为拉拔试件的前期刚度[13]；$N_{u,F}$—有限元分析得到的试件极限抗拉拔承载力；N_A、N_B、N_C—由 ACI 318 - 14、PCI 6th 与 Fuchs 和 Eligehausen 提出的公式预测的混凝土抗爆性值；N_T—钢的断裂抗力；$N_{A,P}$、$N_{B,P}$、$N_{C,P}$—用 ACI 318-14、PCI 6th 和 Fuchs 与 Eligehausen 提出的方程预测的极限抗力。

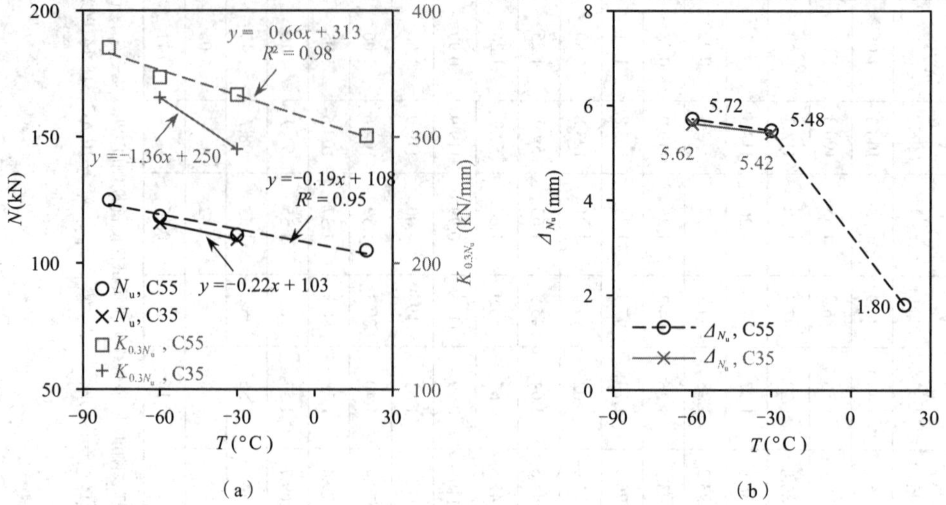

(a)　(b)

图 3.20　温度对栓钉抗拉拔性能的影响

(a)对 N_u 和 $K_{0.3N_u}$ 的影响　(b)对 Δ_{N_u} 的影响

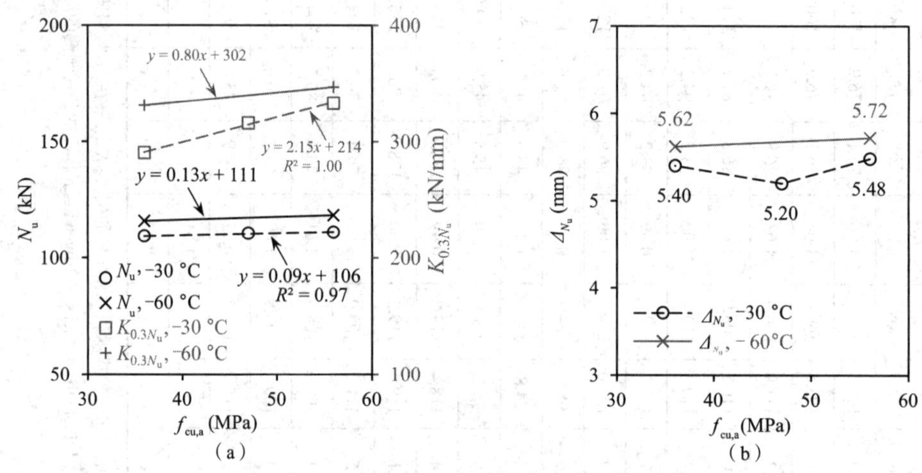

(a)　(b)

图 3.21　混凝土强度对栓钉抗拉拔性能的影响

(a)对 N_u 和 $K_{0.3N_u}$ 的影响　(b)对 Δ_{N_u} 的影响

3)栓钉有效埋深与直径比的影响

图 3.19(e)给出了 −60 ℃下不同 h_{ef}/d 的栓钉拉拔试件的 *N-S* 曲线。图 3.22 给出了低温下 h_{ef}/d 对 N_u、$K_{0.3N_u}$ 和 Δ_{N_u} 的影响。从图中可以看出,低温下 h_{ef}/d 的提高可以显著提高栓钉拉拔试件的抗拉拔性能。当 h_{ef}/d 从 3.56 增至 5.75(8.88)时,N_u、$K_{0.3N_u}$ 分别增加 58.0%(58.5%)和 22.2%(23.9%),Δ_{N_u} 从 0.35 mm 增至 5.72 mm(5.37 mm)。从图 3.18 可知,试件 AT3H1(h_{ef}/d=3.56)均发生脆性的混凝土锥体破坏,破坏突然,对应 *N-S* 曲线呈针尖状,下降段很陡,位移增长很小。随着 h_{ef}/d 的增加,拉拔试件破坏模式变为延性的栓钉拉断破坏。这是由于随着栓钉埋深的增加,混凝土核心区锥体抗拉拔能力也随之提高,当混凝土核心区锥体抗拉拔能力大于栓钉抗拉强度时,破坏模式随之发生改变。同时,可推测 −60 ℃下拉拔试件发生破坏形态改变的 h_{ef}/d 临界值在 3.56~5.75 范围内。此外,−60 ℃下由于混凝土强度

的提高使试件脆性增加，导致其低温条件下的破坏更加突然。因此可初步得到，当 h_{ef}/d <5.75 时，提高 h_{ef}/d 可以显著提高拉拔试件的抗拉承载力和延性，更加精确的 h_{ef}/d 范围可借助数值模拟及参数分析进一步确定。

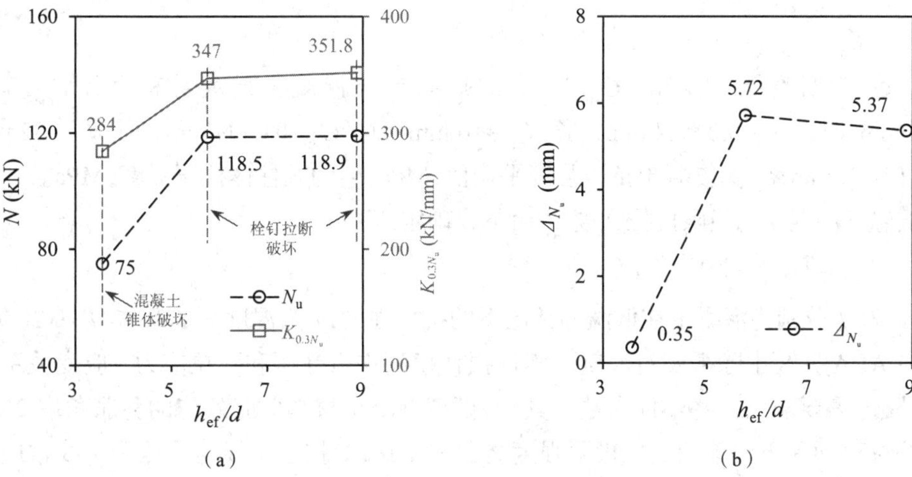

图 3.22　h_{ef}/d 对栓钉抗拉拔性能的影响

（a）对 N_u 和 $K_{0.3N_u}$ 的影响　（b）对 Δ_{N_u} 的影响

3.2.5　有限元分析

1. 模型建立

1）混凝土模型

综合考虑混凝土模型的适用性且为了便于收敛，采用混凝土塑性损伤模型进行栓钉抗拉拔有限元分析。在混凝土塑性损伤模型中，混凝土的受拉和受压性能需要进行定义。混凝土塑性损伤模型的受压本构关系通过混凝土材料的单轴受压应力 - 应变关系来定义。目前，国内外已有一些关于低温或超低温下的混凝土本构关系的研究，参考已有研究成果[9]，对混凝土的单轴受压本构关系进行定义，公式如下：

$$y = Ax + (3-2A)x^2 + (A-2)x^3 \quad (0 < x \leqslant 1) \tag{3.19}$$

$$y = x\left[B(x-1)^2 + x\right]^{-1} \quad (x > 1) \tag{3.20}$$

式中，$y=\sigma_c/f_{cT}$，f_{cT} 为峰值应力；$x=\varepsilon_c/\varepsilon_{0T}$，$\varepsilon_{0T}$ 为峰值应力对应的峰值应变；不同温度下混凝土参数 A、B 的取值见表 3-14。

表 3-14　不同温度下混凝土参数 *A*、*B* 的取值

参数	T(℃)			
	20	−30	−60	−80
A	2.70	2.33	2.00	1.80
B	0.70	1.60	1.85	2.00

采用应力 - 断裂能方式定义混凝土受拉力学性能。规范 CEB-FIP MC90[14] 中规定断裂能的值取混凝土受拉应力 - 裂缝宽度关系曲线与横坐标围成的面积，具体公式如下：

$$G_{\mathrm{F}}=G_{\mathrm{F0}}\left(\frac{f_{\mathrm{cm}}}{10}\right)^{0.7} \tag{3.21}$$

$$f_{\mathrm{cm}}=f_{\mathrm{ck}}+8 \tag{3.22}$$

式中，G_{F} 为断裂能，N/mm；G_{F0} 为初始断裂能，与混凝土最大骨料直径 $d_{\max}$ 有关，当 $d_{\max}$=8 mm 时，G_{F0}=0.025 N/mm，当 $d_{\max}$=16 mm 时，G_{F0}=0.03 N/mm，当 $d_{\max}$=32 mm 时，G_{F0}=0.058 N/mm；f_{cm} 为混凝土抗压强度平均值，MPa；f_{ck} 为圆柱体抗压强度，MPa。

低温下的混凝土极限抗拉强度 f_{tT} 由下式确定 [15]：

$$f_{\mathrm{tT}}=\left(1.45-1.02^{T-60}\right)f_{\mathrm{t}} \tag{3.23}$$

式中，f_{tT} 和 f_{t} 分别为混凝土在低温和常温下的抗拉强度；T 为温度，$-80\ ℃\leqslant T\leqslant 20\ ℃$。

在 ABAQUS 中除需要对混凝土塑性损伤模型进行受压和受拉应力 - 应变关系曲线的定义外，还需要输入一些塑性参数。其中，模拟混凝土材料剪胀效应的剪胀角取 25°；偏心率取 0.1；双轴受压与单轴受压极限强度之比取 1.16；受拉子午线与受压子午线常应力的比值为 0.666 7；混凝土的黏滞系数取 0.000 05。

2）栓钉和钢板模型

栓钉采用 ML15，钢板为 Q420E 钢，加载架为 Q235 钢。鉴于钢板和加载架所受应力不大且不是主要分析对象，本构关系全部采用栓钉本构关系。栓钉的本构关系采用三折线的弹塑性模型，表达式如下：

$$\sigma=\begin{cases}E_{\mathrm{s}}\varepsilon_{\mathrm{s}} & \left(\varepsilon_{\mathrm{s}}\leqslant\varepsilon_{\mathrm{y}}\right)\\ f_{\mathrm{y}}+k\left(\varepsilon_{\mathrm{s}}-\varepsilon_{\mathrm{y}}\right) & \left(\varepsilon_{\mathrm{y}}<\varepsilon_{\mathrm{s}}\leqslant\varepsilon_{\mathrm{u}}\right)\\ f_{\mathrm{u}} & \left(\varepsilon_{\mathrm{s}}>\varepsilon_{\mathrm{u}}\right)\end{cases} \tag{3.24}$$

式中，σ为栓钉的应力；E_{s} 为栓钉的弹性模量；f_{y}、f_{u} 分别为栓钉的屈服强度和极限强度；ε_{s}、ε_{y}、ε_{u} 分别为栓钉的应变、屈服应变和极限应变；k 为栓钉的硬化段斜率，$k=(f_{\mathrm{u}}-f_{\mathrm{y}})/(\varepsilon_{\mathrm{u}}-\varepsilon_{\mathrm{y}})$。

为准确地描述大变形过程中截面面积的改变，需要使用真实应变 $\varepsilon_{\mathrm{true}}$ 和真实应力 σ_{true}，它们与钢材拉伸试验中得到的应力（名义应力）和应变（名义应变）之间的转换关系如下：

$$\varepsilon_{\mathrm{true}}=\ln\left(1+\varepsilon\right) \tag{3.25}$$

$$\sigma_{\mathrm{true}}=\sigma\left(1+\varepsilon\right) \tag{3.26}$$

式中，σ_{true} 和 σ分别为栓钉的真实应力和名义应力；$\varepsilon_{\mathrm{true}}$ 和 ε 分别为真实应变和名义应变。

在 ABAQUS 中输入钢材的材料属性时，需使用塑性应变 $\varepsilon_{\mathrm{pl}}$，其与真实应变之间的关系如下：

$$\varepsilon_{\mathrm{pl}}=\varepsilon_{\mathrm{true}}-\frac{\sigma_{\mathrm{true}}}{E_{\mathrm{s}}} \tag{3.27}$$

式中，E_{s} 为栓钉的弹性模量。

根据材料性能试验结果，通过上述公式计算得到的栓钉的真实应力和塑性应变见表 3-15。

表 3-15　栓钉的材料性能

T(℃)	E_s(GPa)	ε_u(με)	f_y(MPa)	f_u(MPa)
+20	184.8	0.039 2	409.5	547.6
−30	186.1	0.041 0	427.4	574.8
−60	184.5	0.041 7	454.7	622.4
−80	188.7	0.044 0	481.9	655.6

2. 单元选取和网格划分

栓钉拉拔试件由混凝土板、栓钉、焊接钢板和加载架组成。为减少计算工作量，根据试件几何尺寸和受力的对称性，建立四分之一栓钉拉拔模型。模型由混凝土板、栓钉、焊接钢板和加载架底部环形钢板组成。所有部件均采用 C3D8R 单元，使用该单元进行计算能得到较精确的位移结果，并能减少计算时间，提高计算效率。其中，混凝土板和栓钉的网格划分尺寸分别为 4 mm × 4 mm × 4 mm 和 2 mm × 4 mm × 4 mm，焊接钢板和加载架不是主要分析对象，故网格划分尺寸相对较大，均为 8 mm × 8 mm × 8 mm，划分网格后的试件模型如图 3.23 所示。

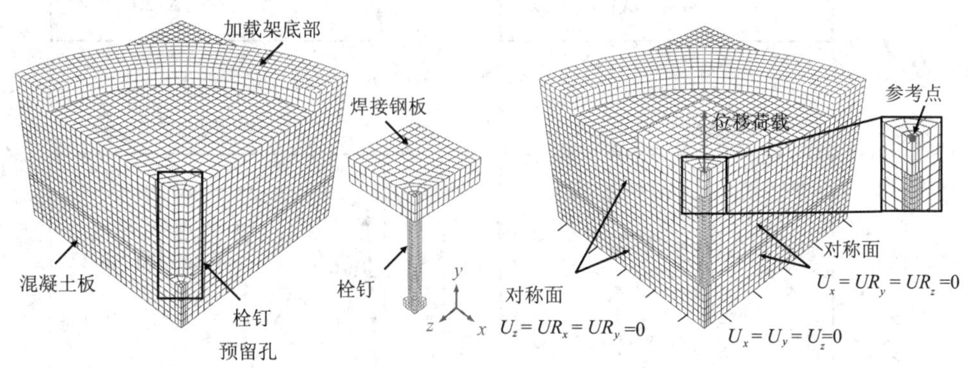

图 3.23　拉拔试验有限元模型

3. 边界条件、接触和加载定义

根据试件的实际受力情况，对试件底部 x、y、z 三个方向的平动位移进行约束。由于采用四分之一模型，对两个对称面 xy 和 yz 采用对称约束。每个对称面采用的对称约束如图 3.23 所示，即对 xy 平面和 yz 平面分别施加对称约束 $U_z=UR_x=UR_y=0$ 和 $U_x=UR_y=UR_z=0$。通过在参考点施加向上的位移荷载模拟试验加载过程，参考点同焊接钢板进行绑定连接形成一个整体。

试验中栓钉和焊接钢板之间采用焊接连接，在模型中采用 Tie 的连接方式进行模拟，通常 Tie 接触中主表面选择刚度相对较大的材料表面，从表面选择刚度相对较小的材料表面，在本次模型中选焊接钢板下表面作为主表面，栓钉表面作为从表面。栓钉与混凝土、焊接钢板与混凝土、加载架与混凝土之间的接触均采用通用接触的形式。该接触不用设置接触对，可以自动寻找接触对，对有接触的部分进行定义，简化模型定义。在不同部件之间发生接触时，通常通过接触面传递切向力和法向力。模型中法向力采用“硬接触”，该接触允许两个相互作用的表面在相互接触时传递接触压力，在分离时无压力；切向力采用“罚摩擦公式”，用于模拟混凝土和钢材之间的摩擦力，摩擦系数取 0.2。

4. 有限元模型验证

图 3.24 给出了试验和有限元分析得到的栓钉拉拔试件荷载 - 位移曲线的对比图，有限元结果用 FEM 表示。从图中可以看出，有限元分析得到的荷载 - 位移曲线与试验曲线的刚度、极限承载力等较为符合。所有试件实测抗拉拔承载力和有限元分析值（表 3-13），相对误差均在 ± 10% 以内，变异系数为 0.07。

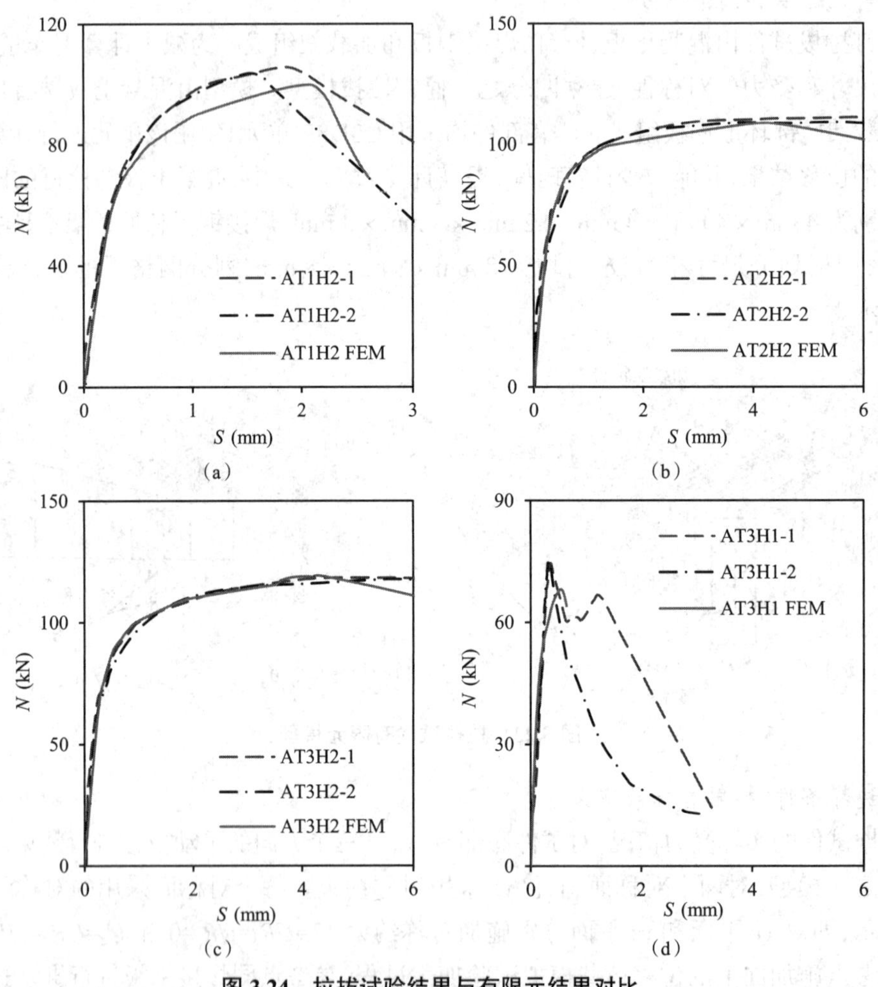

图 3.24　拉拔试验结果与有限元结果对比

（a）AT1H2　（b）AT2H2　（c）AT3H2　（d）AT3H1

有限元分析云图如图 3.25 所示。发生混凝土锥体破坏的试件（图 3.25（d）、（e）），混凝土破坏从栓钉大头处开始沿栓钉两侧向混凝土表面扩散；发生栓钉拉断破坏的试件（图 3.25（a）~（c）），最大应力出现在栓钉栓杆上，达到栓钉极限强度时，栓杆出现颈缩现象。以上有限元分析破坏形态与实际试验结果一致。

通过以上分析可知，有限元分析结果与试验吻合良好，建立的有限元模型能够较好地对承受拉拔力作用的栓钉试件进行模拟。

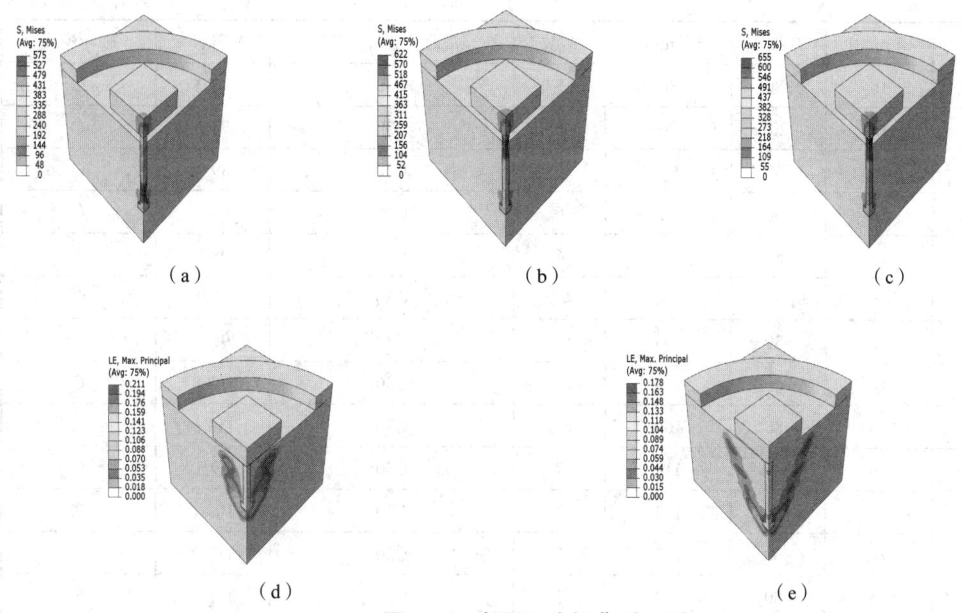

图 3.25　有限元分析典型云图

（a）AT2H2 Mises 应力云图（b）AT3H2 Mises 应力云图（c）AT4H2 Mises 应力云图（d）AT3H1 应变云图（e）AT1H2 应变云图

5. 参数分析

利用验证的有限元模型对不同埋深（48 mm、64 mm、80 mm、96 mm、104 mm 和 112 mm）、温度（20 ℃、-30 ℃、-60 ℃和 -80 ℃）和混凝土强度等级（C30、C45 和 C60）条件下栓钉连接件的抗拉拔性能进行参数分析，共计 60 组试件。栓钉直径均为 16 mm。采用栓钉有效埋深与直径的比值（h_{ef}/d）描述栓钉有效埋深的影响，与前述栓钉有效埋深对应的 h_{ef}/d 分别为 3、4、5、6、6.5 和 7。试件具体参数及分析结果见表 3-16，得到的荷载 - 位移曲线如图 3.26 所示。

表 3-16　有限元分析试件参数及结果

模型编号	d（mm）	T（℃）	h_{ef}（mm）	h_{ef}/d	混凝土强度等级	N_u（kN）	破坏模式
C1D1-1	16	20	48	3	C30	24.2	C
C1D1-2	16	-30	48	3	C30	29.0	C
C1D1-3	16	-60	48	3	C30	30.9	C
C1D1-4	16	-80	48	3	C30	33.5	C
C1D2-1	16	20	64	4	C30	40.5	C
C1D2-2	16	-30	64	4	C30	48.4	C
C1D2-3	16	-60	64	4	C30	50.6	C
C1D2-4	16	-80	64	4	C30	55.0	C
C1D3-1	16	20	80	5	C30	58.2	C
C1D3-2	16	-30	80	5	C30	64.6	C
C1D3-3	16	-60	80	5	C30	70.1	C

续表

模型编号	d(mm)	T(℃)	h_{ef}(mm)	h_{ef}/d	混凝土强度等级	N_u(kN)	破坏模式
C1D3-4	16	-80	80	5	C30	74.9	C
C1D4-1	16	20	96	6	C30	77.2	C
C1D4-2	16	-30	96	6	C30	89.9	C
C1D4-3	16	-60	96	6	C30	94.1	C
C1D4-4	16	-80	96	6	C30	98.5	C
C1D5-1	16	20	104	6.5	C30	87.9	C
C1D5-2	16	-30	104	6.5	C30	98.2	C
C1D5-3	16	-60	104	6.5	C30	108.8	C
C1D5-4	16	-80	104	6.5	C30	113.6	C
C1D6-1	16	20	112	7	C30	99.3	C
C1D6-2	16	-30	112	7	C30	109.1	C/S
C1D6-3	16	-60	112	7	C30	117.9	S
C1D6-4	16	-80	112	7	C30	123.8	S
C2D1-1	16	20	48	3	C45	33.8	C
C2D1-2	16	-30	48	3	C45	39.1	C
C2D1-3	16	-60	48	3	C45	43.8	C
C2D1-4	16	-80	48	3	C45	45.8	C
C2D2-1	16	20	64	4	C45	48.5	C
C2D2-2	16	-30	64	4	C45	56.3	C
C2D2-3	16	-60	64	4	C45	59.4	C
C2D2-4	16	-80	64	4	C45	62.0	C
C2D3-1	16	20	80	5	C45	68.2	C
C2D3-2	16	-30	80	5	C45	78.4	C
C2D3-3	16	-60	80	5	C45	82.7	C
C2D3-4	16	-80	80	5	C45	90.3	C
C2D4-1	16	20	96	6	C45	91.5	C
C2D4-2	16	-30	96	6	C45	99.9	C
C2D4-3	16	-60	96	6	C45	104.9	C
C2D4-4	16	-80	96	6	C45	109.4	C
C2D5-1	16	20	104	6.5	C45	104.6	S
C2D5-2	16	-30	104	6.5	C45	109.1	S
C2D5-3	16	-60	104	6.5	C45	117.9	S
C2D5-4	16	-80	104	6.5	C45	123.8	S
C3D1-1	16	20	48	3	C60	37.2	C
C3D1-2	16	-30	48	3	C60	43.1	C
C3D1-3	16	-60	48	3	C60	45.3	C

续表

模型编号	d(mm)	T(℃)	h_{ef}(mm)	h_{ef}/d	混凝土强度等级	N_u(kN)	破坏模式
C3D1-4	16	-80	48	3	C60	47.5	C
C3D2-1	16	20	64	4	C60	58.8	C
C3D2-2	16	-30	64	4	C60	71.7	C
C3D2-3	16	-60	64	4	C60	75.7	C
C3D2-4	16	-80	64	4	C60	78.8	C
C3D3-1	16	20	80	5	C60	87.7	C
C3D3-2	16	-30	80	5	C60	96.8	C
C3D3-3	16	-60	80	5	C60	101.4	C
C3D3-4	16	-80	80	5	C60	106.5	C
C3D4-1	16	20	96	6	C60	104.6	S
C3D4-2	16	-30	96	6	C60	109.1	S
C3D4-3	16	-60	96	6	C60	117.9	S
C3D4-4	16	-80	96	6	C60	123.8	S

注：试件编号中，C1~3 分别表示混凝土强度等级为 C30、C45 和 C60；D1~6 分别表示栓钉有效埋深为 48 mm、64 mm、80 mm、96 mm、104 mm 和 112 mm；末尾的 1~4 分别表示温度为 20 ℃、-30 ℃、-60 ℃和 -80 ℃；d 为栓钉直径，mm；h_{ef} 代表栓钉有效埋深，mm；N_u 表示参数分析得到的栓钉抗拉拔承载力，kN；破坏模式中，C 代表混凝土锥体破坏，S 代表栓钉拉断破坏。

1)温度的影响

图 3.26 给出了温度对模型 N-S 曲线的影响。从图中可以看出，模型的抗拉拔承载力、极限位移和初始刚度均随温度的减小而增加。当温度从 20 ℃降至 -30 ℃、-60 ℃和 -80 ℃时，h_{ef}/d=7 的 C30 模型的 N_u 值分别增加 9.9%、18.7% 和 24.7%；同时，-30 ℃及以下，模型破坏模式从脆性混凝土锥体破坏变为延性栓钉拉断破坏。这主要是因为低温下栓钉抗拉强度的提高程度低于混凝土强度，当模型发生混凝土锥体破坏的承载力超过发生栓钉拉断破坏的承载力时，破坏模式发生变化。当温度从 20 ℃降至 -80 ℃时，h_{ef}/d 为 3、4、5 和 6 的 C45(C60)栓钉模型的 N_u 值分别增加 35.5%(27.7%)、27.8%(34.0%)、32.4%(21.4%)和 19.6(18.4%)。可以看出，随着栓钉有效埋深的增大，温度的降低对模型抗拉拔承载力的提高作用逐渐减弱。此外，混凝土强度等级较低时模型的 N_u 增量更大。

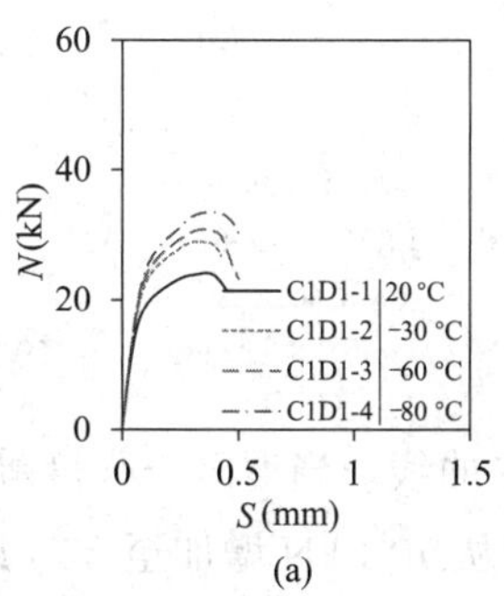

(a)

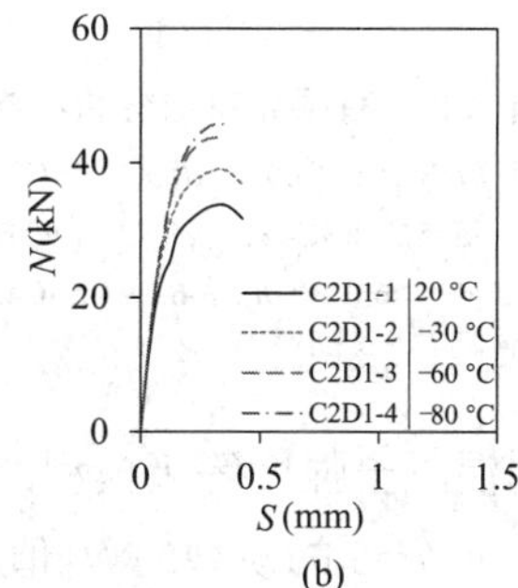

(b)

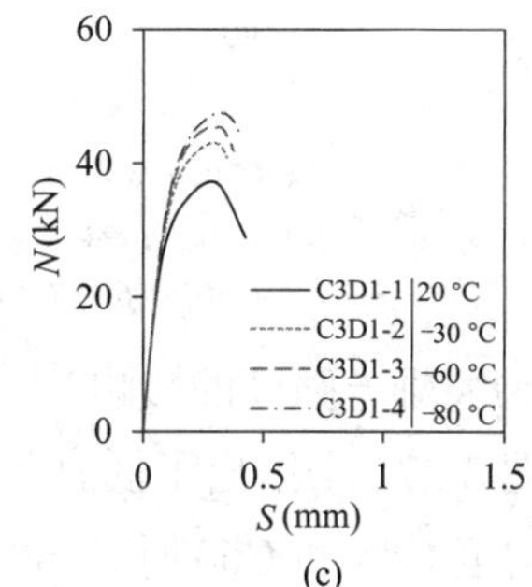

(c)

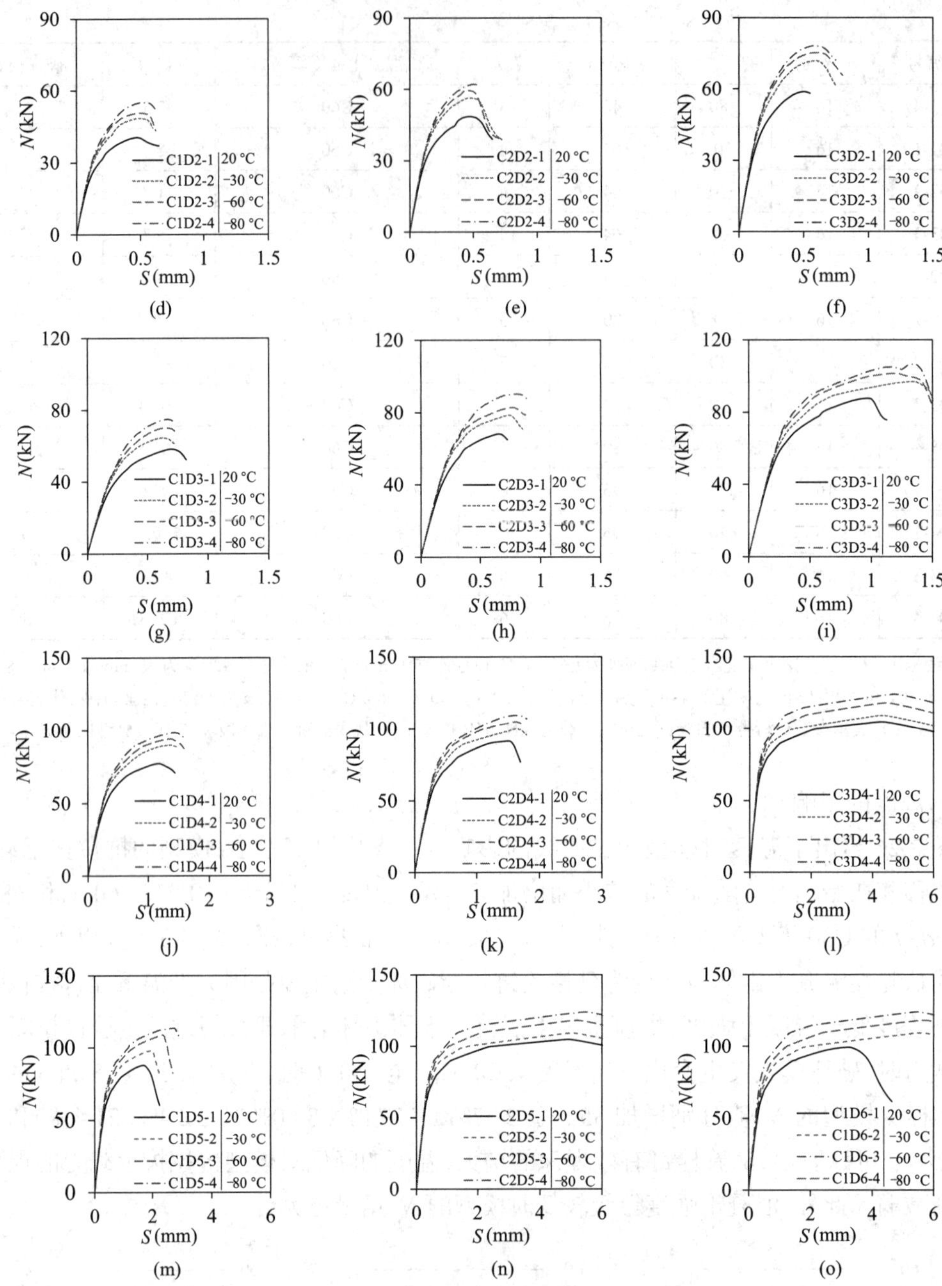

图 3.26 有限元参数分析结果

(a)C30, h_{ef}/d=3 (b)C45, h_{ef}/d=3 (c)C60, h_{ef}/d=3 (d)C30, h_{ef}/d=4 (e)C45, h_{ef}/d=4 (f)C60, h_{ef}/d=4 (g)C30, h_{ef}/d=5 (h)C45, h_{ef}/d=5 (i)C60, h_{ef}/d=5 (j)C30, h_{ef}/d=6 (k)C45, h_{ef}/d=6 (l)C60, h_{ef}/d=6 (m)C30, h_{ef}/d=6.5 (n)C45, h_{ef}/d=6.5 (o)C60, h_{ef}/d=7

2)混凝土强度的影响

图 3.27(a)给出了低温下不同混凝土强度等级模型的 *N-S* 曲线。当混凝土强度等级从 C30 增至 C45 和 C60 时，−60 ℃下 h_{ef}/d=5 的模型的 N_u 值分别从 70.1 kN 增加至 82.7 kN 和 101.4 kN，对应的增长率分别为 18.0% 和 44.7%。上述模型均发生混凝土锥体破坏，模型的 N_u 主要由混凝土的低温抗压强度决定，并且几乎随着混凝土强度等级的增加呈线性增长。

3）栓钉有效埋深与直径之比（h_{ef}/d）的影响

图 3.27（b）给出了低温下 h_{ef}/d 对栓钉模型抗拉拔性能的影响。随着 h_{ef}/d 值增大，栓钉拉拔模型的前期刚度、抗拉拔承载力和极限位移值均显著增长。常温下，当 h_{ef}/d 从 3 增加至 4、5 和 6 时，C60 栓钉模型的 N_u 值分别增加 58.1%、135.8%、181.2%。-60 ℃下，当 h_{ef}/d 从 3 增加至 4、5 和 6 时，C60 栓钉模型的 N_u 值分别增加 67.1%、123.8% 和 160.3%。可以发现，与降低温度相比，增大栓钉有效埋深对模型的抗拉拔承载力的影响更加显著。

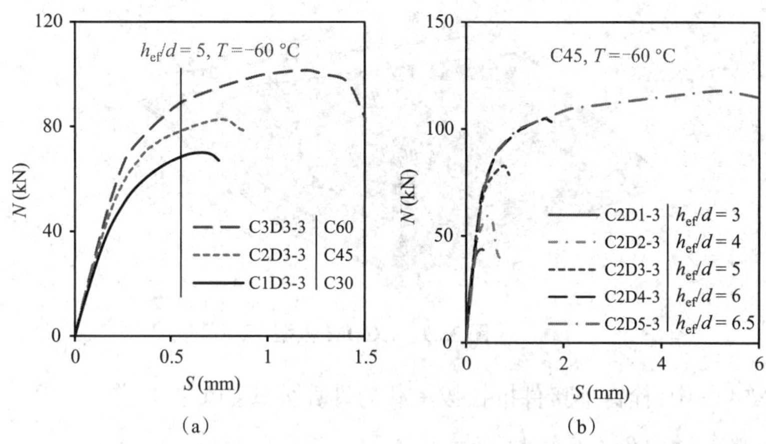

图 3.27　混凝土强度等级和 h_{ef}/d 对栓钉抗拉拔性能的影响

（a）混凝土强度的影响　（b）h_{ef}/d 的影响

当 h_{ef}/d 从 3 增加至 4、5、6 和 6.5 时，-60 ℃下 C45 栓钉模型的 N_u 值分别增加 35.6%、88.8%、139.5% 和 169.2%。当 h_{ef}/d 由 6 提高至 6.5 时，模型破坏模式发生改变。这主要是因为栓钉连接件的抗拉拔承载力由发生混凝土锥体破坏的承载力和发生栓钉拉断破坏的承载力两者中的较小者决定。对于埋深较浅的栓钉模型，其破坏模式由混凝土锥体破坏控制，对应的 N-S 曲线呈现明显脆性。当栓钉埋深足够时，模型则发生延性的栓钉拉断破坏。从图 3.28 中可以看出，C30、C45 和 C60 栓钉模型的破坏模式从混凝土锥体破坏变为栓钉拉断破坏的 h_{ef}/d 临界值分别为 7.0、6.5 和 6.0。

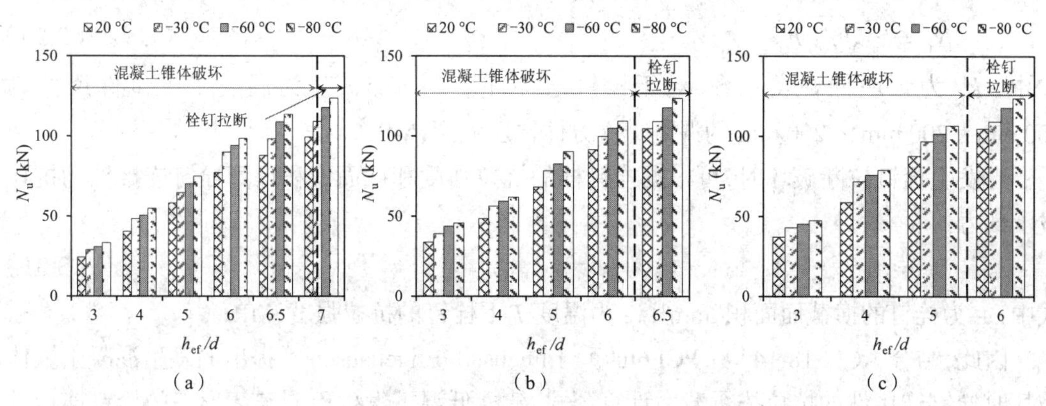

图 3.28　不同 h_{ef}/d 和混凝土等级对栓钉 N_u 的影响

（a）C30　（b）C45　（c）C60

3.2.6 栓钉连接件抗拉拔承载力预测

低温下混凝土和栓钉的力学性能显著增强，在计算栓钉连接件的抗拉拔承载力时均应考虑其影响。ACI 318-14[16]、PCI 6th[17] 和文献 [18] 中给出了在常温下发生混凝土锥体破坏的栓钉连接件的抗拉拔承载力。上述三种方法均基于 CCDM 模型（图 3.29），即假设发生混凝土锥体破坏时，混凝土锥体为四棱锥，破坏面与混凝土板表面夹角为 35°。

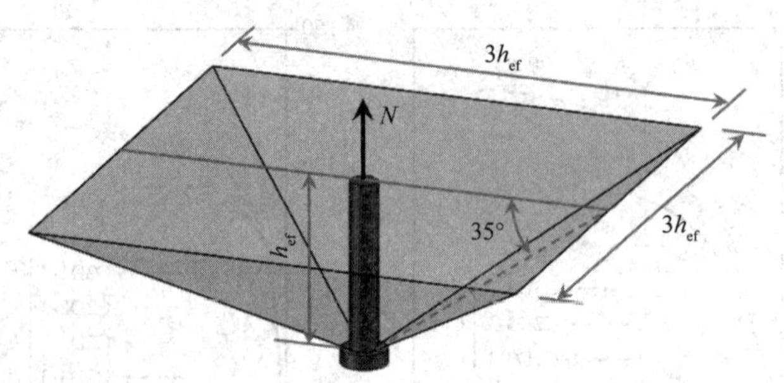

图 3.29 CCDM 模型

ACI 318-14[16] 中，栓钉连接件抗拉拔承载力计算公式如下：

$$N_A=(A_c/A_{co})\beta_{ed}\beta_c k_c\lambda_a\sqrt{f'_{cT}}\,h_{ef}^{1.5} \tag{3.28}$$

式中，A_{co} 为单个栓钉情况下混凝土破坏面的投影面积；A_c 为单个或多个栓钉情况下混凝土破坏面的投影面积；β_{ed} 为边距影响因子，β_{ed}=1.0；β_c 为开裂混凝土和非开裂混凝土影响因子，β_c=1.25；对于单个栓钉，k_c=10；λ_a 为轻骨料混凝土折减系数，λ_a=1.0；f'_{cT} 为温度 T 下混凝土圆柱体抗压强度，MPa。

PCI 6th[17] 中，栓钉连接件抗拉拔承载力计算公式如下：

$$N_B=12.63(A_c/A_{co})C_{crb}\beta_{ed}\sqrt{f'_{cT}}\,h_{ef}^{1.5} \tag{3.29}$$

式中，A_c、A_{co}、β_{ed} 和 f'_{cT} 的含义与式（3.28）相同；C_{crb} 表示开裂混凝土修正系数，对于非开裂混凝土，C_{crb}=1.0，对于开裂混凝土，C_{crb}=0.8。

Fuchs 和 Eligehausen[18] 提出了以下公式计算栓钉连接件的抗拉拔承载力：

$$N_C=k_{nc}\sqrt{f'_{ccT}}\,h_{ef}^{1.5} \tag{3.30}$$

式中，k_{nc} 为预埋件种类系数，对于栓钉连接件，k_{nc}=15.5；f'_{ccT} 为温度 T 下试件尺寸为 200 mm × 200 mm × 200 mm 的混凝土立方体抗压强度，MPa。

当发生栓钉拉断破坏时，可根据栓钉杆的抗拉强度和截面面积计算栓钉连接件的抗拉拔承载力：

$$N_T=A_s f_{uT} \tag{3.31}$$

式中，A_s 为栓钉的横截面面积，mm²；f_{uT} 为温度 T 下栓钉的抗拉强度，MPa。

因此，结合 ACI 318-14[16]、PCI 6th[17] 与 Fuchs 和 Eligehausen[18] 提出的发生混凝土锥体破坏时栓钉连接件的抗拉拔承载力计算公式，建立低温下发生不同破坏形态的栓钉连接件的抗拉拔承载力计算公式如下：

$$N_{A,P} = \min\{N_A, N_T\} \tag{3.32}$$

$$N_{B,P} = \min\{N_B, N_T\} \tag{3.33}$$

$$N_{C,P} = \min\{N_C, N_T\} \tag{3.34}$$

表 3-13 和图 3.30 对比了栓钉连接件抗拉拔承载力的计算值和试验值。ACI 318-14、PCI 6th、Fuchs 和 Eligehausen 的三种方法得到了栓钉连接件抗拉拔承载力的试验值与预测值比的均值（*COV*）分别为 1.33（0.16）、1.32（0.16）和 1.05（0.11）。还可发现，基于规范 ACI 318-14 和 PCI 6th 建立的预测公式得到的极限承载力值相近，且均较为保守（低估 32% 左右），基于 Fuchs 和 Eligehausen 建立的预测公式得到的 N_u 与试验值最为接近，仅低估 5%。但是，试件 BT2H2-1/2 和 CT3H2-1 预测的破坏模式与试验中获得的破坏模式不同。这种差异可能是由于混凝土低温强度由公式（3.31）计算确定，低于实际值。而发生栓钉拉断破坏试件的抗拉拔承载力主要由栓钉本身的材料性能决定，已进行栓钉低温拉伸试验，并将其应用于承载力计算中。因此，建议采用公式（3.34）进行栓钉低温抗拉拔承载力计算。为获得更加精确的预测值，建议采用实测的混凝土和栓钉力学性能指标。另外，由于本研究试验数据有限，因此需更多试验数据进行进一步验证。

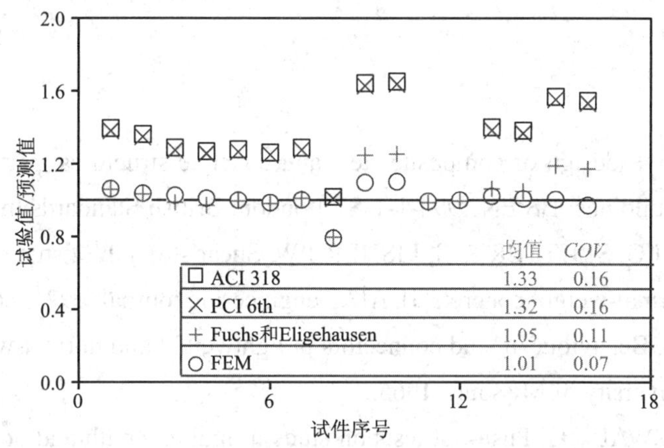

图 3.30　栓钉抗拉拔性能的试验值与各种方法估算的预测值比值

3.2.7　结论

本节首先进行了 16 组栓钉连接件拉拔试验，研究温度、混凝土强度等级和栓钉有效埋深对其抗拉拔性能的影响。基于上述试验结果，借助有限元分析软件 ABAQUS，建立了低温拉拔试件有限元模型，并深入进行参数分析。此外，参考相关规范及文献，建立了适用于极地低温条件的栓钉连接件抗拉拔承载力计算公式。具体结论如下。

（1）20 到 −80 ℃范围内，栓钉拉拔试件共出现三种典型破坏模式：混凝土锥体破坏、混凝土劈裂破坏和栓钉拉断破坏。不同破坏模式拉拔试件对应的荷载 - 位移（*N-S*）曲线均可分为三个阶段：弹性阶段、塑性阶段和下降阶段。混凝土锥体破坏和劈裂破坏均为脆性破坏，拉拔试件对应的 *N-S* 曲线下降段很陡。栓钉拉断破坏属于延性破坏，拉拔试件对应的

N-S 曲线塑性段及下降段均较为平缓，极限位移值大于 5 mm。

（2）20 到 −80 ℃范围内，拉拔试件的抗拉拔承载力、峰值位移和刚度均随温度的降低而提高。当温度从 20 ℃降至 −30 ℃、−60 ℃和 −80 ℃时，C55 拉拔试件的抗拉拔承载力分别增加 5.7%、12.7% 和 18.9%。当温度从 20 ℃降至 −80 ℃时，$K_{0.3N_u}$ 增加 23.1%。由于低温下混凝土强度增长比栓钉强度增长更加显著，当温度从 20 ℃降至 −30 ℃时，拉拔试件破坏模式由混凝土锥体破坏变为栓钉拉断破坏。

（3）−60 ℃下，混凝土等级和 h_{ef}/d 的增加均能提高栓钉连接件的抗拉拔承载力、极限位移和初始刚度，但 h_{ef}/d 的提高作用更加显著。N_u 值的增长率与破坏模式有关，当发生栓钉拉断破坏时，由于混凝土等级和 h_{ef}/d 增大导致的 N_u 的提高幅度相当有限。

（4）基于拉拔试验结果建立的低温下栓钉拉拔有限元模型能较好地模拟试件的抗拉拔性能。栓钉拉拔试件极限承载力的试验值与预测值之比误差均在 ±10% 范围内。

（5）基于 ACI 318-14 和 PCI 6th 建立的预测公式得到的抗拉拔承载力结果相近，与试验值相比，均低估了 32% 左右。基于 Fuchs 和 Eligehausen 建立的预测公式得到的结果与试验值最为接近，仅低估 5%。因此，建议采用公式（3.34）进行栓钉连接件低温抗拉拔承载力计算。

参考文献

[1] BSI. Eurocode 4: design of composite steel and concrete structures: part 1-1: general rules and rules for buildings: BS EN 1994-1-1[S]. London: British Standards Institution, 2004.

[2] OLLGAARD J G, SLUTTER R G, FISHER J W. Shear strength of stud connectors in lightweight and normal-weight concrete[J]. AISC engineering journal, 1971, 8(2): 55-64.

[3] BUTTRY K E. Behaviour of stud connectors in lightweight and normal-weight concrete[D]. Columbia: University of Missouri, 1965.

[4] AN L, CEDERWALL K. Push-out tests on studs in high strength and normal strength concrete[J]. Journal of constructional steel research. 1996, 36(1): 15-29.

[5] XUE W C, DING M, WANG H, et al. Static behavior and theoretical model of stud shear connectors[J]. Journal of bridge engineering: 2008, 13(6): 623-634.

[6] Specification for structural steel buildings (ANSI/AISC 360-10)[S]. Chicago, 2010.

[7] Eurocode 4:design of composite steel and concrete structures-part 1.1: general rules and rules for buildings[S]. Brussels: CEN, 2004.

[8] 中华人民共和国住房和城乡建设部. 钢结构设计标准: GB 50017—2017[S]. 北京: 中国建筑工业出版社, 2017.

[9] XIE J, LI X M, WU H H. Experimental study on the axial-compression performance of concrete at cryogenic temperatures[J]. Construction and building materials, 2014, 72: 380-388.

[10] 刘爽, 黄庆华, 顾祥林. 超低温下钢筋混凝土梁受弯承载力研究[J]. 建筑结构学报, 2009, 30 (S2): 86-91.

[11] 过镇海, 张秀琴, 张达成, 等. 混凝土应力 - 应变全曲线的试验研究[J]. 建筑结构学报, 1982, 3 (1): 1-12.

[12] YAN J B, LIEW J Y R K, SOHEL M A, et al. Push-out tests on J-hook connectors in steel-concrete-steel sandwich structure[J]. Materials and structures, 2014, 47(10): 1693-1714.

[13] NILFOROUSH R, NILSSON M, ELFGREN L. Experimental evaluation of tensile behaviour of single cast-in-place anchor bolts in plain and steel fibre-reinforced normal- and high-strength concrete[J]. Engineering structures, 2017, 147:195-206.

[14] CEB-FIP. CEB-FIP Model Code[S]. Lausanne: Comite Euro International du Beton, 1990.

[15] 王传星, 谢剑, 李会杰. 低温环境下混凝土性能的试验研究[J]. 工程力学, 2011, 28(S2): 182-186.

[16] American Concrete Institute Committee 318 (ACI). Building code requirements for structural concrete (ACI 318-14) and commentary (ACI 318R-14)[S]. Farmington Hills (MI): American Concrete Institute, 2014.

[17] Prestressed Concrete Institute (PCI). PCI design handbook[S]. 6th ed. Chicago (IL): Precast/Prestressed Concrete Institute, 2004.

[18] FUCHS W, ELIGEHAUSEN R, BREEN J E. Concrete capacity design (CCD) approach for fastening to concrete[J]. Structural journal, 1995, 92(1): 73-94.

第 4 章　空钢管柱及钢管-混凝土组合柱低温轴压性能研究

为研究空钢管短柱和钢管 - 混凝土组合柱的低温轴压力学性能[1]，本章开展了 28 个钢管短柱和 23 个钢管 - 混凝土组合柱的低温轴心受压试验，共设置低温水平（20 ℃、-30 ℃、-60 ℃、-80 ℃）、径厚比 / 宽厚比（D/t）、混凝土强度等级（C30、C40、C50）、长宽比（D/B）和截面形状 5 个参数；揭示了空钢管短柱和圆钢管 - 混凝土组合柱及方钢管 - 混凝土组合柱低温下的破坏模式，并讨论分析了以上参数对钢管 - 混凝土组合柱低温轴压下的荷载 - 位移关系、极限承载力、初始刚度、延性系数的影响规律。研究表明，低温可以提高钢管 - 混凝土组合柱的极限抗压承载力。同时，将试验结果与规范公式（包括 ACI 318、AISC 360、AIJ、Eurocode 4 以及 GB 50936）进行对比研究，以此来检查规范公式的精确性和可靠性。

4.1　空钢管短柱低温轴压性能试验研究

4.1.1　空钢管短柱试件设计制作

对 12 个圆钢管、12 个方钢管和 4 个矩形钢管短柱开展低温轴压试验[2]。

1. 试件设计

共设计了 12 个圆钢管、12 个方钢管和 4 个矩形钢管短柱。轴压空钢管短柱的试件尺寸如图 4.1 所示。所有试件的高度均为 350 mm。主要研究参数为钢管截面形状、低温水平（T）、钢管壁厚（t）。圆钢管试件的直径均为 130 mm，共有 3 种名义壁厚，分别是 3.0 mm、4.5 mm 和 6.0 mm。因此，这 12 个圆钢管可以分为 3 组，每组确定厚度的 4 个试件分别在 20 ℃、-30 ℃、-60 ℃和 -80 ℃下进行试验。同样，所有方钢管截面边长均为 120 mm，共有 3 种名义壁厚，分别为 3.0 mm、4.0 mm 和 5.0 mm。因此，这 12 个方钢管可以分为 3 组，每组确定厚度的 4 个试件分别在 20 ℃、-30 ℃、-60 ℃和 -80 ℃下进行试验。矩形钢管主要用来和方钢管进行对比，以确定截面形状对钢管低温抗压性能的影响。因此，只有 4 个长（D）150 mm、宽（B）100 mm 的矩形钢管分别在 20 ℃、-30 ℃、-60 ℃和 -80 ℃下进行试验。以上 28 个试件的截面尺寸及参数的详细信息见表 4-1。

由于钢管是由钢板冷弯而成的，钢管的力学性能对短柱的轴压性能有重要影响，因此根据 GB/T 228.3—2019[3] 制作钢管标准件进行低温拉伸试验，标准件尺寸如图 4.2 所示。低温拉伸试验采用文献 [4] 中介绍的方法进行。标准件在不同温度下的应力 - 应变曲线和破坏模式分别如图 4.3 和图 4.4 所示，详细试验结果见表 4-1。可以看出，温度从 20 ℃降至 -80 ℃的过程中，钢管的屈服强度和极限强度均增大。

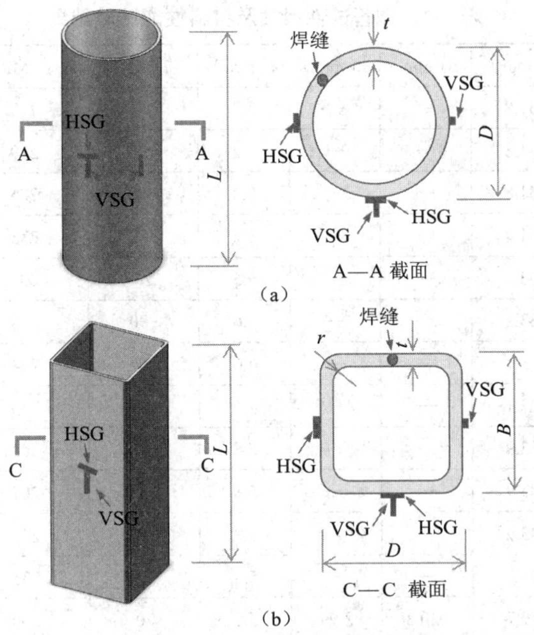

图 4.1　钢管试件尺寸及应变片布置

（a）圆钢管　（b）方钢管和矩形钢管

VSG—竖向应变片；HSG—横向应变片

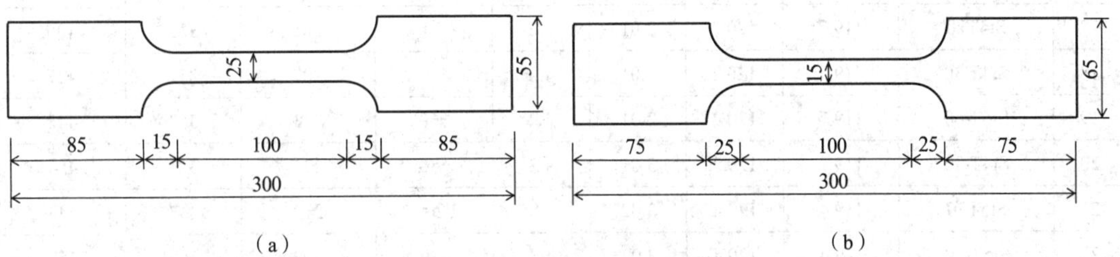

图 4.2　标准件尺寸（单位：mm）

（a）弧形标准件（圆钢管）尺寸　（b）矩形标准件（方形和矩形钢管）尺寸

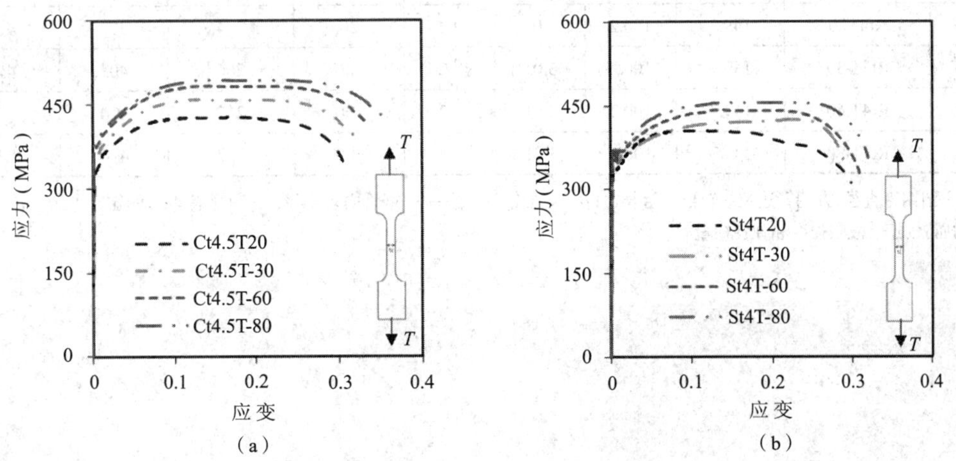

图 4.3　标准件应力 - 应变曲线

（a）4.6 mm 厚弧形标准件应力 - 应变曲线　（b）4.2 mm 厚矩形标准件应力 - 应变曲线

表 4-1　钢管试件尺寸及材料性能试验结果

序号	编号	D（mm）	B（mm）	r（mm）	t（mm）	T（℃）	E_{sT}（MPa）	f_{yT}（MPa）	f_{uT}（MPa）
1	Ct3T20	131.8	—	—	3.2	20	213	320	416
2	Ct3T-30	131.8	—	—	3.2	-30	219	353	433
3	Ct3T-60	131.8	—	—	3.2	-60	225	378	445
4	Ct3T-80	131.8	—	—	3.2	-80	233	398	454
5	Ct4.5T20	133.1	—	—	4.6	20	206	330	429
6	Ct4.5T-30	133.1	—	—	4.6	-30	218	352	457
7	Ct4.5T-60	133.1	—	—	4.6	-60	224	370	484
8	Ct4.5T-80	133.1	—	—	4.6	-80	236	380	494
9	Ct6T20	133.9	—	—	5.8	20	203	345	433
10	Ct6T-30	133.9	—	—	5.8	-30	207	364	451
11	Ct6T-60	133.9	—	—	5.8	-60	231	378	465
12	Ct6T-80	133.9	—	—	5.8	-80	235	389	475
13	St3T20	119.7	120.2	2.99	3.1	20	200	337	408
14	St3T-30	119.7	120.2	2.99	3.1	-30	208	355	420
15	St3T-60	119.7	120.2	2.99	3.1	-60	215	369	428
16	St3T-80	119.7	120.2	2.99	3.1	-80	229	379	434
17	St4T20	119.7	120.2	3.01	4.2	20	205	335	406
18	St4T-30	119.7	120.2	3.01	4.2	-30	207	351	427
19	St4T-60	119.7	120.2	3.01	4.2	-60	223	362	442
20	St4T-80	119.7	120.2	3.01	4.2	-80	233	371	454
21	St5T20	119.4	120.4	3.02	4.8	20	210	347	443
22	St5T-30	119.4	120.4	3.02	4.8	-30	209	366	457
23	St5T-60	119.4	120.4	3.02	4.8	-60	226	380	467
24	St5T-80	119.4	120.4	3.02	4.8	-80	231	391	475
25	Rt4T20	149.7	100.2	3.01	4.2	20	204	377	467
26	Rt4T-30	149.7	100.2	3.01	4.2	-30	206	402	496
27	Rt4T-60	149.7	100.2	3.01	4.2	-60	217	420	517
28	Rt4T-80	149.7	100.2	3.01	4.2	-80	227	434	534

注：D—圆钢管直径、方钢管边长或矩形钢管长边；B—矩形钢管短边；r—钢管内角半径；t—钢管壁厚；T—温度；f_{yT}、f_{uT}、E_{sT}—钢管的屈服强度、极限强度和弹性模量。

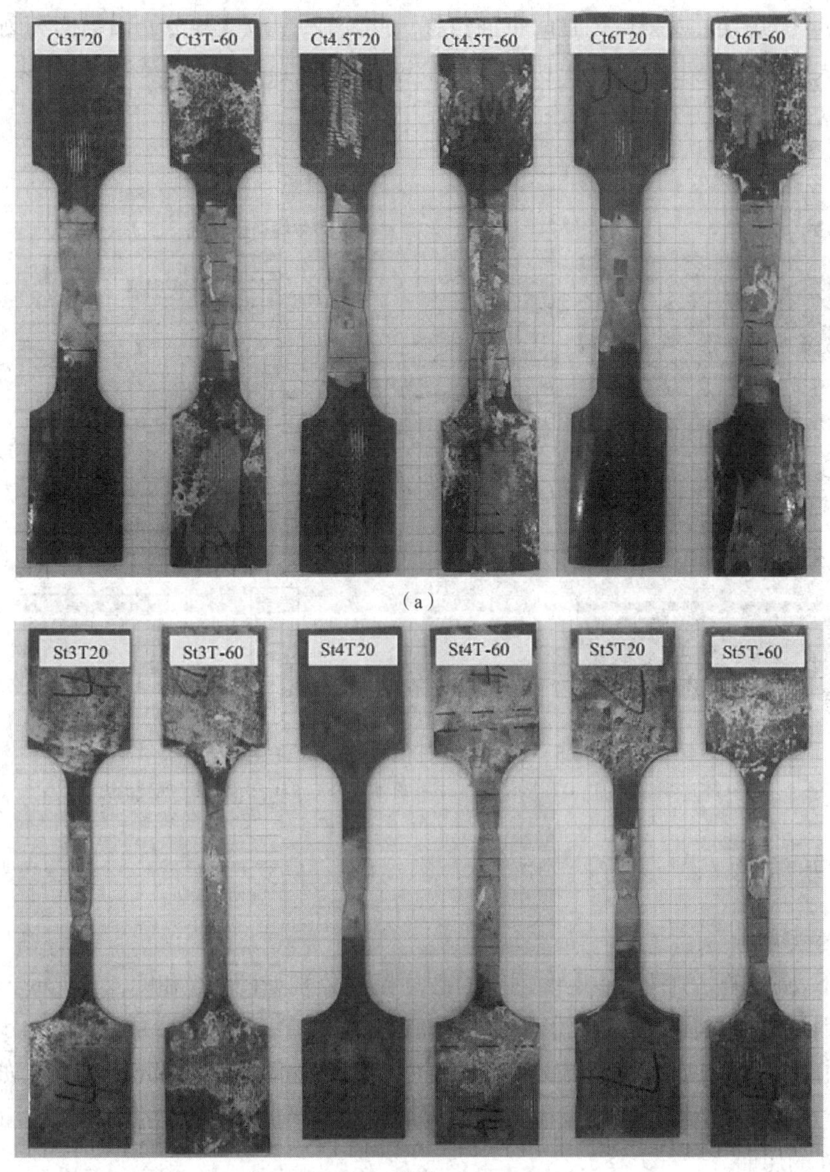

(a)

(b)

图 4.4　20 到 -80 ℃标准件破坏模式图

(a)弧形标准件破坏模式　(b)矩形标准件破坏模式

2. 试验步骤和加载量测方案

空钢管短柱低温轴压试验装置如图 4.5 所示。加载前,钢管均在设定目标温度的冷库中冷冻并持温 6 h 以上。此时,钢管的内外表面均置有 PT100 热电偶测试温度。然后,将试件转移至压力机的预制保温箱中。试件直接放在预先对中标记好的刚性支撑板上,将构件放置好后,向保温箱通入液氮降温并在目标温度持温。3 个 PT100 热电偶分别置于钢管的上、中、下三处,以监测试验过程中的温度。此外,电磁阀通过与热电偶的联动作用,控制钢管温度均匀分布。加载板与钢管上表面直接接触,并以 0.05 mm/min 的速度将位移荷载施加于试件。压力机内置力传感器可以测得施加于试件上的反力。四个线性位移传感器均匀地设置在试件的四角，以测得钢管的轴向位移。此外，两个应变片分别沿纵向和圆周方向布置在钢管表面的半高处，如图 4.1 所示。整个过程由数据记录仪记录温度、位移、应变以及反力等数据。

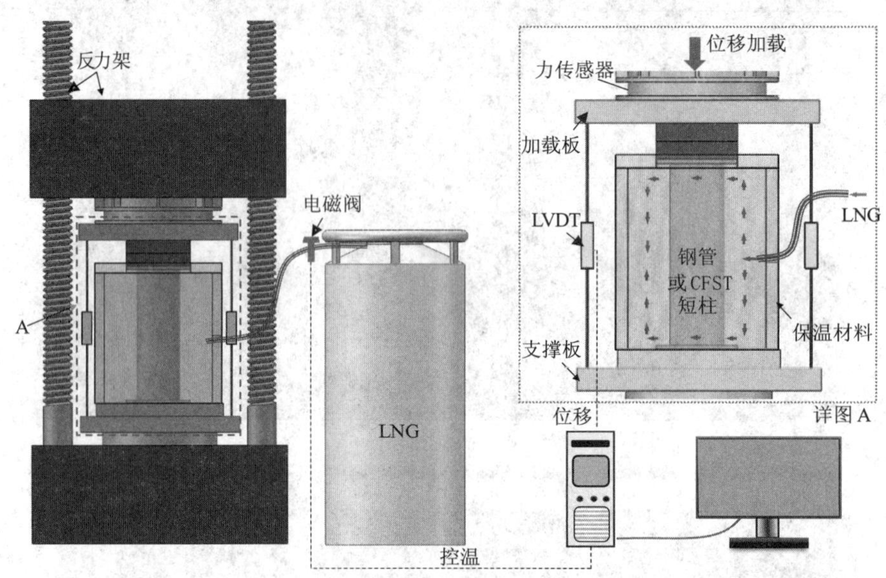

图 4.5 空钢管短柱低温轴压试验装置

注：LNG 表示液氮；LVDT 表示线性位移传感器；CFST 短柱表示钢管-混凝土短柱

4.1.2 试验结果

1. 破坏模式

低温下，圆钢管、方钢管和矩形钢管的破坏模式分别如图 4.6 和图 4.7 所示。常温和低温下的圆钢管短柱在轴压下均发生了象足鼓曲。此外，在 −30 ℃和 −80 ℃下，4.5 mm 壁厚的圆钢管由于环向应变过大而在焊缝处出现拉裂现象，如图 4.6(f)和(h)所示。如图 4.7 所示，大部分方钢管和矩形钢管均发生典型的局部屈曲破坏，钢管短柱的两相邻表面交替出现向内和向外的屈曲。

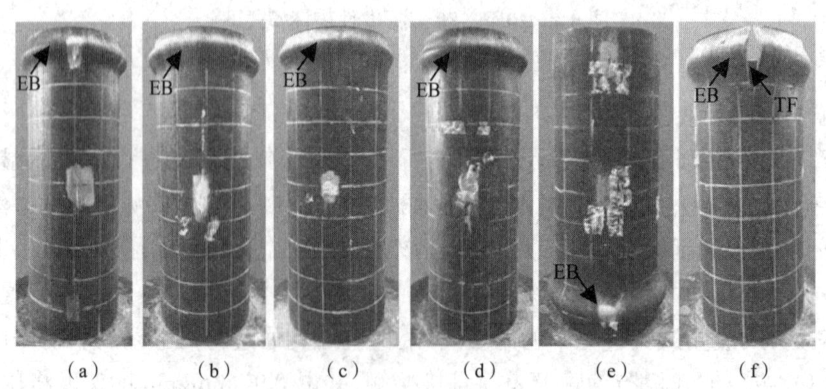

EB
EB
TF
EB
EB
EB
EB
EB
EB
EB
EB

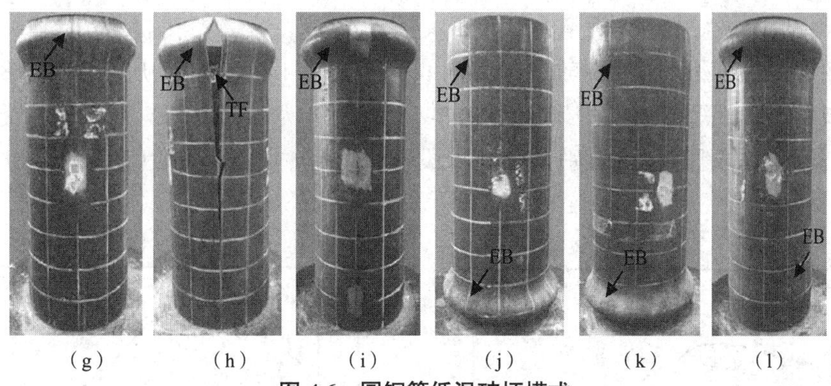

（g）　（h）　（i）　（j）　（k）　（l）

图 4.6　圆钢管低温破坏模式

（a）Ct3T20　（b）Ct3T-30　（c）Ct3T-60　（d）Ct3T-80　（e）Ct4.5T20　（f）Ct4.5T-30
（g）Ct4.5T-60　（h）Ct4.5T-80　（i）Ct6T20　（j）Ct6T-30　（k）Ct6T-60　（l）Ct6T-80

注:EB 表示象足鼓曲,TF 表示焊缝处拉裂

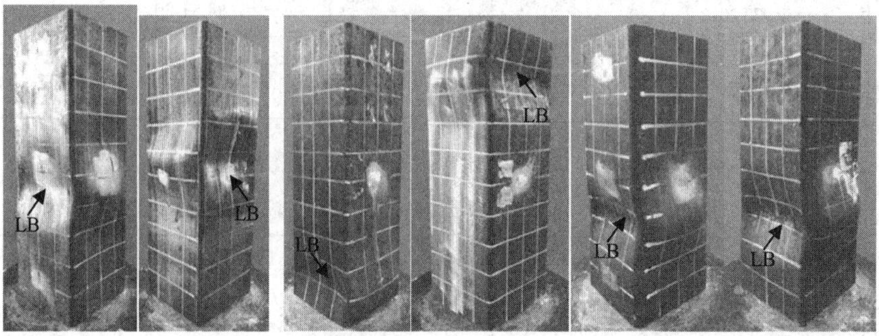

LB
LB
LB
LB
LB
LB

（a）　（b）　（c）　（d）　（e）　（f）

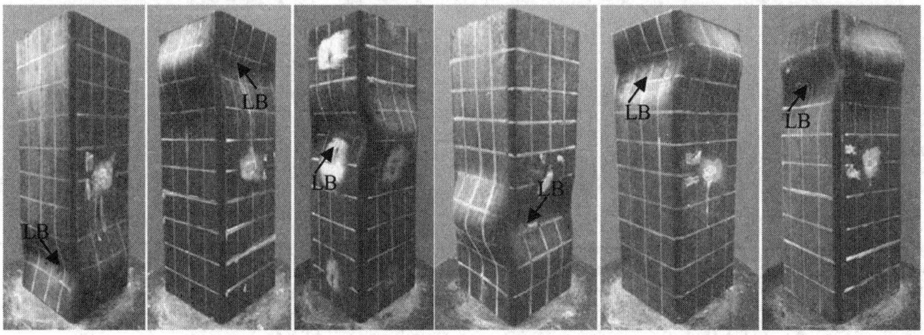

LB
LB
LB
LB
LB
LB

（g）　（h）　（i）　（j）　（k）　（l）

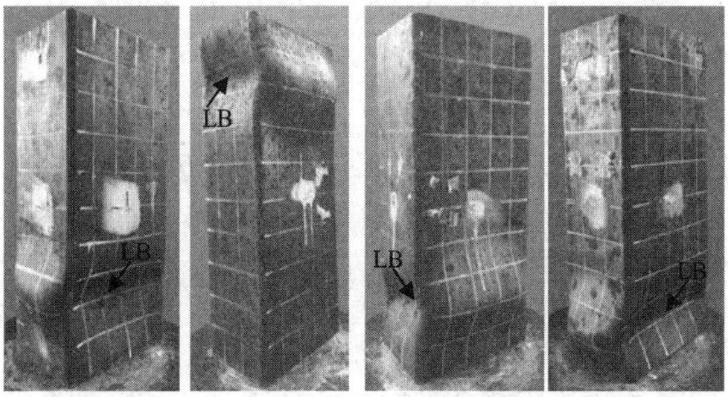

LB
LB
LB
LB

（m）　（n）　（o）　（p）

图 4.7　方钢管和矩形钢管低温破坏模式

（a）St3T20　（b）St3T-30　（c）St3T-60　（d）St3T-80　（e）St4T20　（f）St4T-30　（g）St4T-60　（h）St4T-80
（i）St5T20　（j）St5T-30　（k）St5T-60　（l）St5T-80　（m）Rt4T20　（n）Rt4T-30　（o）Rt4T-60　（p）Rt4T-80

注:LB 表示局部屈曲

2. 荷载 - 轴向位移曲线和荷载 - 应变曲线

试件在不同温度下的荷载 - 轴向位移曲线分别如图 4.8（a）~（g）所示。图 4.8（h）总结了三种类型的空钢管短柱轴压荷载 - 位移（P-Δ）曲线，分为 A、B 和 C 三类，每种类型的 P-Δ 曲线均由三个工作阶段组成，分别是弹性阶段（阶段Ⅰ）、非线性阶段（阶段Ⅱ）和退化阶段（阶段Ⅲ）。

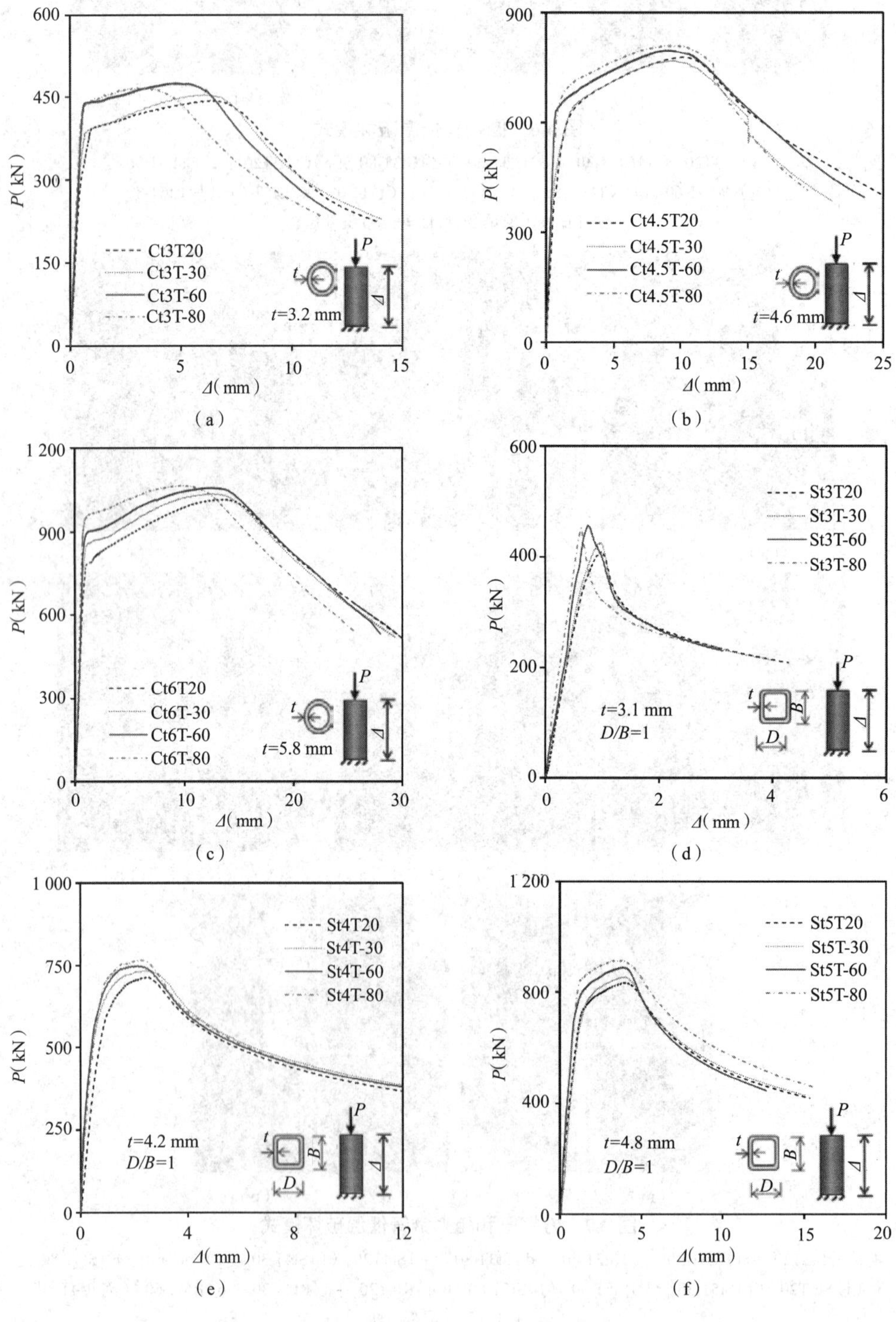

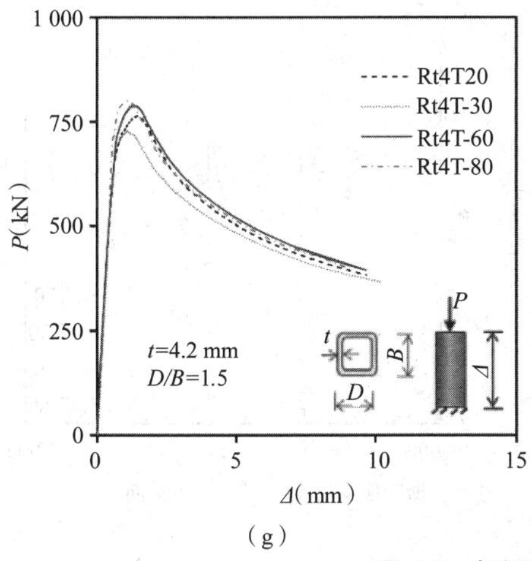

（g）

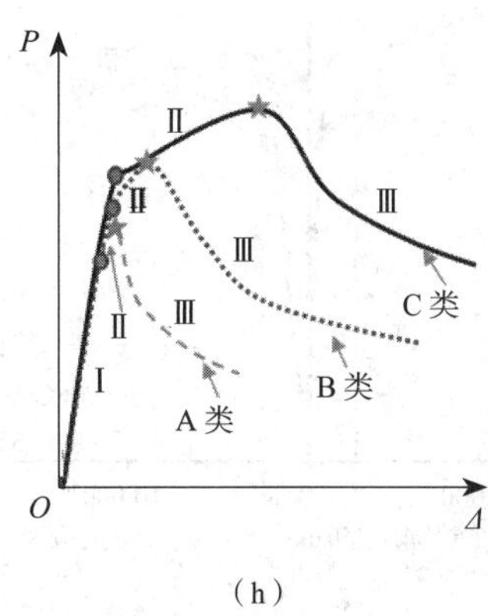

（h）

图 4.8　低温轴压钢管短柱荷载 - 位移曲线

（a）圆钢管，t=3.2 mm （b）圆钢管，t=4.6 mm （c）圆钢管，t=5.8 mm （d）方钢管，t=3.1 mm （e）方钢管，t=4.2 mm （f）方钢管，t=4.8 mm （g）矩形钢管，t=4.2 mm （h）P-Δ 曲线归类

A 类曲线首先是弹性阶段，随后是短暂的非线性阶段甚至没有非线性阶段。非线性阶段结束时，钢管横截面出现弹性屈曲或轻微的塑性屈曲。图 4.9（d）~（g）中的大部分试件在竖向应变达到屈服应变之前就达到了极限承载力，这也印证了这一点。如图 4.8 和图 4.9 所示，壁厚 3.1 mm 的方钢管短柱（试件 St3T20~St3T-80）和壁厚 4.2 mm 的矩形钢管短柱（试件 Rt4T20~Rt4T-80）均为 A 类曲线。B 类曲线包括弹性阶段、非线性阶段和退化阶段三个阶段。由于钢管横截面出现了屈服，因此 B 类曲线的非线性阶段比 A 类更长。这也可以通过图 4.8（e）、（f）和图 4.9（e）、（f）得到印证，图中大部分钢管达到极限抗压承载力时竖向应变大于屈服应变。不过，由于此类钢管的应变强化没有充分发展，因此非线性阶段比 C 类曲线短得多。在 B 类曲线非线性阶段的末端，钢管短柱发生局部屈曲。壁厚 4.2 mm 和 4.8 mm 的方钢管，包括试件 St4T20~St4T-80 和 St5T20~St5T-80 均为 B 类曲线。C 类曲线包括线性阶段和一个更长的具有屈服台阶的非线性屈服阶段Ⅱ。这是由于钢管短柱横截面屈服所产生的，在此阶段产生了很大的应变，如图 4.9（a）~（c）所示。圆钢管短柱均为此类截面，包括试件 Ct3T20~Ct3T-80、Ct4.5T20~Ct4.5T-80 和 Ct6T20~Ct6T-80。非线性阶段结束时，这些圆钢管短柱出现了象足鼓曲。

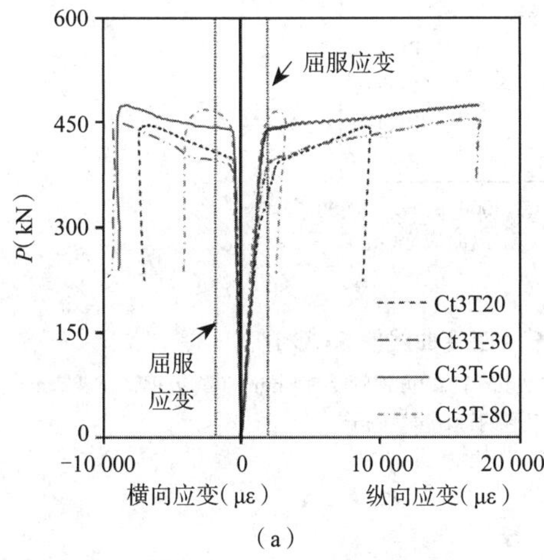

（a）

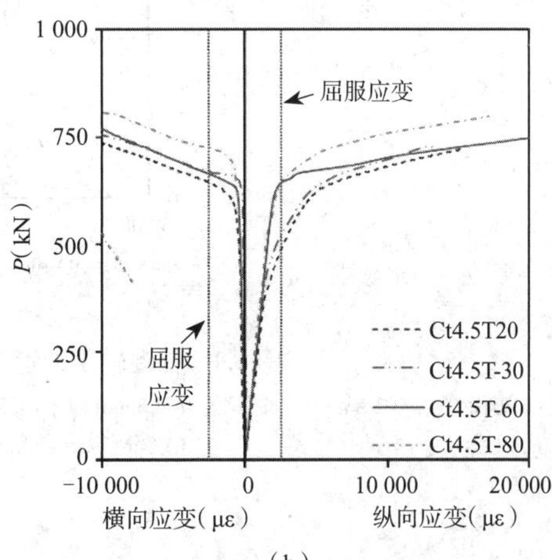

（b）

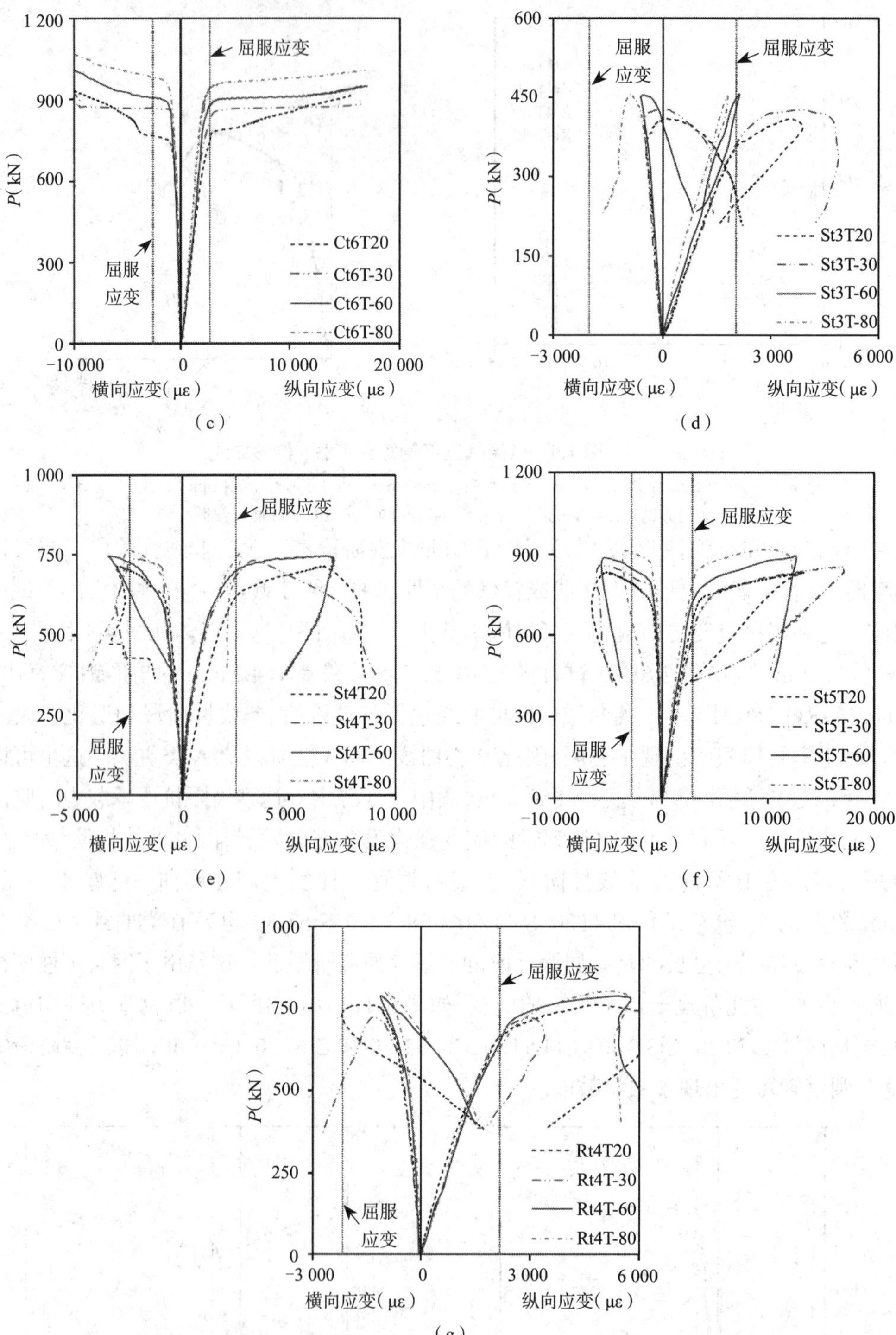

图 4.9 低温轴压钢管短柱荷载-应变曲线(-60 ℃)

(a)圆钢管,t=3.2 mm (b)圆钢管,t=4.6 mm (c)圆钢管,t=5.8 mm (d)方钢管,t=3.1 mm (e)方钢管,t=4.2 mm (f)方钢管,t=4.8 mm (g)矩形钢管,t=4.2 mm

3. 极限抗压承载力和初始刚度

钢管短柱的极限抗压承载力 P_u 可以从 P-Δ 曲线中得到，P_u 的取值见表 4-2。采用标准极限抗压承载力 $P_u/f_{yT}A_s$ 作为判断钢管短柱横截面是否达到屈服的依据。由表 4-2 可以发现，壁厚 3.1 mm 的方钢管 St3T20~St3T-80 以及矩形钢管 Rt4T20~Rt4T-80，$P_u/f_{yT}A_s$ 的取值为 0.8~0.9，这就表示钢管发生了弹性屈曲，这与 P-Δ 曲线以及荷载 - 应变曲线中的结果一致。此外，圆钢管 Ct3T-80 的 $P_u/f_{yT}A_s$ 为 0.91，这主要是由于温度降低使得钢材强度提高，相同截面更易发生局部失稳，还未屈服便已出现局部屈曲，由图 4.9（a）的荷载 - 应变曲线也可以得到此结论，而象足鼓曲又为圆钢管提供了一定的后屈曲承载力，所以图 4.8（a）中 Ct3T-80 的荷载 - 位移曲线具有一定的后屈曲强度。

表 4-2　钢管低温轴压试验结果

序号	编号	A_s（mm²）	K_e（kN/mm）	Δ_u（mm）	P_u（kN）	破坏模式	$P_u/f_{yT}A_s$
1	Ct3T20	1 292	851	6.37	445	EB	1.08
2	Ct3T-30	1 292	713	6.14	455	EB	1
3	Ct3T-60	1 292	765	4.76	476	EB	0.97
4	Ct3T-80	1 292	865	3.9	468	EB	0.91
5	Ct4.5T20	1 857	1 061	9.92	775	EB	1.27
6	Ct4.5T-30	1 857	644	9.19	769	EB	1.18
7	Ct4.5T-60	1 857	1 110	8.87	797	EB	1.16
8	Ct4.5T-80	1 857	831	8.69	810	EB	1.15
9	Ct6T20	2 334	1 284	13.53	1 018	EB	1.26
10	Ct6T-30	2 334	1 291	12.37	1 037	EB	1.22
11	Ct6T-60	2 334	1 096	12.1	1 060	EB	1.2
12	Ct6T-80	2 334	1 428	9.77	1 067	EB	1.18
13	St3T20	1 424	565	0.98	409	LB	0.85
14	St3T-30	1 424	538	0.96	426	LB	0.84
15	St3T-60	1 424	605	0.75	457	LB	0.87
16	St3T-80	1 424	688	0.62	452	LB	0.84
17	St4T20	1 907	1 078	2.57	715	LB	1.12
18	St4T-30	1 907	986	2.44	736	LB	1.1
19	St4T-60	1 907	1 093	2.13	748	LB	1.08
20	St4T-80	1 907	1 097	2.03	765	LB	1.08
21	St5T20	2 165	1 039	4.04	834	LB	1.11
22	St5T-30	2 165	752	3.96	857	LB	1.08
23	St5T-60	2 165	955	3.66	888	LB	1.08
24	St5T-80	2 165	997	3.52	915	LB	1.08
25	Rt4T20	1 992	1 051	1.44	764	LB	1.02
26	Rt4T-30	1 992	1 060	1.09	727	LB	0.91

续表

序号	编号	A_s(mm²)	K_e(kN/mm)	Δ_u(mm)	P_u(kN)	破坏模式	$P_u/f_{yT}A_s$
27	Rt4T-60	1 992	956	1.36	789	LB	0.94
28	Rt4T-80	1 992	1 049	1.12	800	LB	0.92

注:A_s—钢管的横截面面积;K_e—钢管轴压试验初始刚度;P_u—钢管的极限抗压承载力;Δ_u—钢管相应于 P_u 的位移;EB 表示象足鼓曲;LB 表示局部屈曲。

如图 4.8 所示,低温下空钢管短柱在达到极限抗压承载力的 80% 之前,荷载 - 位移曲线呈线性增长。因此,空钢管短柱的初始刚度(K_e)可以根据 ACI 318M-05[5] 确定如下:

$$K_e=\frac{P_{0.45}}{\Delta_{0.45}} \tag{4.1}$$

式中,$P_{0.45}$ 和 $\Delta_{0.45}$ 分别为 45% 的极限抗压承载力和 P-Δ 曲线弹性阶段中相应的位移。

K_e 的值见表 4-2。由表可知,28 个空钢管的初始刚度取值在 538~1 428 kN/mm,其主要取决于钢管横截面尺寸和钢管壁厚。

4. 极限抗压承载力处的位移

空钢管轴压短柱可采用极限抗压承载力处的位移 Δ_u[6] 作为延性指标。Δ_u 的取值见表 4-2。

5. 讨论

基于上述试验结果,参数影响分析讨论如下。

1)低温水平的影响

温度对空钢管短柱荷载 - 位移曲线、P_u、K_e 和 Δ_u 的影响分别如图 4.8、图 4.10~ 图 4.12 所示。由图可知,温度降低对圆形、方形和矩形空钢管短柱的荷载 - 位移性能具有一定程度的影响。当温度从 20 ℃降至 −30 ℃、−60 ℃和 −80 ℃时,t=3.2 mm 圆钢管短柱的 P_u 分别增加 2%、7% 和 5%,4.6 mm(或 5.8 mm)壁厚圆钢管短柱 P_u 的增量分别为 0%(2%)、2%(4%)和 4%(5%)。低温对圆钢管短柱 P_u 的影响比较有限,P_u 增量均小于 10%。低温对方钢管短柱 P_u 的影响相对更加显著,当温度从 20 ℃降至 −80 ℃时,壁厚 3.1 mm、4.2 mm 和 4.8 mm 的方钢管短柱 P_u 的增量分别为 10%、7% 和 10%;同时,矩形钢管短柱 P_u 的增量为 5%,与圆钢管短柱的增幅接近。这是因为随着温度降低,钢管的 f_{yT} 和 f_{uT} 增加,然而却更易发生局部屈曲,横截面局部屈曲过早地出现减弱了 P_u 的增长。低温对钢管短柱初始刚度的影响如图 4.11 所示。由图可知,随着温度降低,圆形、方形和矩形空钢管短柱初始刚度的提高系数(K_{eT}/K_{ea},K_{eT} 和 K_{ea} 分别指低温下的初始刚度和常温下的初始刚度)离散性较大且与温度的相关性较弱。因此,可以推断,低温对空钢管短柱的 K_{eT} 影响较小,可以忽略。

由图 4.12 可知,温度从 20 ℃降至 −80 ℃,极限抗压承载力对应的位移 Δ_u 也随之减小,这说明钢管短柱的延性随着温度降低而下降。随着温度从 20 ℃降至 −30 ℃、−60 ℃和 −80 ℃,3.2 mm 壁厚的圆钢管短柱 Δ_u 分别减少 4%、25% 和 39%,4.6 mm(5.8 mm)壁厚的圆钢管短柱 Δ_u 分别减少 7%(9%)、11%(11%)和 13%(28%)。低温圆钢管延性的减弱主要是由于屈服强度提高促使截面过早地出现局部屈曲。此外,焊缝的拉裂也是低温圆钢管延性降低的一个因素。与圆钢管类似,方钢管的延性也随温度的降低而下降。可以发现,温度从 20 ℃下降

至 −80 ℃,壁厚 3.1 mm、4.2 mm 和 4.8 mm 的方钢管短柱 Δ_u 分别减少 36%、21% 和 13%。对壁厚较小的方钢管短柱,低温对延性的影响更为显著。这是因为虽然低温提高了钢管的屈服强度,但屈服强度的提高也使得钢管短柱更早地出现局部屈曲,延性降低。

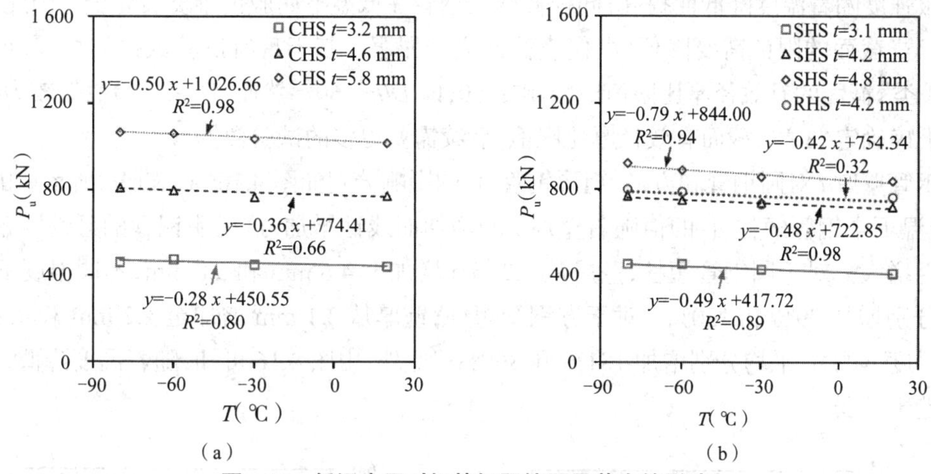

图 4.10　低温水平对钢管极限抗压承载力的影响

(a)圆钢管　(b)方 / 矩形钢管

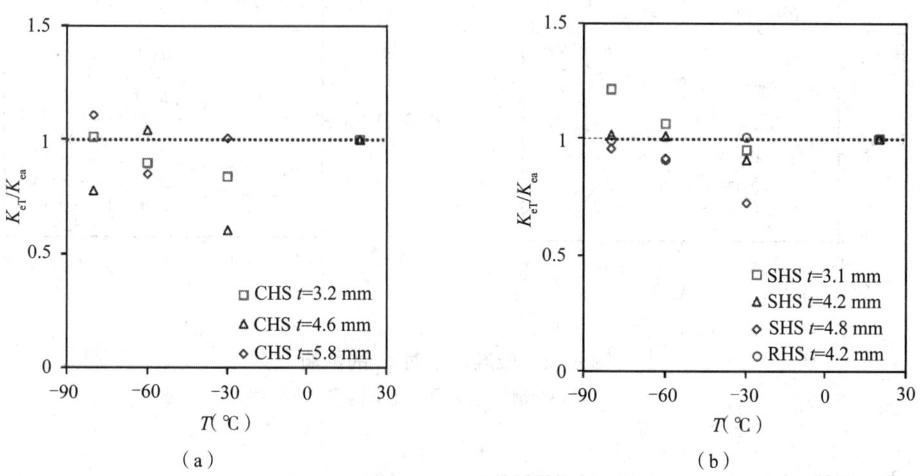

图 4.11　低温水平对初始刚度的影响

(a)圆钢管　(b)方 / 矩形钢管

2)钢管壁厚的影响

低温下钢管壁厚 t 对圆形、方形和矩形钢管短柱 P-Δ 曲线的影响如图 4.13 所示。由图可知,增加壁厚可以显著提升钢管短柱低温下的抗压性能。壁厚 t 对钢管 P_u 的影响如图 4.14 所示。由图可以得出以下两点结论:①对于圆钢管短柱,壁厚 t 从 3.2 mm 增加至 4.6 mm 和 5.8 mm,不同温度下的极限抗压承载力平均分别增加 71% 和 127%;②对于方钢管短柱,壁厚 t 从 3.1 mm 增加至 4.2 mm 和 4.8 mm,不同温度下的极限抗压承载力平均分别增加 71% 和 107%。圆钢管和方形、矩形钢管标准极限抗压承载力($P_u/f_{yT}A_s$)- 有效径厚比 / 宽厚比($D/t\varepsilon^2$ 或 $d/t\varepsilon$)散点图分别如图 4.15(a)和(b)所示。Eurocode 3[7](有时简称

EC3)规定,圆形钢管轴压短柱“3类”截面的有效径厚比限值($D/t\varepsilon^2$=90, $\varepsilon=\sqrt{235/f_{yT}}$)以及方形和矩形钢管短柱“3类”截面的有效宽厚比限值($d/t\varepsilon$=42)在低温下的保守性较低,图4.15(a)有三个点的 $P_u/f_{yT}A_s$ 小于1.0,图4.15(b)有一个点的 $P_u/f_{yT}A_s$ 小于1.0。这是因为钢管屈服强度随着温度降低而提高,同样截面的钢管在低温下屈服更难发展完全。因此,规范中“3类”截面的限值需要降低,以使横截面完全屈服。基于现有试验数据,对于圆钢管短柱,“3类”截面的有效径厚比限值应限制在60,即 $D/t\varepsilon^2$=60。然而,现有试验数据较为有限,为了准确确定“3类”截面有效径厚比限值,后续需要更多的试验数据。

钢管壁厚 t 对圆钢管和方形、矩形钢管 Δ_u 的影响分别如图4.16(a)和(b)所示。由图可知,低温下空钢管短柱 Δ_u 的值随着壁厚 t 的增加而线性增加,这说明钢管的延性随钢管壁厚线性增大。对于圆钢管短柱,壁厚从3.2 mm增加至4.6 mm和5.8 mm,不同温度下的 Δ_u 平均分别增加79%和130%。对于方钢管短柱,壁厚从3.1 mm增加至4.2 mm和4.8 mm,不同温度下的 Δ_u 平均分别增加181%和369%。此外,由图4.16可知,随着温度降低, Δ_u 的提高趋于减弱。

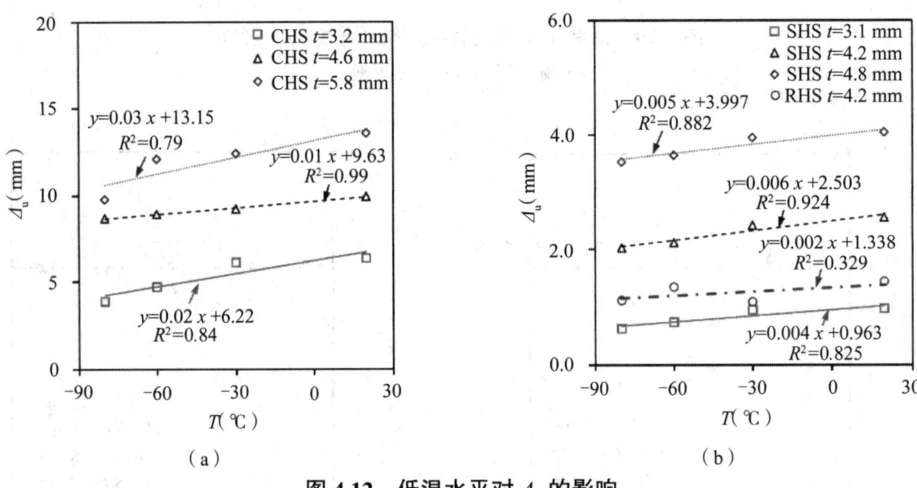

图4.12 低温水平对 Δ_u 的影响

(a)圆钢管 (b)方/矩形钢管

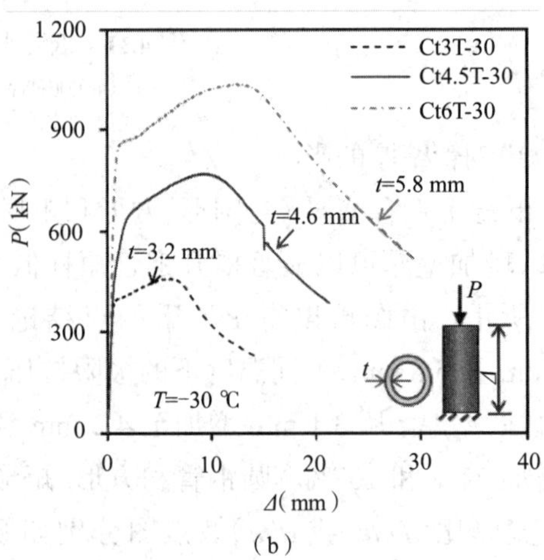

(a)

(b)

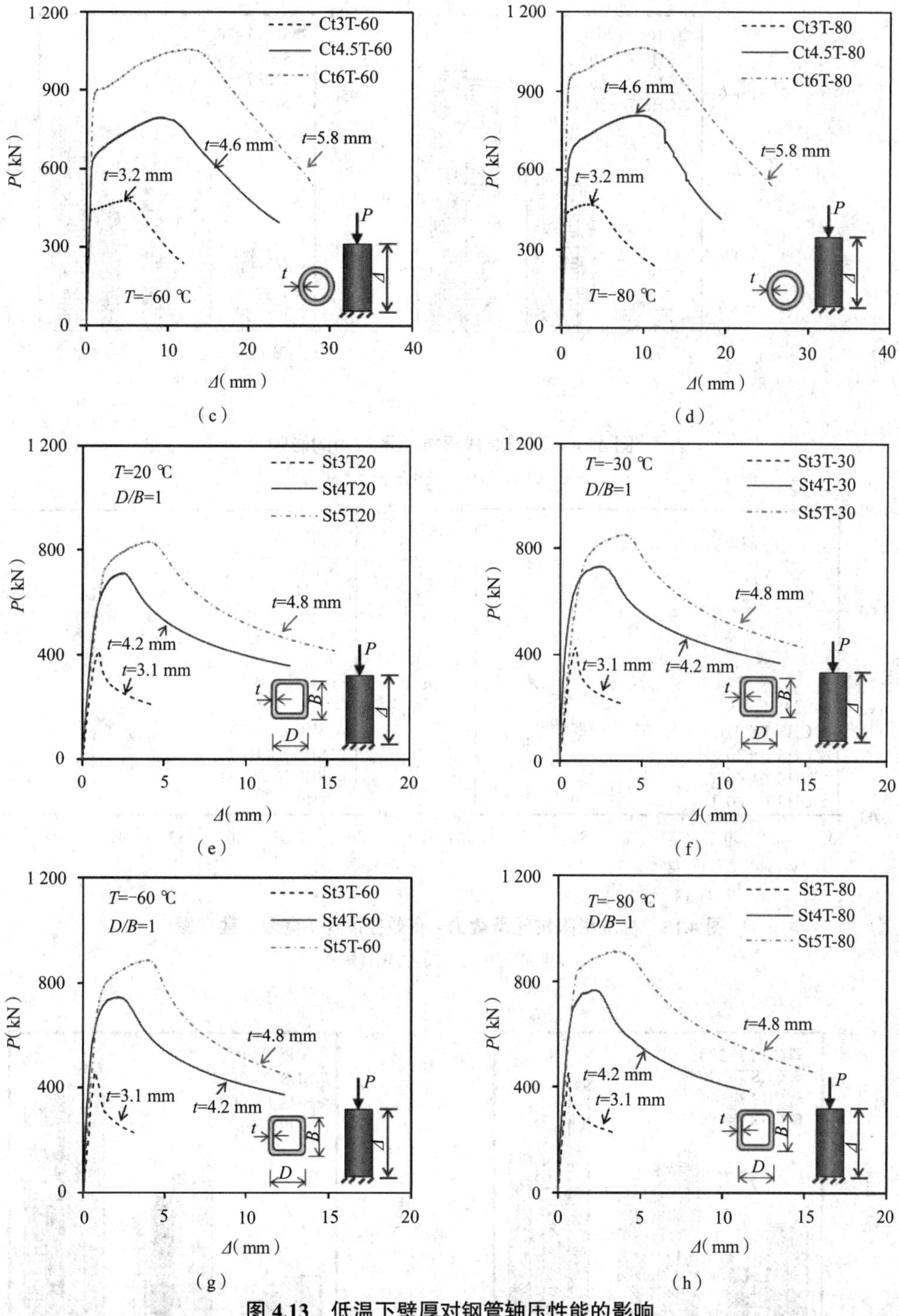

图 4.13　低温下壁厚对钢管轴压性能的影响

(a)圆钢管,T= 20 ℃　(b)圆钢管,T= -30 ℃　(c)圆钢管,T= -60 ℃　(d)圆钢管,T= -80 ℃
(e)方钢管,T= 20 ℃　(f)方钢管,T= -30 ℃　(g)方钢管,T= -60 ℃　(h)方钢管,T= -80 ℃

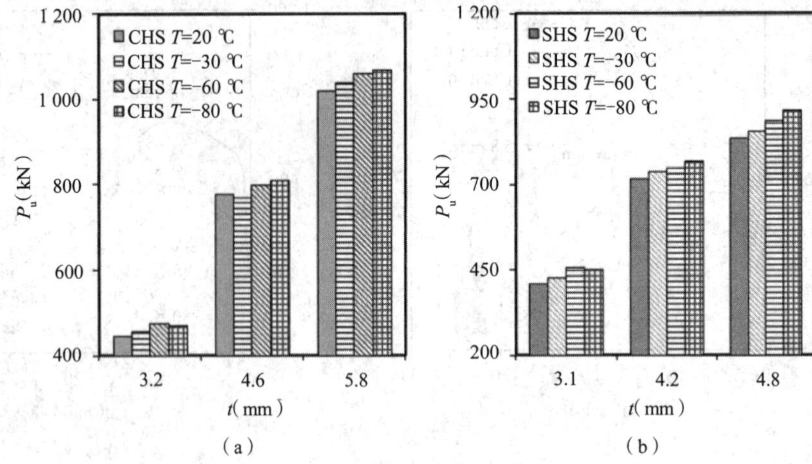

图 4.14　壁厚对极限抗压承载力的影响

(a)圆钢管短柱　(b)方钢管短柱

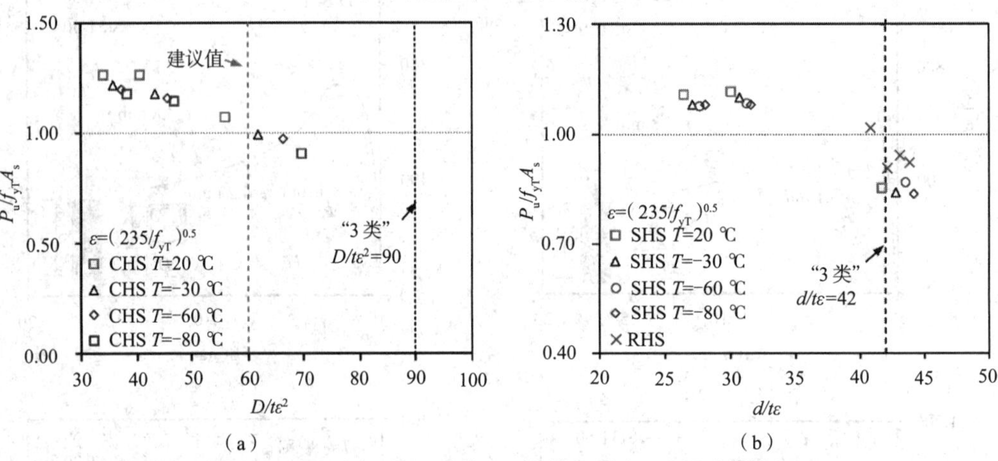

图 4.15　标准极限抗压承载力 - 有效径厚比 / 宽厚比散点图

(a)圆钢管短柱　(b)方钢管短柱

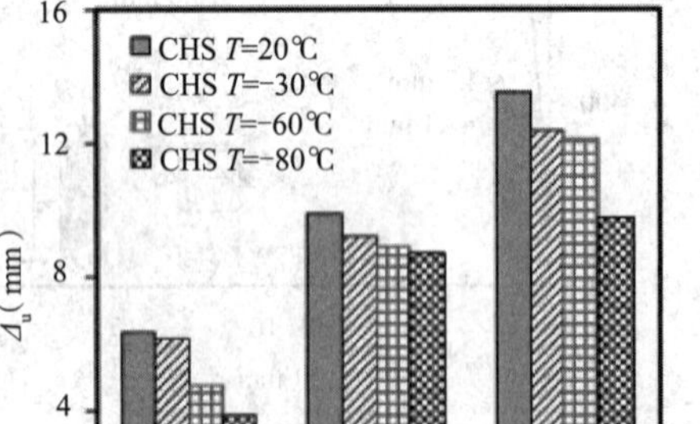

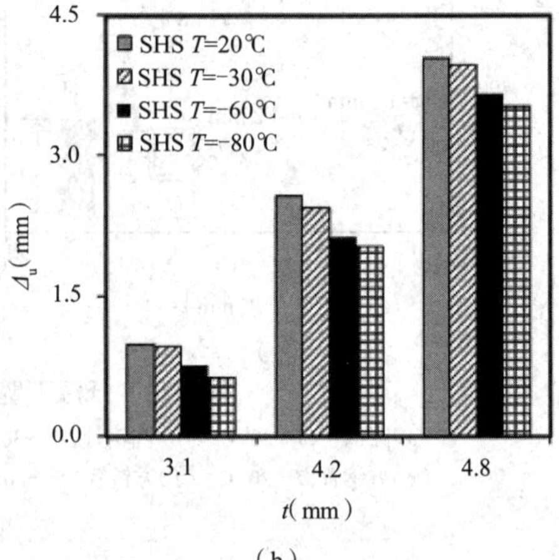

图 4.16　不同温度下壁厚对 Δ_u 的影响

(a)圆钢管短柱　(b)方钢管短柱

4.1.3　低温钢管极限抗压承载力分析

1. 修正的规范公式

Eurocode 3[7] 规定钢管短柱极限抗压承载力计算公式如下：

$$P_u = \frac{f_{yT} A_s}{\gamma_{M0}} \quad (\text{“1~3类” 截面}) \tag{4.2}$$

$$P_u = \begin{cases} \dfrac{f_{yT} A_{eff}}{\gamma_{M0}} & (\text{“4类” 方或矩形钢管截面}) \\ \dfrac{\sigma_x A_s}{\gamma_{M0}} & (\text{“4类” 圆钢管截面}) \end{cases} \tag{4.3}$$

$$\sigma_x = 0.605 E_{sT} C_x t / R \tag{4.4}$$

$$C_x = \begin{cases} 1.0, & 1.7 < \omega \leqslant 0.5R/t \\ 1.36 - 1.83/\omega + 2.07/\omega^2, & \omega \leqslant 1.7 \\ 1 + 0.2(1 - 2\omega t/R)/C_{xb} \geqslant 0.6, & \omega > 0.5R/t \end{cases} \tag{4.5}$$

式中，f_{yT} 为温度 T 下钢管的屈服强度；E_{sT} 为温度 T 下钢管的弹性模量；A_s 为钢管的横截面面积；γ_{M0} 是安全系数，这里取值为 1；σ_x 为钢管截面弹性屈曲应力的法向分量；R 为圆钢管中间面的半径；$\omega = L/\sqrt{Rt}$，L 为两边界之间的高度；C_{xb} 为考虑边界条件影响的参数，这里取值为 1.0；A_{eff} 为 Eurocode 3 中方钢管和矩形钢管的有效横截面面积，它取决于截面的有效宽厚比，可以由下式确定。

在 Eurocode 3[7] 中，钢管截面分类及有效横截面面积的计算规定如下。

（1）圆钢管截面。

截面分类规定如下：

$$\begin{cases} D/t \leqslant 50\varepsilon^2 & (\text{“1类”}) \\ 50\varepsilon^2 < D/t \leqslant 70\varepsilon^2 & (\text{“2类”}) \\ 70\varepsilon^2 < D/t \leqslant 90\varepsilon^2 & (\text{“3类”}) \\ D/t > 90\varepsilon^2 & (\text{“4类”}) \end{cases} \tag{4.6}$$

式中，D 为圆钢管外径；t 为钢管壁厚；$\varepsilon = \sqrt{235/f_{yT}}$，$f_{yT}$ 为钢管的屈服强度。

（2）方钢管或矩形钢管截面。

截面分类规定如下：

$$\begin{cases} d(\text{或}b)/t \leqslant 33\varepsilon & (\text{“1类”}) \\ 33\varepsilon < d(\text{或}\ b)/t \leqslant 38\varepsilon & (\text{“2类”}) \\ 38\varepsilon < d(\text{或}\ b)/t \leqslant 42\varepsilon & (\text{“3类”}) \\ d(\text{或}b)/t > 42\varepsilon & (\text{“4类”}) \end{cases} \tag{4.7}$$

式中，d（或 b）为方钢管（或矩形钢管）的平折宽度，等于 D（或 B）$-2r-2t$，如图 4.17 所示；r 为钢管截面的内角半径；t 为钢管壁厚。

式（4.3）中方钢管或矩形钢管有效横截面面积示意图如图 4.17 所示，可由下式确定：

$$A_{\rm eff}=A_{\rm s}-2t\rho_{\rm f}d-2t\rho_{\rm w}b \tag{4.8}$$

$$\rho_{\rm f}=\begin{cases}1.0, & \lambda_{\rm f}\leqslant 0.673\\ \dfrac{\lambda_{\rm f}-0.055(3+\psi)}{\lambda_{\rm f}^2}\leqslant 1.0, & \lambda_{\rm f}>0.673\end{cases} \tag{4.9}$$

$$\lambda_{\rm f}=\frac{d/t}{28.4\varepsilon\sqrt{k_\sigma}} \tag{4.10}$$

式中，k_σ 为屈曲系数，与应力分布 $\psi=\sigma_{\min}/\sigma_{\max}$ 和边界条件有关，这里取值为4.0；$\rho_{\rm w}$ 和 $\rho_{\rm f}$ 均为计算系数，将式（4.10）中的 d 替换为 b，通过式（4.9）就可以得到与 b 相对应的 $\rho_{\rm w}$。

ANCI/AISC 360-10[8] 规定钢管短柱极限抗压承载力计算公式如下：

$$P_{\rm u}=f_{\rm crT}A_{\rm s} \tag{4.11}$$

$$f_{\rm crT}=\begin{cases}Q\left(0.658^{\frac{Qf_{\rm yT}}{f_{\rm eT}}}\right)f_{\rm yT}, & \dfrac{Qf_{\rm yT}}{f_{\rm eT}}\leqslant 2.25\\ 0.877f_{\rm eT}, & \dfrac{Qf_{\rm yT}}{f_{\rm eT}}>2.25\end{cases} \tag{4.12}$$

$$f_{\rm eT}=\frac{\pi^2E_{\rm sT}}{(KL/r)^2} \tag{4.13}$$

式中，$f_{\rm eT}$ 为钢管低温下的弹性屈曲应力；$f_{\rm crT}$ 为温度 T 时的临界应力；r 为截面回转半径；L 为试件侧面无支撑长度；K 为有效长度系数，这里取1.0；Q 为净折减系数，取决于截面的有效径厚比或长宽比，可按下式确定。

（1）圆钢管截面。

圆钢管截面净折减系数 Q 的计算公式如下：

$$Q=\begin{cases}1.0, & D/t\leqslant 0.11E_{\rm sT}/f_{\rm yT}\ (\text{“非细长”截面})\\ \dfrac{0.038E_{\rm sT}}{f_{\rm yT}(D/t)}+\dfrac{2}{3}, & \dfrac{0.11E_{\rm sT}}{f_{\rm yT}}<\dfrac{D}{t}\leqslant\dfrac{0.45E_{\rm sT}}{f_{\rm yT}}\ (\text{“细长”截面})\end{cases} \tag{4.14}$$

（2）方形和矩形钢管截面。

方形和矩形钢管截面净折减系数 Q 的计算公式如下：

$$Q=\begin{cases}1.0, & d/t\leqslant 1.40\sqrt{E_{\rm sT}/f_{\rm yT}}\ (\text{“非细长”截面})\\ Q_{\rm a}Q_{\rm s}, & d/t>1.40\sqrt{E_{\rm sT}/f_{\rm yT}}\ (\text{“细长”截面})\end{cases} \tag{4.15}$$

$$Q_{\rm a}=\frac{A_{\rm eff}}{A_{\rm s}} \tag{4.16}$$

$$A_{\rm eff}=A_{\rm s}-2t(b-b_{\rm e})-2t(d-d_{\rm e}) \tag{4.17}$$

$$b_{\rm e}=1.92t\sqrt{E_{\rm sT}/f_{\rm crT}}\left[1-\frac{0.34}{b/t}\sqrt{E_{\rm sT}/f_{\rm crT}}\right]\leqslant b\quad\left(b/t\geqslant 1.49\sqrt{E_{\rm sT}/f_{\rm crT}}\right) \tag{4.18}$$

$$d_{\rm e}=1.92t\sqrt{E_{\rm sT}/f_{\rm crT}}\left[1-\frac{0.38}{d/t}\sqrt{E_{\rm sT}/f_{\rm crT}}\right]\leqslant d\quad\left(d/t\geqslant 1.40\sqrt{E_{\rm sT}/f_{\rm crT}}\right) \tag{4.19}$$

式中，Q 为折减系数；对于壁厚均匀受压的方钢管和矩形钢管，腹板满足

$b/t \geqslant 1.49\sqrt{E_{sT}/f_{crT}}$ 时，b_e 可以由式（4.18）确定；翼缘满足 $d/t \geqslant 1.40\sqrt{E_{sT}/f_{crT}}$ 时，d_e 可以由式（4.19）确定。

GB 50018—2002[9] 规定钢管短柱的极限抗压承载力计算公式如下：

$$P_u = f_{yT} A_{ef} \tag{4.20}$$

式中，f_{yT} 为钢管在温度 T 时的屈服强度；A_{ef} 为 GB 50018—2002 中钢管的有效横截面面积，如图 4.18 所示，计算公式如下。

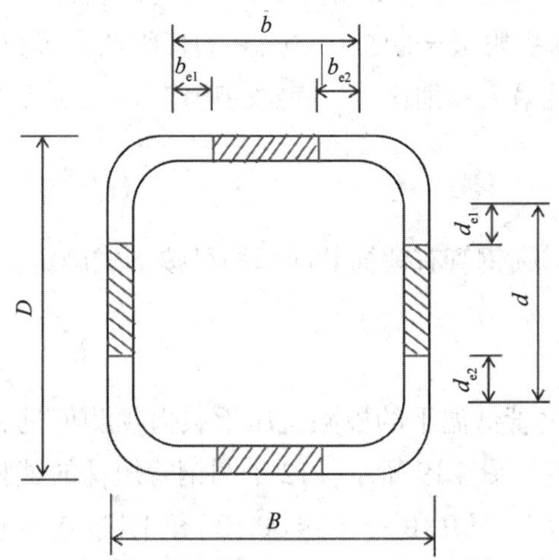

图 4.17　Eurocode 3 和 ANSI/AISC 360-10 中方形和矩形钢管有效截面示意图

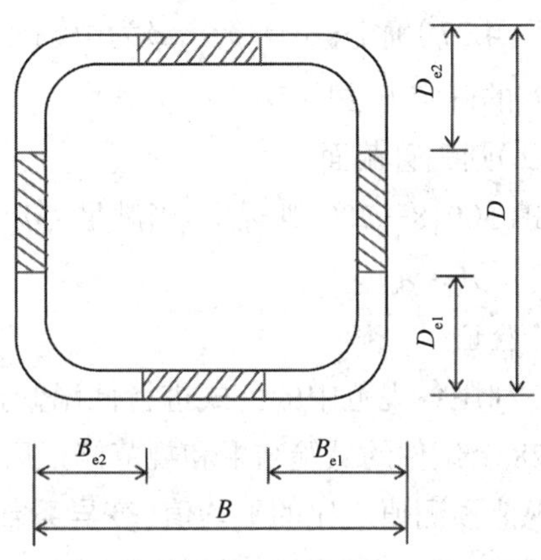

图 4.18　GB 50018—2002 中方形和矩形钢管有效截面示意图

（1）方形和矩形钢管截面。

方形和矩形钢管有效横截面面积 A_{ef} 的示意图如图 4.18 所示，可按下式计算：

$$A_{ef} = A_s - 2t(B - B_e) - 2t(D - D_e) \tag{4.21}$$

$$D_e = \theta D_c \tag{4.22}$$

$$D_c = \begin{cases} D, & \psi = \sigma_{min}/\sigma_{max} \geqslant 0 \\ D/(1-\psi), & \psi = \sigma_{min}/\sigma_{max} < 0 \end{cases} \tag{4.23}$$

$$\theta = \begin{cases} 1, & \dfrac{D}{\alpha\rho t} \leqslant 18（\text{“a类”}） \\ \sqrt{\dfrac{21.8\alpha\rho}{D/t}} - 0.1, & 18 < \dfrac{D}{\alpha\rho t} \leqslant 38（\text{“b类”}） \\ \dfrac{25\alpha\rho}{D/t}, & \dfrac{D}{\alpha\rho t} > 38（\text{“c类”}） \end{cases} \tag{4.24}$$

$$\rho = \sqrt{205 k_1 k / \sigma_1} \tag{4.25}$$

$$k = \begin{cases} 7.8 - 8.15\psi + 4.35\psi^2, & 0 < \psi \leqslant 1 \\ 7.8 - 6.29\psi + 9.78\psi^2, & -1 \leqslant \psi \leqslant 0 \end{cases} \tag{4.26}$$

$$k_1=\begin{cases}1/\sqrt{\xi}, & \xi\leqslant 1.1\\ 0.11+\dfrac{0.93}{(\xi-0.05)^2}, & \xi>1.1\end{cases} \tag{4.27}$$

$$\xi=B/D\sqrt{k/k_1} \tag{4.28}$$

式中，θ 为夹角；D（或 B）为板件宽度；D_e（或 B_e）为板件有效宽度；D_c（或 B_c）为板件受压区宽度；k 为受压稳定系数；ξ 为约束系数；ρ 为有效宽厚比计算系数；ψ 为横截面压应力分布不均匀系数，这里取值为 1；σ_{max} 为受压板件边缘的最大压应力，取正值；σ_{min} 为受压板件另一边缘的应力，以压应力为正，拉应力为负；α 为计算系数，$\alpha=1.15-0.15\psi$；k_1 为板组约束系数，可按式（4.27）确定；$\sigma_1=\phi f_y$，ϕ 为由轴心受压构件最大长细比 λ_{max} 确定的稳定系数；对应于 B 的 B_e 的确定方法同 D_e。

（2）圆钢管截面。

GB 50018—2002[9] 规定，当满足 $D/t\leqslant 100$ 时，圆钢管有效横截面面积可按下式确定：

$$A_{ef}=A_s \tag{4.29}$$

2. 验证

在利用各规范中的公式进行低温修正后，空钢管低温下的极限抗压承载力预测值见表 4-3。28 个试件的试验结果和规范修正后的预测值如图 4.19 所示。12 个圆钢管短柱的试验值与规范预测值之比的平均值（变异系数）分别为 1.13（0.10）、1.14（0.10）和 1.13（0.10）。由此可知，三个规范对低温圆钢管短柱 P_u 的预测结果接近，保守估计了 13% 左右。且由图 4.19 可知，三个规范对低温圆钢管短柱的极限抗压承载力均存在 3 个不安全预测。

同时，16 个方钢管和矩形钢管短柱的试验值与规范预测值之比的平均值（变异系数）分别为 1.06（0.05）、1.03（0.09）和 1.09（0.03）。这说明 GB 50018—2002 的修正预测值最为保守，而 ANSI/AISC 360-10 的保守性最小。此外，如图 4.19 所示，EC3 和 AISC 规范的预测中，有 7 个试件的预测值低于试验值，偏于不安全，而 GB 50018—2002 的不安全预测为 0。因此，可以得出结论，对于低温方钢管和矩形钢管短柱极限抗压承载力的预测，三个规范中 GB 50018—2002 的保守性最低但安全度最高。

以 EC3 为例，由图 4.15（a）和（b）可知，钢管短柱在低温下更易发生局部屈曲，EC3 现有钢管轴压短柱截面分类的有效径厚比或宽厚比限值在低温下存在不安全因素，正如 4.1.2 节中所述，低温下圆钢管“3 类”截面的有效径厚比限值建议缩紧至 60。且结合图 4.19 和图 4.15（b）可知，对于方形和矩形钢管轴压短柱，EC3 中现有有效截面的定义在低温下过高地估计了钢管的承载力。然而，需要更多的低温试验数据进一步修正有效截面的取值和“3 类”截面的有效径厚比或宽厚比限值。

表 4-3 规范预测值与试验值比较

序号	编号	$P_{u,EC3}$（kN）	EC3 分类	$\frac{P_u}{P_{u,EC3}}$	$P_{u,AISC}$（kN）	AISC 分类	$\frac{P_u}{P_{u,AISC}}$	$P_{u,GB}$（kN）	GB 50018 分类	$\frac{P_u}{P_{u,GB}}$
1	Ct3T20	413	2	1.08	412	NSL	1.08	413	—	1.08
2	Ct3T-30	456	2	1.00	454	NSL	1	456	—	1.00

续表

序号	编号	$P_{u,EC3}$（kN）	EC3 分类	$\frac{P_u}{P_{u,EC3}}$	$P_{u,AISC}$（kN）	AISC 分类	$\frac{P_u}{P_{u,AISC}}$	$P_{u,GB}$（kN）	GB 50018 分类	$\frac{P_u}{P_{u,GB}}$
3	Ct3T-60	488	2	0.97	486	NSL	0.98	488	—	0.97
4	Ct3T-80	514	2	0.91	512	NSL	0.91	514	—	0.91
5	Ct4.5T20	613	1	1.27	610	NSL	1.27	613	—	1.27
6	Ct4.5T-30	653	1	1.18	650	NSL	1.18	653	—	1.18
7	Ct4.5T-60	687	1	1.16	684	NSL	1.17	687	—	1.16
8	Ct4.5T-80	706	1	1.15	703	NSL	1.15	706	—	1.15
9	Ct6T20	805	1	1.26	802	NSL	1.27	805	—	1.26
10	Ct6T-30	849	1	1.22	846	NSL	1.23	849	—	1.22
11	Ct6T-60	882	1	1.2	878	NSL	1.21	882	—	1.2
12	Ct6T-80	907	1	1.18	904	NSL	1.18	907	—	1.18
圆钢管		均值		1.13			1.14			1.13
		变异系数		0.10			0.10			0.10
13	St3T20	480	3	0.85	476	SL	0.86	399	A	1.02
14	St3T-30	473	4	0.90	501	SL	0.85	415	A	1.03
15	St3T-60	486	4	0.94	524	SL	0.87	426	A	1.07
16	St3T-80	495	4	0.91	544	SL	0.83	434	A	1.04
17	St4T20	639	1	1.12	637	NSL	1.12	635	A	1.13
18	St4T-30	669	1	1.10	666	NSL	1.1	656	A	1.12
19	St4T-60	690	1	1.08	688	NSL	1.09	671	A	1.11
20	St4T-80	707	1	1.08	705	NSL	1.09	683	A	1.12
21	St5T20	751	1	1.11	748	NSL	1.11	751	B	1.11
22	St5T-30	793	1	1.08	789	NSL	1.09	793	B	1.08
23	St5T-60	823	1	1.08	820	NSL	1.08	823	B	1.08
24	St5T-80	846	1	1.08	843	NSL	1.09	846	B	1.08
25	Rt4T20	751	3	1.02	747	NSL	1.02	674	A	1.13
26	Rt4T-30	723	4	1.01	790	SL	0.92	704	A	1.03
27	Rt4T-60	743	4	1.06	828	SL	0.95	727	A	1.09
28	Rt4T-80	758	4	1.06	858	SL	0.93	744	A	1.07
方形和矩形钢管		均值		1.06			1.03			1.09
		变异系数		0.05			0.09			0.03
全部钢管		均值		1.07			1.06			1.10
		变异系数		0.10			0.12			0.07

注：$P_{u,EC3}$、$P_{u,AISC}$、$P_{u,GB}$—Eurocode 3、ANSI/AISC 360-10 和 GB 50018—2002 的修正规范预测值。

总体来说，对 28 个低温钢管短柱的试验结果，Eurocode 3、ANSI/AISC 360-10 以及 GB 50018—2002 修正后对 P_u 的预测分别低估了 7%、6% 和 10%，变异系数分别为 0.10、0.12 和 0.07。

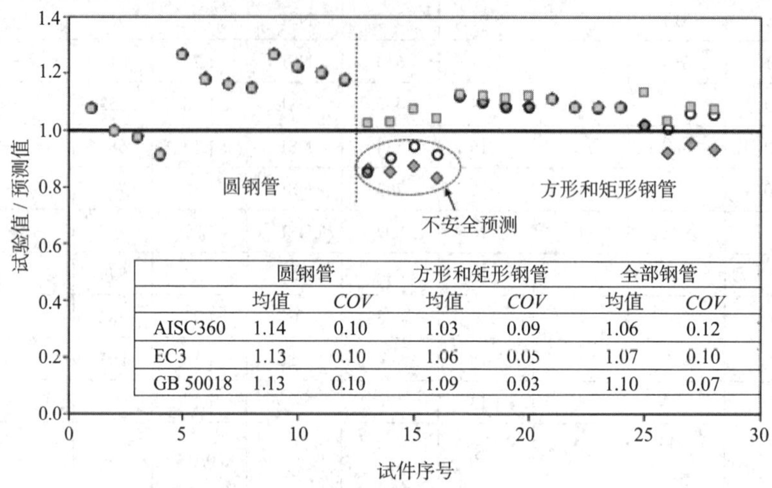

	圆钢管		方形和矩形钢管		全部钢管	
	均值	*COV*	均值	*COV*	均值	*COV*
AISC360	1.14	0.10	1.03	0.09	1.06	0.12
EC3	1.13	0.10	1.06	0.05	1.07	0.10
GB 50018	1.13	0.10	1.09	0.03	1.10	0.07

图 4.19　不同规范预测值与试验值比较

4.1.4　小结

本节研究了钢管短柱在 20 到 −80 ℃下的轴压性能，对 12 个圆钢管、12 个方钢管和 4 个矩形钢管在不同温度下开展抗压试验。研究参数主要包括低温水平和钢管壁厚。除了对试验结果进行研究与分析外，对规范相关公式也进行了低温修正，以预测不同低温下钢管短柱的极限抗压承载力。由以上试验与分析研究可以得出如下结论。

（1）圆钢管短柱在低温轴压作用下出现了象足鼓曲，在 −30 ℃和 −80 ℃下两个试件焊缝处出现纵向拉裂。方钢管和矩形钢管则出现典型的局部屈曲，即钢管两相邻侧壁交替出现向内和向外的局部屈曲。

（2）低温下圆钢管短柱荷载 - 位移曲线相对方钢管和矩形钢管而言延性更好。此外，低温下钢管截面更易过早出现局部屈曲，从而荷载 - 位移曲线性能有所下降。另外，增加壁厚可以使得钢管短柱的 P-$\varDelta$ 曲线延性变好。

（3）环境温度从 20 ℃下降至 −80 ℃，钢材的屈服强度和极限强度随之提高，钢管短柱的极限抗压承载力有低于 10% 的提升。低温下钢管初始刚度的提升可以忽略不计。然而，随着温度从 20 ℃降至 −80 ℃，钢管的延性指标 $\varDelta_u$ 显著降低，但是这种降低趋势随着钢管壁厚的增加而减弱。

（4）在 −60 ℃下，增大壁厚可以提升钢管短柱的极限抗压承载力 P_u、初始刚度 K_e 和延性指标 $\varDelta_u$。然而，由于低温下钢管屈服强度的提高，EC3 中"3 类"截面的径厚比或宽厚比限值和方钢管或矩形钢管的有效截面的现有定义在低温下存在不安全现象，需要加以修正，而这需要更多的低温试验数据。

（5）对于方形和矩形钢管短柱低温极限抗压承载力的预测，Eurocode 3、ANSI/AISC360-

10 和 GB 50018—2002 三者中，GB 50018—2002 的保守性最低而安全度最高。总体而言，Eurocode 3、ANSI/AISC360-10 和 GB 50018—2002 对 28 个低温钢管短柱极限抗压承载力的预测分别平均低估了 7%、6% 和 10%。

4.2　钢管 - 混凝土组合柱低温轴压性能试验研究

4.2.1　钢管 - 混凝土组合柱组成及制作

本节对 23 个钢管 - 混凝土组合柱开展低温轴压试验 [10]，试件由外部钢管和内部核心混凝土柱组成。

1. 试件设计

试验设计了 11 个圆钢管 - 混凝土（C-CFST）短柱（C1~C8）、11 个方钢管 - 混凝土（S-CFST）短柱（S1~S8）和 1 个矩形钢管 - 混凝土（R-CFST）短柱（S9），共 23 个试件。由于只有 1 个 R-CFST 短柱，以下将 S-CFST 短柱和 R-CFST 短柱统称为 S-CFST 短柱，后面不再赘述。

试件的高度均为 400 mm。C-CFST 短柱的名义外径为 133 mm，长细比 L/D 为 3，设置低温水平 T、径厚比 D/t、混凝土抗压强度 f_c 共三个参数。设置 C3-1~2 为对照试件，试件 C1、C2、C3-1~2、C4-1~3 的温度分别为 20 ℃、-30 ℃、-60 ℃和 -80 ℃，组成试件 C3-1~2、C5 和 C6 的钢管壁厚分别为 4.6 mm、3.2 mm 和 5.8 mm，相应的 D/t 分别为 28.9、41.2 和 23.1，试件 C3-1~2、C7 和 C8 的混凝土强度等级分别为 C40、C30 和 C50，分别研究分析低温水平 T、径厚比 D/t、混凝土抗压强度 f_c 这三个参数对低温 C-CFST 短柱力学性能的影响。S-CFST 短柱试件 S1~8 的截面为边长 D=120 mm 的正方形，S-CFST 短柱 S9 的截面为长边 D=150 mm、短边 B=100 mm 的矩形，为研究低温对 S-CFST 短柱力学性能的影响，共设置低温水平 T、宽厚比 D/t、混凝土抗压强度 f_c、长宽比 L/B 四个参数。试件 S3-2 为 S-CFST 短柱低温试验的对照试件，S1、S2-1~2、S3-1~2 和 S4-1~2 的温度分别为 20 ℃、-30 ℃、-60 ℃、-80 ℃，试件 S3-1~2、S5 和 S6 的钢管壁厚分别为 4.2 mm、3.1 mm 和 4.8 mm，相应的 D/t 分别为 28.5、38.6 和 24.9，试件 S3-1~2、S7 和 S8 均为普通混凝土，混凝土强度等级分别为 C40、C30 和 C50，以此分别研究低温水平 T、宽厚比 D/t、混凝土抗压强度 f_c 这三个参数对 S-CFST 短柱力学性能的影响。此外，为了研究长宽比 D/B 对 S-CFST 短柱力学性能的影响，设计壁厚 t =4.2 mm 的试件 S9，其横截面尺寸为 $B\times D$=100 mm × 150 mm（D/B=1.5），与试件 S3-2（$B\times D$=120 mm × 120 mm，D/B=1）形成对照。

CFST 组合短柱设计信息见表 4-4。

表 4-4　CFST 组合短柱设计信息

编号	D（mm）	B（mm）	r（mm）	t（mm）	D/t	T（℃）	混凝土等级	A_s（mm²）	A_c（mm²）	ξ
C1	133.1	—	—	4.6	28.9	20	C40	1 857	12 059	1.45
C2	133.1	—	—	4.6	28.9	-30	C40	1 857	12 059	1.54

续表

编号	D(mm)	B(mm)	r(mm)	t(mm)	D/t	T(℃)	混凝土等级	A_s(mm²)	A_c(mm²)	ξ
C3-1	133.1	—	—	4.6	28.9	−60	C40	1 857	12 059	1.29
C3-2	133.1	—	—	4.6	28.9	−60	C40	1 857	12 059	1.29
C4-1	133.1	—	—	4.6	28.9	−80	C40	1 857	12 059	1.16
C4-2	133.1	—	—	4.6	28.9	−80	C40	1 857	12 059	1.16
C4-3	133.1	—	—	4.6	28.9	−80	C40	1 857	12 059	1.16
C5	131.8	—	—	3.2	41.2	−60	C40	1 292	12 344	0.90
C6	133.9	—	—	5.8	23.1	−60	C40	2 334	11 747	1.71
C7	133.1	—	—	4.6	28.9	−60	C30	1 857	12 059	1.53
C8	133.1	—	—	4.6	28.9	−60	C50	1 857	12 059	1.06
S1	119.7	120.2	3	4.2	28.5	20	C40	1 944	12 439	1.50
S2-1	119.7	120.2	3	4.2	28.5	−30	C40	1 944	12 439	1.55
S2-2	119.7	120.2	3	4.2	28.5	−30	C40	1 944	12 439	1.55
S3-1	119.7	120.2	3	4.2	28.5	−60	C40	1 944	12 439	1.29
S3-2	119.7	120.2	3	4.2	28.5	−60	C40	1 944	12 439	1.29
S4-1	119.7	120.2	3	4.2	28.5	−80	C40	1 944	12 439	1.15
S4-2	119.7	120.2	3	4.2	28.5	−80	C40	1 944	12 439	1.15
S5	119.7	120.2	3	3.1	38.6	−60	C40	1 448	12 929	0.94
S6	119.4	120.4	3	4.8	24.9	−60	C40	2 210	12 168	1.57
S7	119.7	120.2	3	4.2	28.5	−60	C30	1 944	12 439	1.52
S8	119.7	120.2	3	4.2	28.5	−60	C50	1 944	12 439	1.05
S9	149.7	100.2	3	4.2	35.7	−60	C40	2 029	12 971	1.49

注:D—圆钢管直径、方钢管边长或矩形钢管长边;B—矩形钢管短边;r—钢管内角半径;t—钢管壁厚;T—温度;A_s—钢管的横截面面积;A_c—混凝土的横截面面积;ξ—约束效应系数。

同时,使 C1~8 和 S1~8 的横截面面积类似,且在相同的条件下进行养护、冷冻与加载,以研究截面形状对低温 CFST 组合短柱轴压性能的影响。

试件采用的混凝土材料为普通混凝土(NWC),强度等级分别为 C30、C40、C50,混凝土配合比见表 4-5, 18 个 100 mm×100 mm×100 mm 的立方体试块分别在温度 20 ℃、−30 ℃、−60 ℃、−80 ℃下进行立方体抗压试验,每种温度测试 3 个试件,混凝土材料性能结果见表 4-6。

表 4-5　不同强度等级混凝土配合比

单位:kg/m³

混凝土等级	水泥	矿粉	粉煤灰	粗砂	细砂	碎石	水	减水剂
C30	220	81	74	719	176	940	165	8.2
C40	300	105	66	619	155	1 005	165	10.4
C50	410	110	65	540	135	1 018	160	12.9

表 4-6　试验结果汇总

编号	f_{cuT}（MPa）	f_{cT}（MPa）	E_{cT}（GPa）	f_{yT}（MPa）	f_{uT}（MPa）	E_{sT}（GPa）	ε_{sF}	K_e（kN/mm）	ε_u 或 DI	P_u（kN）	K_a（kN/mm）
C1	43.9	35	27.8	330.0	429.0	206.0	0.3	2 075.0	0.0	1 396.0	1 895.0
C2	45.3	35.3	27.9	352.0	457.0	210.0	0.3	2 110.0	0.0	1 512.0	2 110.0
C3-1	53.5	44.0	31.2	370.0	484.0	211.0	0.3	2 213.0	0.0	1 560.0	2 016.0
C3-2	53.5	44.0	31.2	370.0	484.0	211.0	0.3	2 190.0	0.0	1 550.0	2 016.0
C4-1	60.7	50.3	33.3	380.0	494.0	213.0	0.4	2 366.0	0.0	1 509.0	2 093.0
C4-2	60.7	50.3	33.3	380.0	494.0	213.0	0.4	2 430.0	0.0	1 551.0	2 093.0
C4-3	60.7	50.3	33.3	380.0	494.0	213.0	0.35	2 280.0	0.007	1 624.0	2 093.0
C5	53.5	44.0	31.2	378.0	445.0	209.0	0.3	1 908.0	0.0	1 273.0	1 737.0
C6	53.5	44.0	31.2	378.0	465.0	205.0	0.3	2 580.0	0.0	1 800.0	2 206.0
C7	47.2	37.3	28.7	370.0	484.0	211.0	0.3	1 634.0	0.0	1 535.0	1 953.0
C8	65.5	54.0	34.5	370.0	484.0	211.0	0.3	2 366.0	0.0	1 845.0	2 126.0
S1	43.9	35.0	27.8	335.0	406.0	205.0	0.3	2 138.0	3.3	1 107.0	1 965.0
S2-1	45.3	35.3	27.9	351.0	427.0	207.0	0.3	2 438.0	2.2	1 117.0	1 990.0
S2-2	45.3	35.3	27.9	351.0	427.0	207.0	0.3	2 310.0	2.3	1 349.0	1 990.0
S3-1	53.5	44.0	31.2	362.0	442.0	206.0	0.3	2 516.0	2.5	1 308.0	2 071.0
S3-2	53.5	44.0	31.2	362.0	442.0	206.0	0.3	2 390.0	1.7	1 370.0	2 071.0
S4-1	60.7	50.3	33.3	371.0	454.0	210.0	0.3	2 557.0	2.1	1 362.0	2 160.0
S4-2	60.7	50.3	33.3	371.0	454.0	210.0	0.3	2 530.0	1.8	1 470.0	2 160.0
S5	53.5	44.0	31.2	369.0	428.0	203.0	0.3	1 684.0	1.4	1 221.0	1 847.0
S6	53.5	44.0	31.2	380.0	467.0	210.0	0.3	2 667.0	4.0	1 576.0	2 206.0
S7	47.2	37.3	28.7	362.0	442.0	206.0	0.3	2 053.0	3.8	1 326.0	2 005.0
S8	65.5	54.0	34.5	362.0	442.0	206.0	0.3	2 600.0	2.1	1 494.0	2 184.0
S9	53.5	44.0	31.2	420.0	517.0	210.0	0.3	2 698.0	1.5	1 658.0	2 180.0

注：f_{cuT}、f_{cT}、E_{cT}—温度 T 下混凝土的立方体抗压强度、抗压强度和弹性模量；f_{yT}、f_{uT}、E_{sT}、ε_{sF}—温度 T 下钢管的屈服强度、极限强度、弹性模量和极限应变；K_e、K_a—CFST 轴压短柱刚度的试验值和预测值；ε_u、DI—C-CFST 和 S-CFST 短柱的延性指标；P_u—C-CFST 和 S-CFST 组合柱的极限抗压承载力。

试件钢管采用 Q235B 普通钢，由于试验一直处于低温环境中，因此钢材标准件的尺寸按照低温材料性能规范 GB/T 228.3—2019[3] 设计，从钢管壁上截取的钢材标准件尺寸如图 4.20（a）、（b）所示。钢材标准件测试分别在温度 20 ℃、−30 ℃、−60 ℃、−80 ℃下进行，钢材材料性能试验结果见表 4-6。

温度从 20 ℃降至 −80 ℃的过程中，钢材抗压强度和混凝土抗压强度提高。钢材抗压强度提高可能是由于温度降低，原子的热振动随之降低，从而需要更多的能量来克服原子间的作用力 [11]；混凝土抗压强度的提高或许是因为水凝结成冰提高了混凝土微观结构的密实度 [12]。

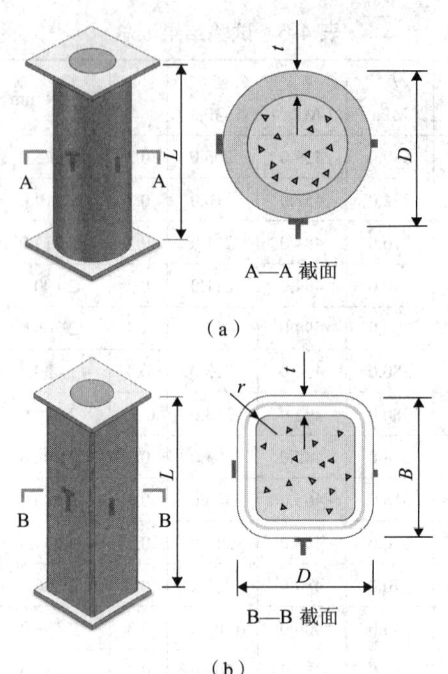

图 4.20　CFST 组合柱试件尺寸及应变片布置

(a)试件 C1~8 (b)试件 S1~9

2. 试验步骤和加载量测方案

CFST 组合柱低温轴压试验加载装置如图 4.5 所示。按照 GB 51081—2015[13]，首先将 CFST 组合柱在冷冻装置中降至目标温度，在目标温度下冷冻 48 h，然后将试件转移至 300 t 压力机的预制保温箱中，通入液氮降至目标温度，并在整个加载过程中持温。CFST 组合柱混凝土中预埋有 PT100 热电偶用于监测试件内温；在 CFST 组合柱试件外表面的上、中、下三种高度处各安置有 PT100 热电偶用于监测试件表面的温度；同时，在保温箱的内侧也置有若干 PT100 热电偶用于监测保温箱的环境温度；此外，液氮罐进出液处置有电磁阀，用于控制进入保温箱的液氮流速。

CFST 组合柱底部置于压力机的刚性支撑板上，上端通过压力机的加载板施加位移荷载。作动器内置力传感器，可以监测和记录整个过程中施加的作用力荷载 P，四个线性位移传感器放置在上加载板和下支撑板之间，用于获取和记录 CFST 组合柱的位移，如图 4.5 所示。在 CFST 组合柱钢管外表面的半高处成对布置四个应变片，以测量 CFST 组合柱钢管的横向和环向应变，如图 4.20 所示。

在整个加载过程中，所有量测的温度、由力传感器测得的作用力荷载、由线性位移传感器测得的位移以及应变片量测的应变都由数据记录仪采集记录。

4.2.2　试验结果

1. 破坏模式

C-CFST 和 S-CFST 组合柱的典型破坏模式分别如图 4.21 和图 4.22 所示。从图中可以看出,63% 的 C-CFST 组合柱在达到极限抗压承载力时发生剪切破坏,37% 的 C-CFST 组合柱因混凝土压碎而破坏。从图 4.21 可以看出, 11 个 C-CFST 组合柱中有 7 个发生剪切破坏,斜剪切破坏面位于试件上部 1/3~1/2 处(如图 4.21 中虚线所示)。达到 C-CFST 组合柱的极限承载力后,在试件的端部或中部的 1~2 个位置处,钢管发生向外的局部屈曲。大部分 C-CFST 组合柱在试件中部发生破坏。值得注意的是,在加载的最后阶段, −60 ℃和 −80 ℃下的 C-CFST 组合柱试件的钢管焊缝出现拉裂现象。而 S-CFST 组合柱的钢管沿高度方向的 1~3 个位置处沿着外边缘发生局部屈曲。相对于 C-CFST 组合柱,S-CFST 组合柱的约束效应较弱,因而 S-CFST 组合柱局部屈曲的幅度大于 C-CFST 组合柱。而且,大部分 S-CFST 组合柱的混凝土都出现压碎破坏。从图 4.22 可以看出,低温下,试件 S2-1、S3-1、S4-2、S6 和 S9 的钢管在角部均出现拉裂破坏,只有试件 S5 的拉裂破坏出现在焊缝处(图 4.22(h))。

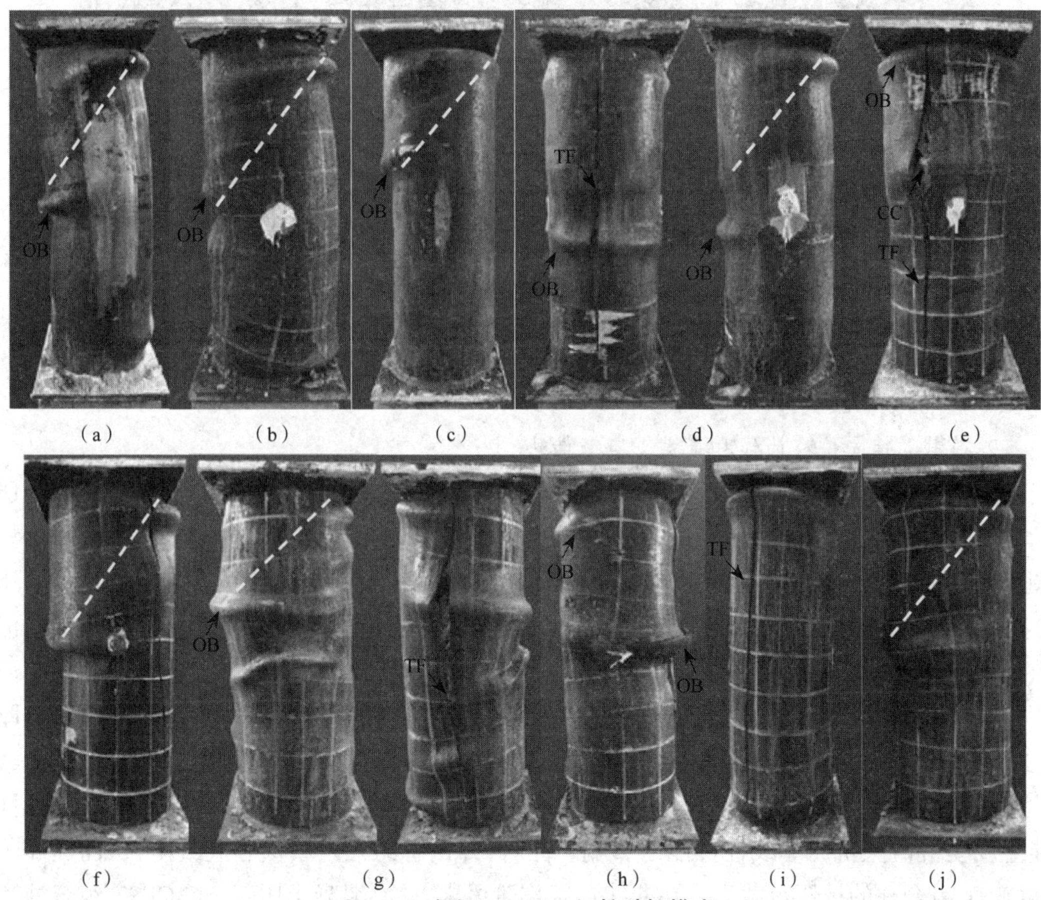

图 4.21　低温 C-CFST 短柱破坏模式

(a)C1, T=20 ℃　(b)C2, T=−30 ℃　(c)C3-1, T=−60 ℃　(d)C3-2, T=−60 ℃　(e)C4-1, T=−80 ℃
(f)C4-2, T=−80 ℃　(g)C5, t=3.2 mm　(h)C6, t=5.8 mm　(i)C7, C30　(j)C8, C50

注:OB 表示向外局部屈曲破坏;TF 表示钢管拉裂破坏;CC 表示混凝土压碎破坏

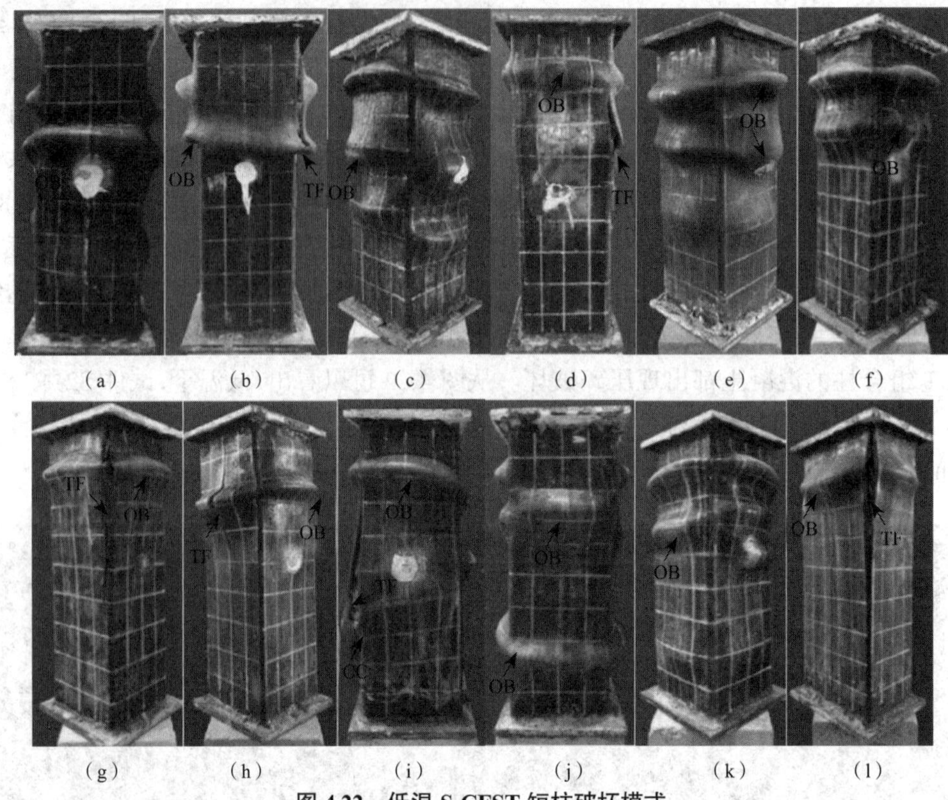

(a) (b) (c) (d) (e) (f)

(g) (h) (i) (j) (k) (l)

图 4.22 低温 S-CFST 短柱破坏模式

(a)S1, T=20 ℃ (b)S2-1, T=−30 ℃ (c)S2-2, T=−30 ℃ (d)S3-1, T=−60 ℃ (e)S3-2, T=−60 ℃ (f)S4-1, T=−80 ℃ (g)S4-2, T=−80 ℃ (h)S5, t=3.1 mm (i)S6, t=4.8 mm (j)S7, C30 (k)S8, C50 (l)S9, 矩形

注:OB 表示向外局部屈曲破坏;TF 表示钢管拉裂破坏;CC 表示混凝土压碎破坏

2. 荷载 - 轴向位移曲线和荷载 - 应变曲线

C-CFST 和 S-CFST 轴压短柱的荷载 - 轴向位移(P-Δ)曲线分别如图 4.23 和图 4.24 所示。低温下,C-CFST 和 S-CFST 轴压短柱的荷载 - 应变(包括环向和竖向应变)曲线分别如图 4.25 和图 4.26 所示。从荷载 - 轴向位移曲线和荷载 - 应变曲线可以看出,低温轴压 C-CFST 和 S-CFST 组合柱的工作阶段可以划分为三段:弹性阶段、非线性工作阶段和峰值点后的退化阶段。

从 C-CFST 组合柱试件 C1~8 的荷载 - 位移曲线和荷载 - 应变曲线可以看出,除了壁厚 3.2 mm 的试件 C5,大部分钢管在弹性阶段末首先在竖向屈服。在弹性阶段终点,轴压荷载达到峰值的 60%~80%;弹性阶段结束后,进入非线性工作阶段, C-CFST 组合柱的非线性性能主要受混凝土抗压非线性性能的影响。同时,外钢管约束内填核心混凝土,从而提高了 C-CFST 组合柱的抗压承载力。在非线性工作阶段末,核心混凝土压碎, C-CFST 组合柱达到极限抗压承载力。峰值点以后, C-CFST 组合柱的钢管应力强化使得退化阶段出现一个延性相对较好的平台过渡区,其间抗压承载力小幅下降。由图 4.25 可以看出,退化阶段,圆钢管的环向应变相对较大,对混凝土提供了较强的约束作用。

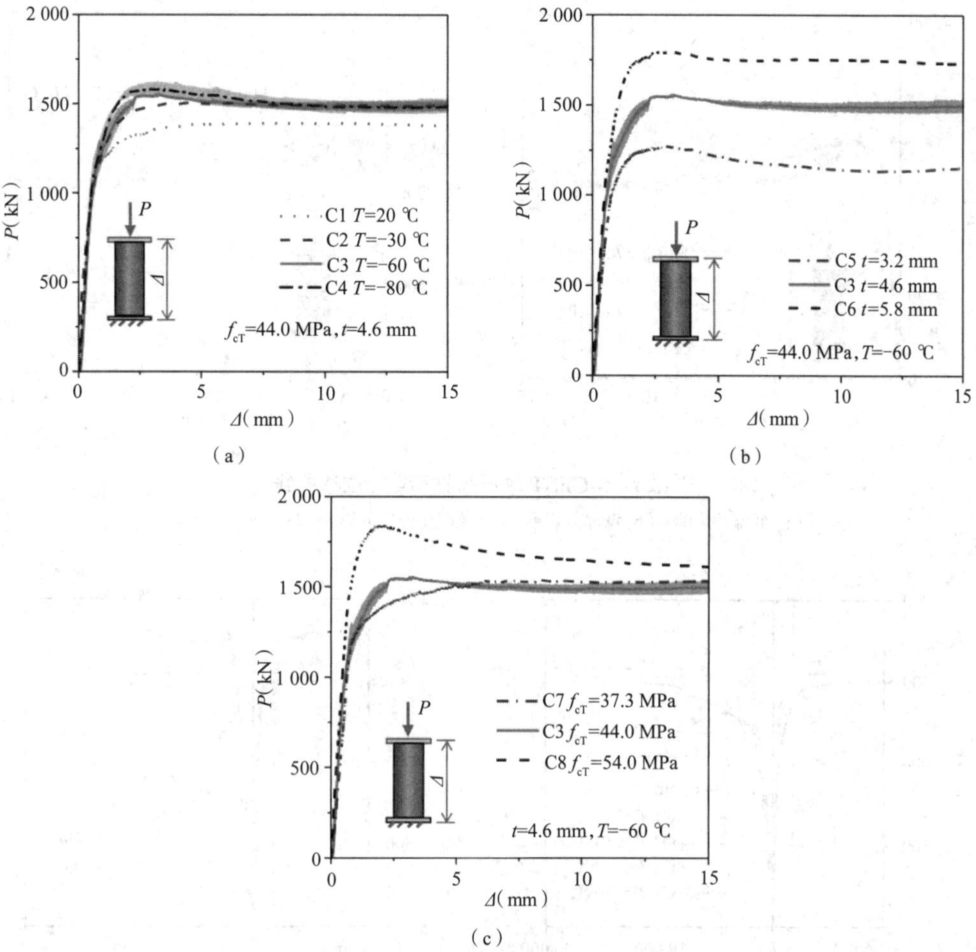

（a）

（b）

（c）

图 4.23　C-CFST 轴压短柱荷载 - 位移曲线

（a）低温的影响　（b）壁厚的影响　（c）混凝土强度的影响

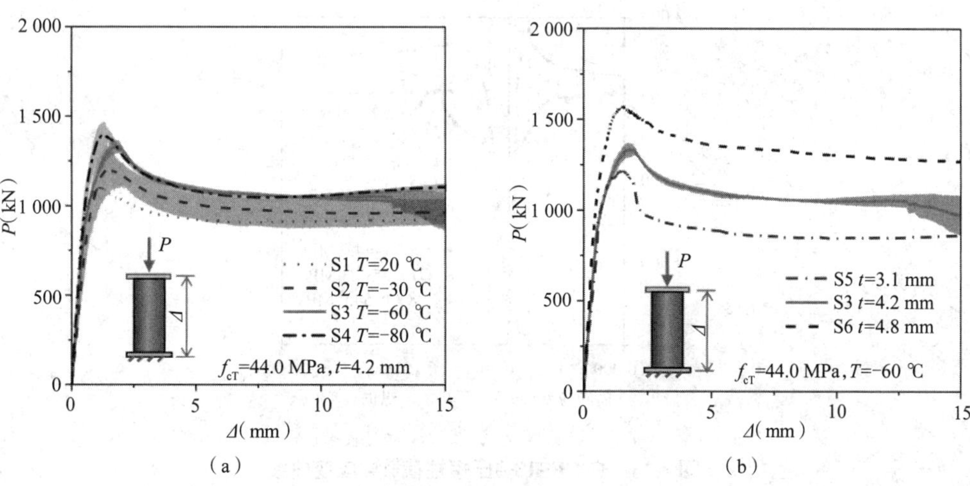

（a）　　　　　　（b）

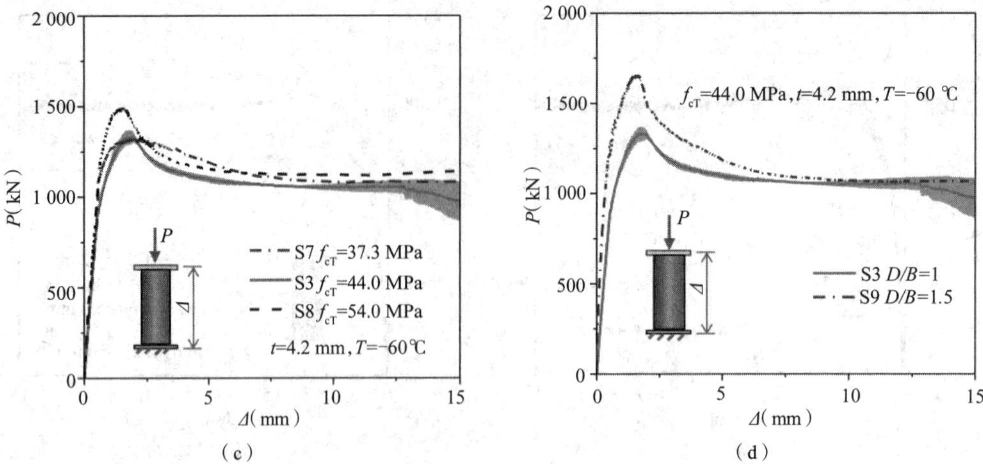

图 4.24 S-CFST 轴压短柱荷载 - 位移曲线

（a）低温的影响 （b）壁厚的影响 （c）混凝土强度的影响 （d）D/B 的影响

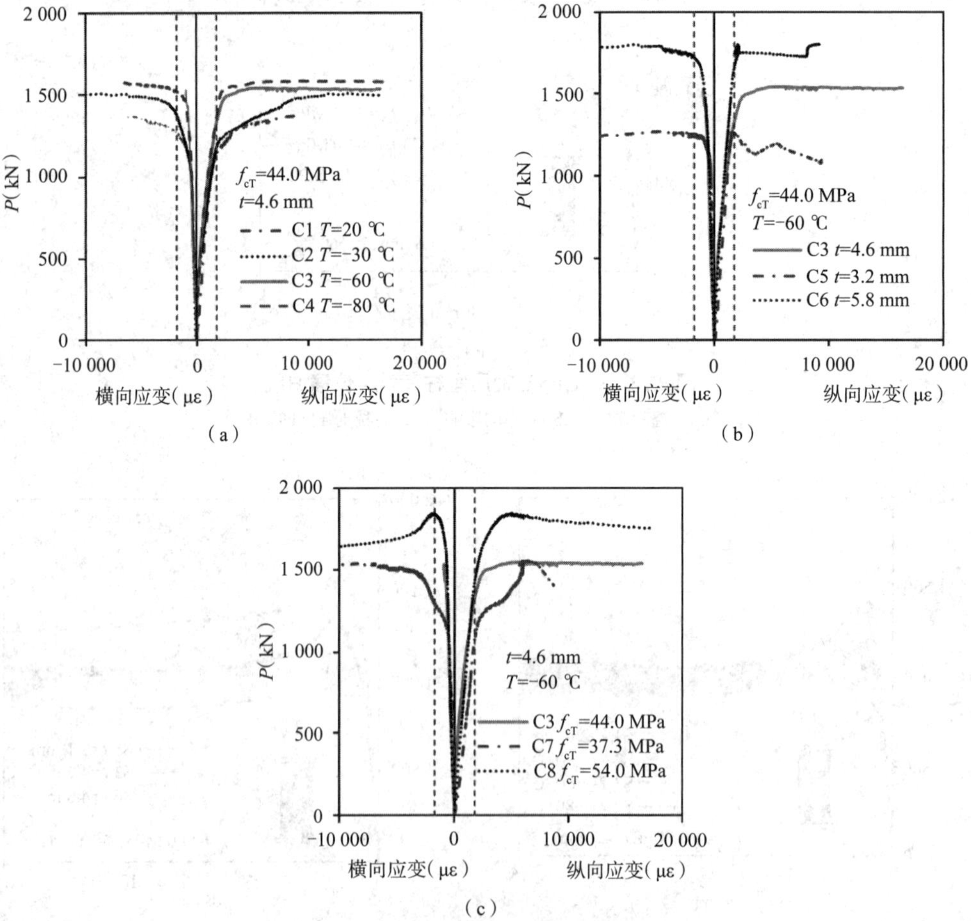

（a）

（b）

（c）

图 4.25 C-CFST 轴压短柱荷载 - 应变曲线

（a）低温的影响 （b）壁厚的影响 （c）混凝土强度的影响

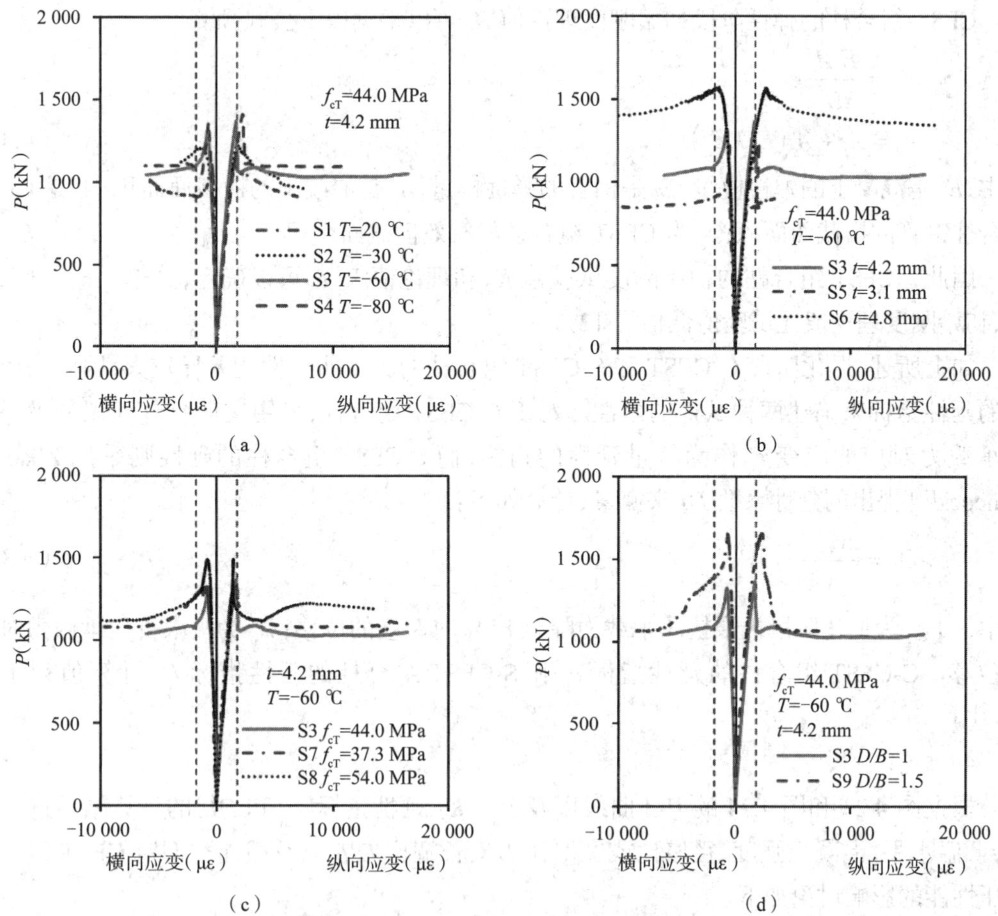

图 4.26　S-CFST 轴压短柱荷载 - 应变曲线

(a)低温的影响　(b)壁厚的影响　(c)混凝土强度的影响　(d)*D/B* 的影响

注:图中虚线为屈服应变

S-CFST 组合柱在弹性阶段和非线性阶段的荷载 - 位移性能与 C-CFST 组合柱相近,而在退化阶段 S-CFST 组合柱的 P-Δ 曲线与 C-CFST 组合柱差异较大, S-CFST 组合柱的承载力下降很快。从图 4.24 的 P-Δ 曲线和图 4.26 的荷载 - 应变曲线可以看出,除了试件 S6 之外,其他试件的局部屈曲均在弹性阶段末还未屈服之前就已经发生。在短暂的非线性工作阶段末,随着核心混凝土压碎, S-CFST 组合柱达到极限抗压承载力。此外,与屈服应变相比,S-CFST 组合柱钢管的环向应变相对很小。

3. 极限抗压承载力、初始刚度和延性系数

从 P-Δ 曲线可以得到 CFST 组合柱在不同温度下的极限抗压承载力 P_u, 23 个试件的测定值 P_u 见表 4-6。从图 4.23 和图 4.24 可以看出,在达到 P_u 值的 60%~80% 之前, C-CFST 和 S-CFST 组合柱的 P-Δ 曲线呈线性变化。因此,CFST 组合柱在低温轴压下的初始刚度可以由 Choi 和 Han[14] 以及 Yan 等 [6] 提出的方法确定,具体如下:

$$K_e = \frac{P_{0.3}}{\Delta_{0.3}} \tag{4.30}$$

式中,$P_{0.3}$ 和 $\Delta_{0.3}$ 分别是 30% 的极限抗压承载力和相应的位移。

CFST 组合柱的弹性阶段初始刚度理论值 K_a 可以根据以下公式预测：

$$K_a = \frac{E_c A_e}{H} \tag{4.31}$$

$$A_e = A_c + A_s(E_s / E_c) \tag{4.32}$$

式中，E_c 是混凝土的弹性模量；E_s 是钢管的弹性模量；A_c 是混凝土的横截面面积；A_s 是 CFST 组合柱钢管的横截面面积；A_e 为 CFST 组合柱的有效横截面面积。

因此，CFST 组合柱的初始刚度试验值 K_e 和理论值 K_a 都可以确定，见表 4-6。可以发现，初始刚度理论值比试验值低估了 12%。

如上所述，退化阶段 C-CFST 和 S-CFST 组合柱的 P-Δ 曲线性能差异较大，因此采用不同的延性指标来描述两种试件的延性。对于 C-CFST 组合柱，采用文献 [15] 建议的极限抗压承载力对应的应变 ε_u 作为衡量延性的指标；而 S-CFST 组合柱的延性则采用 Zhao 和 Hancock[16] 提出的延性系数 DI 来衡量，计算如下：

$$DI = \frac{\Delta_{85\%}}{\Delta_u} \tag{4.33}$$

式中，$\Delta_{85\%}$ 为退化阶段极限抗压承载力降至 85% 时对应的位移；Δ_u 为极限抗压承载力对应的位移。C-CFST 组合柱的延性指标 ε_u 和 S-CFST 组合柱的延性指标 DI 计算值列于表 4-6 中。

4. 讨论

根据图 4.23 和图 4.24 的 P-Δ 曲线以及 P_u、K_e、延性指标（ε_u 和 DI）的计算结果进行分析，低温水平、混凝土强度、径厚比或宽厚比 D/t、长宽比 D/B 以及截面类型对 CFST 组合柱抗压性能的影响讨论如下。

1）低温水平的影响

低温水平对 C-CFST 和 S-CFST 组合柱荷载-位移曲线性能的影响分别如图 4.23（a）和图 4.24（a）所示。从图中可以看出，低温通常可以提高 CFST 组合柱的抗压性能。低温水平对 CFST 组合柱极限抗压承载力 P_u、初始刚度 K_e 以及延性指标 ε_u（C-CFST 组合柱）或 DI（S-CFST 组合柱）的影响如图 4.27 所示。随着温度从 20 ℃下降至 −30 ℃、−60 ℃和 −80 ℃，C-CFST（S-CFST）组合柱平均极限抗压承载力从 1 396 kN（1 107 kN）分别增加至 1 512 kN（1 233 kN）、1 555 kN（1 339 kN）和 1 561 kN（1 416 kN），相应的增量分别为 8%（11%）、11%（21%）和 12%（28%）。通过以上比较得出：①相同横截面面积的 CFST 组合柱，C-CFST 组合柱的极限抗压承载力要高于 S-CFST 组合柱；②相同的低温水平变化下，S-CFST 组合柱的极限抗压承载力变化幅度高于 C-CFST 组合柱。这可能是因为圆钢管为核心混凝土提供了更高的约束作用，使得圆钢管具有更高的极限抗压承载力。此外，低温下，钢管-混凝土界面的孔隙水凝结成冰提高了 S-CFST 组合柱钢管对混凝土的约束作用，从而较大地提高了 S-CFST 组合柱的极限抗压承载力。

温度从 20 ℃下降至 −30 ℃、−60 ℃和 −80 ℃的过程中，C-CFST（S-CFST）组合柱的初始刚度 K_e 从 2 070 kN/mm（2 140 kN/mm）分别增至 2 110 kN/mm（2 370 kN/mm）、2 200 kN/mm（2 450 kN/mm）和 2 360 kN/mm（2 540 kN/mm），相应的增量分别为 2%（11%）、6%

（15%）和 14%（19%）。这是由于低温增加了钢管和混凝土的弹性模量 E_s 和 E_c。

由图 4.27（c）和（d）可以看出，当温度从 20 ℃降至 −30 ℃、−60 ℃和 −80 ℃时，C-CFST（S-CFST）组合柱的延性指标分别降低了 45%（31%）、62%（37%）和 68%（59%）。这是由于低温使得混凝土的延性下降，从而 CFST 组合柱的延性降低。

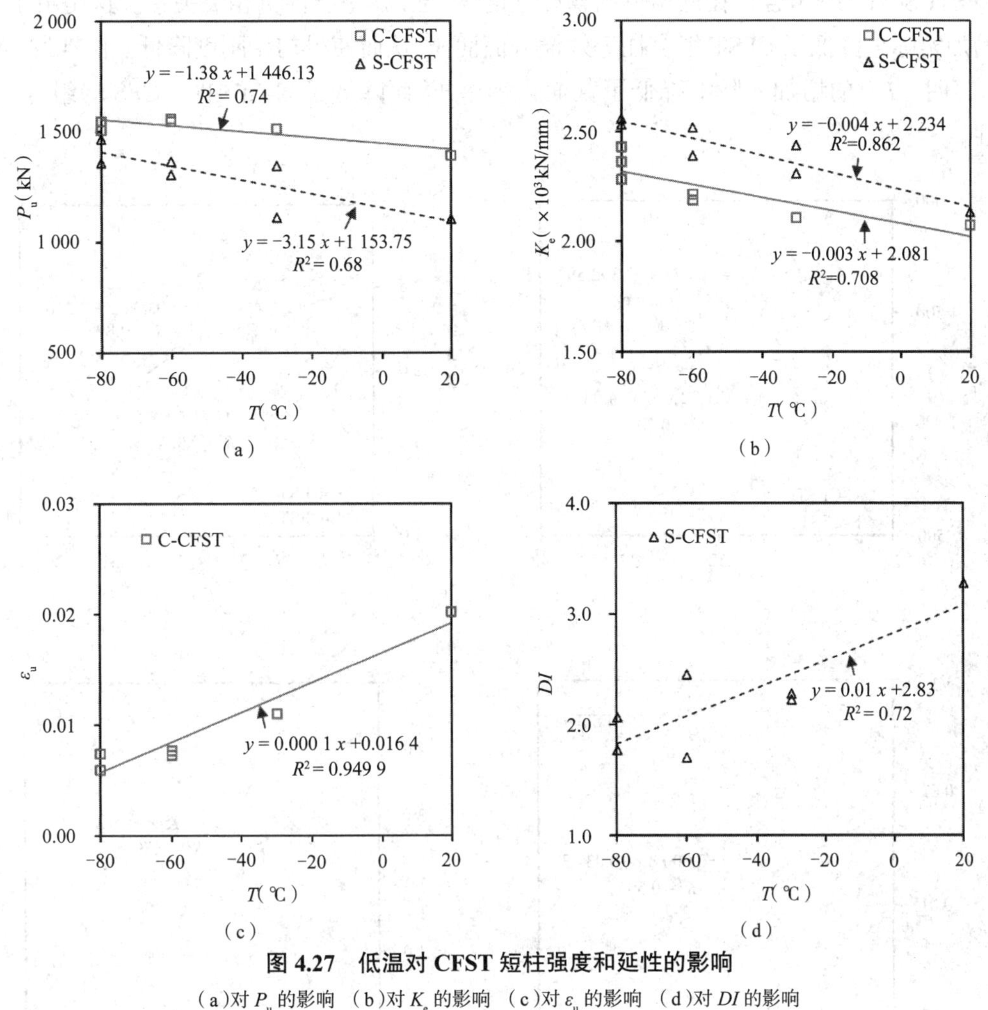

图 4.27　低温对 CFST 短柱强度和延性的影响

（a）对 P_u 的影响　（b）对 K_e 的影响　（c）对 ε_u 的影响　（d）对 DI 的影响

2）径厚比或宽厚比的影响

圆钢管的外径和方钢管的边长相同，因此径厚比或宽厚比 D/t 随着钢管壁厚 t 的改变而变化，同时壁厚的变化会引起截面含钢率 ρ 的改变，因此 D/t、t 以及 ρ 对 CFST 组合柱力学性能的影响实际上是由独立变量 t 引起的。D/t、t 以及 ρ 对 CFST 组合柱低温力学性能的影响可以结合起来分析。钢管壁厚对 CFST 组合柱 P-Δ 曲线性能的影响如图 4.23（b）和图 4.24（b）所示，可以发现，在 −60 ℃下，钢管壁厚的增加可以提高 CFST 组合柱的抗压力学性能。D/t 对 CFST 组合柱极限抗压承载力 P_u、初始刚度 K_e 以及延性指标 ε_u（C-CFST 组合柱）或 DI（S-CFST 组合柱）的影响如图 4.28 所示。由图 4.28（a）可以看出，随着 C-CFST 组合柱径厚比 D/t 从 41.2 降至 28.9 和 23.1，极限抗压承载力 P_u 从 1 273 kN 分别增至 1 555

kN 和 1 800 kN,相应的增量分别为 22% 和 41%; S-CFST 组合柱宽厚比 D/t 从 38.6 降至 28.5 和 24.9, P_u 从 1 221 kN 分别增至 1 339 kN 和 1 658 kN,相应的增量分别为 9.7% 和 36%。P_u 随着 D/t 的降低而线性增加。这是因为 D/t 的降低实际上意味着壁厚 t 和截面含钢率 ρ 的提高,钢管的屈曲承载力、钢管对混凝土的约束作用随之提高。图 4.28(b)表明,C-CFST(S-CFST)组合柱在低温下的初始刚度 K_e 与 D/t 呈线性负相关关系。这是由于 D/t 的增加实际上降低了 CFST 组合柱等效横截面面积,从而使得初始刚度降低。图 4.28(c)、(d)表明, D/t 的增加实际上降低了截面含钢率,从而降低了 C-CFST(S-CFST)组合柱的延性。

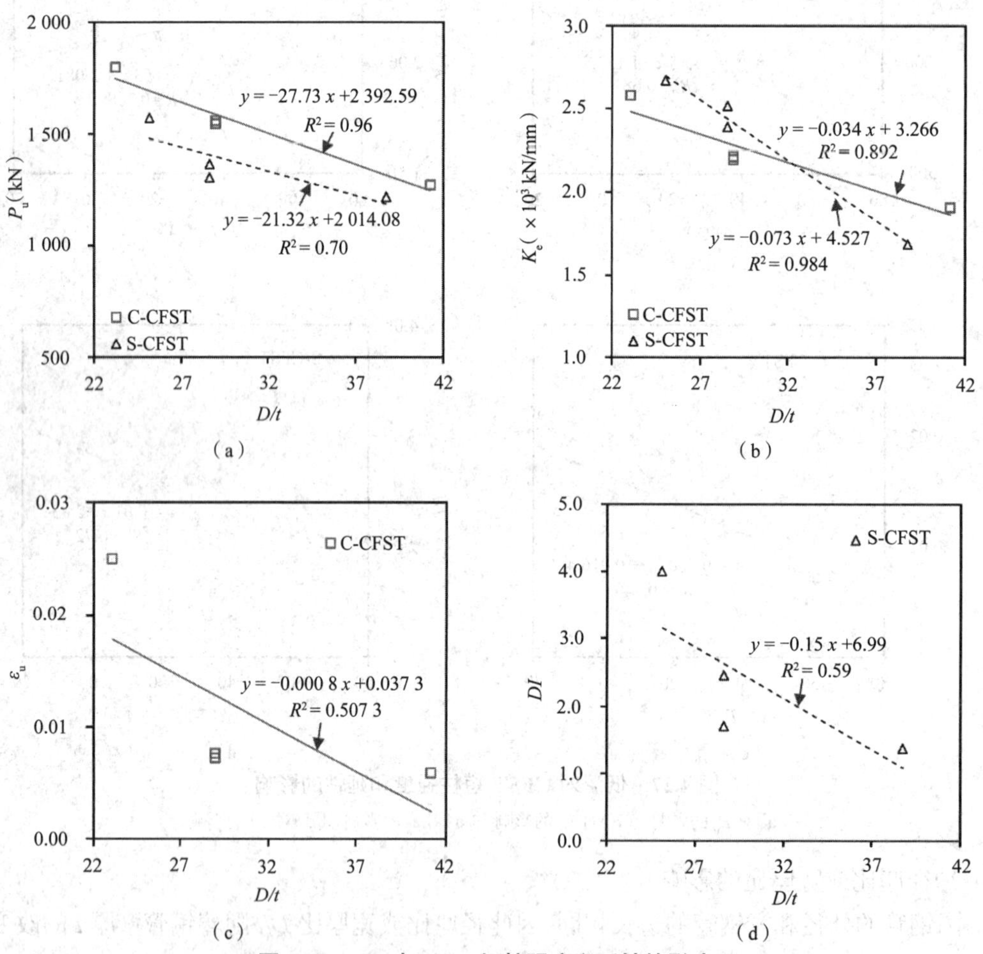

图 4.28 D/t 对 CFST 短柱强度和延性的影响

(a)对 P_u 的影响 (b)对 K_e 的影响 (c)对 ε_u 的影响 (d)对 DI 的影响

3)约束效应系数的影响

钢管壁厚 t 的增加会提高抗压承载力。然而,钢管壁厚的增加实际上提高了钢管对核心混凝土的约束作用,约束效应系数 ξ 定义如下 [13]:

$$\xi = \frac{f_y A_s}{f_c A_c} \tag{4.34}$$

式中，f_y 和 f_c 分别为钢管的屈服强度和混凝土的抗压强度；A_c 和 A_s 分别是混凝土和钢管的横截面面积。

ξ 对 P/P_u-Δ 曲线的影响如图 4.29 所示，低温环境下温度升高、钢管壁厚增加以及核心混凝土强度降低可以使 ξ 增加，从而提高 CFST 组合柱的延性。具体发现总结如下。

（1）如图 4.29（a）和（d）所示，温度从 20 ℃降至 −80 ℃，约束效应系数随之降低，CFST 组合柱的延性也略微下降。温度从 20 ℃下降至 −30 ℃、−60 ℃和 −80 ℃，C-CFST（S-CFST）组合柱的约束效应系数 ξ 从 1.54（1.55）分别降至 1.45（1.50）、1.29（1.29）和 1.16（1.15）。温度降低之所以引起约束作用降低是因为在温度降低相同的条件下，核心混凝土抗压强度的增量大于钢管屈服强度的增量。

（2）如图 4.29（b）和（e）所示，在 −60 ℃的低温环境下，壁厚增加引起约束效应系数增加，从而可以提高 CFST 组合柱的延性，尤其是峰后荷载 - 位移曲线性能。在 −60 ℃的低温下，钢管壁厚从 3.2 mm（3.1 mm）增至 4.6 mm（4.2 mm）和 5.8 mm（4.8 mm），C-CFST（S-CFST）组合柱的约束效应系数 ξ 相应地由 0.90（0.94）分别增至 1.29（1.29）和 1.71（1.57）。

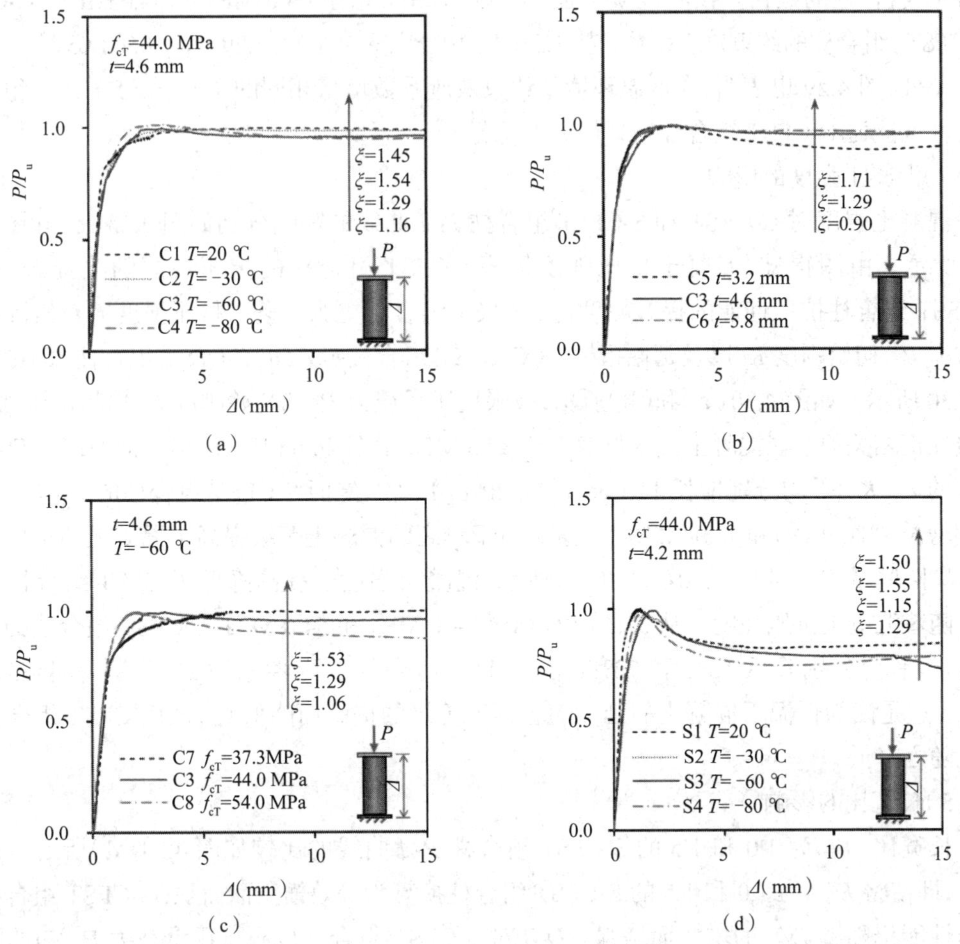

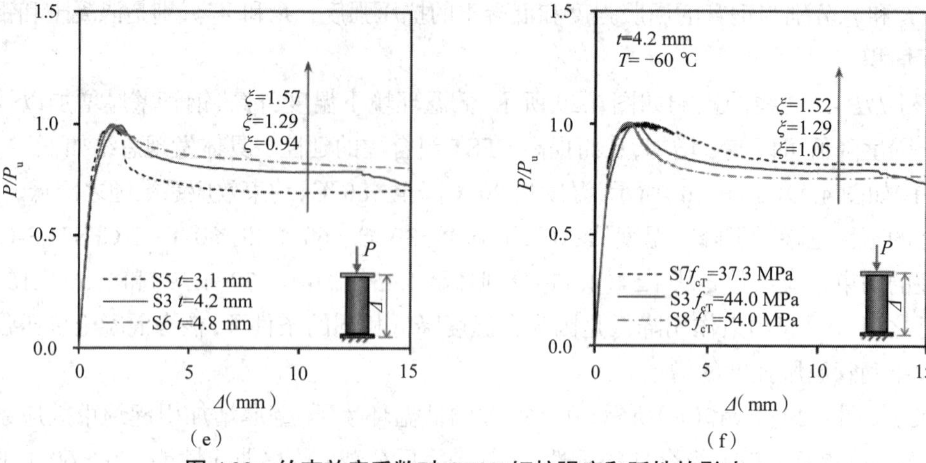

图 4.29 约束效应系数对 CFST 短柱强度和延性的影响

(a)T 对 C-CFST 短柱的影响 (b)t 对 C-CFST 短柱的影响 (c)f_c 对 C-CFST 短柱的影响
(d)T 对 S-CFST 短柱的影响 (e)t 对 S-CFST 短柱的影响 (f)f_c 对 S-CFST 短柱的影响

(3)如图 4.29(c)和(f)所示，在 -60 ℃下，核心混凝土强度的增加可以提高 C-CFST 和 S-CFST 组合柱的延性。核心混凝土强度从 37.3 MPa 增至 44.0 MPa 和 54.0 MPa，C-CFST (S-CFST)组合柱的约束效应系数 ξ 从 1.53(1.52)分别降至 1.29(1.29)和 1.06(1.05)。

此外，图 4.29 也表明，在低温环境中约束效应系数增量相同的条件下，S-CFST 组合柱的延性性能比 C-CFST 组合柱提高得更为显著。

4)混凝土强度的影响

混凝土强度对 C-CFST 和 S-CFST 组合柱 P-Δ 曲线的影响分别如图 4.23(c)和图 4.24 (c)所示。由图得知，混凝土抗压强度提高，CFST 组合柱的抗压性能随之提升，而且 C-CFST 组合柱抗压性能的提升幅度比 S-CFST 组合柱更为显著。抗压强度 f_c 对极限抗压承载力 P_u、初始刚度 K_e 以及延性指标 ε_u(C-CFST 组合柱)或 DI(S-CFST 组合柱)的影响如图 4.30 所示。如图 4.30(a)和(b)所示，极限抗压承载力 P_u 和初始刚度 K_e 均与抗压强度 f_c 呈线性正相关关系。混凝土抗压强度 f_c 从 37.3 MPa 增至 44.0 MPa 和 54.0 MPa，C-CFST 组合柱的 P_u(K_e)平均分别增长 1%(35%)和 20%(45%)，然而 S-CFST 组合柱的 P_u(K_e)平均分别增长 2%(20%)和 13%(27%)。这是由于较高的混凝土等级提高了混凝土的抗压强度 f_c 和弹性模量 E_c。如图 4.30(c)和(d)所示，混凝土强度的提高降低了 CFST 组合柱的延性。随着混凝土抗压强度 f_c 从 37.3 MPa 增至 44.0 MPa 和 54.0 MPa，C-CFST 组合柱的延性指标 ε_u 平均分别降低 53% 和 72%，而 S-CFST 组合柱的延性系数 DI 分别降低 53% 和 72%。这是因为低温下混凝土的延性随着强度等级的提高而降低 [17]，从而 CFST 组合柱的延性随之降低。

5)长宽比的影响

长宽比 D/B 为 1.0 和 1.5 的 S-CFST 组合柱 P-Δ 曲线的比较如图 4.24(d)所示。由图可知，即使将 D/B 为 1.0 和 1.5 的 S-CFST 组合柱换算为等效横截面面积，S-CFST 组合柱的抗压性能仍随着 D/B 的增大而增强。D/B 对 S-CFST 组合柱极限抗压承载力 P_u、初始刚度 K_e 及延性系数 DI 的影响如图 4.31 所示。D/B 由 1.0 增至 1.5，P_u 和 K_e 平均分别增加 24%

和 10%；而 S-CFST 组合柱的 *DI* 降低 27%。*D/B* 为 1.5 的试件 S9 在设计时钢管和核心混凝土的横截面均相对增大 4%，相应地试件的周长也增大 4%，低温下钢管 - 混凝土界面处水凝结成冰，这或许会增大 CFST 组合柱的黏结作用，从而提高了 P_u 和 K_e。

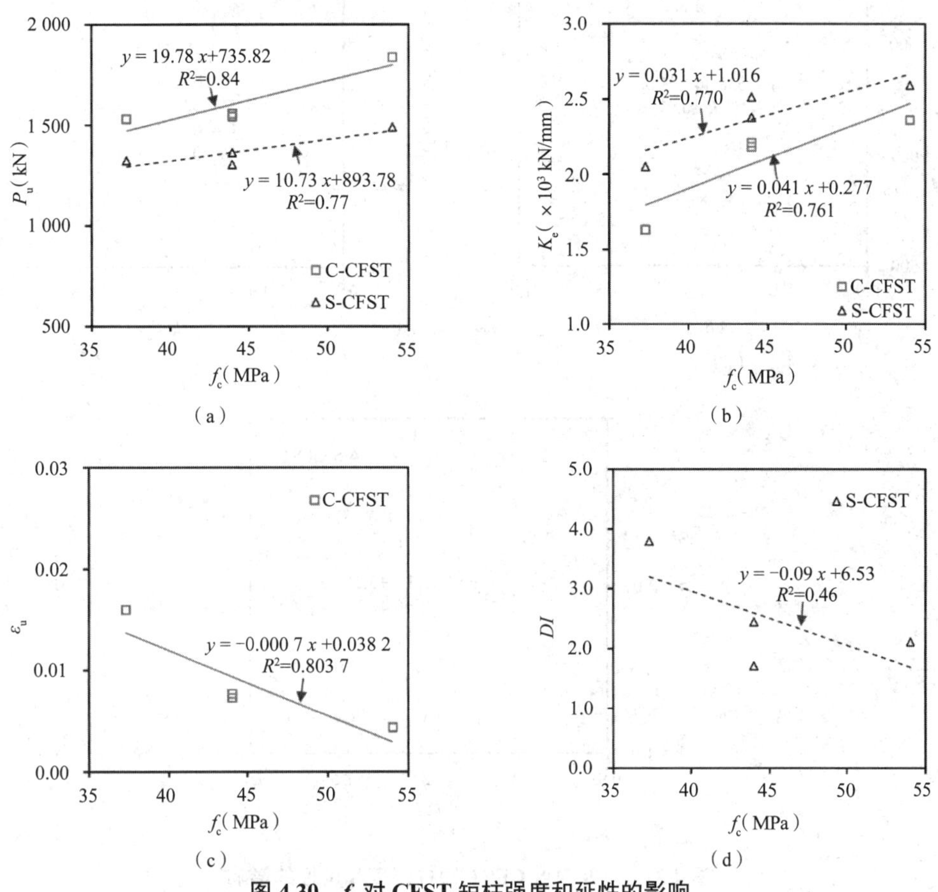

图 4.30　f_c 对 CFST 短柱强度和延性的影响

(a)对 P_u 的影响　(b)对 K_e 的影响　(c)对 ε_u 的影响　(d)对 *DI* 的影响

6)截面类型的影响

C-CFST 组合柱 C1~8 和 S-CFST 组合柱 S1~8 设计时采用了相同的材料和相近的横截面面积，因此截面类型对 CFST 组合柱极限抗压承载力的影响易于比较分析得到。分析中采用平均压应力 σ_a，以消除横截面面积的影响，平均压应力定义如下：

$$\sigma_a = \frac{P_u}{A_c + A_s} \tag{4.35}$$

式中，A_c 和 A_s 分别为核心混凝土及钢管的横截面面积。

由于试件 C1~8 和 S1~8 的参数对应设置相同，因此可以将 C*i* 与 S*i*(*i*=1~8)对应比较分析。图 4.32 比较了 C-CFST 组合柱和 S-CFST 组合柱的 σ_a。可见，低温下 C-CFST 组合柱的 σ_a 相对于 S-CFST 组合柱较大。由图 4.32 中的 16 个试验结果比较分析可得，C-CFST 组合柱不同低温下的 σ_a 比 S-CFST 组合柱平均高出 27%，变异系数为 0.07。这是因为相对于 S-CFST 组合柱，C-CFST 组合柱的钢管对核心混凝土的约束作用更强，这也解释了低温环境下 C-CFST 组合柱的 P_u 相对更大。

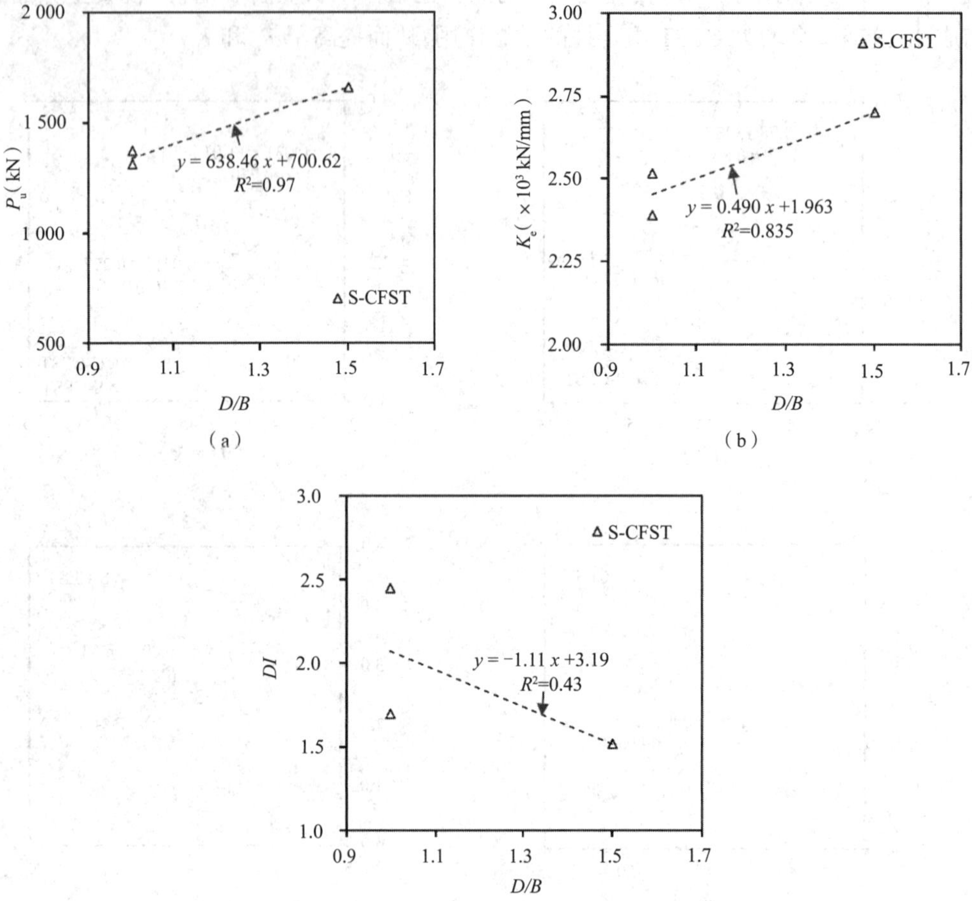

（a）

（b）

（c）

图 4.31　*D/B* 对 S-CFST 短柱强度和延性的影响

（a）对 P_u 的影响　（b）对 K_e 的影响　（c）对 DI 的影响

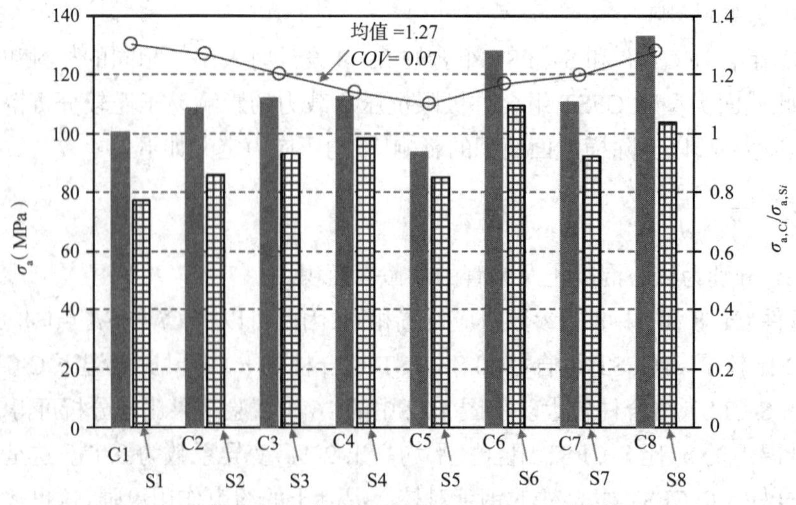

图 4.32　截面类型对 CFST 短柱平均极限压应力的影响

4.2.3　低温钢管 - 混凝土组合柱极限抗压承载力分析

1. 钢管 - 混凝土组合柱低温极限抗压承载力计算

ACI 318-11[18] 规范规定 CFST 组合柱极限抗压承载力计算公式如下：

$$P_{\mathrm{u,ACI}} = f_{\mathrm{y}} A_{\mathrm{s}} + 0.85 f_{\mathrm{c}} A_{\mathrm{c}} \tag{4.36}$$

式中，A_c 和 A_s 分别为核心混凝土及钢管的横截面面积；f_y 和 f_c 分别为钢管的屈服强度和混凝土的抗压强度。

ANSI/AISC 360-10[8] 规范中 CFST 组合柱的极限抗压承载力按下式计算：

$$P_{\mathrm{u,AI}} = \begin{cases} 0.658^{P_0/P_{\mathrm{cr}}} P_0, & P_0 \leqslant 2.25 P_{\mathrm{cr}} \\ 0.877 P_{\mathrm{cr}}, & P_0 > 2.25 P_{\mathrm{cr}} \end{cases} \tag{4.37}$$

$$P_0 = f_{\mathrm{y}} A_{\mathrm{s}} + C_2 f_{\mathrm{c}} A_{\mathrm{c}} \tag{4.38}$$

$$P_{\mathrm{cr}} = \frac{\pi^2}{KL} EI_{\mathrm{eff}} \tag{4.39}$$

式中，C_2 为边距增量，C-CFST 组合柱和 S-CFST 组合柱分别取值 0.95 和 0.85[8]；$EI_{\mathrm{eff}} = E_s I_s + C_1 E_c I_c$，为 CFST 组合柱横截面的等效刚度，$C_1 = 0.1 + 2A_s/(A_s + A_c) \leqslant 0.3$；$A_c$ 和 A_s 分别为核心混凝土和钢管的横截面面积；f_y 和 f_c 分别为钢管的屈服强度和混凝土的抗压强度；P_0 为组合柱名义抗压承载力；P_{cr} 为组合柱弹性屈曲临界荷载。

对 $L/D \leqslant 4.0$ 的 CFST 组合柱，AIJ[19] 规范中的极限抗压承载力按下式计算：

$$P_{\mathrm{u,AIJ}} = 0.85 f_{\mathrm{c}} A_{\mathrm{c}} + (1+\eta) f_{\mathrm{y}} A_{\mathrm{s}} \tag{4.40}$$

式中，η 为钢管的截面形状系数，圆钢管取值为 0.27，方钢管取值为 0.0。

Eurocode 4[20] 规定 CFST 组合柱的极限抗压承载力计算如下：

$$P_{\mathrm{u,EC4}} = \begin{cases} \eta_{\mathrm{a}} f_{\mathrm{y}} A_{\mathrm{s}} + f_{\mathrm{c}} A_{\mathrm{c}} \left(1 + \eta_{\mathrm{c}} \dfrac{t f_{\mathrm{y}}}{D f_{\mathrm{c}}}\right) \\ f_{\mathrm{y}} A_{\mathrm{s}} + f_{\mathrm{c}} A_{\mathrm{c}} \end{cases} \tag{4.41}$$

$$\eta_{\mathrm{a}} = 0.25(3 + 2\lambda) \tag{4.42}$$

$$\eta_{\mathrm{c}} = 4.9 - 18.5\lambda + 17\lambda^2 \tag{4.43}$$

$$\lambda = \sqrt{\frac{P_{\mathrm{pl,Rk}}}{P_{\mathrm{cr}}}} \tag{4.44}$$

$$P_{\mathrm{pl,Rk}} = A_{\mathrm{s}} f_{\mathrm{y}} + 0.85 A_{\mathrm{c}} f_{\mathrm{c}} \tag{4.45}$$

式中，η_a 为考虑约束效应影响的核心混凝土强度增强系数；λ 为相对长细比；$P_{\mathrm{pl,Rk}}$ 为组合柱塑性抗压承载力特征值；P_{cr} 为由等效抗弯刚度 EI_{eff} 确定的弹性屈曲临界荷载，EI_{eff} 按下式确定：

$$EI_{\mathrm{eff}} = E_{\mathrm{s}} I_{\mathrm{s}} + K_{\mathrm{e}} E_{\mathrm{c}} I_{\mathrm{c}} \tag{4.46}$$

式中，系数 K_e 取值为 0.6；I_s 和 I_c 分别是钢管和核心混凝土的惯性矩；E_s 和 E_c 分别是钢管和核心混凝土的弹性模量。

GB 50936—2014[21] 规定 CFST 组合柱的极限抗压承载力计算如下：

$$P_{u,GB}=\left(A_c+A_s\right)\left(1.212+m\xi+n\xi^2\right)f_c' \tag{4.47}$$

$$m=\begin{cases}0.176f_y/213+0.974 & \text{(C-CFST)}\\ 0.131f_y/213+0.723 & \text{(S-CFST)}\end{cases} \tag{4.48}$$

$$n=\begin{cases}-0.104f_c'/14.4+0.031 & \text{(C-CFST)}\\ -0.070f_c'/14.4+0.026 & \text{(S-CFST)}\end{cases} \tag{4.49}$$

式中，ξ 为约束效应系数，可按式(4.34)计算。

然而，上述规范中的公式适用于常温下的 CFST 组合柱，因此式(4.36)~(4.49)中钢管和混凝土的材料性能需要替换成低温下的材料性能。

2. 修正规范公式验证

表 4-7 列出了 23 个 CFST 组合柱的极限抗压承载力规范预测值，包括 ACI 318-11、ANSI/AISC 360-10、AIJ、Eurocode 4 以及 GB 50936—2014。规范预测值与试验值的比较如图 4.33 所示。通过比较低温下 C-CFST 组合柱极限抗压承载力 P_u 的预测值，可以得出，ACI 318-11 和 ANSI/AISC 360-10 提供的公式最为保守，11 个 C-CFST 组合柱的 P_u 平均分别低估了 27% 和 24%；其次是 AIJ 规范，对 11 个 C-CFST 组合柱 P_u 的预测值比试验值低估了 15%；保守最小的是 Eurocode 4 和 GB 50936—2014，11 个试验结果的预测值分别低估了 5% 和 6%。所有规范的 P_u 试验值与预测值比值的变异系数比较接近，大约为 6%。

表 4-7 极限抗压承载力预测值与试验值比较

编号	$P_{u,ACI}$（kN）	$\frac{P_{u,ACI}}{P_u}$	$P_{u,AI}$（kN）	$\frac{P_{u,AI}}{P_u}$	$P_{u,AIJ}$（kN）	$\frac{P_{u,AIJ}}{P_u}$	$P_{u,EC4}$（kN）	$\frac{P_{u,EC4}}{P_u}$	$P_{u,GB}$（kN/）	$\frac{P_{u,GB}}{P_u}$	$P_{u,a}$（kN）	$\frac{P_{u,a}}{P_u}$	$\frac{K_e}{K_a}$	K_{tm}（kN/mm）	$\frac{K_e}{K_{tm}}$
C1	971	0.70	1 006	0.72	1 137	0.81	1 269	0.91	1 244	0.89	1 389	1.00	1.10	1.89	0.91
C2	1 015	0.67	1 049	0.69	1 191	0.79	1 325	0.88	1 289	0.85	1 461	0.97	1.00	2.11	1.00
C3-1	1 138	0.73	1 181	0.76	1 323	0.85	1 480	0.95	1 462	0.94	1 572	1.01	1.10	2.02	0.91
C3-2	1 138	0.73	1 181	0.76	1 323	0.85	1 480	0.95	1 462	0.94	1 572	1.01	1.09	2.02	0.92
C4-1	1 221	0.81	1 270	0.84	1 412	0.94	1 584	1.05	1 583	1.05	1 670	1.11	1.13	2.09	0.88
C4-2	1 221	0.79	1 270	0.82	1 412	0.91	1 584	1.02	1 583	1.02	1 670	1.08	1.16	2.09	0.86
C4-3	1 221	0.75	1 270	0.78	1 412	0.87	1 584	0.98	1 583	0.97	1 670	1.03	1.09	2.09	0.92
C5	950	0.75	994	0.78	1 082	0.85	1 227	0.96	1 282	1.01	1 316	1.03	1.10	1.74	0.91
C6	1 321	0.73	1 361	0.76	1 560	0.87	1 714	0.95	1 593	0.89	1 823	1.01	1.17	2.21	0.86
C7	1 069	0.70	1 105	0.72	1 255	0.82	1 416	0.92	1 355	0.88	1 544	1.01	0.84	1.95	1.20
C8	1 240	0.67	1 293	0.70	1 426	0.77	1 603	0.87	1 625	0.88	1 721	0.93	1.11	2.13	0.90
C-CFST 短柱	均值	0.73		0.76		0.85		0.95		0.94		1.00	1.08		0.93
	COV	0.06		0.06		0.06		0.06		0.07		0.04	0.09		0.07
S1	1 021	0.92	1 015	0.92	1 021	0.92	1 087	0.98	1 147	1.04	—	—	1.09	—	—
S2-1	1 055	0.94	1 048	0.94	1 055	0.94	1 121	1.00	1 177	1.05	—	—	1.22	—	—
S2-2	1 055	0.78	1 048	0.78	1 055	0.78	1 121	0.83	1 177	0.87	—	—	1.16	—	—
S3-1	1 169	0.89	1 160	0.89	1 169	0.89	1 251	0.96	1 340	1.02	—	—	1.21	—	—
S3-2	1 169	0.85	1 160	0.85	1 169	0.85	1 251	0.91	1 340	0.98	—	—	1.15	—	—

续表

编号	$P_{u,ACI}$（kN）	$\frac{P_{u,ACI}}{P_u}$	$P_{u,AI}$（kN）	$\frac{P_{u,AI}}{P_u}$	$P_{u,AIJ}$（kN）	$\frac{P_{u,AIJ}}{P_u}$	$P_{u,EC4}$（kN）	$\frac{P_{u,EC4}}{P_u}$	$P_{u,GB}$（kN/）	$\frac{P_{u,GB}}{P_u}$	$P_{u,a}$（kN）	$\frac{P_{u,a}}{P_u}$	$\frac{K_e}{K_a}$	K_{tm}（kN/mm）	$\frac{K_e}{K_{tm}}$
S4-1	1 253	0.92	1 243	0.91	1 253	0.92	1 347	0.99	1 460	1.07	—	—	1.18	—	—
S4-2	1 253	0.85	1 243	0.85	1 253	0.85	1 347	0.92	1 460	0.99	—	—	1.17	—	—
S5	1 018	0.83	1 010	0.83	1 018	0.83	1 103	0.90	1 226	1.00	—	—	0.91	—	—
S6	1 295	0.82	1 285	0.82	1 295	0.82	1 375	0.87	1 424	0.90	—	—	1.21	—	—
S7	1 098	0.83	1 090	0.82	1 098	0.83	1 168	0.88	1 228	0.93	—	—	1.02	—	—
S8	1 275	0.85	1 265	0.85	1 275	0.85	1 376	0.92	1 509	1.01	—	—	1.19	—	—
S9	1 337	0.81	1 330	0.80	1 337	0.81	1 423	0.86	1 490	0.90	—	—	1.24	—	—
S-CFST 短柱	均值	0.86		0.85		0.86		0.92		0.98		—	1.15		—
	COV	0.06		0.06		0.06		0.06		0.07		—	0.08		—
CFST 短柱	均值	0.80		0.81		0.86		0.94		0.97		—	1.12		—
	COV	0.10		0.09		0.06		0.05		0.07		—	0.09		—

注：$P_{u,ACI}$、$P_{u,AI}$、$P_{u,AIJ}$、$P_{u,EC4}$ 和 $P_{u,GB}$ 分别是 P_u 的预测值；$P_{u,a}$ 是 P_u 的理论模型预测值；K_{tm} 是 K_e 的理论模型预测值。

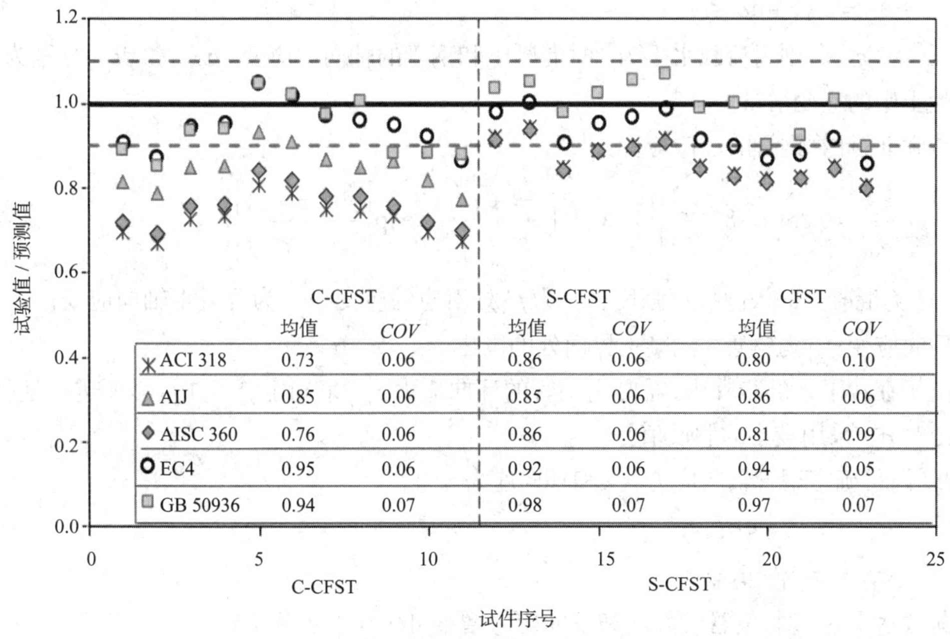

图 4.33　规范预测值与试验值比较

对于 S-CFST 组合柱，ACI 318-11、ANSI/AISC 360 和 AIJ 提供的公式对其极限抗压承载力的预测最为保守且相差不大，分别低估了 14%、15% 和 14%。其次保守的是 EC4，预测值低估了 8% 左右。GB 50936—2014 的预测值与试验值最为接近，仅低估 2% 左右。然而，有接近一半的结果偏不安全。

总之，对低温下 23 个 CFST 组合柱的试验结果，ACI 318 的预测最为保守，试验值与预测值之比平均为 0.8，变异系数最高为 0.10；其次是 ANSI/AISC 360-10，试验值与预测值之比平均为 0.81,变异系数为 0.09; AIJ 的预测结果介于中间, 23 个试件的预测值平均低估了 14%,变异系数为 0.06; EC4 对 23 个 CFST 组合柱的预测值比较接近试验值,平均低估了 6%,且变异系数最小为 0.05;最接近试验值的是 GB 50936—2014,预测值与试验值比值的平均值为 0.97,变异系数为 0.07。然而, GB 50936—2014 对低温下 CFST 组合柱的预测结果存在 35% 的不安全因素。因此,从可靠性和安全性两个角度考虑, 20 到 −80 ℃下 CFST 组合柱极限抗压承载力 P_u 的计算,建议采用 Eurocode 4 规定的公式。

4.2.4 圆钢管 - 混凝土组合柱低温受压性能的理论模型

1. 提出圆钢管 - 混凝土组合柱低温受压性能的理论模型

在低温下,可通过迭代法获得圆钢管 - 混凝土短柱的轴向荷载与缩短特性[22]。

步骤Ⅰ:计算钢管和混凝土的轴向压应变。

荷载水平为 i 时,对应的竖向位移增量为 $\varDelta_i$,混凝土和钢管中的竖向压应变可按下式计算:

$$\varepsilon_{s,i} = \varepsilon_{c,i} = \varDelta_i / L \tag{4.50}$$

$$\varepsilon_{s,i} = \varepsilon_{s,i-1} + \mathrm{d}\varepsilon_{s,i} \tag{4.51}$$

$$\varepsilon_{c,i} = \varepsilon_{c,i-1} + \mathrm{d}\varepsilon_{c,i} \tag{4.52}$$

式中,$\varepsilon_{c,i}$ 和 $\varepsilon_{s,i}$ 分别为荷载水平为 i 时混凝土和钢管的轴向压应变; $\mathrm{d}\varepsilon_{s,i}$ 和 $\mathrm{d}\varepsilon_{c,i}$ 分别为钢管和混凝土中的应变增量。

步骤Ⅱ:计算钢管的环向应变 $\varepsilon_{h,i}$。

$$\frac{\varepsilon_{c,i}}{\varepsilon_{co}} = 0.85\left(1+8\frac{f_{r,i}}{f'_{co}}\right)\left\{\left[1+0.75\left(\frac{-\varepsilon_{h,i}}{\varepsilon_{co}}\right)\right]^{0.7} - \exp\left[-7\left(\frac{-\varepsilon_{h,i}}{\varepsilon_{co}}\right)\right]\right\} \tag{4.53}$$

式中,f'_{co} 为混凝土的极限抗压强度; ε_{co} 为 f'_{co} 处对应的应变; $\varepsilon_{c,i}$ 为混凝土轴向应变; $\varepsilon_{h,i}$ 为钢管的环向应变;$f_{r,i}$ 为钢管 - 混凝土界面处的围压。

由于在接下来的步骤中,需要用钢管的环向应力 $\sigma_{h,i}$ 来确定 $f_{r,i}$,并且需要进行迭代,因此此处对 $\sigma_{h,i}$ 采用较小的假设值。

步骤Ⅲ:确定钢管轴向应力 $\sigma_{s,i}$ 和环向应力 $\sigma_{h,i}$。

$$\sigma_{s,i} = \sigma_{s,i-1} + \mathrm{d}\sigma_{s,i} \tag{4.54}$$

$$\sigma_{h,i} = \sigma_{h,i-1} + \mathrm{d}\sigma_{h,i} \tag{4.55}$$

荷载水平为 i 时,钢管的环向和轴向应力增量可按如下步骤确定。

(1)弹性阶段($0 \leqslant \varepsilon_{s,i} \leqslant \varepsilon_e$)。

轴向应力增量 $\mathrm{d}\sigma_{s,i}$ 和环向应力增量 $\mathrm{d}\sigma_{h,i}$ 可根据胡克定律确定,如下所示:

$$\mathrm{d}\sigma_{s,i} = \frac{E_s}{1-\mu_s^2}\left(\mathrm{d}\varepsilon_{s,i} + \mu_s \mathrm{d}\varepsilon_{h,i}\right) \tag{4.56}$$

$$\mathrm{d}\sigma_{h,i} = \frac{E_s}{1-\mu_s^2}\left(\mathrm{d}\varepsilon_{h,i} + \mu_s \mathrm{d}\varepsilon_{s,i}\right) \tag{4.57}$$

式中,μ_s 为钢管泊松比,此处泊松比取值为 0.3;E_s 为钢管的低温弹性模量。

（2）弹塑性阶段（$\varepsilon_e<\varepsilon_{s,i}\leqslant\varepsilon_y$）。

弹塑性阶段的轴向应力增量 $d\sigma_{s,i}$ 和环向应力增量 $d\sigma_{h,i}$ 按照钟善桐[23]给出的方法确定，如下所示：

$$d\sigma_{h,i}=\frac{E_{s,i}^{t}}{1-\mu_{sp,i}^{2}}\left(d\varepsilon_{h,i}+\mu_{sp,i}d\varepsilon_{s,i}\right) \tag{4.58}$$

$$d\sigma_{s,i}=\frac{E_{s,i}^{t}}{1-\mu_{sp,i}^{2}}\left(d\varepsilon_{s,i}+\mu_{sp,i}d\varepsilon_{h,i}\right) \tag{4.59}$$

$$E_{s,i}^{t}=\frac{\left(f_y-\bar{\sigma}_i\right)\bar{\sigma}_i}{\left(f_y-f_p\right)f_p}E_s \tag{4.60}$$

$$\mu_{sp,i}=0.217\frac{\bar{\sigma}_i-f_p}{f_y-f_p}+0.283 \tag{4.61}$$

$$\bar{\sigma}_i=\frac{\sqrt{2}}{2}\sqrt{\left(\sigma_{s,i}-\sigma_{h,i}\right)^2+\sigma_{h,i}^2+\sigma_{s,i}^2} \tag{4.62}$$

式中，$E_{s,i}^{t}$ 为切线模量；$\bar{\sigma}_i$ 为应力强度的 $\frac{1}{2}$ 次方；f_p 为比例极限下的强度，且为 $0.8f_y$；$\sigma_{s,i}$ 和 $\sigma_{h,i}$ 分别为荷载水平为 i 时，钢管的轴向应变和环向应变，由公式（4.54）和（4.55）确定。

（3）塑性硬化阶段（$\varepsilon_y<\varepsilon_{s,i}\leqslant\varepsilon_u$）。

钢管在塑性硬化阶段的轴向应力增量和环向应力增量可通过 Zhang 等[24]提出的方法确定，如下所示：

$$d\sigma_{h,i}\approx\frac{E_s^p}{Q_i}\left[\left(\sigma_{s,i}+2p_i\right)d\varepsilon_{h,i}+\left(-\sigma_{s,i}\sigma_{h,i}+2\mu_s^p p_i\right)d\varepsilon_{s,i}\right] \tag{4.63}$$

$$d\sigma_{s,i}\approx\frac{E_s^p}{Q_i}\left[\left(\sigma_{h,i}+2p_i\right)d\varepsilon_{s,i}+\left(-\sigma_{h,i}\sigma_{s,i}+2\mu_s^p p_i\right)d\varepsilon_{h,i}\right] \tag{4.64}$$

$$Q_i=\left(\sigma_{h,i-1}-\sigma_{m,i-1}\right)^2+\left(\sigma_{s,i-1}-\sigma_{m,i-1}\right)^2+2\mu_s\left(\sigma_{h,i-1}-\sigma_{m,i-1}\right)\left(\sigma_{s,i-1}-\sigma_{m,i-1}\right)+\frac{2H'\left(1-\mu_s\right)\bar{\sigma}_i^2}{9G} \tag{4.65}$$

$$\bar{\sigma}_i\approx\sqrt{3\left[\left(\sigma_{h,i-1}-\sigma_{m,i-1}\right)^2+\left(\sigma_{h,i-1}-\sigma_{m,i-1}\right)\left(\sigma_{s,i-1}-\sigma_{m,i-1}\right)+\left(\sigma_{s,i-1}-\sigma_{m,i-1}\right)^2\right]} \tag{4.66}$$

$$\sigma_{m,i-1}=\left(\sigma_{h,i-1}+\sigma_{s,i-1}\right)/3 \tag{4.67}$$

$$p_i=\frac{2H'}{9E_s}\bar{\sigma}_i^2 \tag{4.68}$$

式中，$H'=\frac{10^{-3}}{1-10^{-3}}E_s$，$G=\frac{E_s}{2\left(1+\mu_s\right)}$，$\mu_s$ 为钢管泊松比；E_s 为钢管弹性模量；E_s^p 为钢管塑性硬化范围内的切线模量，并且 $E_s^p=E_s/1\ 000$；μ_s^p 为塑性硬化范围内钢管的泊松比，取值为 0.5。

因此，钢管 - 混凝土界面处的围压校正值由以下公式确定：

$$f_{r,i}'=\frac{2t}{D-2t}\sigma_{h,i} \tag{4.69}$$

将计算得到的钢管 - 混凝土界面处的围压校正值$f'_{r,i}$与原始假设值$f_{r,i}$进行比较，当步骤Ⅱ结束时，如果差值$\chi=|f'_{r,i}-f_{r,i}|$小于允许误差，则停止迭代；否则，让$f_{r,i}=f'_{r,i}$并转至步骤Ⅱ中公式（4.53），以进行下一个求解循环。

步骤Ⅳ：根据给定应变确定混凝土的轴向压应力$\sigma_{c,i}$。

按照韩林海[25]给出的方法确定核心混凝土柱中的轴向压应力，如下所示：

$$\sigma_{c,i}/\sigma_o=\begin{cases}2\varepsilon_{c,i}/\varepsilon_o-\left(\varepsilon_{c,i}/\varepsilon_o\right)^2, & \varepsilon_{c,i}/\varepsilon_o\leqslant 1\\ 1+q\left[\left(\varepsilon_{c,i}/\varepsilon_o\right)^{0.1\xi-1}-1\right], & \xi\geqslant 1.12,\ \varepsilon_{c,i}/\varepsilon_o>1\\ \dfrac{\varepsilon_{c,i}/\varepsilon_o}{\beta\left(\varepsilon_{c,i}/\varepsilon_o-1\right)^2+\varepsilon_{c,i}/\varepsilon_o}, & \xi<1.12,\ \varepsilon_{c,i}/\varepsilon_o>1\end{cases} \tag{4.70}$$

$$\sigma_o=\left[1+\left(-0.054\xi^2+0.4\xi\right)\left(24/f_c\right)^{0.45}\right]f_c \tag{4.71}$$

$$\varepsilon_o=\varepsilon_{cc}+\left[1\,400+800\left(24/f_c-1\right)\right]\xi^{0.2} \tag{4.72}$$

$$\varepsilon_{cc}=1\,300+12.5f_c \tag{4.73}$$

$$q=\frac{\xi^{0.745}}{2+\xi} \tag{4.74}$$

$$\beta=3.51\times10^{-4}\left(2.36\times10^{-5}\right)^{0.25+(\xi-0.5)^7}f_c^2 \tag{4.75}$$

式中，$\xi=f_yA_s/(f_cA_c)$；ε_0 和 ε_{cc} 单位均为 10^{-6}。

步骤Ⅴ：确定圆钢管 - 混凝土组合柱的轴向反力。

通过将钢管和混凝土的反作用力分量汇总如下，可确定荷载水平 i 下圆钢管 - 混凝土组合柱的轴向反力 P_i：

$$P_i=P_{c,i}+P_{s,i} \tag{4.76}$$

$$P_{c,i}=\sigma_{c,i}A_c \tag{4.77}$$

$$P_{s,i}=\sigma_{s,i}A_s \tag{4.78}$$

式中，A_c 表示核心混凝土柱的横截面面积；A_s 表示钢管的横截面面积。

2. 验证

图 4.34 将预测的轴向受压荷载 - 位移曲线与试验曲线进行比较。结果表明，尽管在退化阶段曲线存在一定差异，但是总体上理论模型预测的荷载 - 位移曲线与试验曲线吻合较好。表 4-7 引出了理论模型预测的 P_u 和 K_e 值。表 4-7 中的试验结果表明，P_u 的理论模型预测值的平均误差为 0%，变异系数为 4%；初始刚度平均低估了 7%，变异系数为 7%。因此，上述数据证明所建立的理论模型能够模拟圆钢管 - 混凝土组合柱的低温受压行为。

4.2.5 小结

本节首先对 11 个 C-CFST 和 12 个 S-CFST 组合柱开展了轴压试验；基于 23 个试件的试验结果，随后展开了不同参数对低温钢管 - 混凝土组合柱抗压性能影响的分析，同时对不同规范中的材料参数进行了低温修正，以预测 C-CFST 和 S-CFST 组合柱的极限抗压承载力，并发展了圆钢管 - 混凝土组合柱低温受压性能的理论模型。通过以上的试验和理论分析，可以得出如下结论。

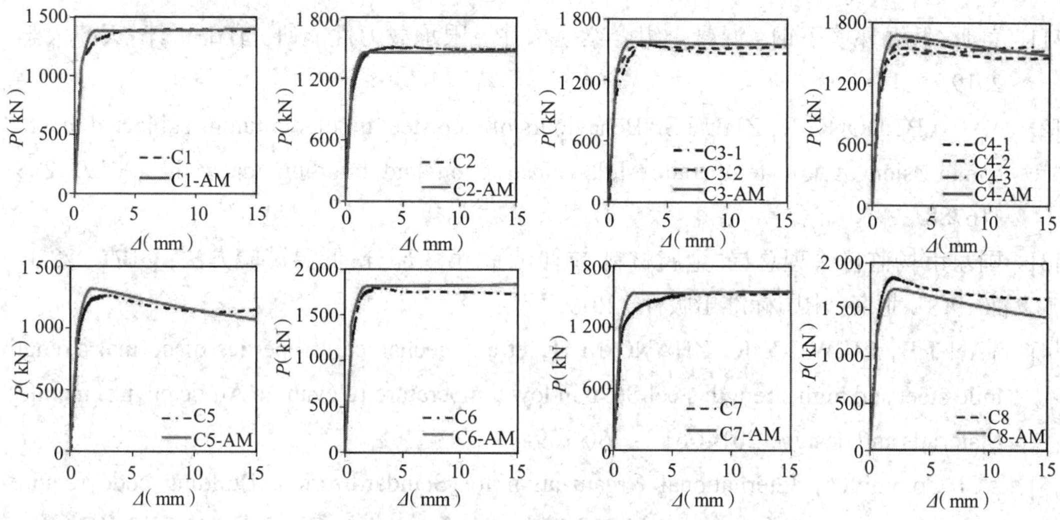

图 4.34　理论预测荷载 - 位移曲线与试验曲线的比较

（1）低温下，63% 的 C-CFST 组合柱在达到极限抗压承载力时发生剪切破坏，其余因混凝土压碎而破坏，对角剪切破坏面大致位于柱高的 1/3~1/2 处。荷载 - 位移曲线的峰值点以后，圆钢管发生塑性局部屈曲。大部分 S-CFST 组合柱达到极限抗压承载力时因混凝土压碎而破坏。由于 S-CFST 组合柱的约束效应较小，相对于 C-CFST 组合柱而言，S-CFST 向外屈曲的幅度更大。

（2）低温提高了极限抗压承载力和初始刚度，却降低了组合柱的延性，相同横截面面积和含钢率的 C-CFST 和 S-CFST 组合柱，C-CFST 组合柱具有更大的极限抗压承载力，但在温度从 20 ℃降至 −80 ℃的过程中，极限抗压承载力的增幅相对较小。在 −60 ℃下，C-CFST 和 S-CFST 组合柱的极限抗压承载力和初始刚度均随着 D/t 的减小而线性增大，延性随着 D/t 的减小而减小。在 −60 ℃下，C-CFST 和 S-CFST 组合柱的极限抗压承载力和初始刚度均与核心混凝土的强度呈正相关关系，而延性均随着混凝土强度的增加而降低，且相对 S-CFST 组合柱，C-CFST 组合柱的极限抗压承载力和初始刚度对混凝土强度的敏感性更高。在 −60 ℃下，随着 D/B 的增加，S-CFST 组合柱的极限抗压承载力、初始刚度和延性随之增加。

（3）在不同的低温环境下，横截面面积和材料相同的 C-CFST 和 S-CFST 组合柱，C-CFST 组合柱的平均压应力比 S-CFST 组合柱高出 27%。

（4）对不同的规范公式进行低温修正以预测低温 CFST 组合柱的极限抗压承载力。结果表明，ACI 318-11 和 ANSI/AISC 360-10 对极限抗压承载力的预测最为保守，而 Eurocode 4 和 GB 50936—2014 的预测相对更接近试验结果，保守性最低。AIJ 的预测介于两者之间。从可靠性和准确性角度考虑，推荐采用修正后的 Eurocode 4 规范用于 CFST 组合柱极限抗压承载力的计算。

（5）通过验证，所建立的理论模型能够模拟圆钢管 - 混凝土组合柱的低温受压行为。

参考文献

[1] 董昕. 低温环境下钢 - 混凝土组合梁柱构件极限承载力性能研究[D]. 天津：天津大学，2019.

[2] YAN J B，DONG X，ZHU J S. Behaviours of stub steel tubular columns subjected to axial compression at low temperatures[J]. Construction and building materials，2019，228：116788.

[3] 国家市场监督管理总局. 金属材料 拉伸试验 第 3 部分：低温试验方法：GB/T 228.3—2019[S]. 北京：中国标准出版社，2019.

[4] YAN J B，LIEW J Y R，ZHANG M H，et al. Mechanical properties of normal strength mild steel and high strength steel S690 in low temperature relevant to Arctic environment[J]. Materials and design，2014（61）：150-159.

[5] ACI Committee，International Organization for Standardization. Building code requirements for structural concrete（ACI 318-08）and commentary[C]. [S.l.]：American Concrete Institute，2008.

[6] YAN J B，WANG X T，WANG T. Compressive behaviour of normal weight concrete confined by the steel face plates in SCS sandwich wall[J]. Construction and building materials，2018（171）：437-454.

[7] CEN. Eurocode 3：design of steel structures. Part 1-1：general rules and rules for buildings[S]. Brussels：European Committee for Standardization，2005.

[8] American Institute of Steel Construction. Specification for structural steel buildings：ANSI/AISC 360-10[S].Chicago：AISC，2010.

[9] 中华人民共和国建设部. 冷弯薄壁型钢结构技术规范：GB 50018—2002[S]. 北京：中国计划出版社，2002.

[10] YAN J B，DONG X，ZHU J S. Compressive behaviours of CFST stub columns at low temperatures relevant to the Arctic environment[J]. Construction and building materials，2019（223）：503-519.

[11] XIE J，ZHU G R，YAN J B. Mechanical properties of headed studs at low temperatures in Arctic infrastructure[J]. Journal of constructional steel research，2018（149）：130-140.

[12] XIE J，YAN J B. Experimental studies and analysis on compressive strength of normal-weight concrete at low temperatures[J]. Structural concrete，2018，19（4）：1235-1244.

[13] 中华人民共和国住房和城乡建设部. 低温环境混凝土应用技术规范：GB 51081—2015[S]. 北京：中国计划出版社，2015.

[14] CHOI B J，HAN H S. An experiment on compressive profile of the unstiffened steel plate-concrete structures under compression loading[J]. Steel and composite structures，2009，9（6）：519-534.

[15] WANG Z B，TAO Z，HAN L H，et al. Strength，stiffness and ductility of concrete-filled steel columns under axial compression[J]. Engineering structures，2017，135：209-221.

[16] ZHAO X L，HANCOCK G J. Tests to determine plate slenderness limits for cold-formed rectangular hollow sections of grade C450[J]. Steel construction，1991，25(4)：2-16.

[17] XIE J，ZHAO X，YAN J B. Experimental and numerical studies on bonded prestressed concrete beams at low temperatures[J]. Construction and building materials，2018(188)：101-118.

[18] Building code requirements for structural concrete and commentary：ACI 318-11[S]. Farmington Hills：American Concrete Institute，2011.

[19] AIJ. Recommendations for design and construction of concrete filled steel tubular structures[S]. Tokyo：Architectural Institute of Japan，2008.

[20] European Committee for Standardization. Eurocode 4：design of composite steel and concrete structures[S]. Brussels：European Committee for Standardization，2004.

[21] 中华人民共和国住房和城乡建设部. 钢管混凝土结构技术规范：GB 50936—2014[S]. 北京：中国建筑工业出版社，2014.

[22] YAN J B，WANG T，DONG X. Compressive behaviours of circular concrete-filled steel tubes exposed to low-temperature environment[J]. Construction and building materials，2020(245)：118460.

[23] 钟善桐. 钢管混凝土结构[M]. 北京：清华大学出版社，2003.

[24] ZHANG S M，GUO L H，YE Z L，et al. Behavior of steel tube and confined high strength concrete for concrete-filled RHS tubes[J]. Advances in structural engineering，2004，8(2)：101-116.

[25] 韩林海. 钢管混凝土结构：理论与实践[M]. 北京：科学出版社，2016.

第 5 章　双钢板-混凝土组合墙低温受压性能研究

5.1　新型双钢板 - 混凝土组合墙低温轴压试验设计

为推广新型双钢板 - 混凝土组合墙在寒区以及极地工程中的应用，同时为组合墙结构在低温下的设计提供理论依据，本节开展了 9 个采用 J 形钩连接件的双钢板 - 混凝土组合墙和 7 个采用栓钉连接件的双钢板 - 混凝土组合墙的低温轴心受压试验，揭示了不同类型组合墙在低温下的受压性能，分析了组合墙在低温轴压荷载作用下的破坏模式、荷载 - 位移关系、钢板的荷载 - 应变关系，研究了温度、钢板厚度、混凝土强度、连接件间距和连接件类型等参数对组合墙极限承载力、初始刚度和延性系数等的影响规律。

5.1.1　组合墙低温轴压试件设计

研究对象为采用 J 形钩连接件的双钢板 - 混凝土组合墙和目前研究较多的采用栓钉连接件的双钢板 - 混凝土组合墙。为对比二者在低温下的轴压力学性能，共设计了 9 个采用 J 形钩连接件的双钢板 - 混凝土组合墙和 7 个采用栓钉连接件的双钢板 - 混凝土组合墙。不同试验温度下，试件的钢材型号及混凝土强度等级均与常温工况相同。具体试件设计见表 5-1。

表 5-1　组合墙轴压试件参数

试件编号	截面尺寸					混凝土强度等级	S	S/t_s	连接件类型
	H（mm）	W（mm）	t_c（mm）	t_s（mm）	T（℃）				
JS1	600	600	90	2.80	−60	C40	75	26.79	JS
JS2	600	600	90	2.80	20	C40	75	26.79	JS
JS3	600	600	90	2.80	−30	C40	75	26.79	JS
JS4	600	600	90	2.80	−80	C40	75	26.79	JS
JS5	600	600	90	4.62	−60	C40	75	16.23	JS
JS6	600	600	90	5.93	−60	C40	75	12.65	JS
JS7	600	600	90	2.80	−60	C40	150	53.57	JS
JS8	600	600	90	2.80	−60	C20	75	26.79	JS
JS9	600	600	90	2.80	−60	C60	75	26.79	JS
DS1	600	600	90	2.80	−60	C40	75	26.79	HSS

续表

试件编号	截面尺寸					混凝土强度等级	S	S/t_s	连接件类型
	H（mm）	W（mm）	t_c（mm）	t_s（mm）	T（℃）				
DS2	600	600	90	2.80	20	C40	75	26.79	HSS
DS3	600	600	90	2.80	−30	C40	75	26.79	HSS
DS4	600	600	90	2.80	−80	C40	75	26.79	HSS
DS5	600	600	90	4.62	−60	C40	75	16.23	HSS
DS6	600	600	90	5.93	−60	C40	75	12.65	HSS
DS7	600	600	90	2.80	−60	C40	150	53.57	HSS

注：H—试件高度；W—试件宽度；t_c—混凝土厚度；t_s—钢板厚度；T—温度；S—连接件间距；S/t_s—距厚比；JS—J 形钩连接件；HSS—栓钉连接件。

共设计 9 个 J 形钩双钢板 - 混凝土组合墙轴压试件，试件编号为 JS1~JS9。试验主要研究以下参数对 J 形钩双钢板 - 混凝土组合墙受压性能的影响：温度 T、钢板厚度 t_s、连接件间距 S、混凝土强度 f_c。为研究温度对组合墙受压性能的影响，试件 JS1~JS4 的试验温度分别为 −60 ℃、20 ℃、−30 ℃和 −80 ℃；为研究截面含钢率的影响，JS1、JS5 和 JS6 试件的钢板厚度分别 2.80 mm、4.62 mm 和 5.93 mm；为研究连接件间距的影响，试件 JS1 和 JS7 的 J 形钩间距分别为 75 mm、150 mm；为研究混凝土强度对极限承载力的影响，试件 JS1、JS8 和 JS9 的混凝土强度等级分别为 C40、C20 和 C60。

共设计 7 个栓钉双钢板 - 混凝土组合墙轴压试件，试件编号为 DS1~DS7。试验主要研究以下参数对栓钉双钢板 - 混凝土组合墙受压性能的影响：温度 T、钢板厚度 t_s 和栓钉间距 S。为研究温度的影响，试件 DS1~DS4 的试验温度分别为 −60 ℃、20 ℃、−30 ℃和 −80 ℃；为了研究截面含钢率的影响，试件 DS1、DS5 和 DS6 的钢板厚度分别 2.80 mm、4.62 mm 和 5.93 mm；为研究栓钉间距的影响，试件 DS1 和 DS7 的栓钉间距分别为 75 mm 和 150 mm。

组合墙核心混凝土高度、宽度和厚度方向的尺寸为 600 mm × 600 mm × 90 mm；外包钢板尺寸为 600 mm × 600 mm × 2.80/4.62/5.93 mm；上下加载板尺寸为 600 mm × 300 mm × 10 mm；J 形钩直径为 8 mm，长度为 53 mm；栓钉直径为 10 mm，长度为 90 mm；在试件的上下均设置了三角形加劲肋板，对上下部位的钢板起约束作用，防止试验时钢板端部失稳。详细构造及尺寸如图 5.1 所示。

组合墙试件制作过程主要分为钢构件加工和混凝土浇筑两个阶段，均在构件厂完成。钢构件加工时，为了防止钢板在焊接连接件过程中发生屈曲，首先在钢板外侧焊接三道加劲肋，然后在两侧钢板上均匀对称焊接连接件。连接件焊接完毕后，首先用胶带将 PT100 温度传感器固定在中间连接件顶部，用于试验过程中监测组合墙的温度变化；然后将两块钢板拼接在一起，焊接端板（保证墙体加载时均匀受压）以及端部三角形加劲肋（防止加载时组合墙端部鼓曲）；最后再浇筑混凝土。浇筑混凝土时双钢板可作为核心混凝土模板，不再需要进行支模工作，施工简易。在工厂养护 28 天后，拆除钢板外侧三道加劲肋，运回实验室进行试验。试件制作流程如图 5.2 所示。

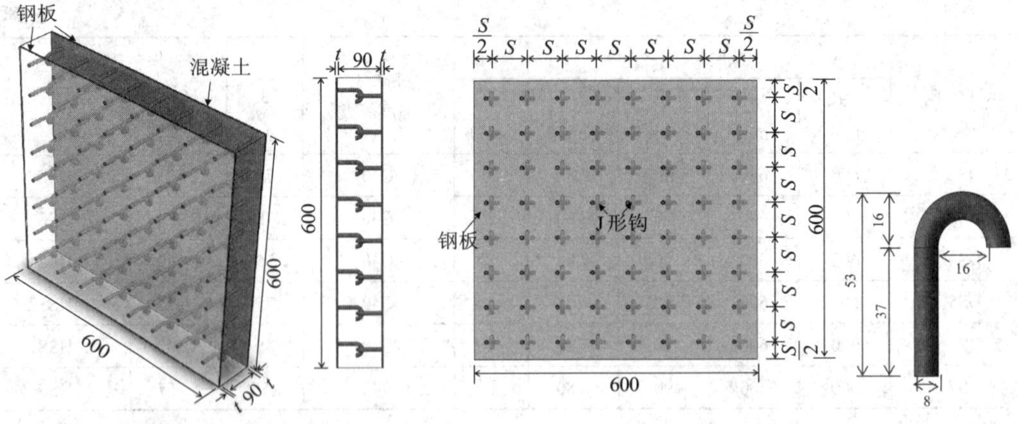

（a）

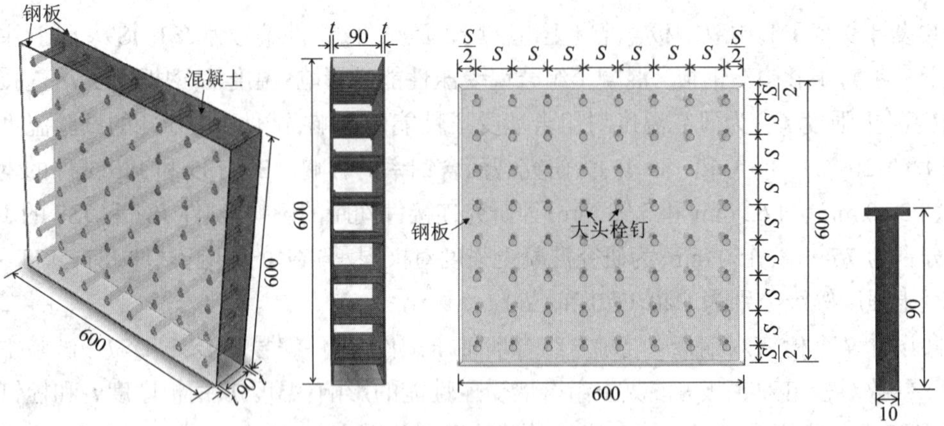

（b）

图 5.1　双钢板-混凝土组合墙尺寸详图（单位:mm）

（a）J 形钩及 J 形钩组合墙　（b）栓钉及栓钉组合墙

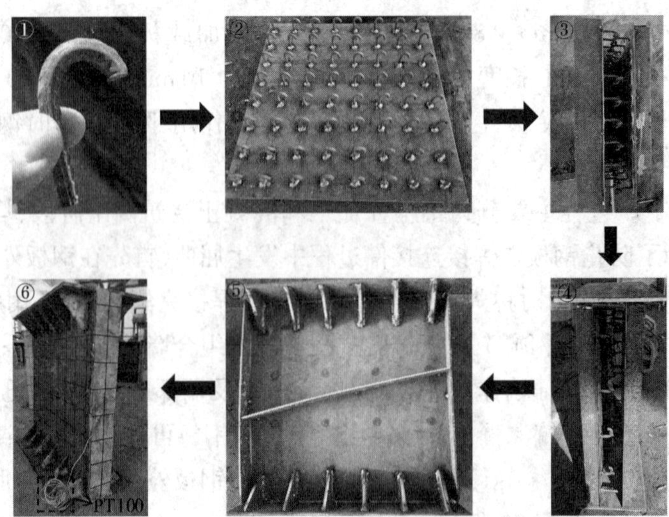

图 5.2　双钢板-混凝土组合墙试件制作流程

5.1.2　加载方案及测量方案

1. 加载方案

试验加载装置采用微机控制 1 500 t 电液伺服压力试验机，如图 5.3 所示。试验加载前，在组合墙体表面粘贴低温应变片和 PT100 温度传感器，监测试验过程中钢板应变以及钢板表面温度的变化。然后将准备好的试件放入超低温冷库中进行降温，降到目标温度后，取出试件，并快速放入预先放置于压力机上的保温箱中，同时通入液氮维持试件温度，等试件内部以及表面温度稳定至目标温度后，开始进行加载。压力机通过上端板将轴压力均匀分配到组合墙中，使墙体受力状态接近实际工作状态。

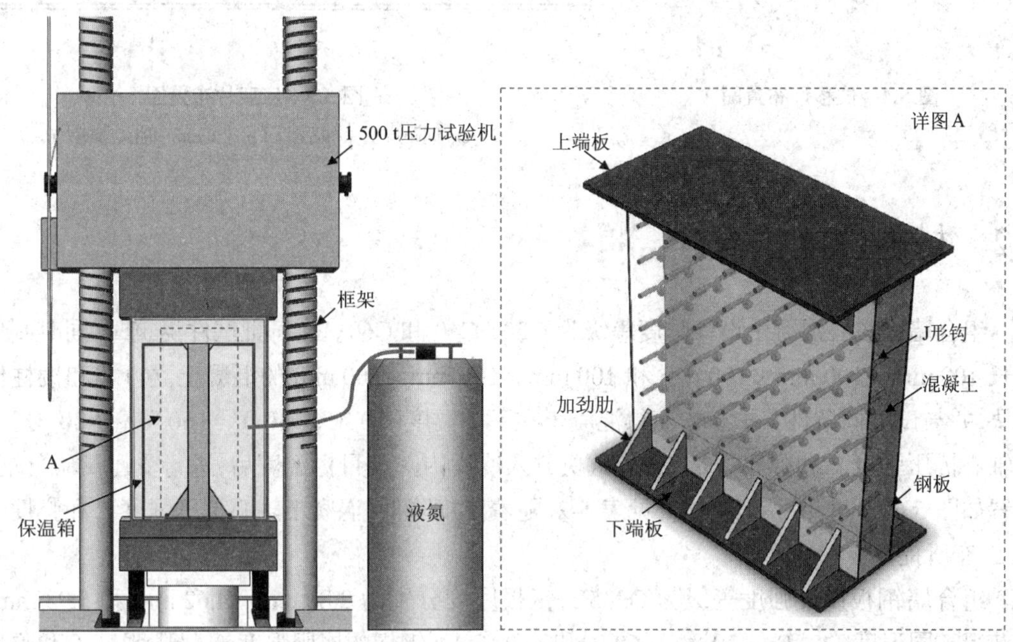

图 5.3　低温试验加载装置示意图

组合梁低温受压试验包括预加载和正式加载。首先预加载到 50 kN、100 kN、150 kN，反复三次将空隙压紧后开始正式加载。试验加载方案为单调轴向加载，采用位移控制进行加载，加载速率为 0.2 mm/min，加载至峰值荷载后，加载速率换为 0.5 mm/min，直至试件破坏。

2. 测量方案

试验过程中需要测量的参数包括轴压荷载 P、竖向位移 Δ 和钢板应变 ε。轴压荷载 P 由试验机的力传感器采集得到。在组合墙上、下端板的四个角点处布置 8 个位移计，用以测量组合墙的竖向位移，位移计布置图如图 5.4 所示。在组合墙正面、背面钢板上对称布置多个低温应变片，用以测量钢板的竖向应变，应变片主要布置在四个连接件的中心位置，如图 5.5 所示。位移计和应变片数据使用 WKD3813 数据采集箱采集，采样频率为 1 Hz。

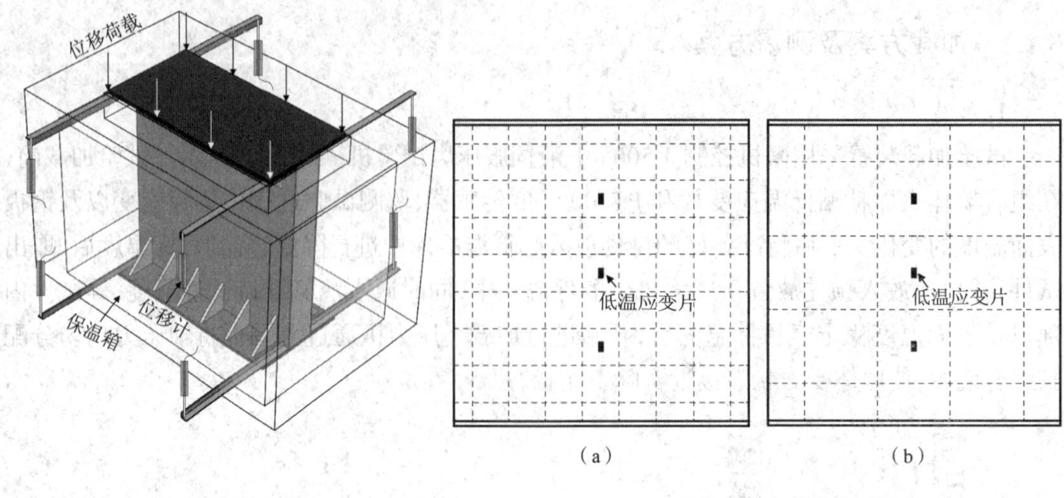

图 5.4 位移计布置图

图 5.5 应变片布置图

(a)75 mm 间距应变片布置图 (b)150 mm 间距应变片布置图

5.2 材料性能试验

组合墙内核心混凝土设计强度等级为 C20、C40 和 C60。在每批试件浇筑时，同时制作边长 100 mm × 100 mm × 100 mm 和 100 mm × 100 mm × 300 mm 的混凝土立方体和棱柱体试块，并与试件同条件养护。为获得混凝土在不同温度（20 ℃、-30 ℃、-60 ℃和 -80 ℃）下的轴心抗压强度 f_c 和弹性模量 E_c，将试块放入冷库内降至目标温度后，进行受压试验，试验装置如图 5.6（a）所示。试验结果见表 5-2，随着温度降低，混凝土轴心抗压强度 f_c 和弹性模量 E_c 有所提高。

组合墙钢板设计强度等级为 Q235B，钢板厚度分别为 2.80 mm、4.62 mm 和 5.93 mm。为获得不同温度（20 ℃、-30 ℃、-60 ℃和 -80 ℃）下钢板的屈服强度 f_y、极限强度 f_u 和弹性模量 E_s，将钢板拉伸试件安装在万能试验机上，用液氮将试件降至指定温度后进行拉伸试验，试验装置如图 5.6（b）所示。钢板低温拉伸试验具体试验结果见表 5-2，可以看出，随着温度降低，钢板的屈服强度 f_y、极限强度 f_u 和弹性模量 E_s 均有一定程度的提高。

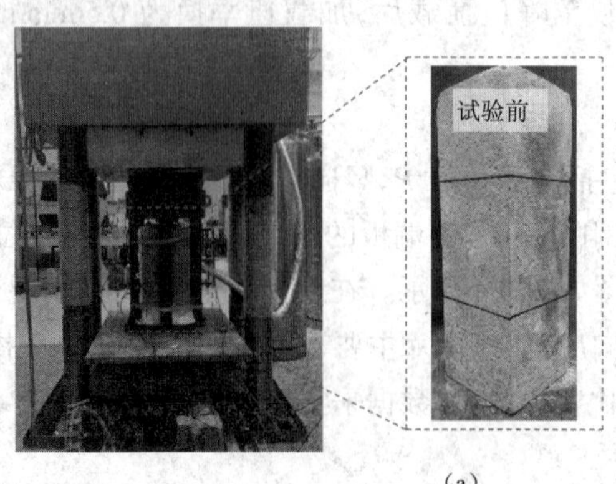

(a)

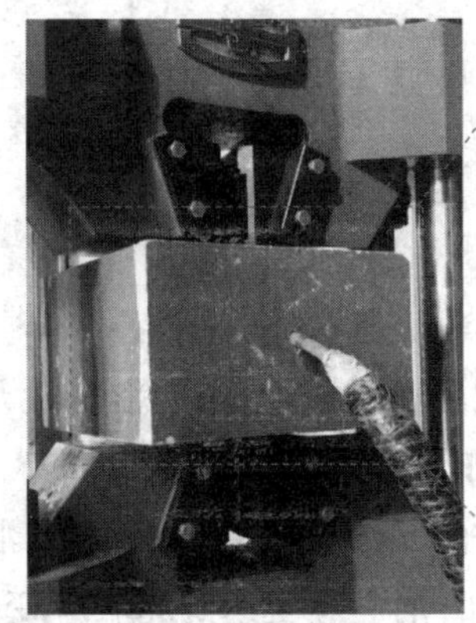

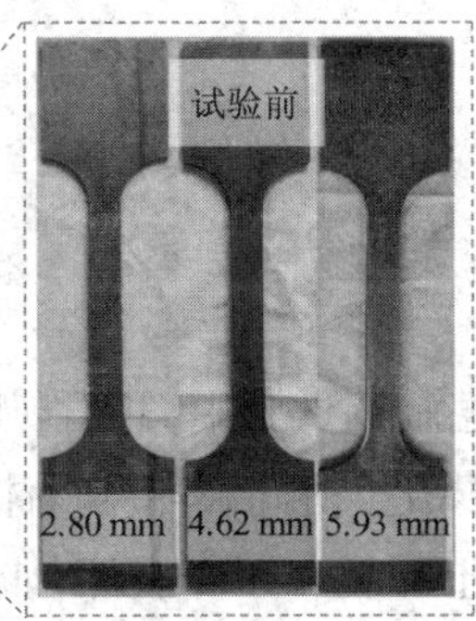

（b）

图 5.6　低温材料性能试验

（a）混凝土　（b）钢板

表 5-2　混凝土和钢板低温材料性能试验结果

		T（℃）	f_c（MPa）	E_c（GPa）	f_y（MPa）	f_u（MPa）	E_s（GPa）
混凝土	C20	−60	48.24	32.81	—	—	—
	C40	20	43.87	28.40	—	—	—
		−30	61.69	32.15	—	—	—
		−60	75.58	33.10	—	—	—
		−80	87.00	34.64	—	—	—
	C60	−60	79.25	33.56	—	—	—
钢板	2.80 mm	20	—	—	334	460	201
		−30	—	—	361	475	210
		−60	—	—	378	495	216
		−80	—	—	391	511	222
	4.62 mm	−60	—	—	396	519	224
	5.93 mm	−60	—	—	401	622	226
J 形钩	8.0 mm	20	—	—	238	330	199
		−30	—	—	257	341	200
		−60	—	—	269	355	204
		−80	—	—	279	367	206
栓钉	10.0 mm	20	—	—	362	494	198
		−30	—	—	375	522	198
		−60	—	—	389	555	205
		−80	—	—	428	593	204

注：T—温度；f_c—混凝土轴心抗压强度；E_c—混凝土弹性模量；f_y—钢板屈服强度；f_u—钢板极限强度；E_s—钢板弹性模量。

5.3 试验结果分析

5.3.1 破坏模式

在双钢板 - 混凝土组合墙低温轴压试验中,共出现以下三种破坏模式:混凝土开裂和压碎破坏;钢板局部屈曲破坏;钢 - 混凝土协同破坏。具体如下。

(1)第一种破坏模式是混凝土开裂和压碎破坏,如图 5.7(a)所示。双钢板 - 混凝土组合墙在加载初期,钢板和混凝土一起变形。随着荷载增加,钢板应变达到屈服应变(未达到屈曲应变),发生屈服;核心混凝土出现裂缝、局部压碎现象。达到极限荷载后,核心混凝土首先达到受压破坏应变而被压碎。之后进入下降段,由于混凝土开裂、压碎,导致组合墙横截面刚度降低,钢板发生大面积局部屈曲。双钢板 - 混凝土组合墙的距厚比较小时,会发生此种破坏,例如构件 JS5、DS5(S/t_s=16.23)和 JS6、DS6(S/t_s=12.65)。

(2)第二种破坏模式是钢板局部屈曲破坏,如图 5.7(b)所示。加载过程中,随着竖向荷载增加,钢板应变连续增长。由于栓钉数量较少,约束不足,钢板应变会率先达到屈曲应变(未达到屈服应变),发生局部屈曲。局部屈曲导致钢板横向面外变形增大,进而丧失承载能力。钢板原本承受的荷载通过栓钉传递给核心混凝土,组合墙截面应力重新分布。达到极限承载力时,核心混凝土被压碎,钢板局部屈曲更加明显。进入下降段后,由于钢板局部屈曲变形较大以及核心混凝土被压碎,导致栓钉断裂以及核心混凝土被挤出。双钢板 - 混凝土组合墙的距厚比较大时,会发生此种破坏,例如构件 JS7、DS7(S/t_s=53.37)。

(3)第三种破坏模式是钢 - 混凝土协同破坏,如图 5.7(c)所示。此种破坏模式介于以上两种破坏模式之间。加载初期,双钢板 - 混凝土组合墙的钢板和混凝土协同变形,钢板应变逐渐增加,出现轻微鼓曲;核心混凝土出现微小裂纹。在达到极限承载力时,钢板应变达到屈曲应变(接近屈服应变),发生局部屈曲。同时,核心混凝土裂缝增大,进而被压碎,丧失承载能力。双钢板 - 混凝土组合墙的距厚比介于以上两者之间时,会发生此种破坏,例如构件 JS1~ JS4、DS1~ DS4、JS8~ JS9(S/t_s=26.79)。

5.3.2 荷载 - 位移曲线

轴压荷载作用下,双钢板 - 混凝土组合墙所有试件的荷载 - 位移曲线(P-Δ 曲线)如图 5.8(a)~(d)所示,典型 P-Δ 曲线如图 5.8(e)所示。从图中可以看出,轴压荷载作用下组合墙的 P-Δ 曲线可分为三个阶段。

(1)弹性阶段(OA 段),组合墙承载力随着位移增加线性增长。

(2)非线性阶段(AB 段),由于混凝土和钢板等材料的非线性性能造成的。在此阶段结束时,即 B 点,组合墙达到极限承载力。

(3)下降阶段(BC 段),混凝土被压碎后,组合墙承载力开始下降,下降速率取决于钢板对混凝土的约束程度,即温度、钢板厚度、连接件间距等因素。

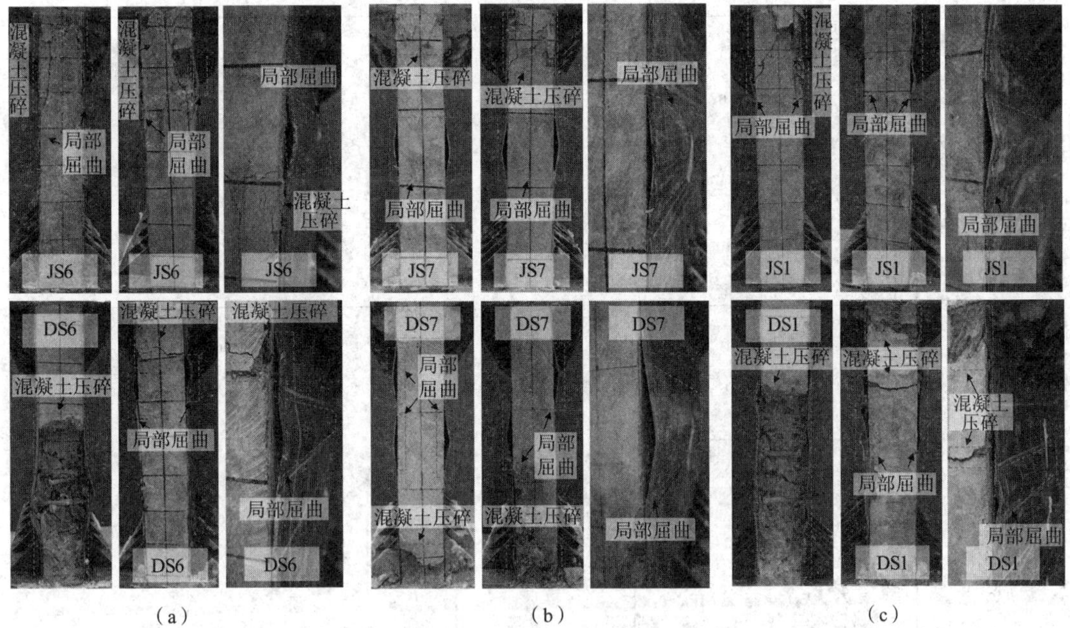

(a)　(b)　(c)

图 5.7　双钢板 - 混凝土组合墙破坏模式

(a)混凝土开裂和压碎破坏　(b)钢板局部屈曲破坏　(c)钢 - 混凝土协同破坏

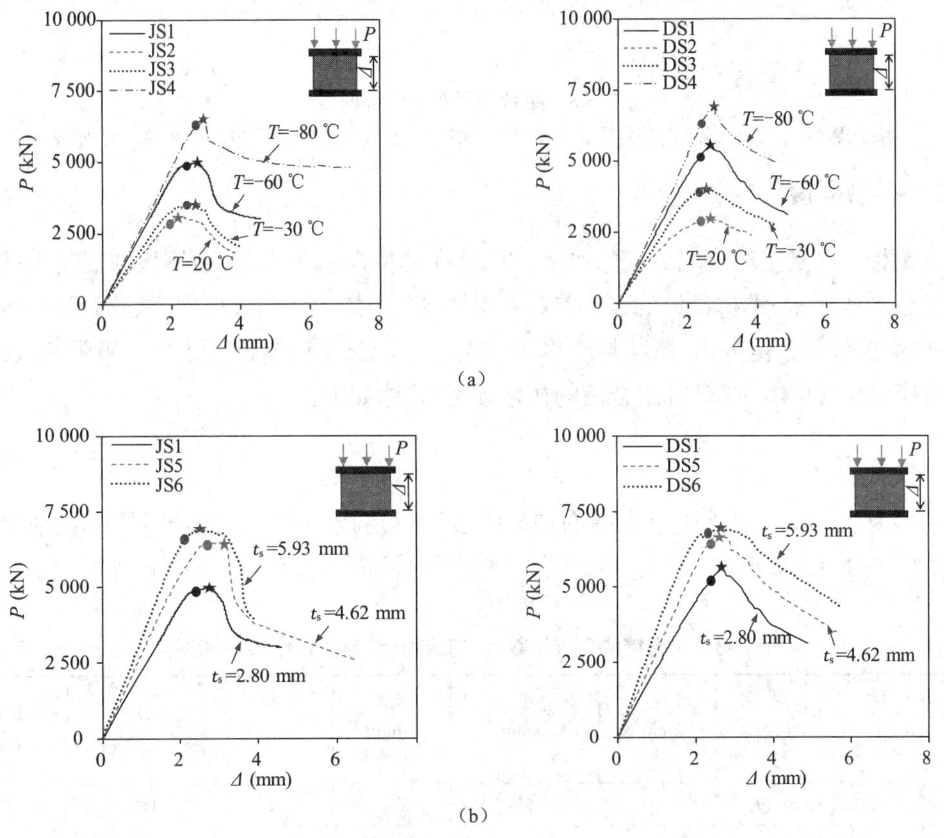

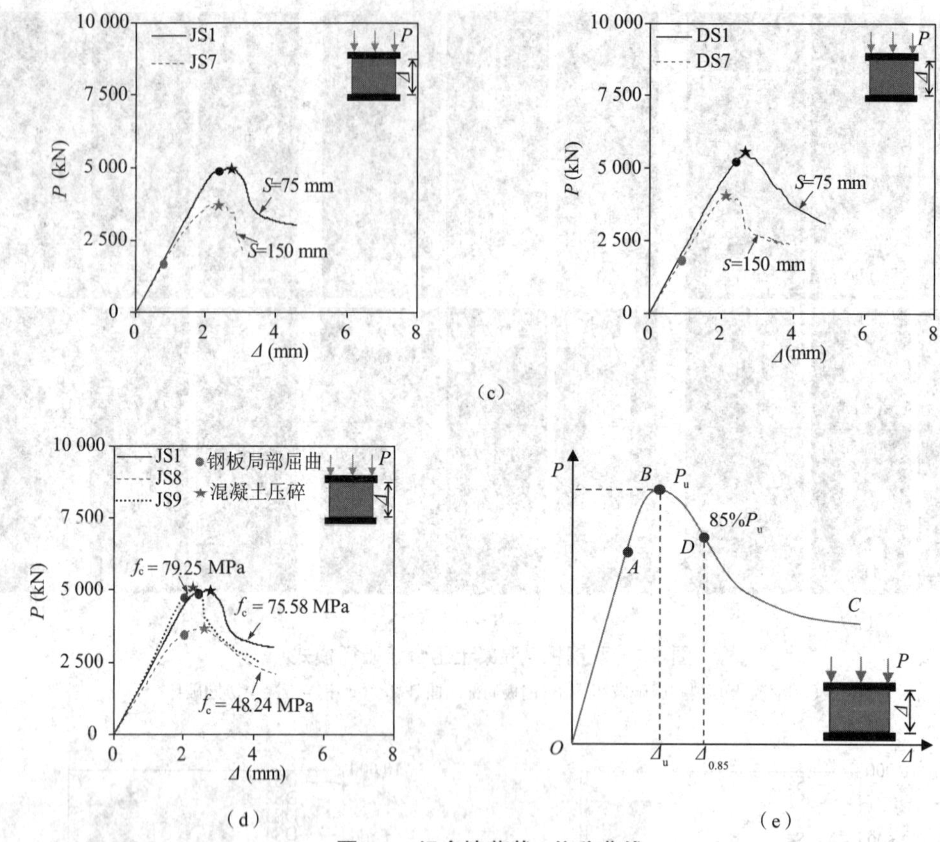

（c）

（d） （e）

图 5.8 组合墙荷载 - 位移曲线

（a）温度的影响 （b）钢板厚度的影响 （c）连接件间距的影响 （d）混凝土强度等级的影响 （e）典型 P-$\varDelta$ 曲线

5.3.3 初始刚度

双钢板 - 混凝土组合墙的初始刚度是试件在弹性加载范围内，由钢板和混凝土的轴压刚度组合而成的，是结构设计的重要参数。由图 5.8 中的 P-$\varDelta$ 曲线可知，从开始加载到荷载达到 30% 极限荷载范围内，荷载与位移增长成正比。Choi 和 Han[2] 用 30% 极限荷载（$P_{0.3}$）及其对应的位移（$\varDelta_{0.3}$）来计算组合墙的初始刚度，具体如下：

$$K_e = \frac{P_{0.3}}{\varDelta_{0.3}} \tag{5.1}$$

式中：K_e 为双钢板 - 混凝土组合墙的初始刚度。双钢板 - 混凝土组合墙的计算刚度见表 5-3。同时，由组合墙荷载 - 位移曲线可知，钢板局部屈曲不会影响试件的初始刚度。

表 5-3 组合墙的极限承载力、初始刚度、延性系数、破坏模式

试件编号	P_u（kN）（1）	$P_{0.3}$（kN）（2）	$\varDelta_{0.3}$（mm）（3）	K_e（kN/mm）（4）=（2）/（3）	$\varDelta_{0.85}$（mm）（5）	$\varDelta_u$（mm）（6）	DI（7）=（5）/（6）	破坏模式（8）
JS1	4 968	1 490	0.67	2 234	2.64	3.16	1.20	Ⅲ
JS2	3 062	919	0.60	1 534	2.34	3.05	1.30	Ⅲ

续表

试件编号	P_u (kN) (1)	$P_{0.3}$ (kN) (2)	$\Delta_{0.3}$ (mm) (3)	K_e (kN/mm) (4)=(2)/(3)	$\Delta_{0.85}$ (mm) (5)	Δ_u (mm) (6)	DI (7)=(5)/(6)	破坏模式 (8)
JS3	3 532	1 060	0.61	1 738	2.54	3.11	1.22	Ⅲ
JS4	6 508	1 952	0.82	2 380	2.93	3.49	1.19	Ⅲ
JS5	6 442	1 933	0.70	2 779	2.65	3.29	1.24	Ⅰ
JS6	6 897	2 069	0.64	3 249	2.44	3.49	1.43	Ⅰ
JS7	3 783	1 135	0.55	2 064	2.39	2.79	1.17	Ⅱ
JS8	3 654	1 096	0.57	1 916	2.66	3.22	1.21	Ⅲ
JS9	5 046	1 514	0.65	2 338	2.23	2.59	1.16	Ⅲ
DS1	5 630	1 689	0.74	2 297	2.64	3.26	1.23	Ⅲ
DS2	3 001	900	0.52	1 731	2.67	3.47	1.30	Ⅲ
DS3	3 991	1 197	0.63	1 897	2.68	3.46	1.29	Ⅲ
DS4	6 891	2 067	0.81	2 552	2.76	3.35	1.21	Ⅲ
DS5	6 658	1 997	0.70	2 846	2.53	3.43	1.36	Ⅰ
DS6	6 890	2 067	0.58	3 583	2.74	3.90	1.42	Ⅰ
DS7	4 062	1 219	0.59	2 066	2.21	2.60	1.18	Ⅱ

注：P_u—组合墙极限承载力；$P_{0.3}$—线性段极限承载力的 30%；$\Delta_{0.3}$—线性段极限承载力的 30% 所对应的位移；K_e—组合墙初始刚度；$\Delta_{0.85}$—下降段极限承载力的 85% 所对应的位移；Δ_u—极限承载力所对应的位移；DI—组合墙延性系数；Ⅰ—第一种破坏模式；Ⅱ—第二种破坏模式；Ⅲ—第三种破坏模式。

5.3.4　延性系数

延性系数（DI）代表着组合墙横截面承受塑性变形的能力，延性系数越大，则组合墙塑性越好，通过组合墙荷载 - 位移曲线可计算延性系数 [3]。延性系数 DI 等于下降段中极限荷载的 85% 所对应的位移（$\Delta_{0.85}$）与极限荷载所对应的位移（Δ_u）的比值，如下所示：

$$DI = \frac{\Delta_{0.85}}{\Delta_u} \tag{5.2}$$

式中：DI 为双钢板 - 混凝土组合墙的延性系数；$\Delta_{0.85}$ 与 Δ_u 如图 5.8（e）所示。双钢板 - 混凝土组合墙的延性系数见表 5-3。

5.3.5　参数分析

1. 低温的影响

随着温度降低，组合墙极限承载力增大。温度对 J 形钩双钢板 - 混凝土组合墙极限承载力的影响如图 5.9（a）所示。当温度从 20 ℃降至 −30 ℃、−60 ℃、−80 ℃时，组合墙极限承载力从 3 062 kN 分别增加到 3 532 kN、4 968 kN 和 6 508 kN，对应的增长率分别为 15%、62% 和 113%。温度对栓钉双钢板 - 混凝土组合墙极限承载力的影响如图 5.9（b）所示。当温度从 20 ℃降至 −30 ℃、−60 ℃、−80 ℃时，组合墙极限承载力从 3 001 kN 分别增加到

3 991 kN、5 630 kN 和 6 891 kN，对应的增长率分别为 33%、88%、130%。随着温度降低，混凝土和钢板材料的强度都有所提高[4-5]，导致组合墙构件的极限承载力增大。此外，由于低温下栓钉抗拉强度提高，加强了对核心混凝土的约束作用，进一步提高了组合墙的承载力。

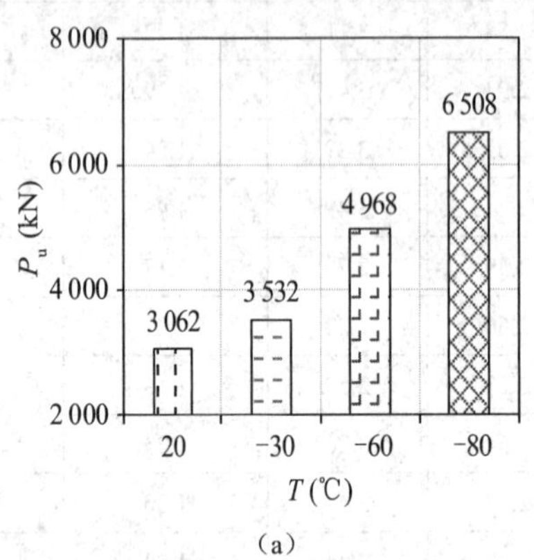

（a）

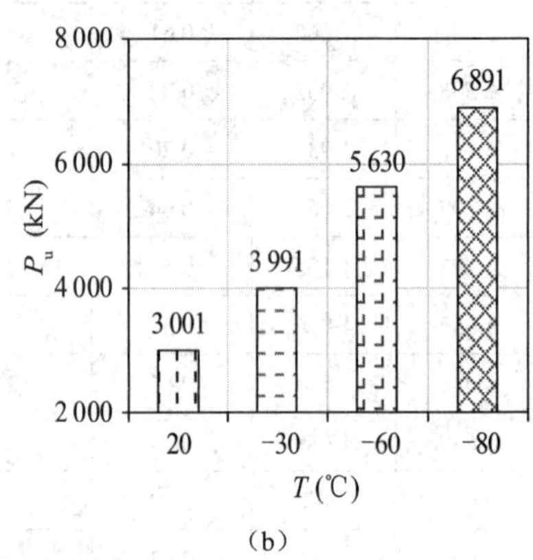

（b）

图 5.9 温度对组合墙极限承载力的影响

（a）J 形钩组合墙 （b）栓钉组合墙

随着温度降低，组合墙的初始刚度增大，延性系数减小。温度对 J 形钩双钢板 - 混凝土组合墙初始刚度和延性系数的影响如图 5.10（a）所示。当温度从 20 ℃降至 −30 ℃、−60 ℃、−80 ℃时，组合墙初始刚度从 1 534 kN/mm 分别增至 1 738 kN/mm、2 234 kN/mm、2 380 kN/mm，分别增长 13%、46%、55%；延性系数从 1.30 分别降至 1.22、1.20、1.19，分别减小 6.2%、7.7%、8.5%。温度对栓钉双钢板 - 混凝土组合墙初始刚度和延性系数的影响如图 5.10（b）所示。当温度从 20 ℃降至 −30 ℃、−60 ℃、−80 ℃时，组合墙初始刚度从 1 731 kN/mm 分别增至 1 897 kN/mm、2 297 kN/mm、2 552 kN/mm，分别增长 10%、33%、47%；延性系数从 1.30 分别降至 1.29、1.23、1.21，分别减小 1%、5%、7%。随着温度的降低，混凝土和钢板的弹性模量均有所提高，同时材料变脆，延性降低。因此，组合墙构件初始刚度提高，延性系数减小。

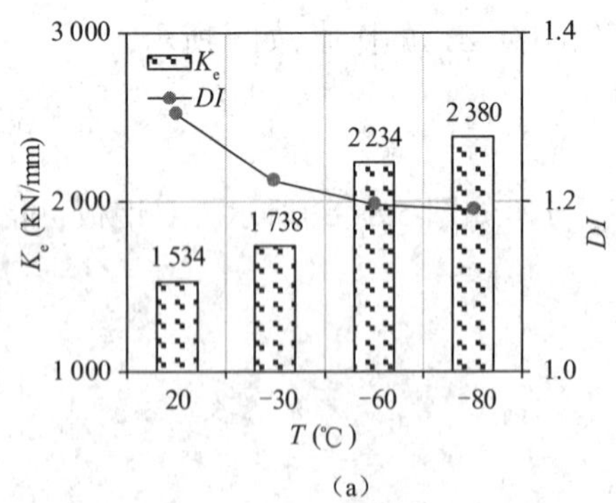

（a）

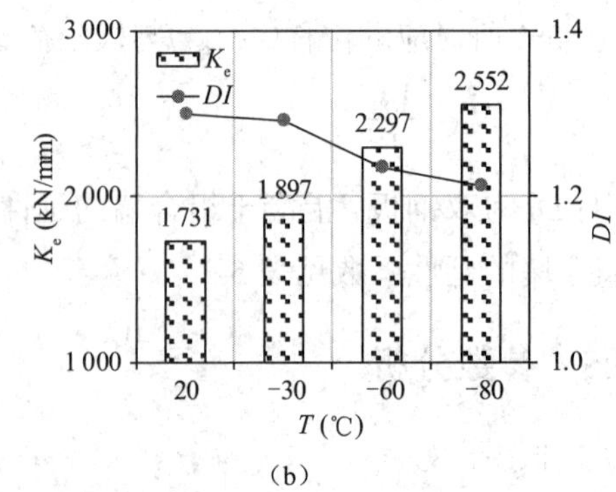

（b）

图 5.10 温度对组合墙初始刚度和延性系数的影响

（a）J 形钩组合墙 （b）栓钉组合墙

2. 钢板厚度的影响

随着钢板厚度增加，组合墙极限承载力随之增大。钢板厚度对 J 形钩双钢板 - 混凝土组合墙极限承载力的影响如图 5.11（a）所示。当钢板厚度从 2.80 mm 增加至 4.62 mm、

5.93 mm 时，组合墙极限承载力从 4 968 kN 分别增至 6 442 kN、6 897 kN，分别增长 30%、39%。钢板厚度对栓钉双钢板 - 混凝土组合墙极限承载力的影响如图 5.11（b）所示。当钢板厚度从 2.80 mm 增至 4.62 mm、5.93 mm 时，组合墙极限承载力从 5 630 kN 分别增至 6 658 kN、6 890 kN，分别增长 18%、22%。钢板厚度的增加，一方面提高了钢板横截面面积和钢板的屈曲荷载，提高了钢板的竖向承载力；另一方面，因为钢板屈曲荷载和面外刚度的增加，加强了钢板对核心混凝土的约束作用，提高了混凝土的竖向承载力。同时，增加钢板的厚度也能提高栓钉的抗拉强度，避免发生钢板的冲剪破坏，进而加强了对核心混凝土的约束作用。

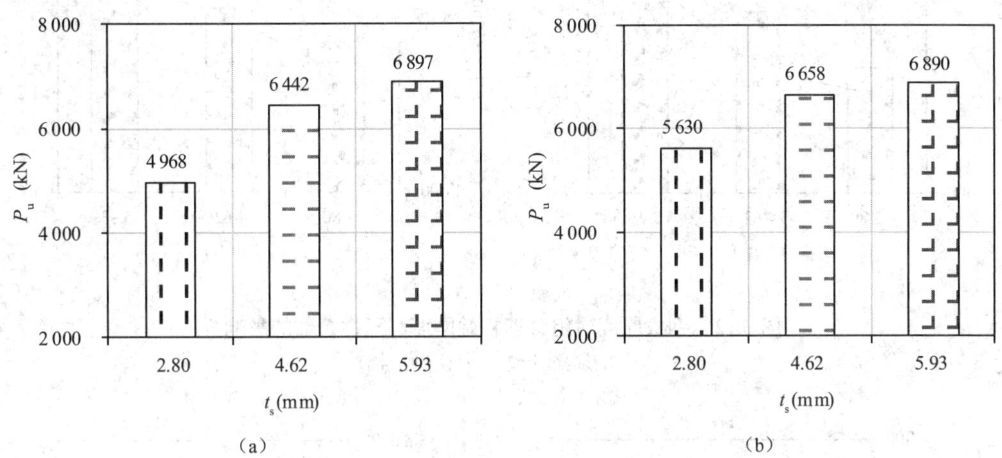

图 5.11 钢板厚度对组合墙极限承载力的影响

（a）J 形钩组合墙 （b）栓钉组合墙

随着钢板厚度增加，组合墙的初始刚度和延性系数均有所增大。钢板厚度对 J 形钩双钢板 - 混凝土组合墙初始刚度和延性系数的影响如图 5.12（a）所示。当钢板厚度从 2.80 mm 增加到 4.62 mm、5.93 mm 时，组合墙初始刚度从 2 234 kN/mm 分别增大到 2 779 kN/mm、3 249 kN/mm，分别增长 24%、45%；组合墙延性系数从 1.20 分别增大到 1.24、1.43，分别增长 3%、19%。钢板厚度对栓钉双钢板 - 混凝土组合墙初始刚度和延性系数的影响如图 5.12（b）所示。当钢板厚度从 2.80 mm 增加到 4.62 mm、5.93 mm 时，组合墙初始刚度从 2 297 kN/mm 分别增大到 2 846 kN/mm、3 583 kN/mm，分别增长 24%、56%；组合墙延性系数从 1.23 分别增大到 1.36、1.42，分别增长 11%、15%。增加钢板厚度，增加了钢板横截面面积，提高了截面含钢率，进而增大了钢板面外屈曲刚度，同时加强了对核心混凝土的约束作用，提高了混凝土的刚度，因此组合墙的刚度提高。在下降段，由于钢板对核心混凝土的约束作用加强，减缓了混凝土的破坏速率，提高了组合墙的延性。

3. 连接件间距的影响

随着连接件间距增加，组合墙极限承载力减小。连接件间距对 J 形钩双钢板 - 混凝土组合墙极限承载力的影响如图 5.13（a）所示。当连接件间距从 75 mm 增加至 150 mm 时，组合墙极限承载力从 4 968 kN 减小到 3 783 kN，降低 24%。连接件间距对栓钉双钢板 - 混凝土组合墙极限承载力的影响如图 5.13（b）所示。当连接件间距从 75 mm 增加至 150 mm

时，组合墙极限承载力从 5 630 kN 减小到 4 062 kN，降低 28%。连接件间距增大，数量减少，造成钢板与混凝土之间连接不足，在很大程度上削弱了钢板和混凝土的协同作用。在竖向荷载作用下，钢板会在屈服前发生局部屈曲，变形过大，将竖向荷载通过剪力连接件传递给混凝土，应力在横截面重新分布，主要由混凝土承受竖向压力，因此组合墙竖向承载力降低。

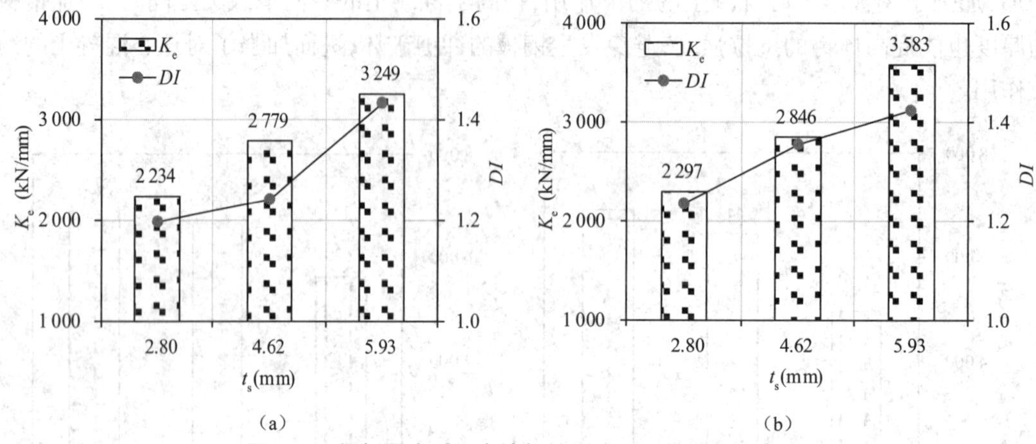

图 5.12 钢板厚度对组合墙初始刚度和延性系数的影响

（a）J 形钩组合墙 （b）栓钉组合墙

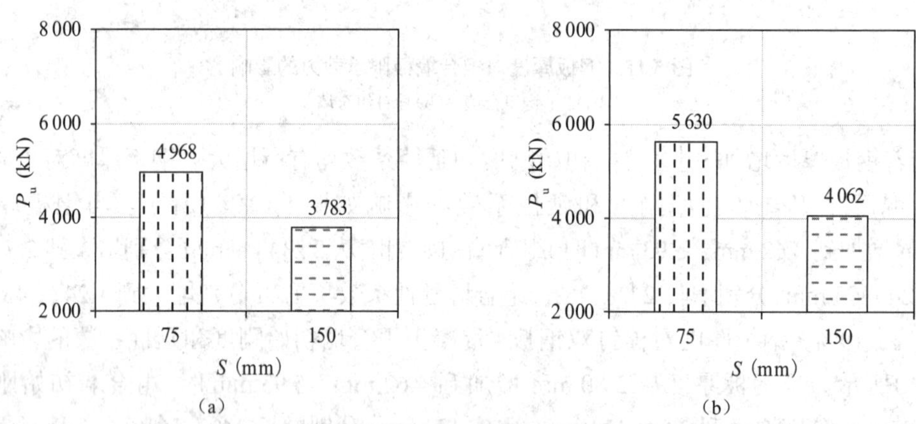

图 5.13 连接件间距对组合墙极限承载力的影响

（a）J 形钩组合墙 （b）栓钉组合墙

随着连接件间距增加，组合墙的初始刚度基本不变，延性系数有所减小。连接件间距对 J 形钩双钢板 - 混凝土组合墙初始刚度和延性系数的影响如图 5.14（a）所示。当连接件间距从 75 mm 增加到 150 mm 时，组合墙初始刚度从 2 234 kN/mm 减小到 2 064 kN/mm，降低 7.6%；组合墙延性系数从 1.20 减小到 1.17，降低 2.5%。连接件间距对栓钉双钢板 - 混凝土组合墙初始刚度和延性系数的影响如图 5.14（b）所示。当连接件间距从 75 mm 增加到 150 mm 时，组合墙初始刚度从 2 297 kN/mm 减小到 2 066 kN/mm，降低 10%；组合墙延性系数从 1.23 减小到 1.18，降低 4%。增加连接件间距，不改变钢板以及混凝土的横截面面积和弹性模量，并且在加载初期，混凝土和钢板能够协同作用，因此对组合墙初始刚度的影响较小。随着荷载继续增加,刚度逐渐减小。在下降段,由于连接件数量减少,钢混界面连接不足,削弱了钢板对核心混凝土的约束作用,加快了混凝土的破坏速率,降低了组合墙的延性。

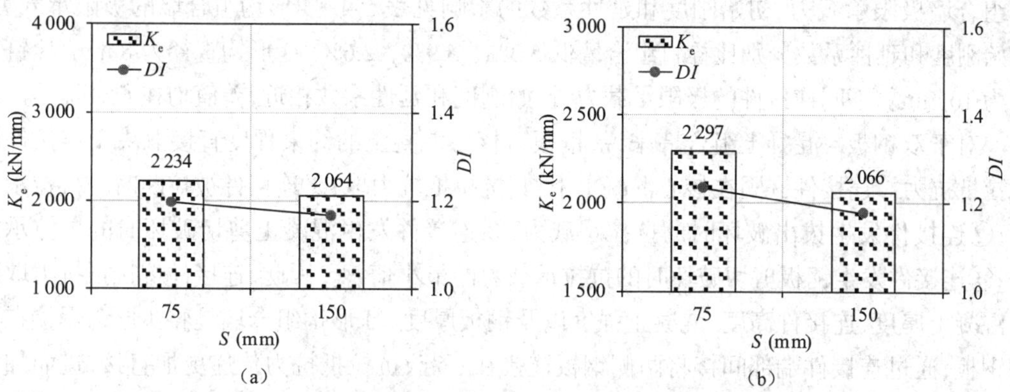

图 5.14　连接件间距对组合墙初始刚度和延性系数的影响

(a)J 形钩组合墙　(b)栓钉组合墙

4. 混凝土强度的影响

随着混凝土强度增加,组合墙极限承载力随之增大。混凝土强度对 J 形钩双钢板 - 混凝土组合墙极限承载力的影响如图 5.15 所示。当混凝土强度从 48.24 MPa 增加到 75.58 MPa、79.25 MPa 时,组合墙极限承载力从 3 654 kN 分别增大到 4 968 kN、5 046 kN,分别增大 36%、38%。提高混凝土强度,加强了组合墙中核心混凝土的抗压强度。同时,混凝土强度的增加也提高了连接件的抗拉抵抗力,进而加强了钢板对核心混凝土的约束作用,因此组合墙竖向承载力提高。

随着混凝土强度增加,组合墙的初始刚度增大,延性系数减小。混凝土强度对 J 形钩双钢板 - 混凝土组合墙初始刚度和延性系数的影响如图 5.16 所示。当混凝土强度从 48.24 MPa 增加到 75.58 MPa、79.25 MPa 时,组合墙初始刚度从 1 916 kN/mm 分别增大到 2 234 kN/mm、2 338 kN/mm,分别增加 17%、22%;组合墙延性系数从 1.21 分别减小到 1.20、1.16,分别降低 1%、4%。增加混凝土强度,增大了核心混凝土的弹性模量,刚度增大,因此组合墙初始刚度增大。混凝土材料随着强度增加,延性相应降低。达到极限荷载后,由于混凝土的材料特性,导致核心混凝土延性降低,混凝土的破坏速率加快,因此降低了组合墙延性。

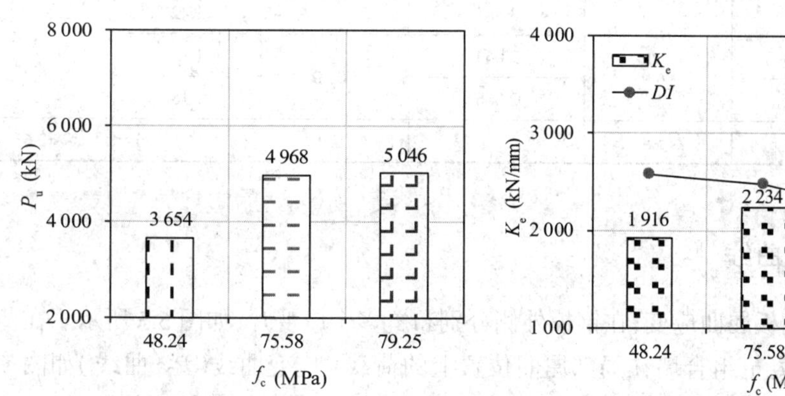

图 5.15　混凝土强度对极限承载力的影响　**图 5.16　混凝土强度对初始刚度和延性系数的影响**

5. 连接件类型的影响

试验中共选取两种类型的连接件：J 形钩和栓钉（图 5.1）。连接件类型对双钢板 - 混凝土组合墙极限承载力、初始刚度和延性系数的影响见表 5-4。J 形钩组合墙的极限承载力、初始刚度和延性系数分别比栓钉组合墙低 5.3%、5.9%、2.6%。J 形钩直径为 8 mm，栓钉直径为 10 mm。不同连接件的极限承载力、初始刚度和延性系数相近，差值均在 6% 以下。

对于双钢板 - 混凝土组合墙来说，钢板对核心混凝土的约束程度直接取决于连接件的抗拉抵抗力。连接件嵌固在核心混凝土中，其抗拉抵抗力取：①连接件被拉断时的抗拉承载力；②连接件发生拔出破坏时的抗拉承载力；③连接件发生混凝土剪切破坏时的抗拉承载力；④连接件发生钢板剪切破坏时的抗拉承载力的最小值[6]。因此，连接件抗拉抵抗力取决于混凝土厚度、连接件高度、混凝土强度以及钢板厚度。J 形钩组合墙是将 J 形钩焊接在两侧钢板，通过连接件端部间接将两侧钢板连接在一起，抗拉抵抗力传递更加直接，进而加强了对核心混凝土的约束作用。因此，在达到相同极限承载力、初始刚度和延性系数的条件下，采用直径 8 mm 的 J 形钩组合墙可降低墙体含钢率，节约成本。

表 5-4　连接件类型对组合墙极限承载力、初始刚度和延性系数的影响

试件编号	P_u（kN）	差值（%）	K_e（kN/mm）	差值（%）	DI	差值（%）
JS1	4 968	−11.8	2 234	−2.7	1.20	−2.4
DS1	5 630		2 297		1.23	
JS2	3 062	2.0	1 534	−11.4	1.30	0
DS2	3 001		1 731		1.30	
JS3	3 532	−11.5	1 738	−8.7	1.22	−5.4
DS3	3 991		1 897		1.29	
JS4	6 508	−5.6	2 380	−6.7	1.19	−1.7
DS4	6 891		2 552		1.21	
JS5	6 442	−3.2	2 779	−2.4	1.24	−8.8
DS5	6 658		2 846		1.36	
JS6	6 897	0.1	3 249	−9.3	1.43	0.7
DS6	6 890		3 583		1.42	
JS7	3 783	−6.9	2 064	−0.10	1.17	−0.8
DS7	4 062		2 066		1.18	
平均值	—	−5.3		−5.9		−2.6

5.3.6　荷载 - 应变曲线

为了准确测量钢板屈曲应变，在钢板外侧分别布置多个应变片，如图 5.5 所示。在荷载作用下，双钢板 - 混凝土组合墙在局部屈曲位置上的荷载 - 应变曲线（P-ε 曲线）如图 5.17 所示，其中横坐标正值为拉应变，负值为压应变。由荷载 - 应变曲线可知，在加载初期，钢板处于受压弹性阶段，荷载增长与应变增长成正比。随着竖向荷载增加，钢板所受压力逐渐增大，增大到某一值时，突然出现一个拐点，钢板受压应变逐渐减小，最后转为受拉。钢板在该位置处发生局部屈曲现象，拐点所对应的应变即为钢板的屈曲应变。

由于温度、钢板厚度、连接件间距、混凝土强度和栓钉类型等参数的影响，组合墙钢板的屈曲应变略有不同，见表 5-5。试件 DS5 在发生局部屈曲时，屈曲应变为 2 557 με，超过了其对应的屈服应变，说明钢板是先屈服再屈曲。同时，由图 5.17（a）可以看出钢板发生局部屈曲时，已经超过了屈服应变。由此可知，试件 DS5 发生的是第一种破坏，即混凝土开裂和压碎破坏，此外发生此种破坏的还有 DS6、JS5、JS6。

试件 DS7 在发生局部屈曲时，屈曲应变为 668 με，低于其对应的屈服应变，说明钢板是先屈曲再屈服。同时，由图 5.17（c）可以看出，钢板发生局部屈曲时，未超过屈服应变，并且拐点均处于荷载的上升段，这是由于钢板过早发生局部屈曲，将竖向压力通过连接件传递给核心混凝土，导致混凝土被压碎。由此可知，试件 DS7 发生的是第二种破坏，即钢板局部屈曲破坏，发生此种破坏的还有试件 JS7。

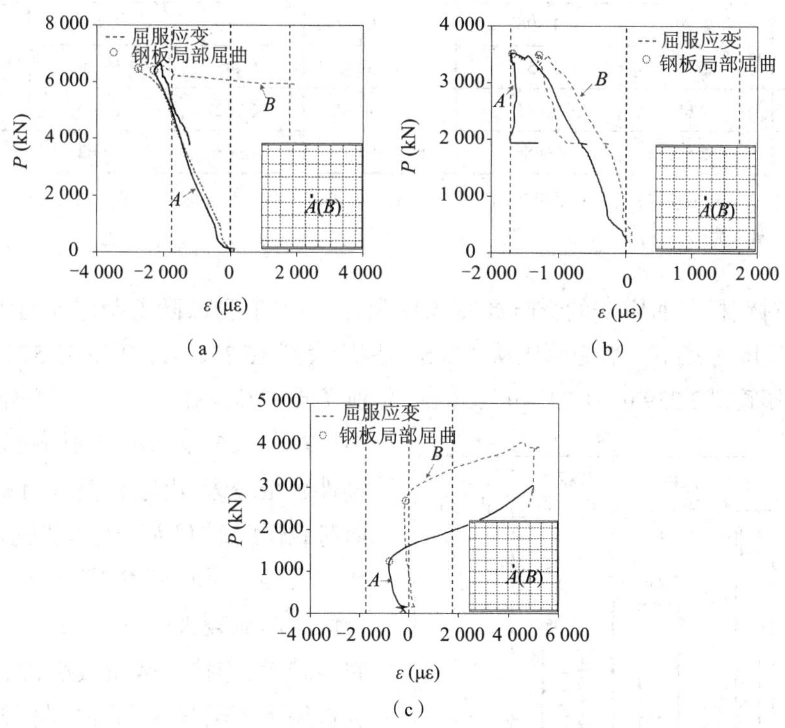

图 5.17　双钢板 - 混凝土组合墙荷载 - 应变曲线

（a）DS5　（b）JS3　（c）DS7

从图 5.17（b）可以看出，试件 JS3 在发生局部屈曲时，屈曲应变接近屈服应变（屈曲应变平均值与屈服应变误差在 5% 以内），这是由于钢板发生局部屈曲后，伴随着核心混凝土的开裂与压碎。由此可知，试件 JS3 发生的是第三种破坏，即钢 - 混凝土协同破坏，发生此种破坏的还有 JS1、JS2、JS4、JS8、JS9、DS1~DS4。

表 5-5 钢板屈曲应变

试件编号	S/t_s	ε_{cr}(με)	ε_y(με)	P_{cr}(kN)	P_u(kN)	破坏模式
JS1	26.79	1 481	1 750	4 843	4 968	Ⅲ
JS2	26.79	1 605	1 662	2 811	3 062	Ⅲ
JS3	26.79	1 729	1 719	3 419	3 532	Ⅲ
JS4	26.79	1 410	1 761	6 398	6 508	Ⅲ
JS5	16.23	1 921	1 768	6 217	6 442	Ⅰ
JS6	12.65	2 820	1 774	6 380	6 897	Ⅰ
JS7	53.57	592	1 750	1 757	3 783	Ⅱ
JS8	26.79	1 689	1 750	3 384	3 654	Ⅲ
JS9	26.79	1 366	1 750	4 820	5 046	Ⅲ
DS1	26.79	1 727	1 750	5 295	5 630	Ⅲ
DS2	26.79	1 707	1 662	2 800	3 001	Ⅲ
DS3	26.79	1 445	1 719	3 860	3 991	Ⅲ
DS4	26.79	1 896	1 761	5 915	6 891	Ⅲ
DS5	16.23	2 557	1 768	6 445	6 658	Ⅰ
DS6	12.65	3 891	1 774	6 762	6 890	Ⅰ
DS7	53.57	668	1 750	1 968	4 062	Ⅱ

注：S/t_s—距厚比；ε_{cr}—屈曲应变；ε_y—屈服应变；Ⅰ—第一种破坏模式；Ⅱ—第二种破坏模式；Ⅲ—第三种破坏模式；P_{cr}—局部屈曲荷载；P_u—极限荷载。

距厚比对钢板屈曲应变的影响如图 5.18 所示。由图可知，随着距厚比增大，组合墙钢板的屈曲应变随之减小。当距厚比从 12.65 分别增大到 16.23、26.79 和 53.57 时，屈曲应变从 3 356 με 降低到 2 239 με、1 733 με、630 με，分别降低 33%、48%、81%。当组合墙距厚比较小（$S/t_s < 26.79$）时，连接件间距较小，连接件数量较多，由欧拉公式可知，钢板在竖向荷载作用下不易发生局部屈曲，则屈曲应变较大，属于第一种破坏模式。同理，当组合墙距厚比较大（$S/t_s > 26.79$）时，连接件间距较大，连接件数量较少，钢板在竖向荷载作用下容易发生局部屈曲，则屈曲应变较小，属于第二种破坏模式。当组合墙距厚比处于以上两者之间（$S/t_s \approx 26.79$）时，连接件布置较为合理，屈曲应变介于以上两者之间，接近屈服应变，属于第三种破坏模式。

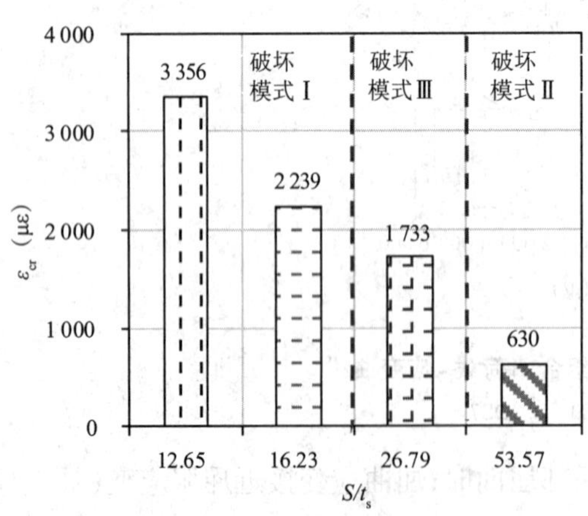

图 5.18 距厚比对钢板屈曲应变的影响

5.4　双钢板 - 混凝土组合墙轴心受压承载力计算

为推广新型双钢板 - 混凝土组合墙在低温环境中的应用，以及为该类型组合墙设计提供科学评估依据，本节提出了双钢板 - 混凝土组合墙轴心受压承载力计算模型。计算模型包括两部分：钢板轴心受压承载力计算和混凝土轴心受压承载力计算。钢板轴心受压承载力计算模型采用欧拉公式，考虑到钢板局部屈曲对钢板承载力的削弱；混凝土轴心受压承载力计算模型采用 Yan 等 [4] 提出的混凝土计算模型，考虑到钢板约束对核心混凝土轴心受压承载力的加强。模型的准确性通过试验数据得到有效验证。

5.4.1　钢板轴心受压承载力计算

1. 基于欧拉公式的钢板屈曲分析

双钢板 - 混凝土组合墙轴心受压时，上下两排栓钉之间的钢板由于约束不足，会发生面外局部屈曲现象。钢板局部屈曲会导致钢板承载力降低，当组合墙距厚比（ S/t_s ）较大时，栓钉数量较少，钢板未达到屈服前就会发生局部屈曲。因此，引入欧拉公式对钢板局部屈曲性能进行分析。钢板发生局部屈曲前混凝土竖向变形相对栓钉间距 S 很小，未发现栓钉在钢板局部屈曲前发生破坏。因此把栓钉作为钢板的约束点，选用栓钉两侧各 $S/2$ 长度作为计算单元，如图 5.19 阴影部分所示。

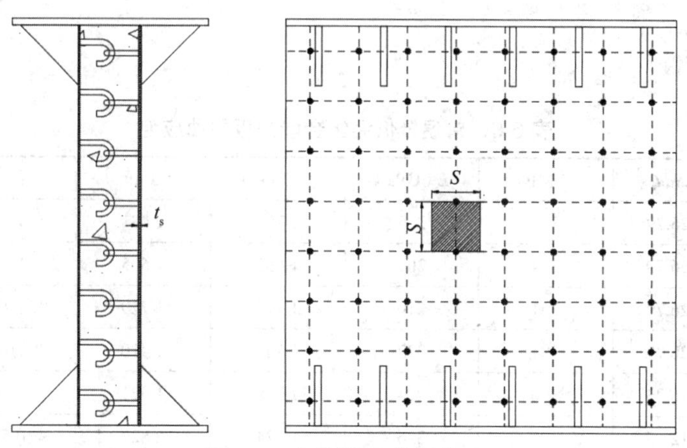

图 5.19　钢板屈曲分析单元

根据压杆临界力的欧拉公式 [7]，可以将其看作以上下栓钉为约束点，截面为 St_s、高为 S 的压杆，求得钢板屈曲应力 σ_{cr} 为

$$\sigma_{cr}=\frac{\pi^2 E_s I}{(kl)^2 A}=\frac{\pi^2 E_s S t_s^3}{12(kS)^2 S t_s}=\frac{\pi^2 E_s}{12k^2\left(\dfrac{S}{t_s}\right)^2} \tag{5.3}$$

式中，E_s 为钢板弹性模量；I 为截面惯性矩；S 为栓钉间距；t_s 为钢板厚度；k 为长度系数，与支撑条件有关，由线性回归方法得到；l 为杆件长度，此处 $l=S$。

将式(5.3)两端均除以 E_s,得到钢板屈曲应变 ε_{cr} 为

$$\varepsilon_{cr}=\frac{\pi^2}{12k^2\left(\frac{S}{t_s}\right)^2} \tag{5.4}$$

将式(5.4)两端均除以屈服应变 ε_y 得

$$\frac{\varepsilon_{cr}}{\varepsilon_y}=\frac{\pi^2}{12k^2\left(\frac{S}{t_s}\right)^2}\frac{1}{\varepsilon_y}=\frac{\pi^2}{12k^2}\frac{1}{\left(\frac{S}{t_s}\sqrt{f_y/E_s}\right)^2} \tag{5.5}$$

式中,f_y 为钢板屈服应力。

2. 回归长度系数及距厚比临界值

1)长度系数

由式(5.3)、式(5.4)可知,确定长度系数 k 后,即可算出钢板的屈曲应力。双钢板 - 混凝土组合墙在低温下的轴心受压试验中,通过在钢板上布置若干应变片,测得钢板屈曲应变,利用式(5.5)通过回归的方法确定长度系数 k。

双钢板 - 混凝土组合墙在常温下已经做过大量的试验研究,Akiyama 等[8]、Usami 等[9]、Kanchi 等[10]、Choi 和 Han[2]、Yang 等[11] 和张有佳等[12] 通过组合墙轴压试验测得钢板局部屈曲应变。同时,综合本节低温试验所测得的钢板屈曲应变(表 5-6),利用式(5.5),令 $x=\frac{S}{t_s}\sqrt{f_y/E_s}$,$y=\frac{\varepsilon_{cr}}{\varepsilon_y}$,建立坐标系画图(图 5.20),通过回归的方法得到 k=0.85,标准差为 0.18。

表 5-6 常温及低温组合墙钢板屈曲应变

试件编号	S/t_s	f_y(MPa)	E_s(GPa)	ε_y(με)	ε_{cr}(με)	x	y
JS1	26.79	378	216	1 750	1 481	1.12	0.85
JS2	26.79	334	201	1 662	1 605	1.09	0.97
JS3	26.79	361	210	1 719	1 729	1.11	1.01
JS4	26.79	391	222	1 761	1 410	1.12	0.80
JS5	16.23	396	224	1 768	1 921	0.68	1.09
JS6	12.65	401	226	1 774	2 820	0.53	1.59
JS7	53.57	378	216	1 750	592	2.24	0.34
JS8	26.79	378	216	1 750	1 689	1.12	0.97
JS9	26.79	378	216	1 750	1 366	1.12	0.78
DS1	26.79	378	216	1 750	1 727	1.12	0.99
DS2	26.79	334	201	1 662	1 707	1.09	1.03
DS3	26.79	361	210	1 719	1 445	1.11	0.84
DS4	26.79	391	222	1 761	1 896	1.12	1.08
DS5	16.23	396	224	1 768	2 557	0.68	1.45

续表

试件编号	S/t_s	f_y(MPa)	E_s(GPa)	ε_y(με)	ε_{cr}(με)	x	y
DS6	12.65	401	226	1 774	3 891	0.53	2.19
DS7	53.57	378	216	1 750	668	2.24	0.38

注：S/t_s—距厚比；f_y—钢板屈服强度；E_s—钢板弹性模量；ε_y—钢板屈服应变；ε_{cr}—钢板屈曲应变。

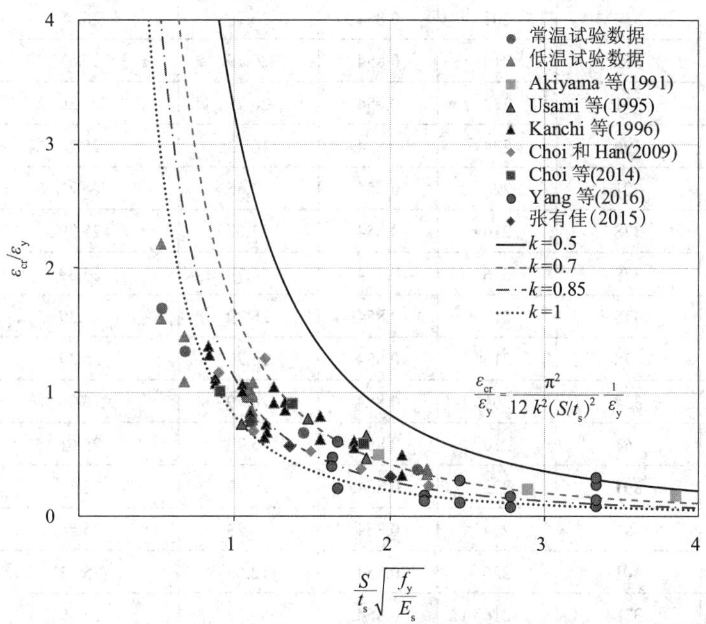

图 5.20　钢板局部屈曲试验数据汇总图

2)距厚比临界值

当屈曲应力 σ_{cr} 大于屈服应力 f_y 时，钢板屈服先于屈曲，发生第Ⅰ类破坏，即混凝土开裂和压碎破坏；当屈曲应力 σ_{cr} 小于屈服应力 f_y 时，钢板屈曲先于屈服，发生第Ⅱ类破坏，即钢板局部屈曲破坏；当屈曲应力 σ_{cr} 等于(或接近)屈服应力 f_y 时，钢板屈服与屈曲同时发生，发生第Ⅲ类破坏，即钢-混凝土协同破坏。因此，由式(5.3)可知，令屈曲应力 σ_{cr} 等于屈服应力 f_y 可得到距厚比 S/t_s 的临界值，具体如下。

$$\sigma_{cr}=\frac{\pi^2 E_s}{12k^2\left(\frac{S}{t_s}\right)^2}=f_y \tag{5.6}$$

$$\frac{S}{t_s}=\sqrt{\frac{\pi^2 E_s}{12k^2 f_y}} \tag{5.7}$$

如表 5-7 所示，距厚比 S/t_s 临界值的平均值为 25.54，标准差为 0.42。标准差较小，距厚比 S/t_s 临界值取值为 25.54。当距厚比 S/t_s 小于 25.54 时，即屈曲应力 σ_{cr} 大于屈服应力 f_y 时，钢板屈服先于屈曲，发生第Ⅰ类破坏；当距厚比 S/t_s 大于 25.54 时，即屈曲应力 σ_{cr} 小于屈服应力f_y时，钢板屈曲先于屈服，发生第Ⅱ类破坏；当距厚比S/t_s等于（或接近）25.54时，即屈曲应力σ_{cr}等于（或接近）屈服应力f_y时，钢板屈服与屈曲同时发生，发生第Ⅲ类破坏。

表 5-7　距厚比S/t_s临界值

试件编号	f_y（MPa）	E_s（GPa）	k	S/t_s	S/t_s临界值	破坏模式
JS1	378	216	0.854	26.79	25.39	Ⅲ
JS2	334	201	0.854	26.79	26.05	Ⅲ
JS3	361	210	0.854	26.79	25.61	Ⅲ
JS4	391	222	0.854	26.79	25.30	Ⅲ
JS5	396	224	0.854	16.23	25.26	Ⅰ
JS6	401	226	0.854	12.65	25.21	Ⅰ
JS7	378	216	0.854	53.57	25.39	Ⅱ
JS8	378	216	0.854	26.79	25.39	Ⅲ
JS9	378	216	0.854	26.79	25.39	Ⅲ
DS1	378	216	0.854	26.79	25.39	Ⅲ
DS2	334	201	0.854	26.79	26.05	Ⅲ
DS3	361	210	0.854	26.79	25.61	Ⅲ
DS4	391	222	0.854	26.79	25.30	Ⅲ
DS5	396	224	0.854	16.23	25.26	Ⅰ
DS6	401	226	0.854	12.65	25.21	Ⅰ
DS7	378	216	0.854	53.57	25.39	Ⅱ
平均值					25.54	
标准差					0.42	

注：f_y—钢板屈服强度；E_s—钢板弹性模量；k—长度系数；S/t_s—距厚比。

3. 钢板轴心受压承载力计算模型

1）钢板屈曲应力

由以上分析可知，当$S/t_s \leqslant 25.54$时，钢板先屈服后屈曲；当$S/t_s > 25.54$时，钢板先屈曲后屈服，因此钢板屈曲应力如下式所示：

$$\sigma_{cr} = \begin{cases} \dfrac{\pi^2 E_s}{12k^2\left(\dfrac{S}{t_s}\right)^2}, & \dfrac{S}{t_s} > 25.54 \\ f_y, & \dfrac{S}{t_s} \leqslant 25.54 \end{cases} \tag{5.8}$$

2）钢板轴心受压承载力

钢板轴心受压承载力计算模型如下式所示：

$$P_s = \sigma_{cr} A_s = 2\sigma_{cr} W t_s \tag{5.9}$$

式中，A_s为钢板横截面面积；W为组合墙宽度。

5.4.2 混凝土轴心受压承载力计算

Yan 等[4]仅对双钢板 - 混凝土组合墙中的核心混凝土进行了一系列轴压试验,研究了混凝土和钢板协同作用机理,并在试验的基础上提出了核心混凝土轴心受压承载力计算模型。

1. 混凝土压应力

核心混凝土在竖向荷载作用下,由于受到两侧钢板的约束作用,处于双轴受压状态,竖向承载力得到提高。根据规范 GB 50010—2010[13],混凝土在双轴受压状态下,其竖向压应力 σ_c 与约束应力 σ_h 满足下式:

$$\sqrt{\sigma_c^2+\sigma_h^2-\sigma_c\sigma_h}-\alpha_s\left(\sigma_c+\sigma_h\right)=\left(1-\alpha_s\right)f_c \tag{5.10}$$

式中,α_s 为剪切屈服系数;f_c 为混凝土轴心抗压强度。

化简式(5.10),求得核心混凝土压应力 σ_c 为

$$\sigma_c=\frac{A+\sqrt{A^2-4\left(1-\alpha_s^2\right)\left\{\sigma_h^2-\left[\left(1-\alpha_s\right)f_c+\alpha_s\sigma_h\right]^2\right\}}}{2(1-\alpha_s^2)} \tag{5.11}$$

式中,$A=\left(1+2\alpha_s^2\right)\sigma_h+2\left(1-\alpha_s\right)\alpha_s f_c$;$\alpha_s=\left(\gamma-1\right)/\left(2\gamma-1\right)$;$\gamma$ 为强度提高系数,取值为1.20[4]。

假定约束应力 σ_h 是将栓钉抗拉抵抗力均匀分布在四个栓钉之间的方形钢板范围内,则约束应力 σ_h 计算模型为

$$\sigma_h=\frac{T_H}{S^2} \tag{5.12}$$

式中,S 为相邻栓钉间距;T_H 为栓钉抗拉抵抗力。

如图5.21所示,栓钉抗拉抵抗力 T_H 取栓钉拉断破坏、混凝土拔出破坏、混凝土开裂破坏和钢板冲切破坏抗拉抵抗力的最小值。Yan 等[4]提出了栓钉抗拉抵抗力计算模型,对于J形钩组合墙,T_H 按下式计算:

$$\begin{aligned}T_H=\min\Big\{&T_s=A_s\sigma_u/\gamma_{M2};\ T_{pl}=\left(1.26f_c e_h d+0.116f_y d^2\right)/\gamma_c;\\&T_{cb}=0.333\sqrt{f_c}A_N/\gamma_c;\ T_{ps}=\pi dt_s\left(f_y/\sqrt{3}\right)/\gamma_{M0}\Big\}\end{aligned} \tag{5.13}$$

对于栓钉组合墙,T_H 按下式计算:

$$\begin{aligned}T_H=\min\Big\{&T_s=A_s\sigma_u/\gamma_{M2};\ T_{pl}=8A_{brg}f_c/\gamma_c;T_{cb}=0.333\sqrt{f_c}A_N/\gamma_c;\\&T_{ps}=\pi dt_s\left(f_y/\sqrt{3}\right)/\gamma_{M0}\Big\}\end{aligned} \tag{5.14}$$

式中:T_H 为栓钉抗拉抵抗力;T_s 为栓钉被拉断时的抗拉承载力;T_{pl} 为栓钉发生拔出破坏时的抗拉承载力;T_{cb} 为栓钉发生混凝土开裂破坏时的抗拉承载力;T_{ps} 为栓钉发生钢板冲切破坏时的抗拉承载力;σ_u 为栓钉抗拉极限强度;f_c 为混凝土轴心抗压强度;e_h 为J形钩顶部锚固长度,$e_h=3d$;f_y 为钢板屈服强度;A_s 为栓杆截面面积;A_{brg} 为钉帽外伸截面面积,$A_{brg}=\pi(d_t^2-d^2)/4$,d_t 为钉帽直径,d 为栓杆直径;A_N 为混凝土锥形体侧面积,$A_N=\min\left[\pi h_s^2\left(1+d/h_s\right),S\times S\right]$,$h_s$ 为栓钉高度,S 为栓钉间距;γ_c 为安全分项系数,取值为

1.0；γ_{M2} 为横截面抗拉至破坏时的分项系数，取值为 1.0；γ_{M0} 为横截面抗拉的分项系数，取值为 1.0。

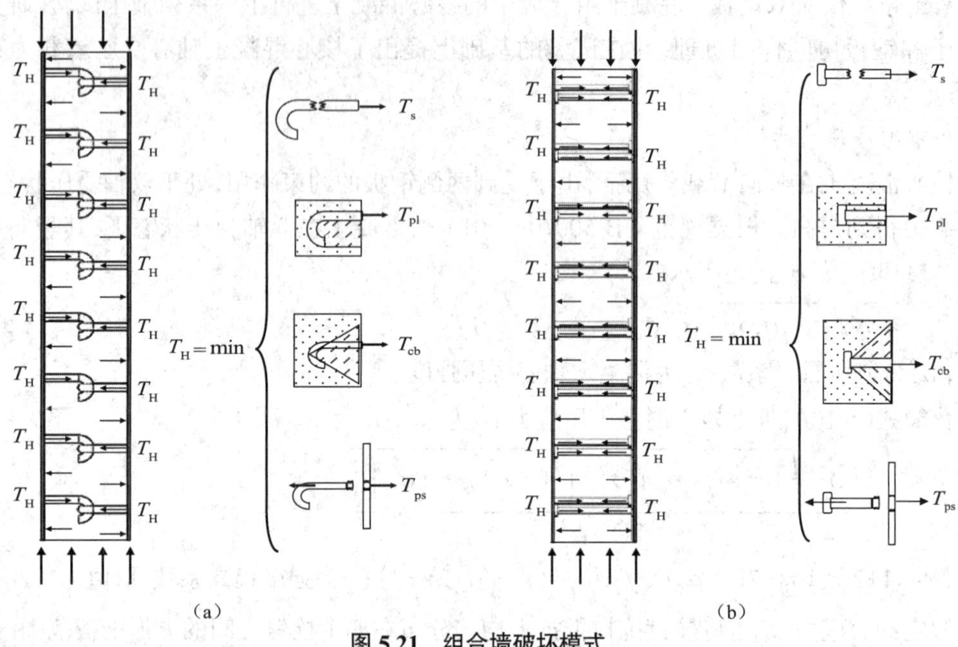

图 5.21 组合墙破坏模式

(a) J 形钩组合墙 (b) 栓钉组合墙

2. 混凝土轴心受压承载力

混凝土轴心受压承载力计算模型如下式所示：

$$P_c = \Phi \sigma_c A_c = \Phi \sigma_c W t_c \tag{5.15}$$

式中，$\Phi = 0.85$；A_c 为混凝土横截面面积；W 为组合墙宽度；t_c 为混凝土厚度。

5.4.3 双钢板 - 混凝土组合墙轴心受压承载力计算

双钢板 - 混凝土组合墙轴心受压承载力 P_u 包括两部分：钢板轴心受压承载力 P_s 和混凝土轴心受压承载力 P_c，即

$$P_u = P_s + P_c \tag{5.16}$$

双钢板 - 混凝土组合墙轴心受压承载力试验值与预测值见表 5-8。组合墙轴心受压承载力试验值与本节所提模型计算值比值的平均值为 1.04，变异系数为 0.11。理论模型计算值平均低估了组合墙极限受压承载力 4%。

为了验证本节提出的理论模型的精确度和离散性，在试验数据的基础上，利用 Choi 等 [2, 14]、刘阳冰等 [15]、张有佳等 [16]、Yang 等 [11]、Huang 等 [17] 的共 42 组试验数据，对理论模型进行验证，对比见表 5-9。图 5.22 比较了双钢板 - 混凝土组合墙的试验值与预测值（共 64 组数据），结果表明试验值与预测值比值的平均值和变异系数分别为 1.07 和 0.16。理论模型计算值平均低估了组合墙极限受压承载力 7%。值得注意的是，理论模型计算值平均高估了文献 [17] 中 11 个试验结果约 11%。这是因为文献 [17] 中组合墙采用的是超轻水泥混合

材料，与普通混凝土不同，需要对理论模型进行修正。通过以上研究可知，本节提出的理论计算模型可对组合墙极限承载力给出合理并保守的预测，精确度较高，离散性较小。

表 5-8　组合墙试验值与预测值对比

试件编号	W（mm）	t_c（mm）	t_s（mm）	f_c（MPa）	f_y（MPa）	N_u（kN）	P_u（kN）	N_u/P_u
JS1	600	90	2.80	75.58	378	4 968	4 702	1.06
JS2	600	90	2.80	43.87	334	3 062	3 149	0.97
JS3	600	90	2.80	61.69	361	3 532	4 028	0.88
JS4	600	90	2.80	87.00	391	6 508	5 261	1.24
JS5	600	90	4.62	75.58	396	6 442	5 762	1.12
JS6	600	90	5.93	75.58	401	6 897	6 420	1.07
JS7	600	90	2.80	75.58	378	3 783	3 778	1.00
JS8	600	90	2.80	48.24	378	3 654	3 432	1.06
JS9	600	90	2.80	79.25	378	5 046	4 870	1.04
DS1	600	90	2.80	75.58	378	5 630	4 707	1.20
DS2	600	90	2.80	43.87	334	3 001	3 149	0.95
DS3	600	90	2.80	61.69	361	3 991	4 028	0.99
DS4	600	90	2.80	87.00	391	6 891	5 270	1.31
DS5	600	90	4.62	75.58	396	6 658	5 762	1.16
DS6	600	90	5.93	75.58	401	6 890	6 420	1.07
DS7	600	90	2.80	75.58	378	4 062	3 783	1.07
平均值								1.04
标准差								0.11

注：W—试件宽度；t_c—混凝土厚度；t_s—钢板厚度；f_c—混凝土轴心抗压强度；f_y—钢板屈服强度；N_u—组合墙轴压承载力试验值；P_u—组合墙轴压承载力本节模型计算值。

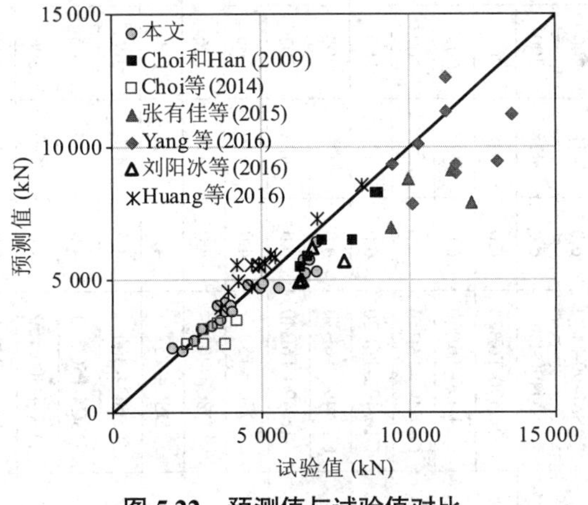

图 5.22　预测值与试验值对比

表 5-9 试验数据验证理论模型

文献	试件编号	t_s（mm）	f_y（MPa）	E_s（GPa）	d（mm）	h（mm）	S（mm）	f_c（MPa）	t_c（mm）	S/t_s	H（mm）	W（mm）	T（mm）	N_u（kN）	P_u（kN）	N_u/P_u
[2]	SS400-S	6.0	274	200	8	71	150	38	288	25.0	450	380	300	6 282	4 884	1.29
	SS400-M	6.0	274	200	8	71	200	38	288	33.3	600	480	300	7 051	5 806	1.21
	SS400-L	6.0	274	200	8	71	300	38	288	50.0	900	680	300	8 956	7 201	1.24
	SM490-S	6.0	418	200	8	71	150	38	288	25.0	450	380	300	6 562	5 398	1.22
	SM490-M	6.0	418	200	8	71	200	38	288	33.0	600	480	300	8 069	5 806	1.39
	SM490-L	6.0	418	200	8	71	300	38	288	50.0	900	680	300	8 850	7 201	1.23
[14]	C24/490-T6B20	6.0	428	202	13	108	120	24	238	20.0	380	280	250	3 052	2 864	1.07
	C24/490-T6B30	6.0	428	202	13	108	180	24	238	30.0	500	370	250	3 528	3 080	1.15
	C24/490-T6B40	6.0	428	202	13	108	240	24	238	40.0	620	460	250	4 164	3 132	1.33
	C16/490-T6B20	6.0	428	202	13	108	120	16	238	20.0	380	280	250	2 539	2 398	1.06
	C16/490-T6B30	6.0	428	202	13	108	180	16	238	30.0	500	370	250	3 055	2 455	1.24
	C16/490-T6B40	6.0	428	202	13	108	240	16	238	40.0	620	460	250	3 812	2 369	1.61
[11]	DSC4-150	4.0	410	206	5	35	150	39	232	37.5	1 200	1 200	240	11 249	11 097	1.01
	DSC4-200	4.0	410	206	5	35	200	33	232	50.0	1 200	1 200	240	10 318	8 778	1.18
	DSC4-250	4.0	410	206	5	35	250	38	232	62.5	1 200	1 200	240	11 230	9 747	1.15
	DSC4-300	4.0	410	206	5	35	300	36	232	75.0	1 200	1 200	240	11 610	9 039	1.28
	DSC4-150/300	4.0	410	206	5	35	300	32	232	75.0	1 200	1 200	240	10 122	7 895	1.28
	DSC4-300/150	4.0	410	206	5	35	150	33	232	37.5	1 200	1 200	240	9 452	9 456	1.00
	DSC6-240	6.0	348	206	10	75	240	39	228	40.0	1 200	1 200	240	13 525	11 358	1.19
	DSC6-300	6.0	348	206	10	75	300	34	228	50.0	1 200	1 200	240	11 606	9 432	1.23
	DSC6-360	6.0	348	206	10	75	360	36	228	60.0	1 200	1 200	240	13 033	9 513	1.37
[7]	SCW-1	4.8	256	200	8	70	269	30	220	56.0	1 160	1 100	230	9 380	7 013	1.34
	SCW-2	4.8	256	200	8	70	182	30	220	38.0	1 160	1 100	230	12 123	8 011	1.51
	SCW-3	4.8	256	200	8	70	149	30	220	31.0	1 160	1 100	230	9 976	8 940	1.12
	SCW-4	4.8	256	200	8	70	96	30	220	20.0	1 160	1 100	230	11 433	9 137	1.25

续表

文献	试件编号	t_s（mm）	f_y（MPa）	E_s（GPa）	d（mm）	h（mm）	S（mm）	f_c（MPa）	t_c（mm）	S/t_s	H（mm）	W（mm）	T（mm）	N_u（kN）	P_u（kN）	N_u/P_u
[12]	DSW-1	3.0	370	206	6	48	150	47	160	50.0	800	700	166	6 270	4 968	1.26
	DSW-2	3.0	370	206	6	48	100	42	160	33.3	800	700	166	6 390	5 054	1.26
	DSW-3	3.0	370	206	6	48	75	47	160	25.0	800	700	166	6 700	6 216	1.08
	DSW-4	3.0	370	206	6	48	35	42	160	11.7	800	700	166	7 780	5 734	1.36
[17]	SCSW-R1	6.0	309	202	13	60	100	54	120	16.7	400	590	132	4 191	5 566	0.75
	SCSW-R2	6.0	309	202	13	60	100	54	120	16.7	400	590	132	4 906	5 566	0.88
	SCSW-S1	6.0	309	202	13	60	201	55	120	33.5	500	590	132	4 656	4 863	0.96
	SCSW-S2	6.0	309	202	13	60	300	55	120	50.0	700	590	132	3 670	4 018	0.91
	SCSW-C1	6.0	309	202	13	45	100	60	90	16.7	400	590	102	4 248	4 969	0.85
	SCSW-C2	6.0	309	202	13	68	100	53	135	16.7	400	590	147	5 467	5 871	0.93
	SCSW-C30	6.0	309	202	13	60	100	38	120	16.7	400	590	132	3 916	4 555	0.86
	SCSW-C45	6.0	309	202	13	60	100	54	120	16.7	400	590	132	4 689	5 572	0.84
	SCSW-T8	8.0	394	180	13	60	100	57	120	12.5	400	590	136	6 889	7 265	0.95
	SCSW-T12	12.0	375	212	13	60	102	52	120	8.5	400	590	144	8 418	8 539	0.99
	SCSW-P1	6.0	309	202	13	60	103	55	120	17.2	400	590	132	5 120	5 627	0.91
	SCSW-P2	6.0	309	202	13	60	100	54	120	16.7	400	590	132	4 933	5 536	0.89
	SCSW-HS	6.0	309	202	13	73	100	61	120	16.7	400	590	132	5 317	5 982	0.89
平均值		—														1.13
COV																0.18

注：t_s—钢板厚度；f_y—钢板屈服强度；E_s—钢板弹性模量；d—栓钉直径；h—栓钉高度；S—栓钉间距；t_c—混凝土厚度；f_c—混凝土轴心抗压强度；H—组合墙高度；W—组合墙宽度；T—组合墙厚度；*COV*—变异系数。

5.5 双钢板 - 混凝土组合墙的数值分析

双钢板 - 混凝土组合墙(DSCW)的轴压性能由通用有限元软件 ABAQUS 模拟,隐式求解器用于分析解。为了提高有限元模型(FEM)的精度,核心混凝土、钢板、加载 / 端板和加劲肋都进行了详细建模。FEM 的几何尺寸、网格、材料模型、连接件建模、钢 - 混凝土相互作用、荷载和边界条件将在以下部分进行描述。值得注意的是,根据 Choi 和 Han[2] 报告的测试参数建立的类似 FEM 也适用于有限元分析。FEM 的更多细节可以在文献 [1] 和 [4] 中找到。

5.5.1 几何尺寸和网格划分

双钢板 - 混凝土组合墙的轴压有限元模型如图 5.23 所示。DSCW 的所有组件包括混凝土、钢板、连接件、加强筋和加载 / 端板,均采用三维八节点实体单元(C3D8R)进行模拟。值得注意的是,网格尺寸对有限元分析的准确性至关重要。合理的网格尺寸不仅可以提高有限元分析的精度,还可以节省计算时间。由于 FEM 的几何形状复杂,每个部分都被划分网格并切成规则的小块,直到所有小块都变成绿色。考虑到连接件处的应力水平较大,连接件周围混凝土和钢板的网格尺寸在合理范围内加密,以提高这些区域的计算精度。以试件 WJ1 为例,夹层混凝土和带连接件的钢板分别有 43 520 和 13 312 个单元。

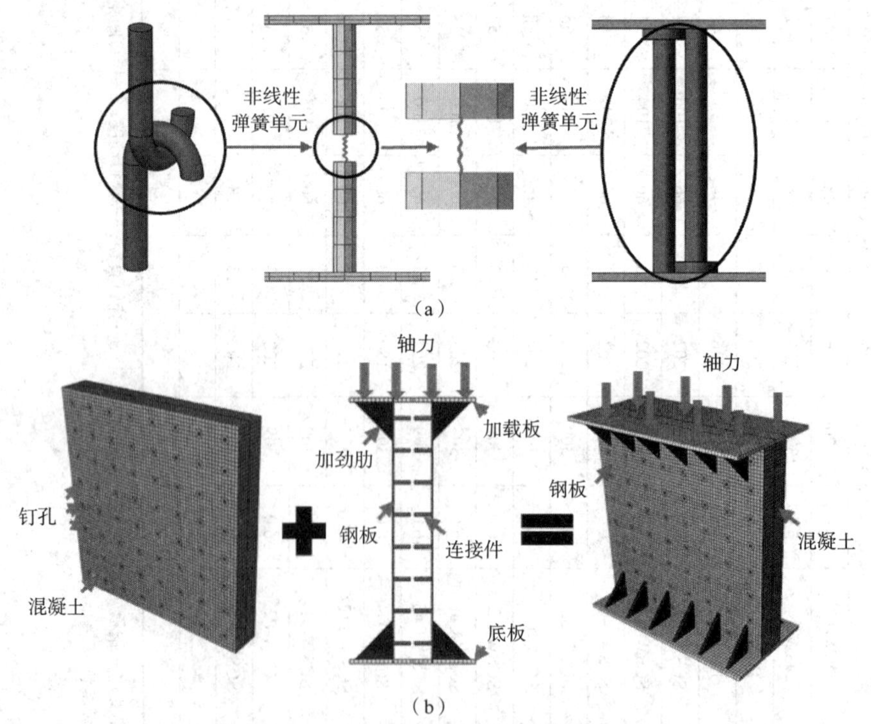

图 5.23 DSCW 的有限元模型

(a)用弹簧单元模拟连接件 (b)有限元模型

5.5.2　材料模型

1. 混凝土

应用混凝土损伤塑性（CDP）模型来模拟 DSCW 中核心混凝土在低温下的抗压性能，在加载过程中核心混凝土可能出现两种破坏模式，即压碎和拉伸开裂。为了提高 FEM 的可靠性，应准确输入 CDP 模型中的压缩行为和拉伸行为。

采用谢剑等[5]提出的混凝土的受压本构模型反映了混凝土在低温下的弹塑性特性：

$$\sigma_{cT}=\begin{cases} f_{cT}\left[A\dfrac{\varepsilon_{cT}}{\varepsilon_{0T}}+(3-2A)\left(\dfrac{\varepsilon_{cT}}{\varepsilon_{0T}}\right)^2+(A-2)\left(\dfrac{\varepsilon_{cT}}{\varepsilon_{0T}}\right)^3\right], & 0\leqslant\dfrac{\varepsilon_{cT}}{\varepsilon_{0T}}\leqslant 1 \\ f_{cT}\dfrac{\varepsilon_{cT}}{\varepsilon_{0T}}\left[B\left(\dfrac{\varepsilon_{cT}}{\varepsilon_{0T}}-1\right)^2+\dfrac{\varepsilon_{cT}}{\varepsilon_{0T}}\right]^{-1}, & \dfrac{\varepsilon_{cT}}{\varepsilon_{0T}}>1 \end{cases} \tag{5.17}$$

其中，σ_{cT} 和 ε_{cT} 为混凝土在温度 T 时的应力和应变；f_{cT} 为混凝土在温度 T 时的抗压强度；ε_{0T} 为混凝土抗压强度对应的峰值应变；A 和 B 为常数，取值见表 5-10。

表 5-10　A 和 B 的取值

参数	温度(℃)			
	20	0	−40	−80
A	2.7	2.7	2.2	1.8
B	0.7	1.3	1.7	2.0

在此有限元模型中，混凝土的拉伸行为由断裂能模型表示，其中的参数可通过以下方式获得：

$$G_F=G_{F0}\left(\frac{f_{ck}}{10}\right)^{0.7} \tag{5.18}$$

式中，G_F 为断裂能，单位为 N/m；f_{ck} 为混凝土圆柱体抗压强度，MPa。根据试验结果，G_F 取值为 0.090 N/m。

此外，CDP 模型中的其他塑性参数参考 ABAQUS 用户手册，膨胀角、偏心率、f_{b0}/f_{c0}、K 和黏度参数分别取为 26°、0.1、1.16、0.667 和 0.000 1。

2. 钢板和连接件

采用弹塑性各向同性模型预测低温下 DSCW 中钢板和连接件的材料特性，如图 5.24 所示。这种双线性材料模型可分为两个部分：弹性阶段和塑性阶段。弹性阶段，钢板和连接件的屈服强度与应变呈线性关系，此外还需输入参数弹性模量 E_{sT} 和泊松比 υ。同时，塑性应变与极限强度呈线性关系，其中屈服强度 f_{yT}、极限强度 f_{suT} 和相应的应变 ε_{suT} 应精确定义。

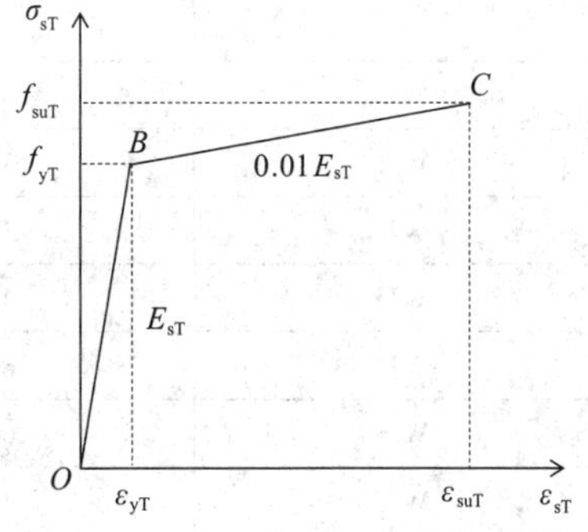

图 5.24　钢材的应力-应变模型

5.5.3 连接件的模拟

必须合理模拟 DSCW 中互锁的 J 形钩和重叠的螺栓，因为连接件有效地保持了钢板与混凝土的复合作用，不仅传递了钢板与混凝土接触处的剪力，而且防止钢板过早发生局部屈曲。然而，由于连接件本身的复杂几何形状和混凝土中保留的连接件孔，很难模拟连接件的完整几何形状，这给划分和生成网格带来了巨大挑战，同时随着数量的增加也导致有限元不收敛。为解决上述问题，将连接件的几何形状简化为与测试中连接件直径相同的两个圆柱体。圆柱体的一侧与钢板合并成一个部分，两个圆柱体的另一侧通过具有非线性特性的三维弹簧元件连接[1]，如图 5.23（a）所示。需要正确定义从拉出测试[1, 5]中获得的 24 000 N/mm 的弹簧刚度。这种用于钢 - 混凝土复合结构中的互锁 J 形钩或重叠带头螺栓的简化方法被证明是合理的。

5.5.4 钢 - 混凝土界面、加载和边界条件

该有限元模型中所有表面都采用一般接触，以简化模型并节省计算时间。已经定义了摩擦系数为 0.4[20] 的切向行为和“硬”接触的正常行为的接触属性。在钢板、加强筋和加载 / 端板之间使用了拉杆约束。如图 5.23（b）所示，在与加载板耦合的参考点处轴向施加位移荷载，并且端板被限制在所有自由度上移动。

5.5.5 验证和讨论

基于 16 个 DSCW 轴压试验结果，文献 [2] 和 [3] 中 6 个试件的试验值，本节验证提出的 FEM 的极限受压承载力、荷载 - 位移曲线和失效模式。

1. 极限抗压承载力

表 5-11 和图 5.25 对 FEM 预测的极限抗压承载力与本节的 16 个 DSCW、Choi 和 Han 的 6 个试件的试验值进行了比较。结果表明，就 DSCW 的极限抗压承载力而言，有限元结果与试验结果非常吻合。FEM 预测值误差在 ±15% 以内，P_f/P_e 平均值为 0.99，变异系数（COV）为 0.07。

表 5-11 组合墙抗压承载力对比

编号	P_e（kN）	P_f（kN）	P_f/P_e
	（1）	（2）	（2）/（1）
本节试验结果			
WJ1	3 062	3 311	1.08
WJ2	3 532	3 638	1.03
WJ3	4 968	4 908	0.99
WJ4	6 442	5 874	0.91
WJ5	6 897	6 424	0.93
WJ6	3 783	3 847	1.02
WJ7	3 654	3 950	1.08

续表

编号	P_e(kN)	P_f(kN)	P_f/P_e
	(1)	(2)	(2)/(1)
WJ8	5 046	5 325	1.06
WJ9	6 508	5 984	0.92
WH1	3 001	3 310	1.10
WH2	3 991	4 428	1.11
WH3	5 360	4 908	0.92
WH4	6 658	5 873	0.88
WH5	6 890	6 424	0.93
WH6	4 062	3 883	0.96
WH7	6 891	5 976	0.87
文献 [2] 试验结果			
SS400-S	6 282	6 175	0.98
SM490-S	6 562	6 749	1.03
SS400-M	7 051	6 934	0.98
SM490-M	8 069	7 946	0.98
SS400-L	8 956	9 032	1.01
SM490-L	8 850	9 156	1.03
平均值			0.99
变异系数			0.07

注：P_f—有限元结果；P_e—试验结果。

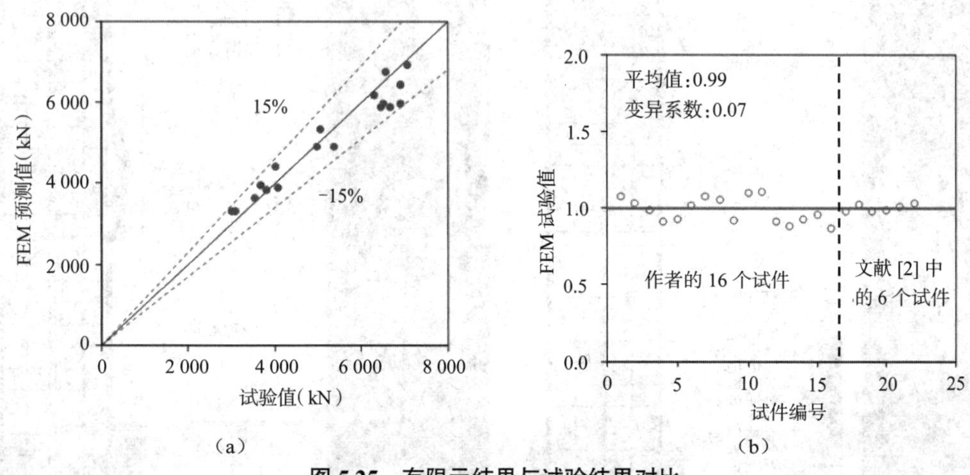

图 5.25　有限元结果与试验结果对比

(a)有限元预测　(b)离散度

2. 破坏模式

在受压的 DSCW 中，混凝土发生破碎和劈裂，钢板发生局部屈曲。图 5.26 为从试验中观察到的试验现象与通过 FEM 预测的失效模式的比较，吻合较好。

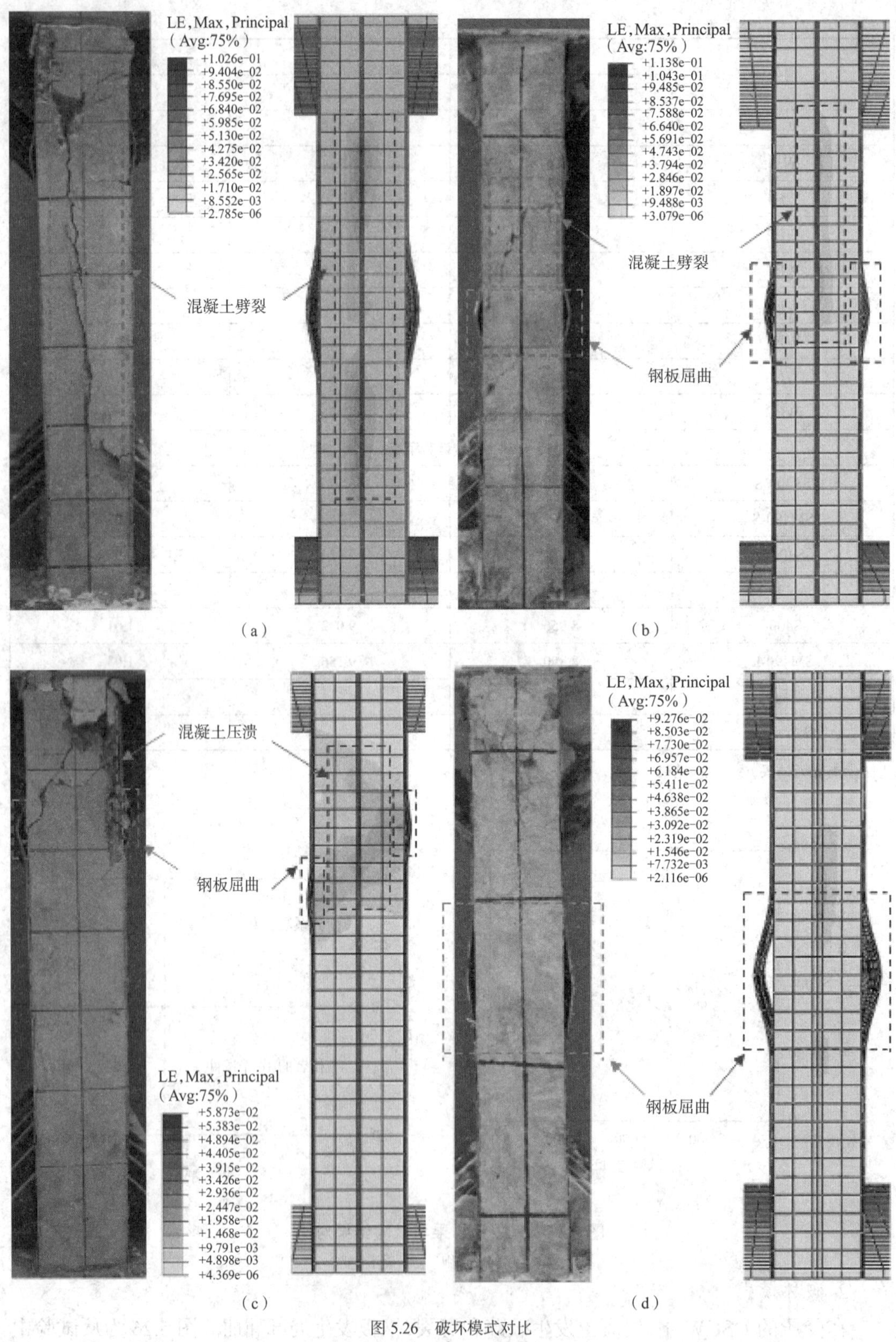

图 5.26 破坏模式对比

(a)WJ2 (b)WJ8 (c)WH3 (d)WH6

5.5.6　参数分析

早期的试验研究已经证明了钢板厚度、混凝土强度、温度、连接件间距和连接件类型对 DSCW 压缩性能的影响。然而，由于时间和经济限制，连接件的垂直间距（S_V）和水平间距（S_H）对 DSCW 压缩性能的影响尚未得到充分研究。因此，本节提出的 FEM 可用于进行参数研究，并且仅构建了一半的 DSCW 以提高 FEA 的效率。用于参数分析的模型的材料属性与 WJ3 相同。

1. 竖向间距的影响

图 5.27 展示了当水平间距为 75 mm 和 200 mm 时，连接件的垂直间距对 DSCW 压缩性能的影响。钢板和混凝土在初始加载阶段共同变形，几乎没有相互作用，导致由钢板和混凝土提供的 DSCW 的初始刚度随着 S_V 值的增加而具有边际影响。

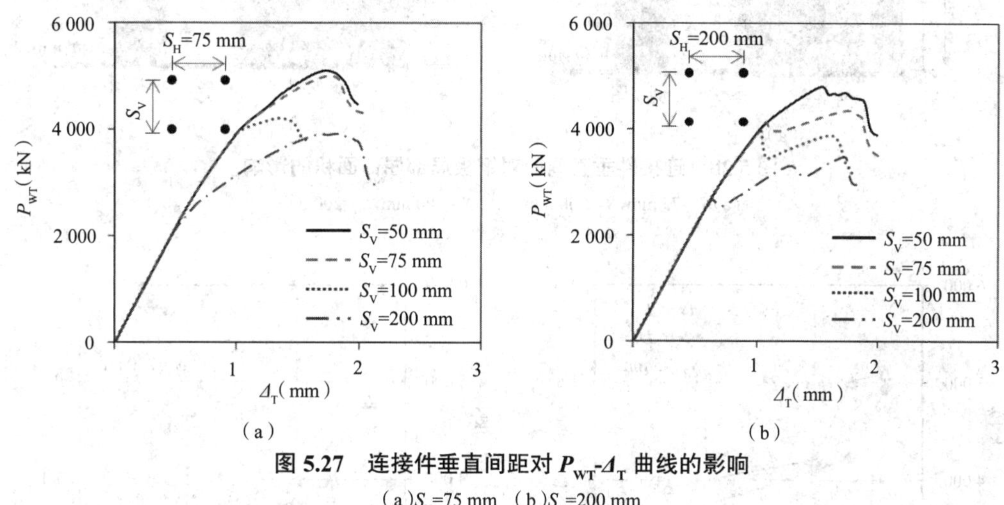

图 5.27　连接件垂直间距对 P_{WT}-Δ_T 曲线的影响

(a) S_H=75 mm　(b) S_H=200 mm

图 5.28 展示了当 DSCW 达到 P_{uT} 时，连接件的垂直间距对钢板局部屈曲面积的影响。钢板局部屈曲的面积，可在连接件的水平行之间观察到，随着 S_V 值的增加而增加。连接件的垂直间距越大，钢板的垂直约束越小，最终增加了钢板局部屈曲的面积。

图 5.29 说明了连接件的垂直间距对 P_{uT} 和 DI 的影响。随着 S_V 值从 50 mm 增加到 75 mm、100 mm 和 200 mm，当连接件的水平间距 S_H 为 75 mm 时，DSCW 的 P_{uT}（DI）分别下降 2%（10%）、17%（12%）和 23%（19%），如图 5.29（a）所示；当 S_H 为 200 mm 时，DSCW 的 P_{uT}（DI）分别下降 9%（13%）、17%（15%）和 27%（16%），如图 5.29（b）所示。随着 S_V 值的增加，钢板的长细比（S_V/t_s）从 16.7 增加到 25、33.3 和 66.7。较高的长细比显著降低了钢板的受压抗屈曲能力，加速了钢板过早局部屈曲，对 DSCW 的延展性产生不利影响。

2. 水平间距的影响

图 5.30 显示了连接件的水平间距对 DSCW 压缩性能的影响。S_H 的值对 DSCW 的初始刚度影响不大，因为钢板和混凝土在初始荷载下共同变形，几乎没有相互作用。图 5.31 描绘了当 DSCW 达到 P_{uT} 时，连接件的水平间距对钢板局部屈曲面积的影响。随着 S_H 值从

75 mm 变为 200 mm，局部屈曲面积略有增加。由于钢板的局部屈曲主要出现在连接件的水平行之间，因此 S_H 的变化对钢板局部屈曲面积的影响很小。但由于 S_H 值的增加引起的水平约束不足，导致钢板局部屈曲向相邻排连接件扩展，钢板局部屈曲面积略有增加。

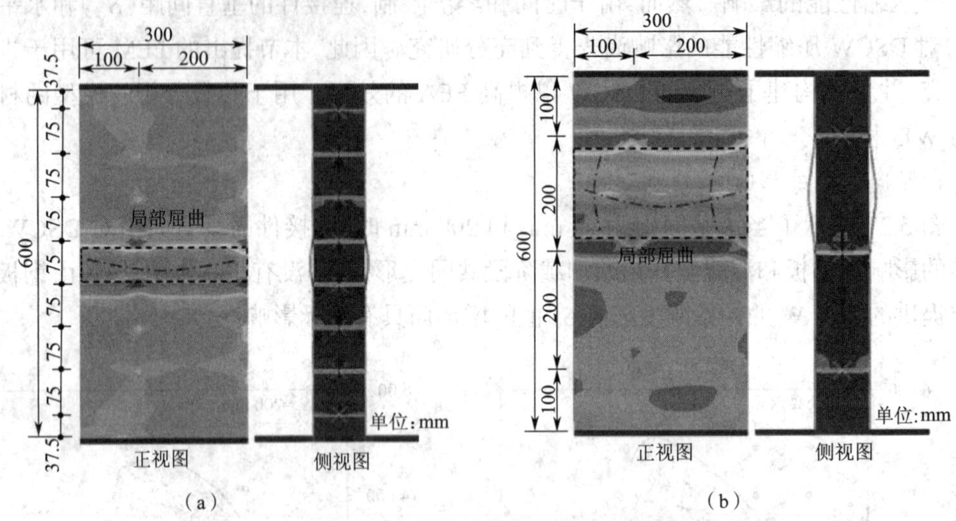

图 5.28 连接件垂直间距对钢板局部屈曲面积的影响

(a) S_V=75 mm，S_H=200 mm (b) S_V=200 mm，S_H=200 mm

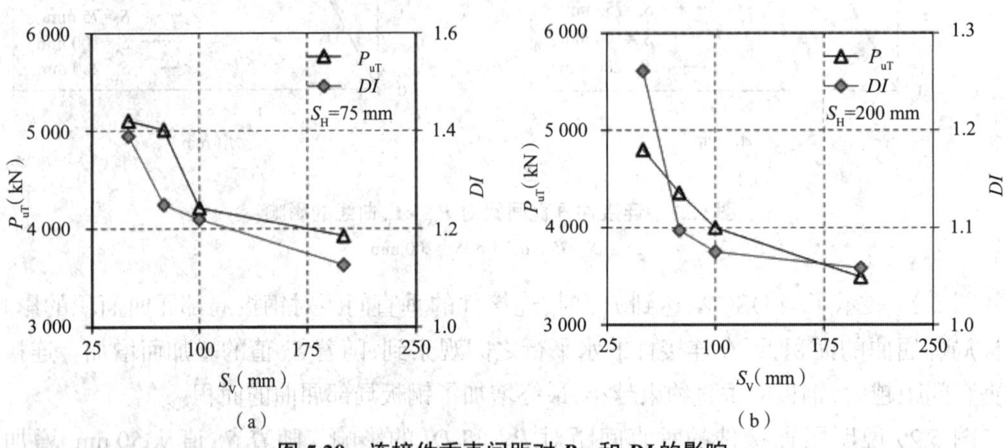

图 5.29 连接件垂直间距对 P_{uT} 和 DI 的影响

(a) S_H=75 mm (b) S_H=200 mm

图 5.32 展示了 S_H 对 P_{uT} 和 DI 的影响。S_H 值从 50 mm 增加到 75 mm、100 mm 和 200 mm，当 S_V 为 75 mm 时，P_{uT}(DI)分别降低 1%(13%)、2%(21%)和 13%(24%)，如图 5.32(a)所示；当 S_V 为 200 mm 时，P_{uT}(DI)分别下降 1%(4%)、3%(5%)和 11%(6%)，如图 5.32(b)所示。钢板和混凝土水平约束不足导致的 S_H 值增加加速了 DSCW 的失效，这直接导致 P_{uT} 和 DI 的降低。但值得注意的是，当 S_H 值小于 100 mm 时，S_H 对 DI 的影响大于对 P_{uT} 的影响。相反，当 S_H 大于 100 mm 时，S_H 对 P_{uT} 的影响大于对 DI 的影响。因此，S_H 必须有一个临界值，值得未来进一步研究。

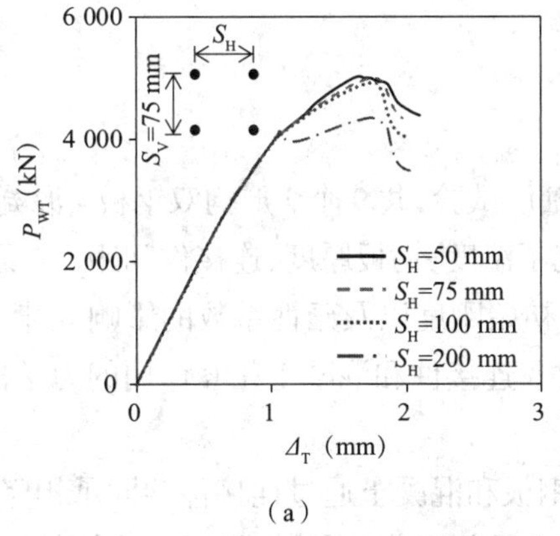

（a）

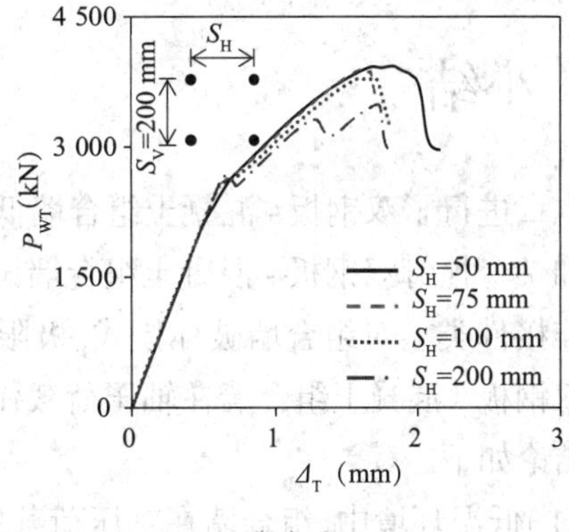

（b）

图 5.30　连接件水平间距对 P_{WT}-Δ_T 曲线的影响

（a）S_V=75 mm　（b）S_V=200 mm

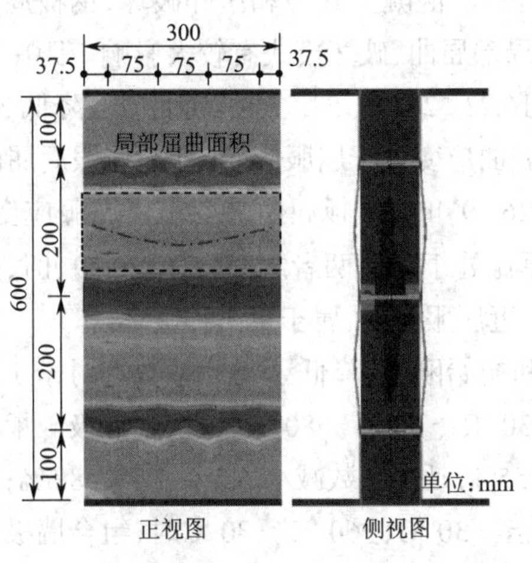

（a）

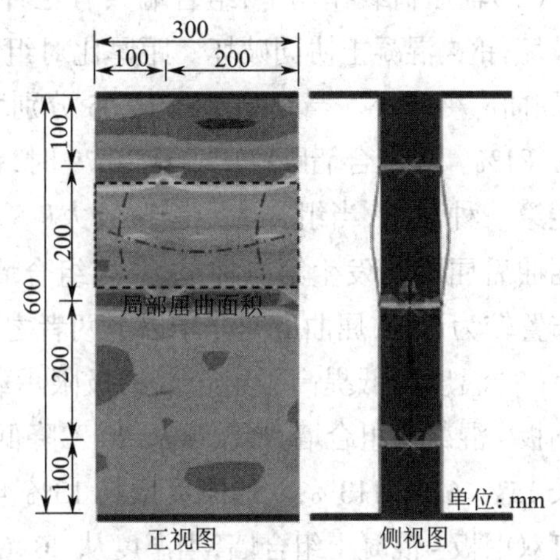

（b）

图 5.31　连接件水平间距对钢板屈曲面积的影响

（a）S_V=200 mm，S_H=75 mm　（b）S_V=200 mm，S_H=200 mm

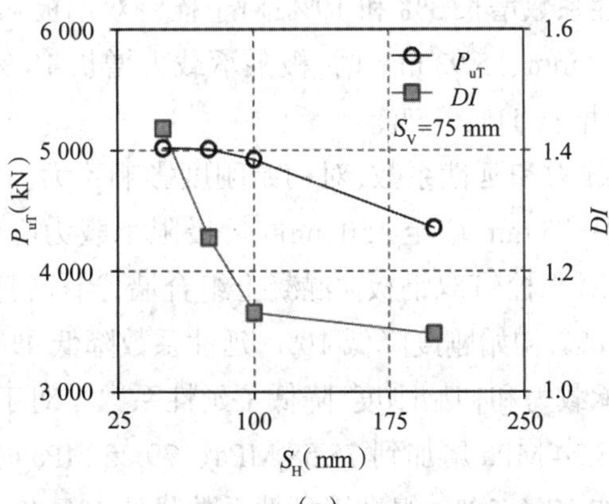

（a）

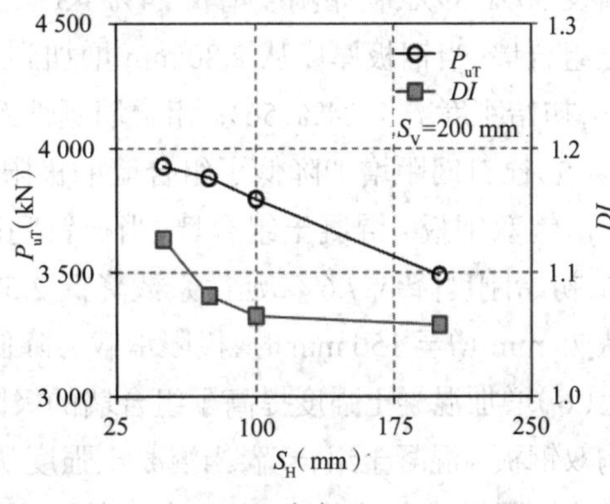

（b）

图 5.32　连接件水平间距对 P_{uT} 和 DI 的影响

（a）S_V=75 mm　（b）S_V=200 mm

5.6 小结

本章进行了双钢板 - 混凝土组合墙低温下的轴压试验，共 9 个 J 形钩双钢板 - 混凝土组合墙和 7 个栓钉双钢板 - 混凝土组合墙试件，研究了温度、钢板厚度、连接件间距、混凝土强度和连接件类型对组合墙破坏模式、极限承载力、初始刚度以及延性系数的影响规律，并揭示了双钢板 - 混凝土组合墙在轴压荷载作用下钢板、连接件和混凝土相互作用的力学机制。主要结论如下。

（1）低温环境中，组合墙在轴压荷载作用下，钢板和混凝土通过连接件共同承担竖向压力。由于混凝土能够有效约束钢板在混凝土侧发生局部屈曲，同时钢板通过连接件对核心混凝土起到约束作用，使混凝土处于双轴受压状态，提高了组合墙的受压承载力。

（2）轴压荷载作用下，组合墙共有三种破坏模式：混凝土开裂和压碎破坏，钢板局部屈曲破坏，钢 - 混凝土协同破坏。距厚比对组合墙局部屈曲、破坏模式有较大影响。距厚比越大，屈曲应变越小。当距厚比从 12.65 分别增至 16.23、26.79、53.57 时，屈曲应变降低 33%、48%、81%。当组合墙距厚比 S/t_s<26.79 时，钢板屈曲应变大于屈服应变（即先屈服后屈曲），发生第一种破坏；当组合墙距厚比较大（$S/t_s>26.79$）时，钢板屈曲应变小于屈服应变（即先屈曲后屈服），发生第二种破坏；当组合墙距厚比处于以上两者之间（S/t_s≈26.79）时，连接件布置较为合理，屈曲应变介于以上两者之间，接近屈服应变，属于第三种破坏。

（3）温度降低提高了组合墙的极限承载力和初始刚度，降低了延性系数。对于 J 形钩双钢板 - 混凝土组合墙，当温度从 20 ℃降低至 −30 ℃、−60 ℃、−80 ℃时，组合墙极限承载力增长 15%、62%、113%，初始刚度增长 13%、46%、55%，延性系数减小 6.2%、7.7%、8.5%；对于栓钉双钢板 - 混凝土组合墙，当温度从 20 ℃降低至 −30 ℃、−60 ℃、−80 ℃时，组合墙极限承载力增长 33%、88%、130%，初始刚度增长 10%、33%、47%，延性系数减小 1%、5%、7%。

（4）增加钢板厚度提高了组合墙的极限承载力、初始刚度和延性系数。对于 J 形钩双钢板 - 混凝土组合墙，当钢板厚度从 2.80 mm 增加到 4.62 mm、5.93 mm 时，组合墙极限承载力增长 30%、39%，初始刚度增长 24%、45%，延性系数增长 3% 和 19%；对于栓钉双钢板 - 混凝土组合墙，当钢板厚度从 2.80 mm 增加到 4.62 mm、5.93 mm 时，极限承载力增长 18 %、22 %，初始刚度增长 24%、56%，组合墙延性系数增长 11%、15%。

（5）栓钉间距增加降低了组合墙的极限承载力和延性系数，对初始刚度影响不大。对于 J 形钩双钢板 - 混凝土组合墙，当栓钉间距从 75 mm 增至 150 mm 时，极限承载力降低 24%，初始刚度降低 7.6%，延性系数降低 2.5%；对于栓钉双钢板 - 混凝土组合墙，当栓钉间距从 75 mm 增至 150 mm 时，极限承载力降低 28%，初始刚度降低 10%，延性系数降低 4%。

（6）增加混凝土强度提高了组合墙的极限承载力和初始刚度，降低了延性系数。对于 J 形钩双钢板 - 混凝土组合墙，当混凝土强度从 48.24 MPa 增加到 75.58 MPa、79.25 MPa 时，组合墙极限承载力增大 36%、38%，初始刚度增加 17%、22%，组合墙延性系数降低 1%、4%。

（7）采用直径 8 mm 的 J 形钩的组合墙的极限承载力、初始刚度和延性系数略低于采用直径 10 mm 栓钉的组合墙，差值均小于 6%。在具有相近极限承载力、初始刚度和延性系数的情况下，J 形钩组合墙可降低墙体含钢率，节约成本。

在试验的基础上，本章提出了新型双钢板 - 混凝土组合墙承载力计算模型，并对其精度和离散性进行验证。主要结论如下。

（1）双钢板 - 混凝土组合墙轴心受压时，上下两排栓钉之间的钢板由于约束不足，会发生面外局部屈曲现象。本章基于欧拉公式对钢板进行屈曲分析，得到钢板屈曲应力计算模型。

（2）利用欧拉公式，在之前学者试验数据的基础上结合本章试验，通过回归的方法得到长度系数 k=0.85，并计算得到组合墙距厚比临界值 S/t_s =25.54。当距厚比 S/t_s 小于 25.54 时，屈曲应力 σ_{cr} 大于屈服应力 f_y，钢板屈服先于屈曲，发生第Ⅰ类破坏；当距厚比 S/t_s 大于 25.54 时，屈曲应力 σ_{cr} 小于屈服应力 f_y，钢板屈曲先于屈服，发生第Ⅱ类破坏；当距厚比 S/t_s 等于（或接近）25.54 时，屈曲应力 σ_{cr} 等于（或接近）屈服应力 f_y，钢板屈服与屈曲同时发生，发生第Ⅲ类破坏。

（3）提出了钢板轴心受压承载力计算模型，并结合 Yan 等 [4] 提出的混凝土轴心受压承载力计算模型，得到了新型双钢板 - 混凝土承载力计算模型，通过试验数据验证其精度较高，离散性较小。

本章还开发了 FEM 和理论模型来预测具有互锁 J 形钩和栓钉的 DSCW 在低温下的压缩性能。通过试验研究和有限元分析获得的 DSCW 极限抗压承载力、荷载 - 位移曲线和失效模式的验证结果证明，本研究建立的有限元模型可以合理地预测 DSCW 在低温下的压缩性能。基于经过验证的有限元，研究了连接件的垂直和水平间距对 DSCW 抗压性能的影响。连接件的垂直和水平间距对 DSCW 的初始刚度影响最小。然而，随着垂直和水平间距的增加，DSCW 的极限抗压承载力和延性显著降低。

参考文献

[1] YAN J B. Finite element analysis on ultimate strength behaviour of steel-concrete-steel sandwich composite beam structures[J]. Materials and structures, 2015, 48(6): 1645-1667.

[2] CHOI B J, HAN H S. An experiment on compressive profile of the unstiffened steel plate-concrete structures under compression loading[J]. Steel and composite structures, 2009, 9(6): 519-534.

[3] TAO Z, HAN L H, ZHAO X L. Behaviour of square concrete filled steel tubes subjected to axial compression[C]//Proceedings of the fifth international conference on structural engineering for young experts, 1998: 61-67.

[4] YAN J B, WANG X T, WANG T. Compressive behavior of normal weight concrete confined by the steel face plates in SCS sandwich wall[J]. Construction and building materials, 2018(171): 437-454.

[5] XIE J, LI X, WU H. Experimental studies on the axial-compression performance of concrete at cryogenic temperatures[J]. Construction and building materials, 2014(72): 380-

388.

[6] LIEW J Y R，YAN J B，HUANG Z Y. Steel-concrete-steel sandwich composite structures recent innovations[J]. Journal of constructional steel research，2017(130)：202-221.

[7] 刘阳冰，王爽，刘晶波，等. 双钢板 - 混凝土组合墙局部屈曲性能试验[J]. 河海大学学报，2017，45(4)：317-323.

[8] AKIYAMA H，SEKIMOTO H. A compression and shear loading tests of concrete filled steel bearing wall[C]// Transaction of the 11th structural mechanics in reactor technology (SMIRT-11)，1991：323-328.

[9] USAMI S，AKIYAMA H，NARIKAWA M，et al. Study on a concrete filled steel structure for nuclear power plants(part 2). Compression loading tests on wall members[C]//Transaction of the 13th structural mechanics in reactor technology(SMIRT-13)，1995：21-26.

[10] KANCHI M，北野剛人，菅原良次，et al. Experimental study on a concrete filled steel structure：part 2 Compressive Test(1)[C]//Summary of technical papers of annual meeting. Architectural Institute of Japan，1996：1071-1072.

[11] YANG Y，LIU J B，FAN J S. Buckling behavior of double-skin composite walls：an experimental and modeling study[J]. Journal of constructional steel research，2016(121)：126-135.

[12] 张有佳，李小军. 基于钢板弹性屈曲理论的组合墙轴压试验研究[J]. 应用基础与工程科学学报，2015，23(6)：1198-1209.

[13] 中华人民共和国住房和城乡建设部. 混凝土结构设计规范：GB 50010—2010[S]. 北京：中国标准出版社，2010.

[14] CHOI B J，KANG C K，PARK H Y. Strength and behavior of steel plate-concrete wall structures using ordinary and eco-oriented cement concrete under axial compression[J]. Thin-walled structures，2014，84(5)：313-324.

[15] 刘阳冰，杨庆年，刘晶波，等. 双钢板 - 混凝土剪力墙轴心受压力学性能试验研究[J]. 四川大学学报，2016，48(2)：83-90.

[16] 张有佳，李小军，贺秋梅，等. 钢板混凝土组合墙体局部稳定性轴压试验研究[J]. 土木工程学报，2016，49(1)：62-68.

[17] HUANG Z Y，LIEW J Y R. Compression resistance of steel-concrete-steel sandwich composite walls with J-hook connectors[J]. Journal of constructional steel research，2016 (124)：142-162.

[18] 聂建国，卜凡民，樊健生. 高轴压比、低剪跨比双钢板 - 混凝土组合剪力墙拟静力试验研究 [J]. 工程力学，2013，30(6)：60-67.

[19] YAN J B，XIONG M X，QIAN X D，et al. Numerical and parametric study of curved steel-concrete-steel sandwich composite beams under concentrated loading[J]. Materials and structures，2016(49)：3981-4001.

[20] YAN J B. Ultimate strength behavior of steel-concrete-steel sandwich composite beams and

shells[D]. Singapore：National University of Singapore，2012.

[21] YAN J B，LIEW J Y R，ZHANG M H. Tensile resistance of J-hook connectors used in steel-concrete-steel sandwich structure[J]. Journal of constructional steel research，2014，100（100）：146-162.

第 6 章　双钢板-混凝土组合梁低温受弯性能研究

为研究双钢板 - 混凝土组合梁（DSCB）在低温下的抗弯性能，本章开展了 12 个双钢板 - 混凝土组合梁的低温两点加载试验（也称四点弯曲试验）。研究参数包括低温水平（T=20 ℃、−30 ℃、−50 ℃、−70 ℃）、钢板厚度（t）、剪跨比（λ）和栓钉间距（S）。两点加载试验结果表明，所有试件均为弯曲破坏，即使剪跨比很小（仅为 2.9）。由于低温下材料力学性能提高以及抗剪连接件约束作用增强，DSCB 的极限强度性能随之提高。两点加载的 DSCB 在低温下可以划分为 5 个工作阶段。DSCB 的刚度和强度随着温度降低、钢板厚度增加以及剪跨比降低而线性增加。栓钉间距包括 150 mm 和 200 mm 两种，对 DSCB 极限强度性能的影响非常有限。本章改进的理论模型能够较好地预测 DSCB 的强度和刚度，误差在可接受范围之内。

6.1　双钢板 - 混凝土组合梁组成及制作

对 12 个双钢板 - 混凝土组合梁开展低温四点弯曲试验[1]，DSCB 主要包括上下钢板、核心混凝土以及大头栓钉抗剪连接件等组件。

6.1.1　试件设计

DSCB 的制作流程如图 6.1 所示，即焊接大头栓钉于上下钢板，将焊接好的上下钢板组装、焊接钢筋于上下钢板侧边形成钢骨架，支模板以及浇筑混凝土。DSCB 的几何尺寸如图 6.2 所示。所有试件的总长均为 1 600 mm，总宽均为 200 mm，核心混凝土层的名义厚度为 100 mm。试验主要有 4 个研究参数，分别为低温水平（T）、钢板厚度（t）、剪跨比（λ）和栓钉间距（S）。试件 B1、B2、B3-1/2 以及 B4-1/2 的测试温度分别为 20 ℃、−30 ℃、−50 ℃和 −70 ℃。B3 和 B4 均有 2 个完全相同的试件，也就是 B3-1/2 和 B4-1/2。试件 B3、B5 和 B6 的测试温度均为 −50 ℃，壁厚分别为 2.71 mm、4.68 mm 以及 5.50 mm，因此 3 个试件横截面的含钢率分别为 5.1%、8.5% 和 9.7%。为了研究剪跨比对 DSCB 低温性能的影响，设计了 B3、B7、B8 三个试件，剪跨比分别约为 4.8、2.9 和 6.7。栓钉间距分别为 150 mm 和 200 mm 的两个试件 B9 和 B10 用以研究栓钉间距对 DSCB 低温性能的影响。12 个试件的更多详细信息见表 6-1。

大头栓钉

(a)

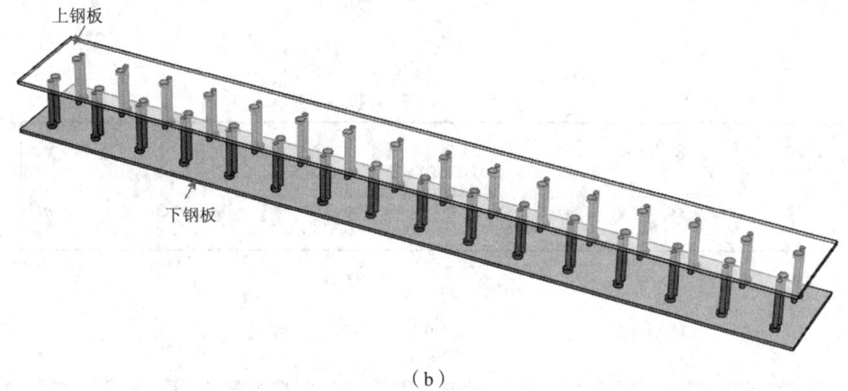

(b)

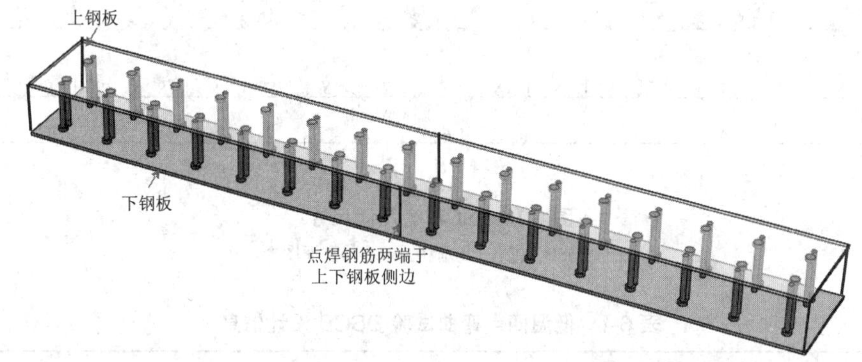

(c)

(d)

(e)

图 6.1　大头栓钉双钢板-混凝土组合梁制作流程

(a)焊接大头栓钉于上下钢板　(b)将焊接好的上下钢板组装　(c)焊接钢筋于上下钢板侧边形成钢骨架
(d)支模板　(e)浇筑混凝土

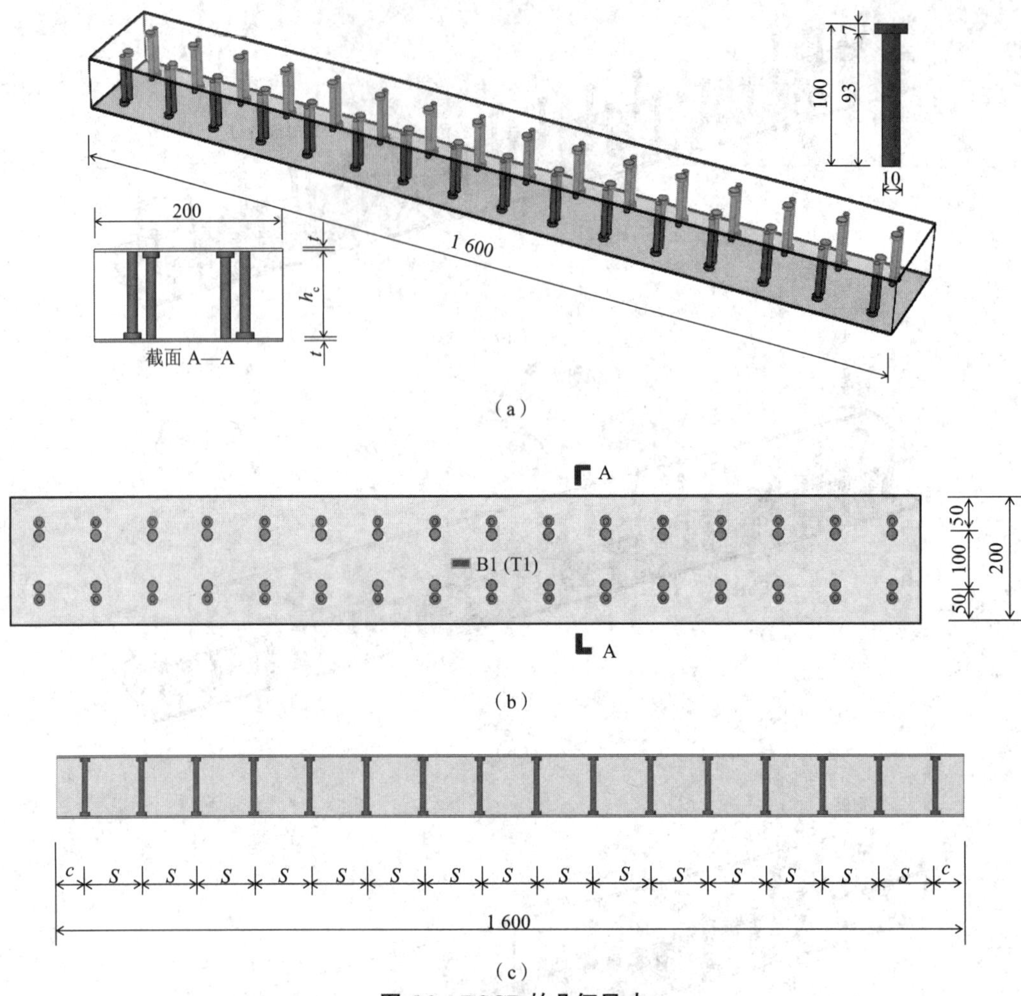

图 6.2　DSCB 的几何尺寸

(a)3D 视图　(b)俯视图　(c)立面图

表 6-1　低温四点弯曲试验 DSCB 设计信息

编号	T(℃)	t(mm)	h_c(mm)	a(mm)	λ	S(mm)
B1	20	2.71	104	500	4.71	100
B2	-30	2.71	102	500	4.79	100
B3-1	-50	2.71	102	500	4.77	100
B3-2	-50	2.71	101	500	4.81	100
B4-1	-70	2.71	102	500	4.76	100
B4-2	-70	2.71	101	500	4.81	100
B5	-50	4.68	101	500	4.74	100
B6	-50	5.50	102	500	4.65	100
B7	-50	2.71	101	300	2.88	100
B8	-50	2.71	101	700	6.73	100
B9	-50	2.70	102	500	4.79	150

续表

编号	T(℃)	t(mm)	h_c(mm)	a(mm)	λ	S(mm)
B10	-50	2.70	103	500	4.73	200

注:T—低温水平;t—钢板厚度;h_c—混凝土厚度;a—加载点至铰支座的距离;λ—剪跨比;S—栓钉间距。

6.1.2　材料特性

DSCB 试件涉及三种材料,分别为普通钢板、大头栓钉和普通混凝土。普通钢板和大头栓钉在不同低温下的力学特性可按 GB/T 228.3—2019[2] 由低温拉伸试验获得。试验采用液氮降温,以模拟低温测试的环境。受试验条件件的限制,只测得普通钢板和大头栓钉的强度,见表 6-2。常温下普通钢板和大头栓钉拉伸试验的应力 - 应变曲线如图 6.3 所示。DSCB 的核心混凝土采用等级为 C60 的普通混凝土。按文献 [3] 中的方法对混凝土立方体(100 mm × 100 mm × 100 mm)和圆柱体(直径 100 mm × 高度 200 mm)进行低温单轴抗压试验,以获取低温下的混凝土抗压强度。试验测得的混凝土低温抗压强度见表 6-2。

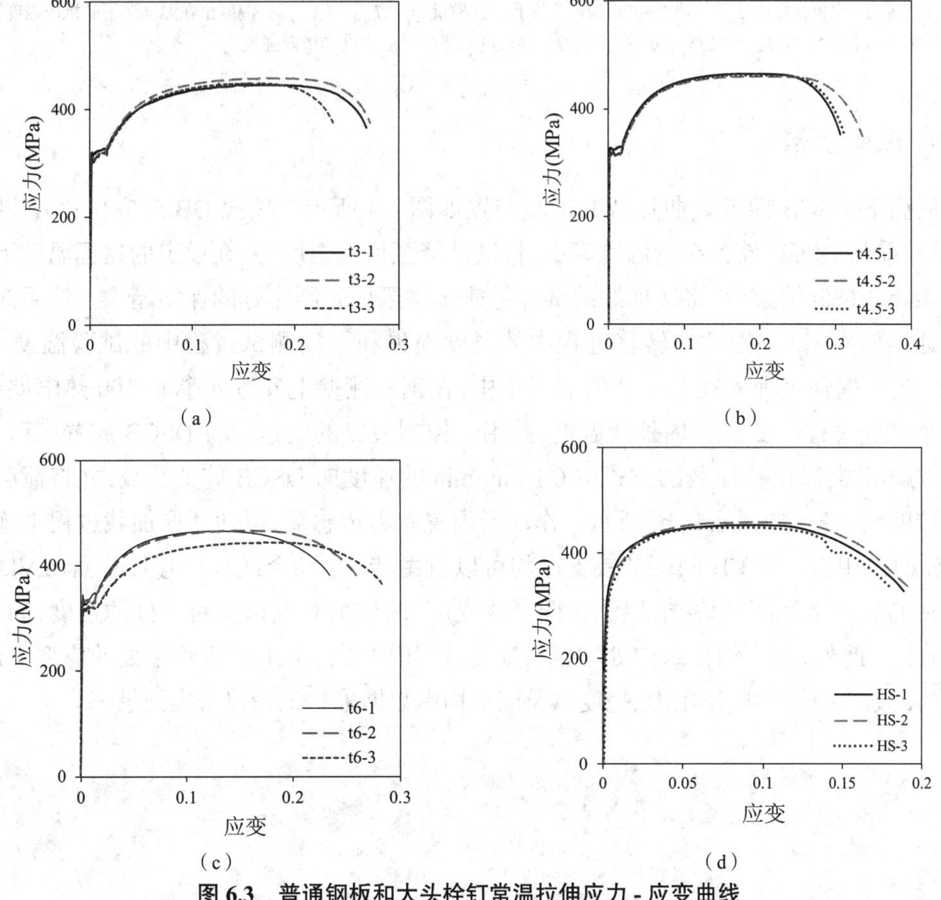

图 6.3　普通钢板和大头栓钉常温拉伸应力 - 应变曲线

(a)t=3 mm 钢板　(b)t=4.5 mm 钢板　(c)t=6 mm 钢板　(d)大头栓钉

表 6-2 DSCB 材料性能试验结果

编号	$E_{s,T}$（GPa）	$f_{y,T}$（MPa）	$f_{u,T}$（MPa）	$f_{c,T}$（MPa）	$f_{cu,T}$（MPa）	$E_{c,T}$（GPa）	$f_{t,T}$（MPa）	$\sigma_{y,T}$（MPa）	$\sigma_{u,T}$（MPa）
B1	193	309	454	62.6	71.6	27.2	4.2	316	454
B2	199	329	484	78.2	87.9	31.6	4.6	329	479
B3-1	206	342	498	84.5	94.9	33.2	4.8	342	500
B3-2	206	342	498	84.5	94.9	33.2	4.8	342	500
B4-1	202	349	513	92.7	104.1	35.2	4.9	359	524
B4-2	202	349	513	92.7	104.1	35.2	4.9	359	524
B5	203	357	507	84.5	94.9	33.2	4.8	342	500
B6	199	372	510	84.5	94.9	33.2	4.8	342	500
B7	206	342	498	84.5	94.9	33.2	4.8	342	500
B8	206	342	498	84.5	94.9	33.2	4.8	342	500
B9	214	461	635	84.5	94.9	33.2	4.8	342	500
B10	214	461	635	84.5	94.9	33.2	4.8	342	500

注：$f_{y,T}$、$f_{u,T}$、$E_{s,T}$—钢板在温度 T 下的屈服强度、极限强度和弹性模量；$f_{c,T}$、$f_{cu,T}$、$f_{t,T}$、$E_{c,T}$—混凝土在温度 T 下的抗压强度、立方体抗压强度、抗拉强度和弹性模量；$\sigma_{y,T}$、$\sigma_{u,T}$—大头栓钉在温度 T 下的屈服强度和极限强度。

6.1.3 试验步骤

低温下 DSCB 四点弯曲加载的试验装置如图 6.4 所示。按照 GB 51081—2015[3] 的规定，试验前将 DSCB 放置在低温冷库中，将试件降至目标温度，并在设定的目标温度下至少持温 48 h。持温结束后，将冷冻好的试件迅速转移至预先制作好的保温箱中。然后向保温箱内通入液氮，以补偿试件转移过程中的温度损失和平衡测试过程中的试验温度。3 个 PT100 热电偶预先埋置在 DSCB 的混凝土中，在钢板侧壁上安置 4 个 PT100 热电偶，以监测整个试验过程中 DSCB 内外的温度，并用于控制液氮的流速。将 DSCB 放置好后，通过 100 t 的作动器以位移加载的方式按 0.1 mm/min 的速度向 DSCB 施加荷载，并将荷载传递至两端的铰支座，如图 6.4（b）所示。作动器内置有力传感器，以便获取加载过程中施加到 DSCB 的作用力。DSCB 两端的铰支座均可以自由转动。5 个线性位移传感器（LVDT）均放置在 DSCB 下钢板的底端，以测得两个铰支座、两个加载点以及跨中处的挠度，如图 6.4（b）所示。此外，上下钢板跨中处均置有应变片，用以测得上下钢板跨中处的应变。最终，所有的读数，包括温度、作用力、挠度以及应变均由数据采集记录仪采集记录。

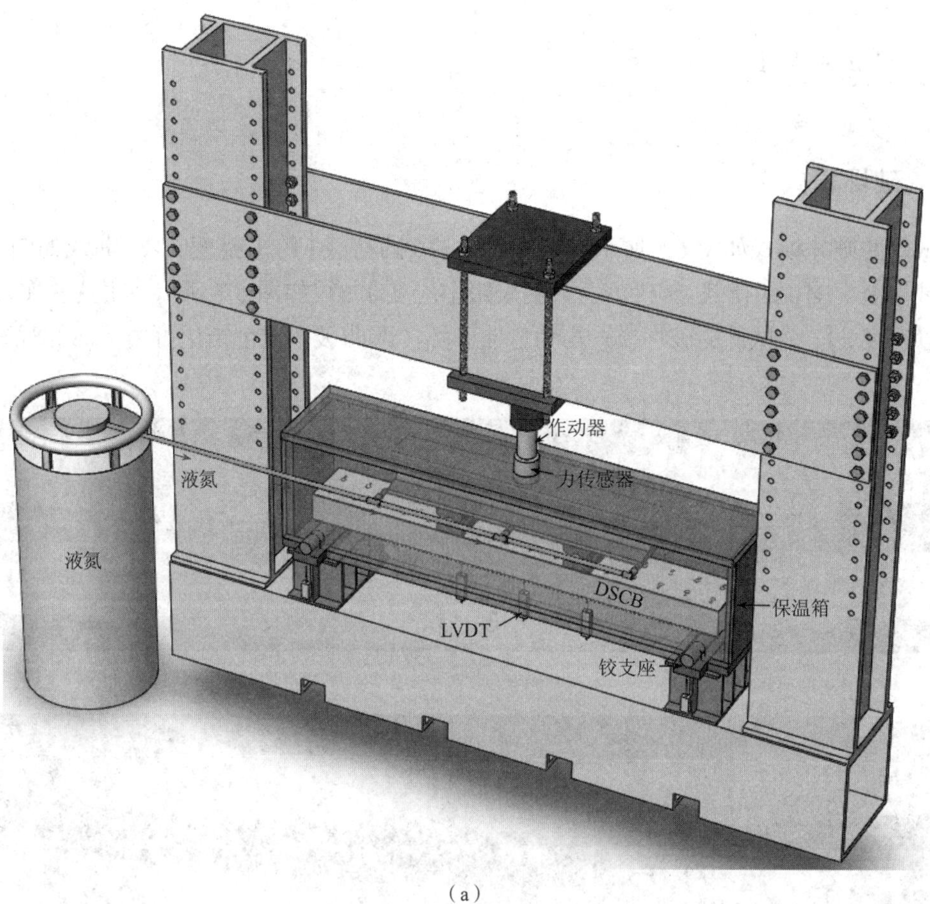

（a）

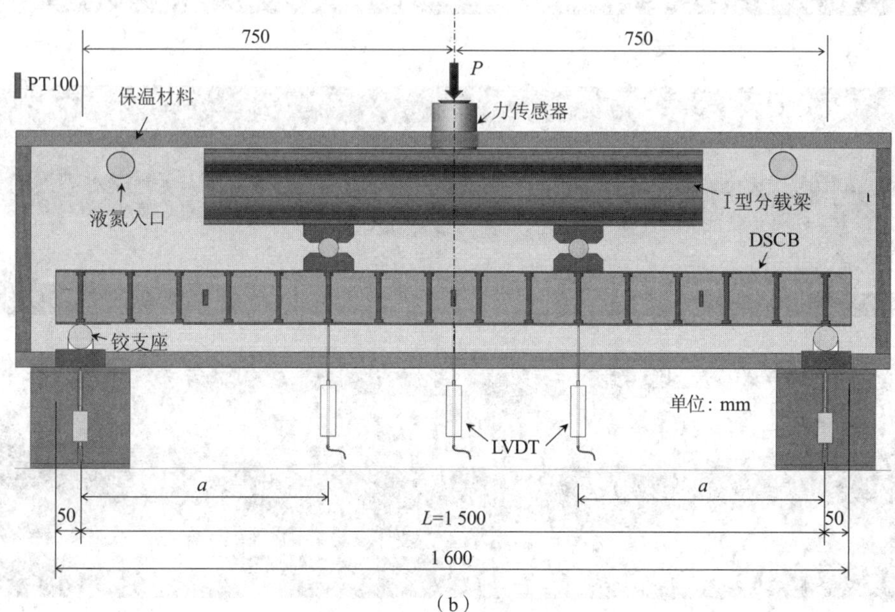

（b）

图 6.4　DSCB 低温四点弯曲试验

（a）3D 加载装置图　（b）加载装置立面图

6.2 试验结果

6.2.1 破坏模式

试件的破坏模式如图 6.5 所示。试件 B1~B10 的荷载 - 跨中挠度（P-δ）曲线如图 6.6 所示。试件 B1~B10 的荷载 - 应变（上下钢板跨中应变）曲线如图 6.7 所示。由这些照片和曲线可以发现，12 个试件的破坏模式均为弯曲破坏。弯曲破坏这个结论可由下面的观察加以证实。

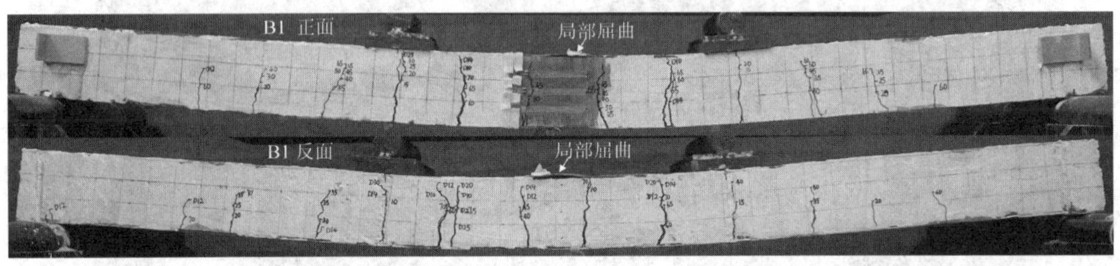

（a）

（b）

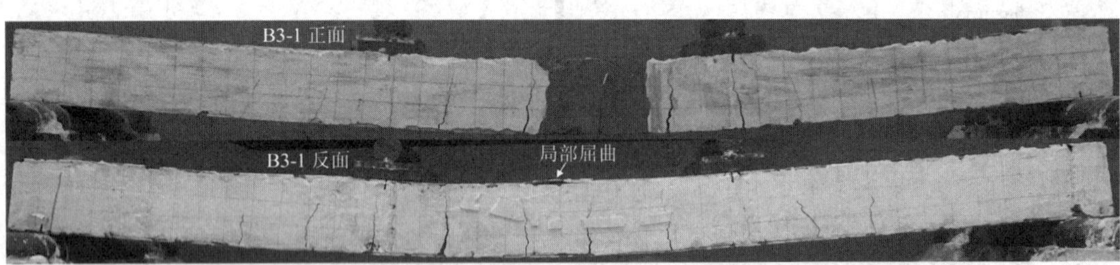

（c）

B4-1 正面
B4-1 反面

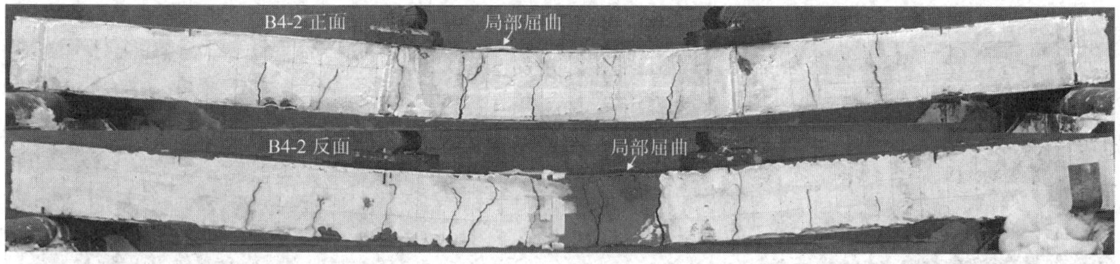
B4-2 正面
局部屈曲
B4-2 反面
局部屈曲

（d）

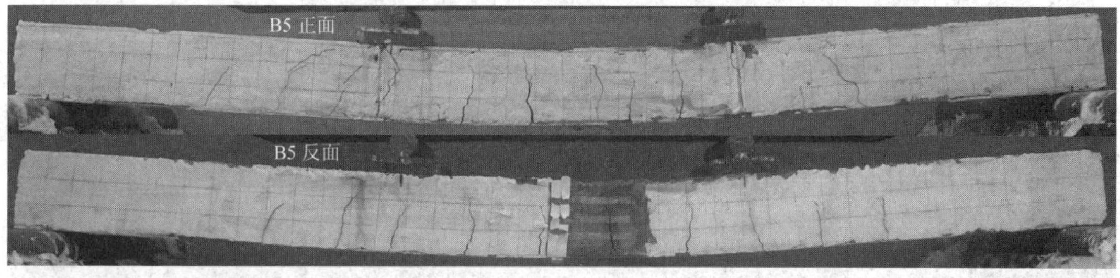
B5 正面
B5 反面

（e）

B6 正面
B6 反面

（f）

B7 正面
B7 反面

（g）

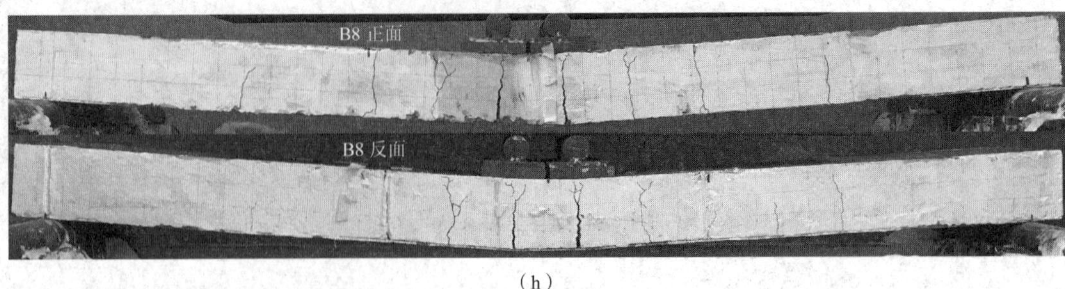

（h）

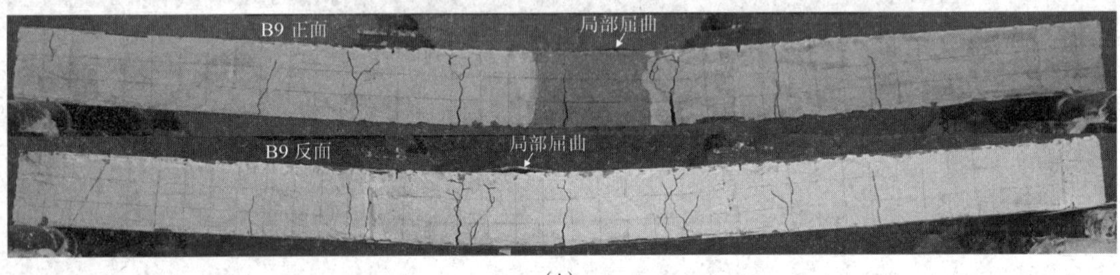

（i）

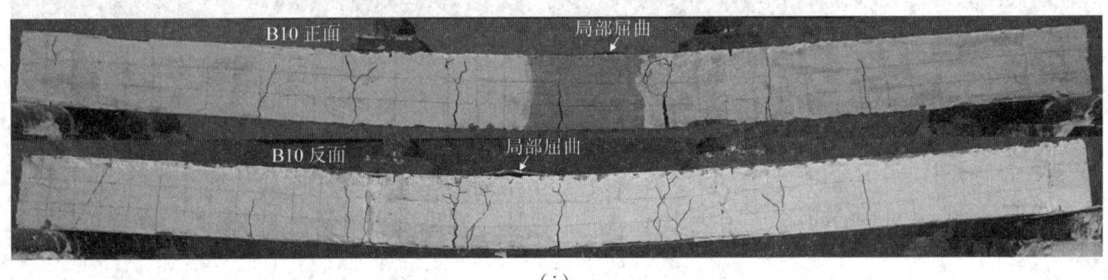

（j）

图 6.5 DSCB 低温破坏模式图

（a）B1 破坏模式 （b）B2 破坏模式 （c）B3 破坏模式 （d）B4 破坏模式 （e）B5 破坏模式
（f）B6 破坏模式 （g）B7 破坏模式 （h）B8 破坏模式 （i）B9 破坏模式 （j）B10 破坏模式

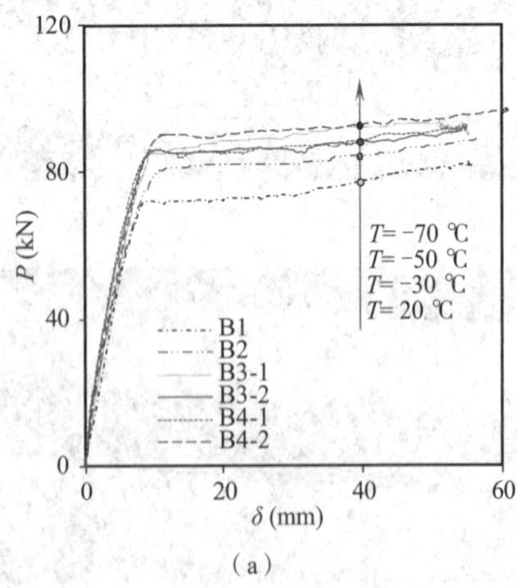

（a）

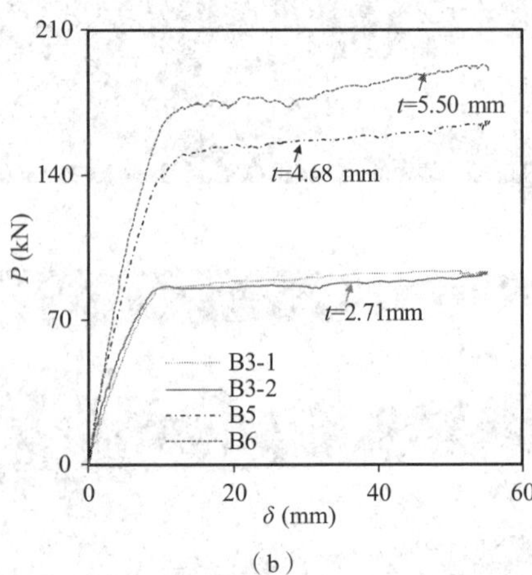

（b）

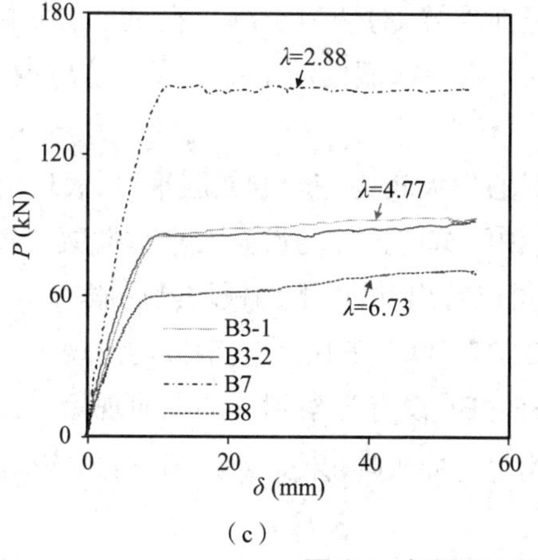

（c）

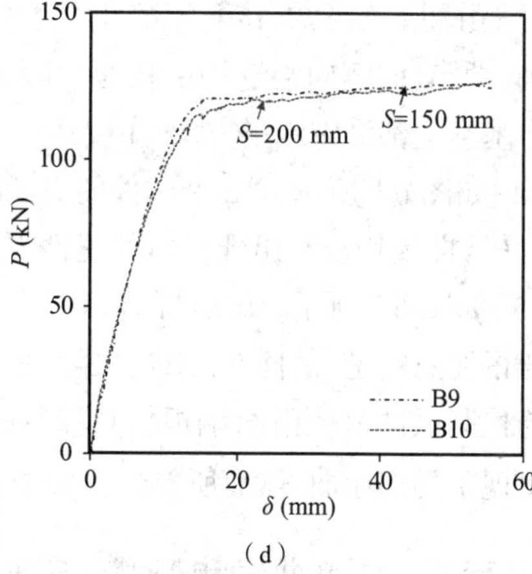

（d）

图 6.6　低温下 DSCB 的荷载 - 跨中挠度曲线

（a）T 对 P-δ 曲线的影响　（b）t 对 P-δ 曲线的影响（T=−50 ℃）

（c）λ 对 P-δ 曲线的影响（T=−50 ℃）（d）S 对 P-δ 曲线的影响（T=−50 ℃）

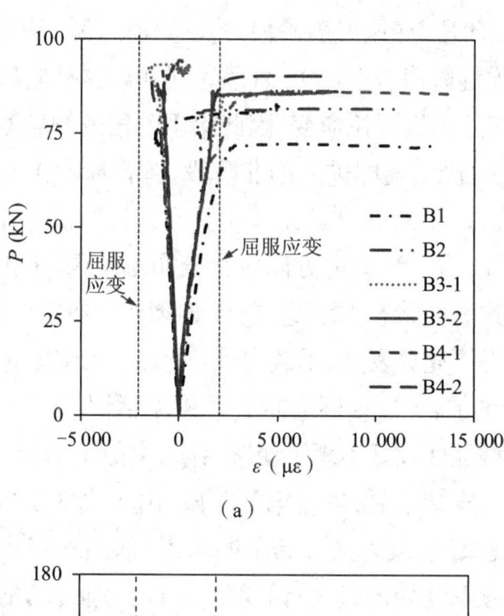

（a）

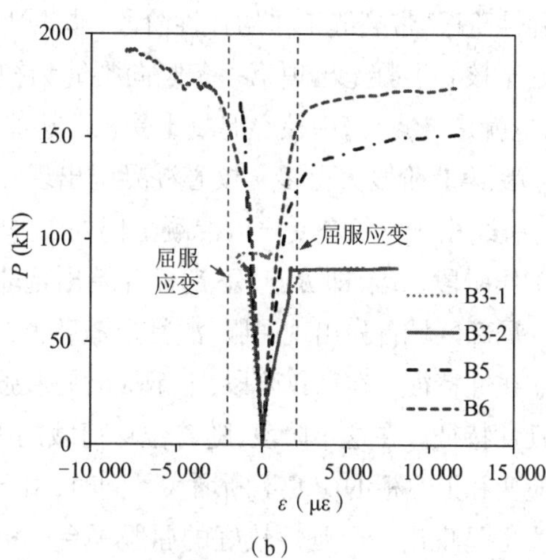

（b）

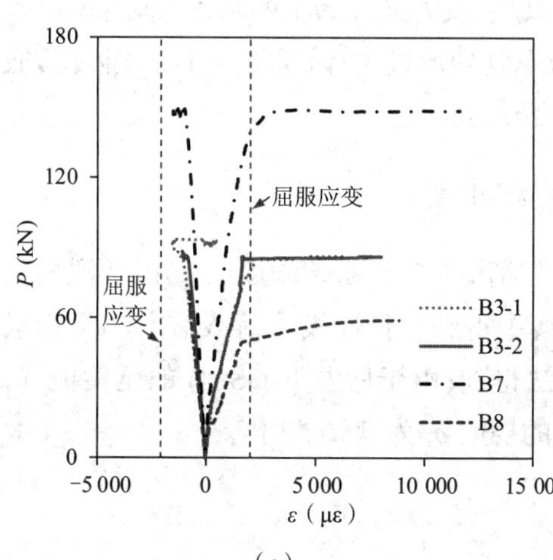

（c）

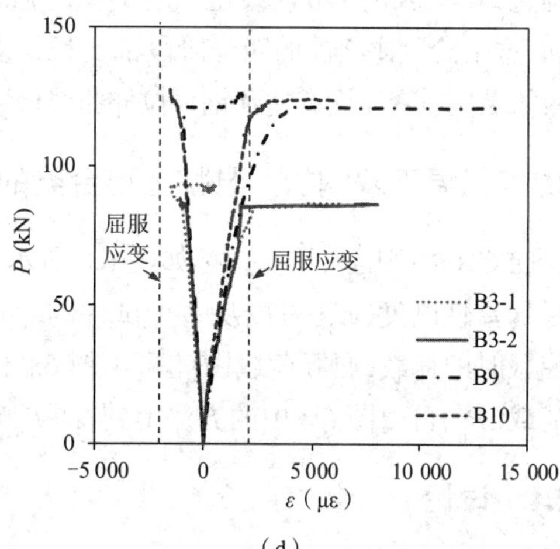

（d）

图 6.7　低温下 DSCB 的荷载 - 应变曲线

（a）T 的影响　（b）t 的影响（T=−50 ℃）（c）λ 的影响（T=−50 ℃）（d）S 的影响（T=−50 ℃）

（1）由图 6.5 可知，核心混凝土的裂缝均为竖向裂缝，剪切斜裂缝只在试件 B6 中可以观察到。所有的竖向裂缝均由核心混凝土的下端开始向横截面的上部扩展。这就说明，主拉应力基本上都沿着水平方向，主要由弯矩产生。

（2）如图 6.6 所示，12 个试件的 *P-δ* 曲线均具有发展较为完全的屈服平台，表现出延性特征。*P-δ* 曲线均没有出现突然的脆性下降阶段，说明这些试件均没有发生脆性剪切破坏。

（3）如图 6.7 所示，从试件的荷载 - 应变曲线可以看出，试件下钢板均已屈服。

值得注意的是，试件 B1、B2、B3-1、B4-1、B4-2、B7、B9 和 B10 的上钢板均出现了局部屈曲。与控制试件 B3 相比，钢板相对较厚的试件 B5、B6 没有观察到局部屈曲现象。大多数试件出现了局部屈曲，然而所有试件的破坏模式均为弯曲破坏，未受到局部屈曲的影响。

6.2.2 荷载 - 挠度曲线和荷载 - 应变曲线

结合图 6.6 和图 6.7 所示两种曲线，试件的 *P-δ* 曲线可以总结为图 6.8 所示的具有一般特征的通用 *P-δ* 曲线。按照工作机理，通用 *P-δ* 曲线可以划分为 5 个工作阶段，包括无裂缝的初始弹性阶段、带裂缝工作的弹性阶段、非线性发展阶段、屈服发展阶段以及强化阶段。从加载开始至核心混凝土出现第一条竖向裂缝为初始弹性阶段，记为 *OA* 阶段。在初始弹性阶段终点，也就是 *A* 点，跨中核心混凝土受拉区边缘应变达到极限拉应变，因此第Ⅰ阶段的初始刚度（K_0）比第Ⅱ阶段大得多。核心混凝土出现竖向裂缝后，随即进入第Ⅱ阶段（弹性阶段），记为 *AB* 阶段，由于钢板和受压区混凝土仍处于弹性状态，DSCB 在此阶段仍具有线性特征。在这个工作阶段末端，即 *B* 点，下钢板开始出现非线性，由于沿宽度方向应力分布不均匀，下钢板某一局部区域首先出现屈服，混凝土随后也进入弹塑性状态。因此，在第Ⅲ阶段，DSCB 表现出非线性特征。在第Ⅳ阶段，下钢板的屈服强度得以充分发展，承载力维持稳定，DSCB 展现出延性特征。在这个阶段，随着位移荷载的不断增加，中性轴逐渐向上平移，混凝土受压区边缘应变和上钢板的应变不断增大。同时，由于钢材延性较好出现了屈服台阶，类似于钢板，*P-δ* 曲线也呈现出一个延性较好的屈服平台。第Ⅳ阶段结束后，进入第Ⅴ阶段，由于底部受拉钢板强化，DSCB 的 *P-δ* 曲线也出现类似的强化现象，承载力又开始不断增大，如图 6.8 所示。然而，这个阶段比之前的四个阶段都要长得多，考虑到变形过大，试验终止了。实际上，底部钢板的受拉应变还没有达到钢材拉伸曲线极限强度时的应变。

6.2.3 低温下双钢板 - 混凝土组合梁的强度和刚度

DSCB 的强度和刚度指标如图 6.8 所示。开裂荷载（P_0）、初始刚度（K_0）以及混凝土开裂后的弹性刚度（K_1）可以从每个试件的 *P-δ* 曲线中得到。弹性极限荷载（P_e）为下钢板开始屈服时的荷载；屈服荷载（P_y）可由图 6.8 的方法得到；由于低温下 DSCB 的延性极好，极限荷载（P_u）可由图 6.8 中的方法得到，即 P_u 对应的挠度 δ_u 为 δ_{y2} 的 2 倍。

6.2.4 讨论

1. 低温水平的影响

温度对 *P-δ* 曲线性能的影响如图 6.6（a）所示。可以发现，在温度 20 到 −70 ℃下，

DSCB 的延性性能较好且破坏模式不受温度影响，均为弯曲破坏。温度对 DSCB 强度和刚度的影响如图 6.9（a）、（b）所示。由图可知，刚度和强度指标（包括 K_0、K_1、P_0、P_e、P_y 以及 P_u）随着温度降低而线性增加。温度从 20 ℃降低至 −30 ℃、−50 ℃和 −70 ℃，刚度 K_0（K_1）分别增加 5%（22%）、29%（19%）和 33%（24%）；开裂荷载 P_0 分别增加 2%、25% 和 55%；弹性极限荷载 P_e 分别增加 27%、30% 和 31%；屈服荷载 P_y 分别增加 14%、21% 和 24%；极限荷载 P_u 分别增加 8%、14% 和 16%。DSCB 刚度和强度的增加得益于低温下钢板和混凝土强度与弹性模量的增加。如表 6-2 所示，随着温度从 20 ℃降低至 −30 ℃、−50 ℃和 −70 ℃，混凝土抗压强度分别增加 25%、35%、48%，而钢材的屈服强度（极限强度）分别增加 6%（7%）、10%（10%）、13%（13%）。此外，温度从 20 ℃降低至 −30 ℃、−50 ℃和 −70 ℃，混凝土的弹性模量分别提高 25%、35%、48%。这可能是因为混凝土为微观多孔结构，低温下孔隙里的水凝结为冰，使得混凝土的强度和弹性模量提高。

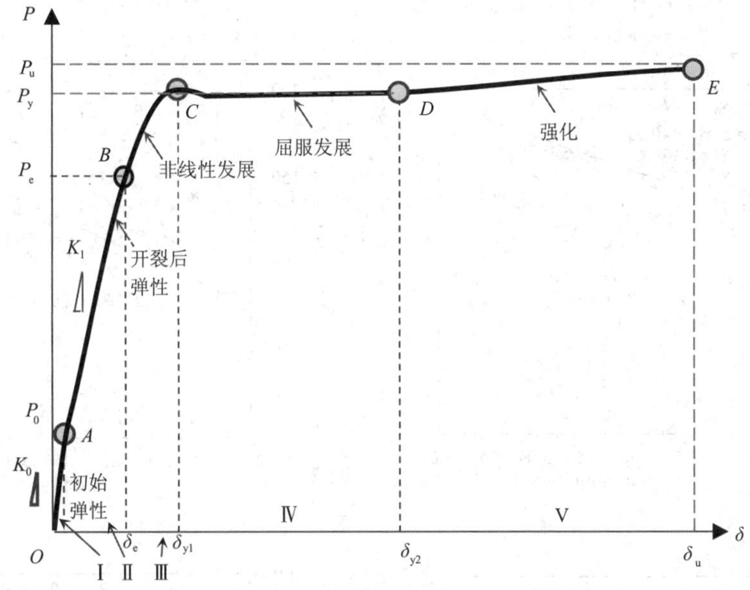

图 6.8　低温下 DSCB 的荷载 - 挠度曲线发展

由此可以推断，DSCB 的极限强度性能随着温度降低而提高。

2. 钢板厚度的影响

在低温 −50 ℃下，钢板厚度 t 对 P-δ 曲线性能的影响如图 6.6（b）所示。由图可知，在 −50 ℃下，随着钢板厚度 t 的增加，DSCB 的弯曲性能不受影响，强度和刚度却显著提高；如图 6.9（c）、（d）所示，钢板厚度 t 从 2.71 mm 增加至 4.68 mm、5.50 mm，DSCB 的刚度（K_0 和 K_1）和强度（P_0、P_e、P_y 以及 P_u）与钢板厚度呈正相关关系，且相关性很大。随着 t 从 2.71 mm 增加至 4.68 mm、5.50 mm，刚度 K_0（K_1）分别提升 25%（40%）和 45%（70%）。这是由于钢板厚度 t 的增加可以增大横截面的惯性矩；此外，可以发现 K_0 的增加相对 K_1 较小。这是因为混凝土开裂后，钢板对惯性矩的贡献比重相对开裂前更大。由图 6.9（c）、（d）可知，钢板厚度 t 从 2.71 mm 增加至 4.68 mm、5.50 mm，P_0 平均分别提升 23% 和 77%；P_e 分别提升 50% 和 87%；P_y 分别提升 74% 和 99%；P_u 分别提升 74% 和 104%。可以发现，P_0、P_e、

P_y 以及 P_u 的增量呈上升趋势。这是因为随着 P_e、P_y、P_u 的依次出现，中性轴不断上移，而钢板厚度 t 对横截面抗弯的作用更加显著。

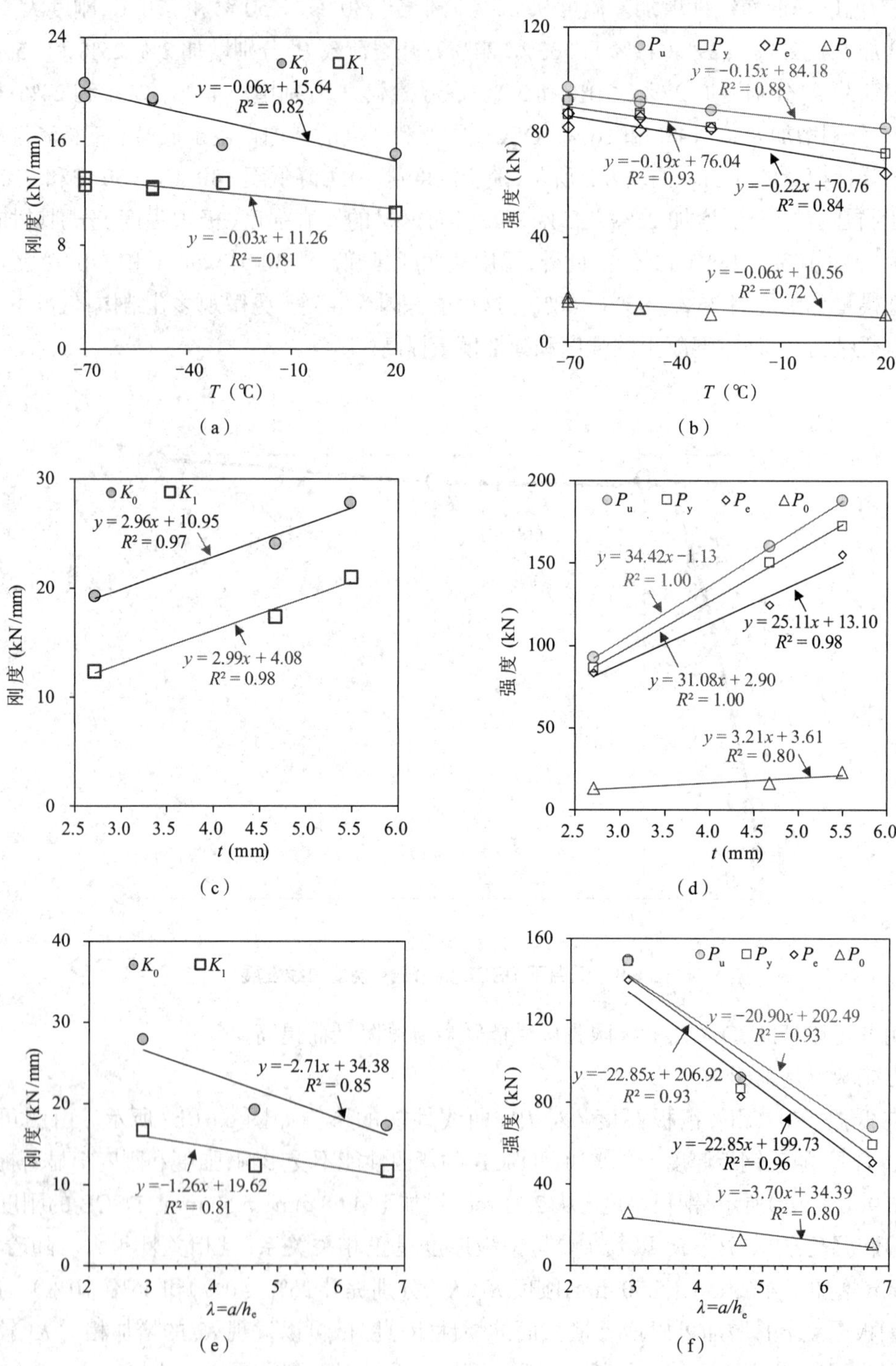

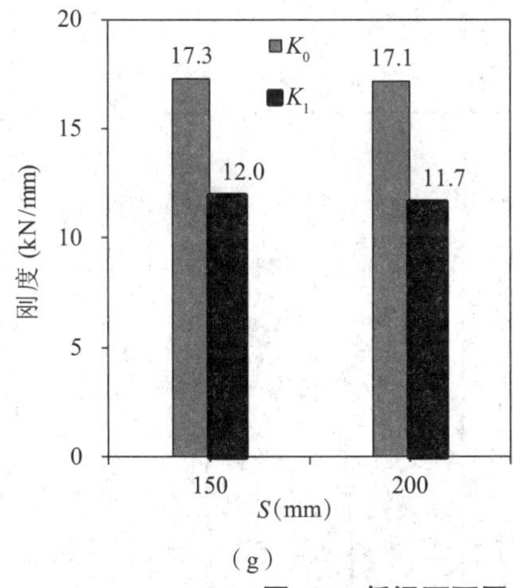

(g)

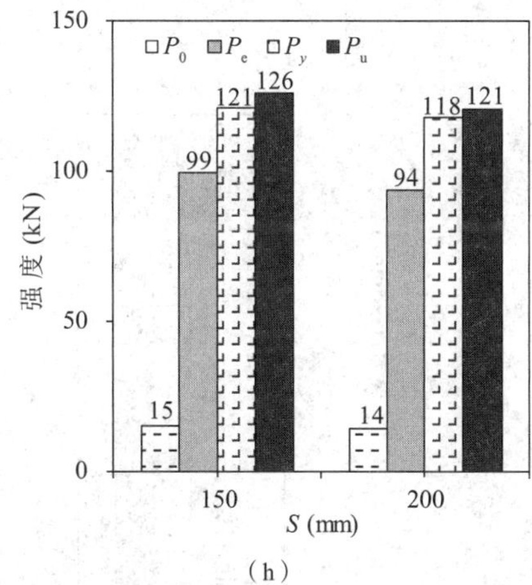

(h)

图 6.9　低温下不同参数对 DSCB 刚度和强度的影响

(a) T 对刚度的影响　(b) T 对强度的影响　(c) t 对刚度的影响(T=−50 ℃)
(d) t 对强度的影响(T=−50 ℃)　(e) λ 对刚度的影响(T=−50 ℃)　(f) λ 对强度的影响(T=−50 ℃)
(g) S 对刚度的影响(T=−50 ℃)　(h) S 对强度的影响(T=−50 ℃)

值得注意的是，DSCB 钢板厚度 t 的增加阻止了受压钢板局部屈曲的出现。这是因为 t 的增加使得受压钢板的长细比从 36.9 分别降至 21.4 和 18.2。此外，钢板厚度的增加并没有改变 DSCB 的破坏模式，均为弯曲破坏。

3. 剪跨比的影响

剪跨比 λ 对 P-δ 曲线性能的影响如图 6.6(c)所示。由图可知，DSCB 的延性性能不受剪跨比变化的影响。然而，混凝土剪切破坏发生后，P-δ 曲线的强化段有变弱的趋势，如剪跨比为 2.9 的试件 B7(见图 6.6(c))，屈服阶段之后强度未见增加。剪跨比对 DSCB 强度和刚度的影响如图 6.9(e)、(f)所示。随着剪跨比从 2.9 增加至 6.7，DSCB 的强度和刚度均随着剪跨比而线性减少。剪跨比从 2.9 增加至 4.8 和 6.7，K_0(K_1)平均分别减少 1%(26%)和 38%(30%)；P_0 分别减少 50% 和 56%；P_e 分别减少 41% 和 64%；P_y 分别减少 42% 和 60%；P_u 分别减少 38% 和 55%。随着剪跨比减小，DSCB 强度(P_0、P_e、P_y 和 P_u)的增幅比较接近。剪跨比对抗弯承载力的影响如图 6.10 所示。由图可知，虽然剪跨比对 DSCB 强度(P_0、P_e、P_y 和 P_u)的影响较为显著，但是对抗弯承载力(分别相应于强度 P_0、P_e、P_y 和 P_u 的计算弯矩)的影响却非常有限。剪跨比从 2.9 增加至 4.8 和 6.7，开裂弯矩 M_0 分别减少 16% 和 −2%；弹性极限弯矩 M_e 分别减少 1% 和 15%；屈服弯矩 M_y 分别减少 3% 和 7%；极限弯矩 M_u 分别减少 −3% 和 −6%(负值代表增加)。这进一步证实了所有试件在低温下均发生弯曲破坏，而剪跨比仅影响了试件承受的集中力荷载，即强度指标 P_0、P_e、P_y 和 P_u，却未影响试件的抗弯承载力。

4. 栓钉间距的影响

−50 ℃下栓钉间距 S 对 P-δ 曲线性能的影响较为有限，如图 6.6(d)所示。−50 ℃下栓钉间距为 150 mm 和 200 mm 的两个 DSCB，其 K_0、K_1、P_0、P_e、P_y 和 P_u 的差值分别仅为 1%、2%、6%、6%、2% 和 4%。这是因为栓钉间距为 150 mm 和 200 mm 的 DSCB 受压上钢板均发生了局部屈曲破坏。因此，设计试件时要额外注意控制栓钉间距以避免出现局部屈曲失效。

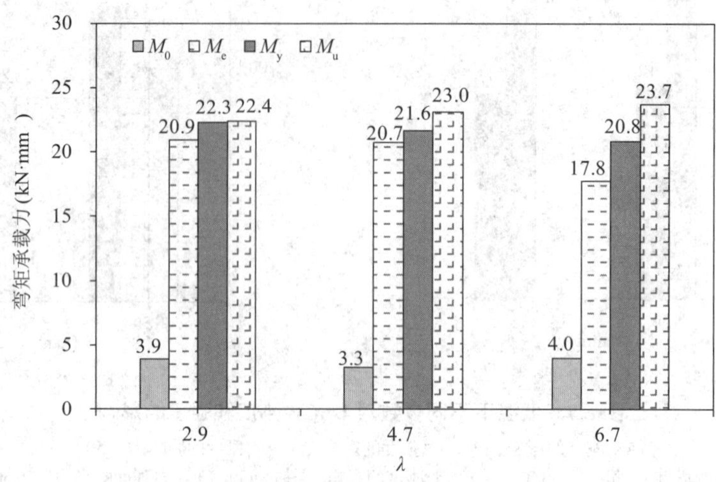

图 6.10 低温下剪跨比对弯矩承载力的影响

6.3 低温下双钢板 - 混凝土组合梁的刚度和强度分析

6.3.1 低温下大头栓钉的承载力

DSCB 的组合性能取决于钢 - 混凝土交界面栓钉的抗剪承载力。低温下大头栓钉抗剪承载力公式可按下式确定 [4]：

$$N_{\mathrm{H}} = 5.80\kappa\sigma_{\mathrm{u,T}}A_{\mathrm{s}}\left(\frac{E_{\mathrm{c,T}}}{E_{\mathrm{H,T}}}\right)^{0.41}\left(\frac{f_{\mathrm{c,T}}}{\sigma_{\mathrm{u,T}}}\right)^{0.39} \tag{6.1}$$

$$\kappa = \begin{cases} 0.2(h_{\mathrm{H}}/d+1), & h_{\mathrm{H}}/d \leqslant 4.0 \\ 1, & h_{\mathrm{H}}/d > 4.0 \end{cases} \tag{6.2}$$

式中，A_{s} 为大头栓钉栓杆的横截面面积；$f_{\mathrm{c,T}}$ 为温度 T 下混凝土的抗压强度；$E_{\mathrm{c,T}}$ 为温度 T 下混凝土的弹性模量；$E_{\mathrm{H,T}}$ 为温度 T 下大头栓钉的弹性模量；$\sigma_{\mathrm{u,T}}$ 为温度 T 下大头栓钉的极限强度；h_{H} 和 d 分别为大头栓钉的高度和直径。

DSCB 的抗剪承载力在很大程度上由栓钉的抗拉承载力决定。低温下嵌固于混凝土中的大头栓钉的抗拉承载力取决于以下四种破坏的抵抗力最小值：①栓杆拉断（T_{s}）；②栓钉拔出（T_{pl}）；③混凝土抗剪失效（T_{cb}）；④焊接栓钉的钢板发生冲剪破坏（T_{ps}）[5]。其抗拉承载力可按下式计算：

$$T_{\mathrm{H}} = \min\Big\{T_{\mathrm{s}} = A_{\mathrm{s}}\sigma_{\mathrm{u,T}};\ T_{\mathrm{pl}} = 8A_{\mathrm{b}}f_{\mathrm{c,T}};T_{\mathrm{cb}} = 0.333\sqrt{f_{\mathrm{c,T}}}\min\left(A_{\mathrm{N}}, S\cdot S_{\mathrm{B}}\right);\ T_{\mathrm{ps}} = \pi dt\left(f_{\mathrm{y,T}}/\sqrt{3}\right)\Big\} \tag{6.3}$$

式中，A_{b} 为抗拉时大头栓钉栓头的承担面积；A_{N} 为 DSCB 中混凝土破坏圆锥面的实际投影面积；S_{B} 为大头栓钉的横向间距；t 为钢板厚度；$f_{\mathrm{y,T}}$ 温度 T 下钢板的屈服强度。

6.3.2　低温下双钢板 - 混凝土组合梁的抗弯承载力

DSCB 的抗弯承载力包括开裂弯矩（M_0）、弹性极限弯矩（M_e）、屈服弯矩（M_y）和极限弯矩（M_u）。

1. 钢板和混凝土的本构模型

如图 6.11 所示，低温下混凝土单轴抗压本构采用下式[6]分析：

$$\sigma=\begin{cases} f_{c,T}\left[\alpha\left(\dfrac{\varepsilon}{\varepsilon_{c0,T}}\right)+(3-2\alpha)\left(\dfrac{\varepsilon}{\varepsilon_{c0,T}}\right)^2+(\alpha-2)\left(\dfrac{\varepsilon}{\varepsilon_{c0,T}}\right)^3\right], & 0\leqslant\dfrac{\varepsilon}{\varepsilon_{c0,T}}\leqslant 1 \\ f_{c,T}\left(\dfrac{\varepsilon}{\varepsilon_{c0,T}}\right)\left[\beta\left(\dfrac{\varepsilon}{\varepsilon_{c0,T}}-1\right)^2+\dfrac{\varepsilon}{\varepsilon_{c0,T}}\right]^{-1}, & \dfrac{\varepsilon}{\varepsilon_{c0,T}}>1 \end{cases} \tag{6.4}$$

式中，ε 为混凝土的压应变；σ 为混凝土的压应力；$\varepsilon_{c0,T}$ 为低温下混凝土压应力峰值点处的应变；$\varepsilon_{cu,T}$ 为低温下混凝土的极限压应变；α,β 为常数。

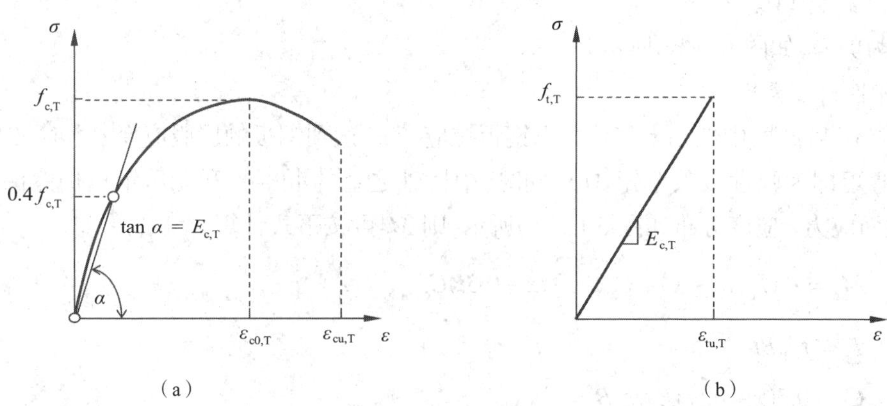

图 6.11　低温下混凝土应力 - 应变曲线

（a）受压应力 - 应变曲线　（b）受拉应力 - 应变曲线

采用线性的混凝土受拉应力 - 应变曲线，如图 6.11（b）所示。钢板本构采用三折线模型，如图 6.12 所示。

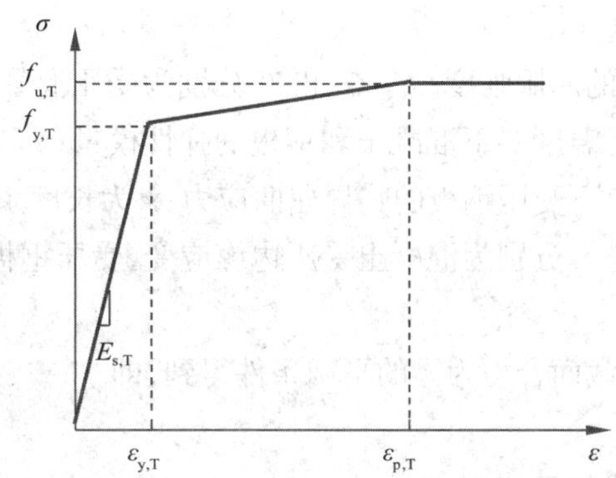

图 6.12　低温下钢板应力 - 应变曲线

2. 开裂弯矩和开裂荷载

当混凝土受拉区边缘应力 σ_t（应变 ε_t）达到混凝土极限拉应力 $f_{t,T}$（极限拉应变 $\varepsilon_{tu,T}$）时，DSCB 所承担的弯矩即为开裂弯矩 M_0。DSCB 满足平截面假定，横截面应力 - 应变分布如图 6.13（a）所示，则 M_0 可按下式计算：

$$M_0=(T_s+C_s)x+\frac{1}{6}f_{t,T}Bh_c^2 \tag{6.5}$$

$$T_s=E_{s,T}\varepsilon_{ts}Bt \tag{6.6}$$

$$C_s=E_{s,T}\varepsilon_sBt \tag{6.7}$$

$$\varepsilon_{ts}=\varepsilon_{cs}=\frac{2x\varepsilon_{tu,T}}{h_c} \tag{6.8}$$

式中，C_s 和 T_s 分别为受压钢板和受拉钢板的合力；x 为中性轴位置，这里等于（h_c+2t）/2；B 为梁的宽度；h_c 为混凝土的厚度；t 为钢板厚度；$E_{s,T}$ 为温度 T 下钢板的弹性模量；$\varepsilon_{tu,T}$ 为温度 T 下混凝土的极限拉应变；ε_{ts} 为受拉钢板的应变。

开裂荷载 P_0 可以按下式确定：

$$P_0=2M_0/a \tag{6.9}$$

式中，a 为剪跨，如图 6.4（b）所示。

3. 弹性极限弯矩

随着不断加载，中性轴上移。当下钢板拉应变 ε_{ts} 达到钢板的屈服应变 $\varepsilon_{y,T}$ 时，DSCB 所承担的弯矩即为弹性极限弯矩 M_e。同时，中性轴之上的混凝土和受压钢板仍然保持为线性；横截面应力 - 应变分布如图 6.13（b）所示，则 M_e 可按下式计算：

$$M_e=T_s(h_c+t-x)+C_sx+\frac{2}{3}(x-0.5t)C_c \tag{6.10}$$

$$T_s=f_{y,T}Bt \tag{6.11}$$

$$C_c=0.5(x-0.5t)E_{c,T}\varepsilon_cB \tag{6.12}$$

$$C_s=\min(E_{s,T}\varepsilon_{cs},\sigma_{cr,T})Bt \tag{6.13}$$

$$\sigma_{cr,T}=\frac{1}{12}\pi^2E_{s,T}\left(\frac{t}{kS}\right)^2 \tag{6.14}$$

$$\frac{\varepsilon_c}{x-0.5t}=\frac{\varepsilon_{cs}}{x}=\frac{\varepsilon_{y,T}}{h_c+t-x} \tag{6.15}$$

式中，$f_{y,T}$ 为温度 T 下钢板的屈服强度；C_c、C_s 和 T_s 分别为受压混凝土、受压钢板和受拉钢板的合力；$E_{c,T}$ 和 $E_{s,T}$ 分别为温度 T 下混凝土和钢板的弹性模量；t 和 h_c 分别为钢板和核心混凝土的厚度；$\sigma_{cr,T}$ 为温度 T 下受压钢板的临界屈曲应力；k 为长度系数，这里取值为 0.7；S 为栓钉纵向间距；ε_c、ε_{cs} 和 $\varepsilon_{y,T}$ 分别为混凝土受压边缘应变、受压钢板应变和温度 T 下钢板的屈服应变；x 为中性轴位置。

中性轴位置 x 可由横截面合力为零的平衡条件得到，即

$$T_s-C_c-C_s=0 \tag{6.16}$$

因此，中性轴计算公式如下：

$$x = 0.5t + \frac{2\left(T_{\mathrm{s}} - C_{\mathrm{s}}\right)}{E_{\mathrm{c,T}}\varepsilon_{\mathrm{c}}B} \tag{6.17}$$

弹性极限荷载 P_{e} 可按下式确定：

$$P_{\mathrm{e}} = 2M_{\mathrm{e}} / a \tag{6.18}$$

4. 屈服弯矩和峰值弯矩

屈服弯矩 M_{y} 和峰值弯矩 M_{p} 的不同之处在于，前者受拉钢板的合力采用屈服强度计算，而后者采用钢板的极限强度。横截面应力 - 应变分布如图 6.13（c）所示。则 M_{y} 和 M_{p} 可按下式计算：

$$M_{\mathrm{y}}(M_{\mathrm{p}}) = T_{\mathrm{s}}\left(h_{\mathrm{c}} + t - x\right) + C_{\mathrm{s}}x + [x - 0.5(t + \eta x)]C_{\mathrm{c}} \tag{6.19}$$

$$T_{\mathrm{s}} = \begin{cases} \min\left(n_{\mathrm{t}}N_{\mathrm{H}}, f_{\mathrm{y,T}}A_{\mathrm{st}}\right), & \text{求 } M_{\mathrm{y}} \\ \min\left(n_{\mathrm{t}}N_{\mathrm{H}}, f_{\mathrm{u,T}}A_{\mathrm{st}}\right), & \text{求 } M_{\mathrm{p}} \end{cases} \tag{6.20}$$

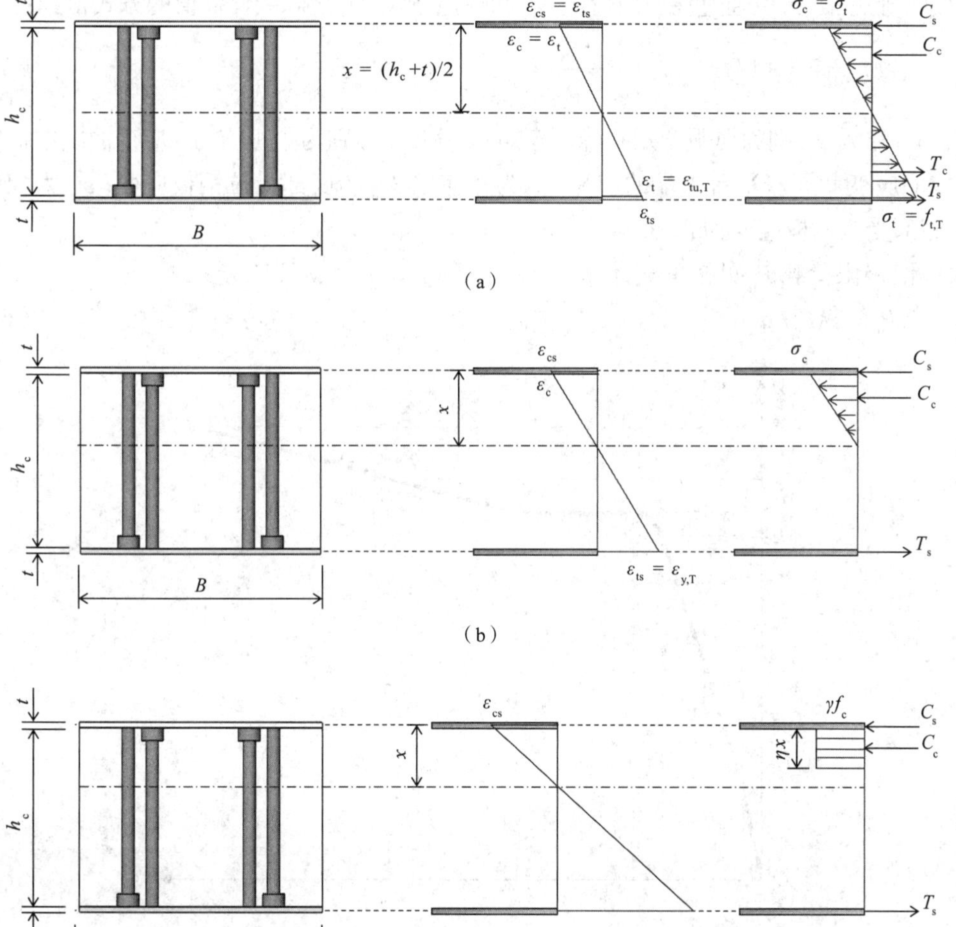

图 6.13　确定弯矩承载力时 DSCB 的横截面应力 - 应变分布

（a）确定 M_0 时　（b）确定 M_{e} 时　（c）确定 M_{y} 和 M_{p} 时

$$C_s = \min\left(n_c N_H, \sigma_{cr,T} A_{sc}, f_{y,T} A_{sc}\right) \tag{6.21}$$

$$C_c = \eta x \gamma f_{c,T} B \tag{6.22}$$

式中,n_t 和 n_c 分别为焊接于受拉钢板和受压钢板的栓钉数目;$f_{u,T}$ 为温度 T 下钢板的极限强度;A_{st} 和 A_{sc} 分别为受拉钢板和受压钢板的横截面面积;γ 和 η 分别为 EC2[7] 规定的混凝土矩形块应力简化系数;N_H 为由式(6.1)确定的栓钉抗剪承载力;x 为中性轴位置。

式(6.19)中的中性轴位置 x 可由内力为零的平衡条件(T_s-C_s-C_c=0)得到,可按下式计算:

$$x = \frac{T_s - C_s}{\gamma \eta B f_{c,T}} \tag{6.23}$$

因此,屈服荷载 P_y 可按下式计算:

$$P_y = 2M_y / a \tag{6.24}$$

5. 极限弯矩

极限弯矩 M_u 可以通过在屈服弯矩 M_y 和峰值弯矩 M_p 之间线性插值的方式得到:

$$M_u = M_y + \left(M_p - M_y\right)\frac{\varepsilon_u - \varepsilon_{y2}}{\varepsilon_p - \varepsilon_{y2}} \tag{6.25}$$

式中,M_y 和 M_p 分别为屈服弯矩和峰值弯矩;ε_p 和 ε_{y2} 分别为钢板应力 - 应变曲线中极限强度对应的应变和屈服平台末端的应变;ε_u 为相应于 M_u 的底部受拉钢板应变;ε_{y1} 为相应于 M_y 的底部受拉钢板应变,如图 6.14 所示。

因此,极限荷载 P_u 可按下式计算:

$$P_u = 2M_u / a \tag{6.26}$$

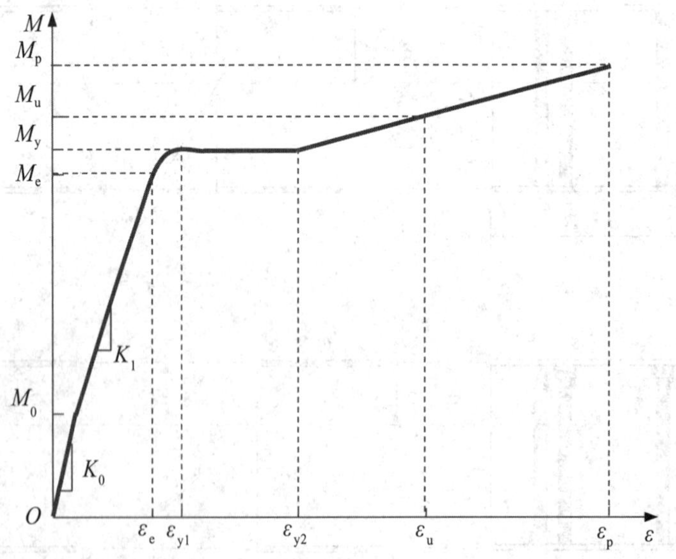

图 6.14 DSCB 的弯矩承载力 - 下钢板应变曲线

6.3.3 低温下双钢板 - 混凝土组合梁的抗剪承载力

DSCB 斜截面受剪承载力可按下式确定[8]：

$$V_u = V_c + V_s \tag{6.27}$$

$$V_c = C_{Rd,c} m \left(100 \rho_1 f_{c,T}\right)^{1/3} Bh_c \tag{6.28}$$

$$V_s = n_0 T_H h_c / S \tag{6.29}$$

式中，V_c 和 V_s 分别是核心混凝土和大头栓钉的抗剪承载力；对于普通混凝土，计算系数 $C_{Rd,c}$=0.18；计算系数 $m = 1 + \sqrt{200 / h_c} \le 2.0$；$\rho_1$ 为钢板厚度与混凝土厚度的比值，$\rho_1 = t/h_c \leqslant 0.02$；$B$ 为梁的宽度；h_c 为混凝土厚度；n_0 为大头栓钉沿横向的排数；S 为大头栓钉的纵向间距；T_H 为大头栓钉的抗拉承载力，可按式(6.3)确定。

6.3.4 修正理论公式验证

试验结果见表 6-3，试验值与预测值的比较见表 6-4，包括强度指标 P_0、P_e、P_y 和 P_u。理论模型对 P_0 的预测虽然误差较小，但是离散性较大，P_0 的 *TPR*(试验值与预测值的比值)平均值为 1.05，*STDEV*(标准差)为 0.16。这是因为混凝土抗拉强度的离散性通常比抗压强度和弹性模量的离散性更大。由表 6-4 可知，与其他指标相比，理论模型对 P_y 和 P_u 的预测更为保守。12 个试件 P_y(P_u)的 *TPR* 平均值为 1.12(1.13)，*STDEV* 为 0.07(0.06)。这种高估可能是由于忽略(低估)了钢板的屈服后的强化强度。对于 P_y 和 P_u 的预测，大部分是偏于安全的，只有 B6 试件 P_y 的 *TPR* 小于 1.0。

表 6-3 DSCB 低温四点弯曲试验结果

编号	K_0(kN/mm)	K_1(kN/mm)	M_0(kN·m)	P_0(kN)	M_e(kN·m)	P_e(kN)	M_y(kN·m)	P_y(kN)	M_u(kN·m)	P_u(kN)
B1	15.0	10.5	2.61	10.4	16.04	64.1	17.98	71.9	20.31	81.2
B2	15.7	12.8	2.66	10.6	20.29	81.2	20.41	81.6	22.01	88.0
B3-1	19.2	12.5	3.19	12.7	20.16	80.6	21.70	86.8	23.31	93.2
B3-2	19.3	12.3	3.34	13.4	21.31	85.3	21.58	86.3	22.79	91.1
B4-1	19.5	12.7	4.21	16.8	20.42	81.7	21.63	86.5	22.95	91.8
B4-2	20.4	13.2	3.88	15.5	21.68	86.7	22.92	91.7	24.24	97.0
B5	24.0	17.4	4.01	16.0	31.16	124.6	37.64	150.5	40.00	160.0
B6	27.8	21.0	5.76	23.1	38.84	155.4	43.05	172.2	47.00	188.0
B7	28.0	16.7	3.89	25.9	20.93	139.5	22.30	148.6	22.39	149.3
B8	17.3	11.8	3.97	11.4	17.76	50.7	20.84	59.5	23.73	67.8
B9	17.3	12.0	3.74	15.0	24.85	99.4	30.20	120.8	31.47	125.9
B10	17.1	11.7	3.52	14.1	23.45	93.8	29.48	117.9	30.14	120.6

注：K_0、K_1—初始刚度和开裂后的弹性刚度；P_0、P_e、P_y、P_u—开裂荷载、弹性极限荷载、屈服荷载和极限荷载；M_0、M_e、M_y、M_u—P_0、P_e、P_y 和 P_u 对应的计算弯矩。

表 6-4 DSCB 极限荷载试验值与预测值比较

编号	$P_{0,a}$(kN)	$P_0/P_{0,a}$	$P_{e,a}$(kN)	$P_e/P_{y,a}$	$P_{y,a}$(kN)	$P_y/P_{y,a}$	$P_{u,a}$(kN)	$P_u/P_{u,a}$
B1	12.9	0.81	67.4	0.95	70.8	1.02	74.6	1.09
B2	12.9	0.82	70.4	1.15	73.9	1.10	77.9	1.13
B3-1	13.3	0.96	73.3	1.10	77.0	1.13	81.1	1.15
B3-2	13.1	1.02	72.8	1.17	76.3	1.13	80.4	1.13
B4-1	13.3	1.26	77.2	1.06	78.7	1.10	83.0	1.11
B4-2	13.1	1.19	76.4	1.14	77.8	1.18	82.1	1.18
B5	18.0	0.89	134.0	0.93	141.0	1.07	147.8	1.08
B6	20.1	1.15	167.6	0.93	176.0	0.98	183.5	1.02
B7	21.9	1.18	121.3	1.15	127.4	1.17	134.1	1.11
B8	9.4	1.21	52.0	0.98	54.6	1.09	57.5	1.18
B9	13.5	1.11	93.9	1.06	98.1	1.23	102.2	1.23
B10	13.8	1.02	92.6	1.01	97.8	1.21	101.8	1.18
平均值		1.05		1.05		1.12		1.13
标准差		0.16		0.09		0.07		0.06

注:$P_{0,a}$、$P_{e,a}$、$P_{y,a}$、$P_{u,a}$—P_0、P_e、P_y、P_u 的预测值。

然而,上述修正的理论模型仅验证了 12 个试件的试验结果。在进一步的研究中还需要进行更多的验证。

6.4 小结

本章研究了 DSCB 在南极和寒区低温环境下的极限强度性能,在低温下对 12 个足尺试件进行了四点弯曲试验。试验研究了 DSCB 不同低温下的受弯性能,低温水平(T)、钢板厚度(t)、剪跨比(λ)以及栓钉间距(S)等关键参数对低温 DSCB 极限承载力性能的影响,同时提出了修正的理论公式对 DSCB 极限的承载力进行预测,并对 12 个试件进行验证。基于上述研究,可以得出以下结论。

(1)低温下, DSCB 均为弯曲性破坏,下钢板屈服,混凝土竖向开裂。由于低温提高了钢板、大头栓钉以及混凝土强度,低温下 DSCB 更趋向于发生弯曲破坏。

(2)低温下两点加载的 DSCB 可以划分为 5 个工作阶段,初始弹性阶段、带裂缝弹性工作阶段、非线性发展阶段、屈服发展阶段和强化阶段。由 P-δ 曲线可知,低温可以提高 DSCB 的延性性能。

(3)DSCB 的刚度和强度(K_0、K_1、P_0、P_e、P_y 和 P_u)随着温度(T)降低而线性增加,温度对开裂前 DSCB 刚度和强度的影响比开裂后要更为显著;低温下 DSCB 的刚度和强度随着壁厚 t 的增加而线性增大,且工作阶段较后的刚度和强度增大得更为显著。低温下剪跨比从 2.9 增加至 6.7, DSCB 的破坏模式未受到剪跨比的影响,均为弯曲破坏,这得益于低温下混凝土和钢板强度的提高,而剪跨比对抗弯承载力 M_0、M_e、M_y 和 M_u(分别由 P_0、P_e、P_y 和 P_u

计算得到)的影响极为有限。栓钉间距为 100 mm 和 150 mm 的 DSCB,上钢板均发生了局部屈曲,在此范围内栓钉间距对 DSCB 刚度和强度的影响比较有限。

(4)不同低温下,修正的理论模型对 DSCB 强度预测的误差较小。然而,本章仅验证了 12 个试验构件,后续需要对更多的试验数据进行验证。

参考文献

[1] YAN J B, DONG X, WANG T. Flexural performance of double skin composite beams at the Arctic low temperature[J]. Steel and composite structures, 2020, 37(4):431-446.

[2] 国家市场监督管理总局. 金属材料 拉伸试验 第 3 部分:低温试验方法: GB/T 228.3—2019[S]. 北京: 中国标准出版社, 2019.

[3] 中华人民共和国住房和城乡建设部. 低温环境混凝土应用技术规范: GB 51081—2015[S]. 北京: 中国计划出版社, 2015.

[4] YAN J B, XIE J. Shear behavior of headed stud connectors at low temperatures relevant to the Arctic environment[J]. Journal of structural engineering, 2018, 144(9): 04018139.

[5] YAN J B, LIEW J Y R, QIAN X, et al. Ultimate strength behavior of curved steel-concrete-steel sandwich composite beams[J]. Journal of constructional steel research, 2015, 115:316-328.

[6] XIE J, LI X, WU H. Experimental study on the axial-compression performance of concrete at cryogenic temperatures[J]. Construction and building materials, 2014, 72:380-388.

[7] European Committee for Standardization. Eurocode 2: design of concrete structures: part 1-1: general rules and rules for buildings[S]. [S.l.]: British Standards Institution, 2004.

[8] NARAYANAN R, ROBERTS T M, NAJI F J. Design guide for steel-concrete-steel sandwich construction: volume 1: general principles and rules for basic elements[M]. [S.l.]: Steel Construction Institute, 1994.

第 7 章　钢-混凝土组合梁低温受弯性能研究

为研究正弯矩、负弯矩荷载作用下采用柔性连接件（栓钉）的钢 - 混凝土组合梁的低温受弯性能，本章分别进行了 25 组和 11 组钢 - 混凝土组合梁低温受弯试验，研究了温度、抗剪连接程度、配筋率、加载制度和混凝土类型等参数对低温下组合梁的破坏模式、跨中荷载 - 挠度曲线、跨中荷载 - 滑移曲线、跨中界面应变分布和混凝土板与型钢界面滑移分布等的影响规律。

7.1　正弯矩作用下钢 - 混凝土组合梁低温受弯性能研究

7.1.1　试验设计

1. 试件设计

考虑温度（20 ℃、-30 ℃、-60 ℃和 -80 ℃）、加载制度（单调加载、重复加载）、混凝土类型（C20、C40、C60 和 UHPC）、抗剪连接程度（0.996、0.644 和 0.483）和横向配筋率（0.83%、0.58% 和 0.44%）等参数对正弯矩荷载作用下钢 - 混凝土组合梁受弯性能的影响，共设计 25 个钢 - 混凝土组合梁试件，具体参数见表 7-1，尺寸及具体构造如图 7.1 所示。试件总长 1 800 mm，计算长度 1 600 mm，其中纯弯段长度为 400 mm，剪跨段长度为 600 mm。钢梁采用 Q235 级 H 型钢，截面尺寸为 HW125 × 125 × 6.5 × 9，长 1 800 mm，在左右支座处（距离端部 100 mm）设置厚度为 6 mm 的加劲肋，以防止试件在支座处发生局部失稳。

根据混凝土类型将试件分为两组：第Ⅰ组为钢 - 普通混凝土组合梁试件，用 SCB 表示，共 20 个试件；第Ⅱ组为钢 - 超高性能混凝土（UHPC）组合梁试件，用 SUB 表示，共 5 个试件。

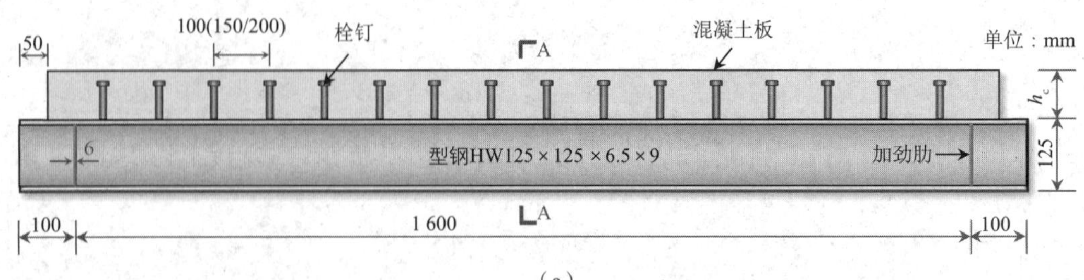

（a）

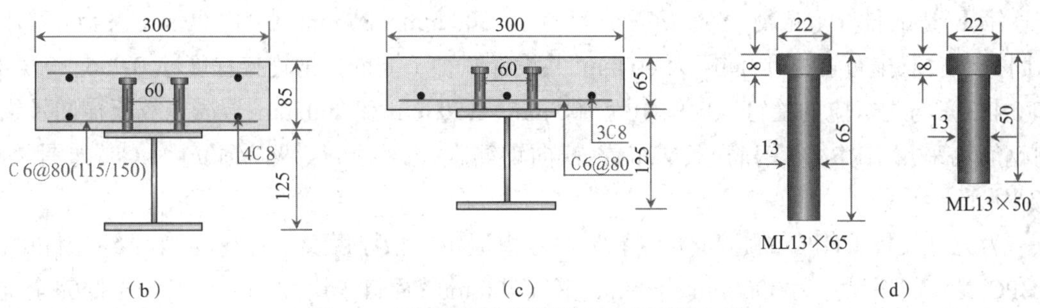

图 7.1 正弯矩组合梁试件尺寸及栓钉布置

(a)正弯矩组合梁试件尺寸 (b)第 I 组试件 A—A 截面 (c)第 Ⅱ 组试件 A—A 截面 (d)栓钉尺寸

表 7-1 正弯矩作用下钢 - 混凝土组合梁试件基本参数

组号	试件编号	混凝土类型	T (℃)	h_c (mm)	h (mm)	s (mm)	横向钢筋	纵向钢筋	η	ρ_{st} (%)	ρ (%)	加载方式
Ⅰ	SCB-1-1	C40	20	85	65	100	C6@80	4C8	0.996	0.83	0.79	单调
	SCB-1-2	C40	20	85	65	100	C6@80	4C8	0.996	0.83	0.79	重复
	SCB-2-1	C40	-30	85	65	100	C6@80	4C8	0.996	0.83	0.79	单调
	SCB-2-2	C40	-30	85	65	100	C6@80	4C8	0.996	0.83	0.79	重复
	SCB-3-1	C40	-60	85	65	100	C6@80	4C8	0.996	0.83	0.79	单调
	SCB-3-2	C40	-60	85	65	100	C6@80	4C8	0.996	0.83	0.79	重复
	SCB-4-1	C40	-80	85	65	100	C6@80	4C8	0.996	0.83	0.79	单调
	SCB-4-2	C40	-80	85	65	100	C6@80	4C8	0.996	0.83	0.79	重复
	SCB-5-1	C20	20	85	65	100	C6@80	4C8	0.996	0.83	0.79	重复
	SCB-5-2	C20	-60	85	65	100	C6@80	4C8	0.996	0.83	0.79	重复
	SCB-6-1	C60	20	85	65	100	C6@80	4C8	0.996	0.83	0.79	重复
	SCB-6-2	C60	-60	85	65	100	C6@80	4C8	0.996	0.83	0.79	重复
	SCB-7-1	C40	20	85	65	150	C6@80	4C8	0.644	0.83	0.79	单调
	SCB-7-2	C40	20	85	65	150	C6@80	4C8	0.644	0.83	0.79	重复
	SCB-8-2	C40	-60	85	65	150	C6@80	4C8	0.644	0.83	0.79	重复
	SCB-9-2	C40	-60	85	65	200	C6@80	4C8	0.483	0.83	0.79	重复
	SCB-10-1	C40	-30	85	65	100	C6@150	4C8	0.996	0.44	0.79	重复
	SCB-10-2	C40	-60	85	65	100	C6@150	4C8	0.996	0.44	0.79	重复
	SCB-11-1	C40	-30	85	65	100	C6@115	4C8	0.996	0.58	0.79	重复
	SCB-11-2	C40	-60	85	65	100	C6@115	4C8	0.996	0.58	0.79	重复
Ⅱ	SUB-1-2	UHPC	20	65	50	100	C6@80	3C8	0.996	0.54	0.77	重复
	SUB-2-1	UHPC	-30	65	50	100	C6@80	3C8	0.996	0.54	0.77	重复
	SUB-3-1	UHPC	-60	65	50	100	C6@80	3C8	0.996	0.54	0.77	重复
	SUB-3-2	UHPC	-60	65	50	200	C6@80	3C8	0.483	0.54	0.77	重复
	SUB-4-2	UHPC	-80	65	50	100	C6@80	3C8	0.996	0.54	0.77	重复

注:SCB—钢 - 普通混凝土组合梁试件;SUB—钢 - 超高性能混凝土组合梁试件;h_c—混凝土板厚度;h—栓钉高度;s—栓钉纵向间距;T—试验温度;η—抗剪连接程度;ρ_{st}—横向配筋率;ρ—纵向配筋率。

第Ⅰ组试件中,混凝土翼板截面尺寸为 300 mm × 85 mm,长 1 700 mm;栓钉采用 ML13 × 65,双排布置,横向间距为 60 mm,共设计 3 种不同的抗剪连接程度 η(0.996、0.644 和 0.483),与之对应的栓钉纵向间距为 100 mm、150 mm 和 200 mm;混凝土翼板横向及纵向钢筋均采用 HRB400 钢筋,双层布置,横向钢筋直径为 6 mm,纵向钢筋为 4C8,如图 7.1(b)所示。

为充分发挥 UHPC 的超高受力特性,减小混凝土翼板厚度及栓钉高度,第Ⅱ组试件中,UHPC 翼板截面尺寸为 300 mm × 65 mm,长 1 700 mm;栓钉采用 ML13 × 50,均按照完全抗剪连接双排布置,横向间距为 60 mm,纵向间距为 100 mm 和 200 mm; UHPC 翼板布置单层钢筋网片,横向钢筋为 C6@80,纵向钢筋为 3C8,如图 7.1(c)所示。

2. 试验装置及测点布置

正弯矩作用下组合梁受弯试验装置示意图及实景图分别如图 7.2、图 7.3 和图 7.4(a)所示。试验前将试件放置于超低温复叠式冷库(最低可降至 −80 ℃)中降至目标温度,并持温 24 h。然后将试件转移至放置于 500 t 电液伺服压力试验机上的保温箱中,保温箱由聚氨酯保温板制作而成,保温性能优良。控制液氮输入量,将试件保持目标温度。采用两端简支、跨中两点对称集中加载,纯弯段长 400 m,剪跨段长 600 mm,组合梁计算长度为 1 600 mm。通过放置于分配梁中心处的 50 t 荷载传感器获得组合梁试件跨中集中荷载。位移、应变及温度测点布置如下。

(1)挠度测点布置于试件跨中、加载点及支座处,共 5 个测点,获得组合梁整体变形情况;滑移测点布置于试件跨中截面、距离跨中 200 mm 处截面、距离跨中 400 mm 处截面、距离跨中 600 mm 处截面和混凝土板端部截面,共 6 个测点,获得混凝土板与型钢界面滑移分布,具体位置如图 7.2 和图 7.3 所示。

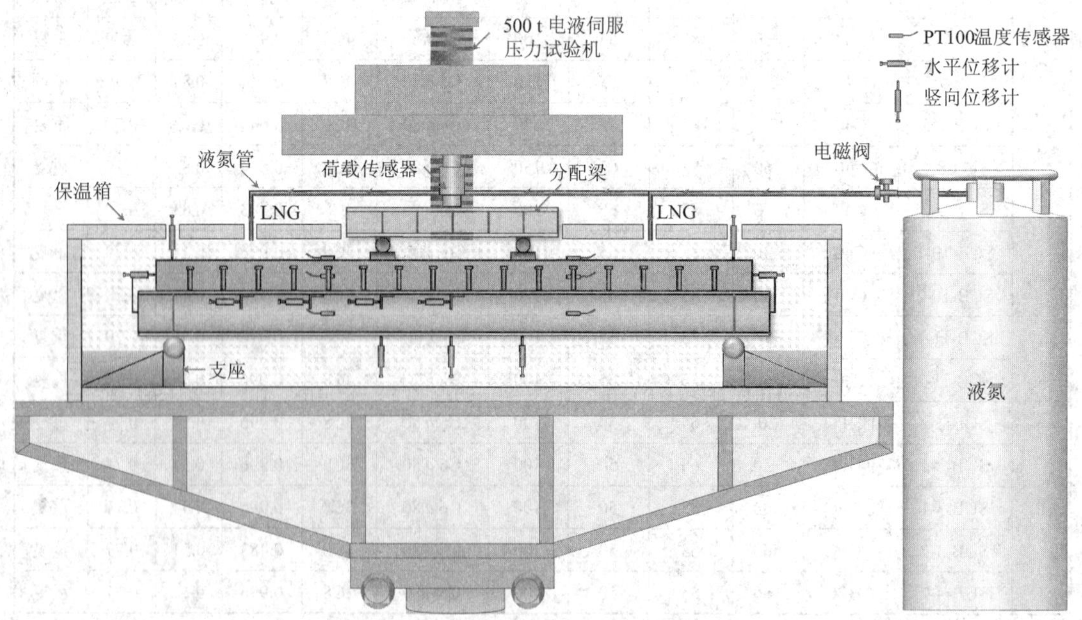

图 7.2 正弯矩作用下组合梁受弯试验装置示意图

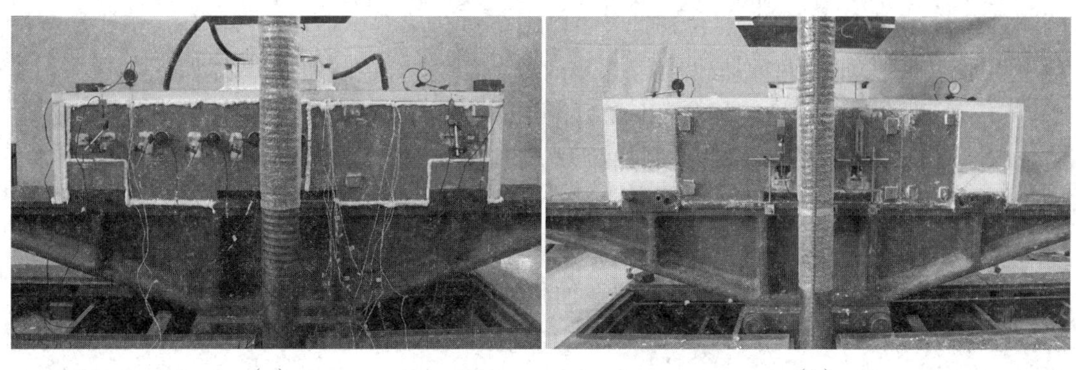

（a）　（b）

图 7.3　正弯矩作用下组合梁受弯试验装置实景图

（a）前视图　（b）后视图

（2）在试件跨中位置，型钢及混凝土板表面粘贴应变片，获得组合梁中型钢和混凝土板的应力状态及截面变形规律，组合梁跨中截面应变片具体布置及编号见图 7.4（b）、（c）。

（3）在混凝土板两侧距离端部 500 mm 中心处，各预埋 1 个 PT100 温度传感器，共 2 个测点监测混凝土板内部温度变化；在混凝土板两侧表面距离端部 500 mm 处，各粘贴 1 个 PT100 温度传感器，共 2 个测点监测混凝土板表面温度变化；在型钢腹板距离端部 600 mm 中心处，各粘贴 1 个 PT100 温度传感器，共 2 个测点监测型钢温度变化；在保温箱前后两侧粘贴 PT100 温度传感器，监测保温箱内部环境温度变化。温度测点具体布置见图 7.4（d）。

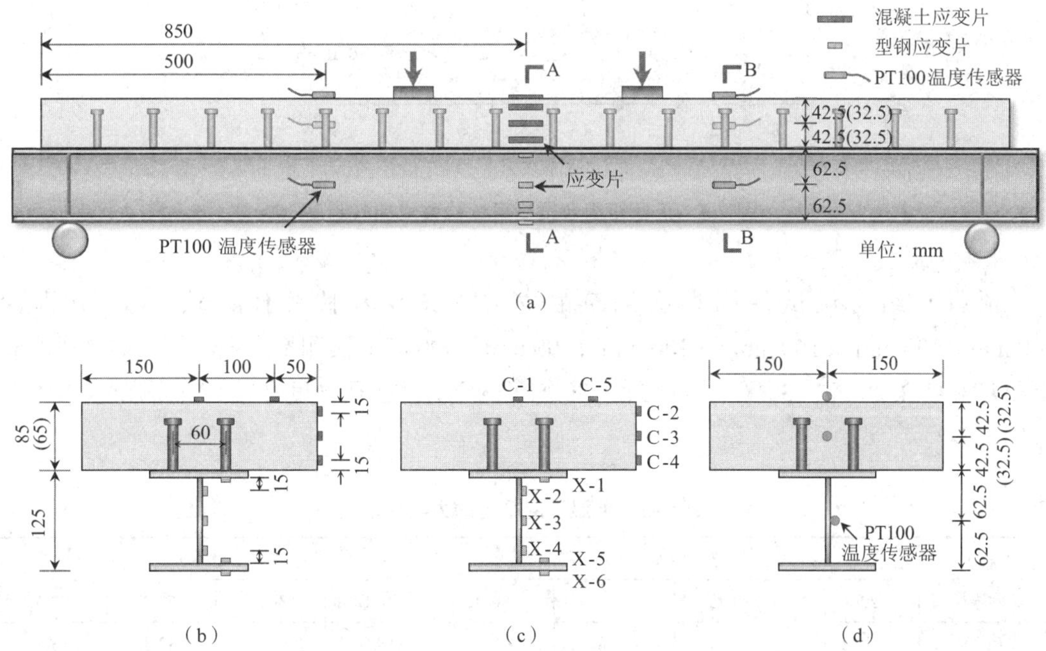

图 7.4　正弯矩组合梁试件应变及温度测点布置

（a）应变及温度测点布置整体图　（b）A—A 截面应变片位置示意图　（c）A—A 截面应变片编号　（d）B—B 截面温度测点示意图

3. 加载制度

试验加载程序分为预加载和正式加载两个阶段。预加载至 20 kN，消除初始空隙导致的测量误差，检查荷载传感器、位移计及 PT100 温度传感器等是否正常工作。正式加载包括单调加载和重复加载两种加载制度，采用荷载 - 位移混合控制加载，具体如下。

（1）单调加载：荷载控制加载，以 80 kN、160 kN 和 200 kN 为级差进行力控制加载，加载速率为 0.5 kN/s，共三级；位移控制加载，当荷载达到 200 kN（Δ_0）后，改为位移控制加载，钢 - 普通混凝土组合梁每级位移增量为 Δ（4 mm），钢 -UHPC 组合梁每级位移增量为 2Δ（8 mm），加载速率为 0.5 mm/min，持续加载直至试验梁破坏，加载过程中不卸载。

（2）重复加载：荷载控制加载，与单调加载制度相对应，以 80 kN、160 kN 和 200 kN 为级差进行力控制加载，加载速率为 0.5 kN/s，加载至目标荷载后，再卸载至 0 kN，再次进行加载；位移控制加载，当荷载达到 200 kN（Δ_0）后，改为位移控制加载，钢 - 普通混凝土组合梁每级位移增量为 Δ（4 mm），钢 -UHPC 组合梁每级位移增量为 2Δ（8 mm），加载速率为 0.5 mm/min，加载至目标位移后，同样卸载至 0 kN，再次进行加载，反复加卸载直至试验梁破坏，具体加载制度如图 7.5 所示。

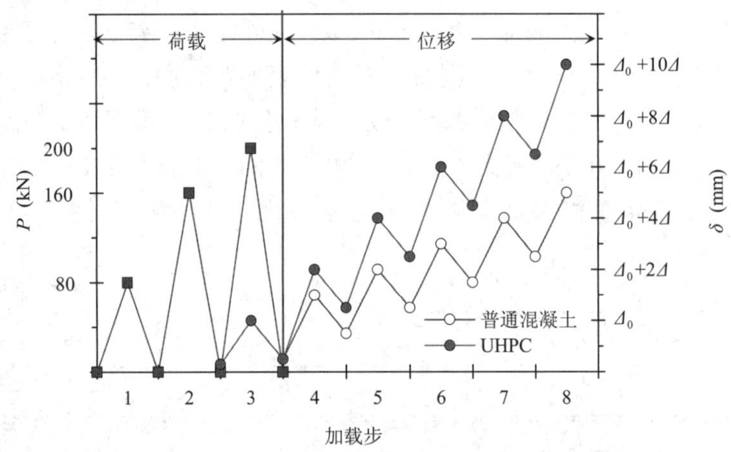

图 7.5 正弯矩组合梁受弯试验重复加载制度

4. 材料性能

预留与组合梁试件同批次浇筑的立方体试块和棱柱体试块，尺寸分别为 100 mm × 100 mm × 100 mm 和 100 mm × 100 mm × 300 mm，实测不同强度等级的普通混凝土和 UHPC 在 20 ℃、-30 ℃、-60 ℃和 -80 ℃下的立方体抗压强度和轴心抗压强度，具体结果见表 7-2。

表 7-2 低温下混凝土的力学性能

混凝土类型	f_{cu}（MPa）				f_c（MPa）			
	20 ℃	-30 ℃	-60 ℃	-80 ℃	20 ℃	-30 ℃	-60 ℃	-80 ℃
C20	29.2	41.8	55.8	60.3	18.5	23.6	32.0	33.4
C40	46.4	53.3	66.0	76.3	28.0	38.8	46.0	47.9
C60	64.3	76.9	86.5	92.2	42.8	49.4	66.2	72.4
UHPC	133.8	157.1	169.3	175.1	112.4	121.7	145.0	175.1

注：f_{cu}、f_c—混凝土的立方体抗压强度和轴心抗压强度。

从 HW125 × 125 × 6.5 × 9 钢梁腹板切割标准试件进行拉伸试验，得到 20 ℃、−30 ℃、−60 ℃和 −80 ℃下型钢的屈服强度、抗拉强度、屈服应变、极限应变、断裂应变和断后伸长率等拉伸力学性能指标，具体结果见表 7-3。

表 7-3　低温下型钢的力学性能

T(℃)	f_y(MPa)	f_u(MPa)	ε_y(%)	ε_u(%)	ε_F(%)	ψ(%)	E_s(GPa)
20	336.1	470.5	0.159 3	14.33	23.97	24.45	217.4
−30	367.4	515.5	0.173 1	16.12	26.30	26.23	225.4
−60	410.6	548.8	0.179 5	15.64	26.69	26.33	238.9
−80	445.7	567.2	0.204 1	16.33	28.00	28.03	237.7

注：f_y、f_u—型钢的屈服强度和抗拉强度；ε_y、ε_u—屈服应变和极限应变；ε_F—断裂应变；ψ—断后伸长率；E_s—弹性模量。

7.1.2　破坏形态

正弯矩荷载作用下，钢 - 普通混凝土组合梁试件的破坏形态如图 7.6 所示，共出现两种破坏模式：弯曲破坏和剪切破坏。具体破坏模式包括：①试件 SCB-7-1 和 SCB-8-2 为部分抗剪连接组合梁，混凝土翼板剪跨区发生剪切破坏，跨中混凝土未被压碎；②试件 SCB-9-2 抗剪连接程度最低，试验结束后，可观测到试件一端混凝土板与钢梁发生分离，剔除其表面混凝土，发现靠近端部的 4 个栓钉被剪断；③除上述试件外，钢 - 普通混凝土组合梁试件均发生弯曲破坏，钢梁发生整体弯曲变形，未出现局部破坏，跨中混凝土被压碎。

正弯矩荷载作用下，钢 -UHPC 组合梁试件的破坏形态如图 7.7 所示，所有试件均发生弯曲破坏，UHPC 翼板裂缝多而密，钢梁发生整体弯曲变形，未出现局部破坏。

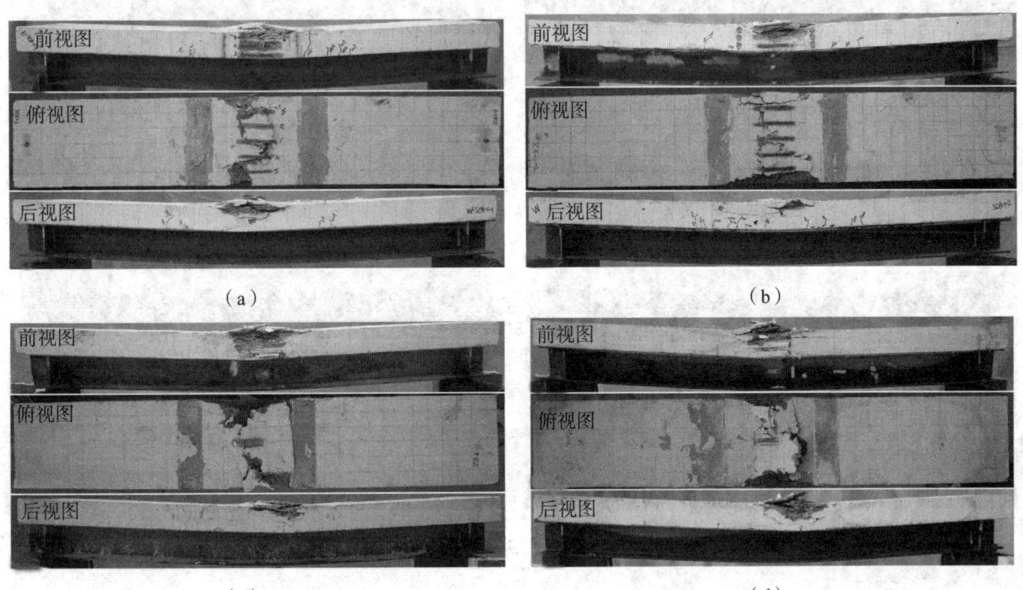

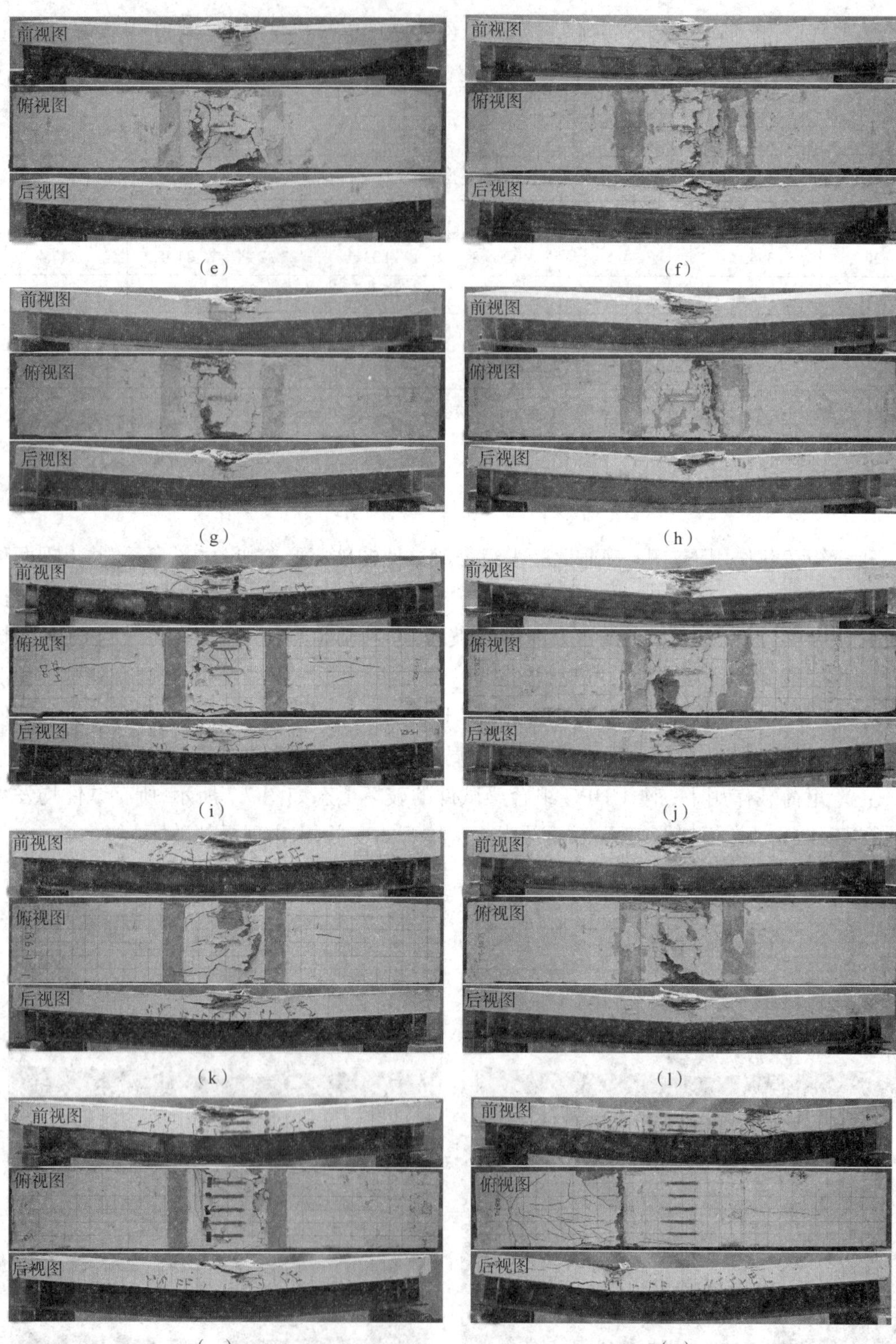
前视图
俯视图
后视图
(e)
前视图
俯视图
后视图
(f)
前视图
俯视图
后视图
(g)
前视图
俯视图
后视图
(h)
前视图
俯视图
后视图
(i)
前视图
俯视图
后视图
(j)
前视图
俯视图
后视图
(k)
前视图
俯视图
后视图
(l)
前视图
俯视图
后视图
(m)
前视图
俯视图
后视图
(n)

（o） 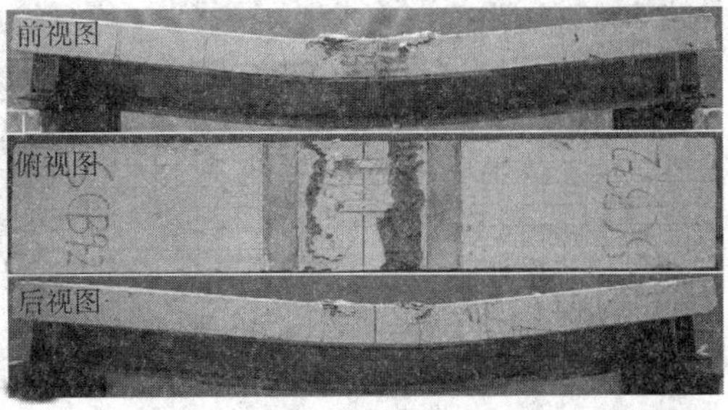　（p）

（q） 　（r）

（s） 　（t）

图 7.6　正弯矩荷载作用下钢 - 普通混凝土组合梁破坏形态

（a）SCB-1-1　（b）SCB-1-2　（c）SCB-2-1　（d）SCB-2-2　（e）SCB-3-1　（f）SCB-3-2　（g）SCB-4-1　（h）SCB-4-2　（i）SCB-5-1　（j）SCB-5-2　（k）SCB-6-1　（l）SCB-6-2　（m）SCB-7-1　（n）SCB-7-2　（o）SCB-8-2　（p）SCB-9-2　（q）SCB-10-1　（r）SCB-10-2　（s）SCB-11-1　（t）SCB-11-2

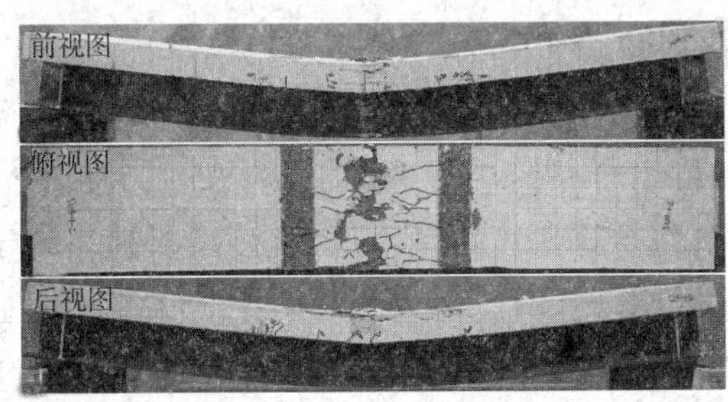

（a）

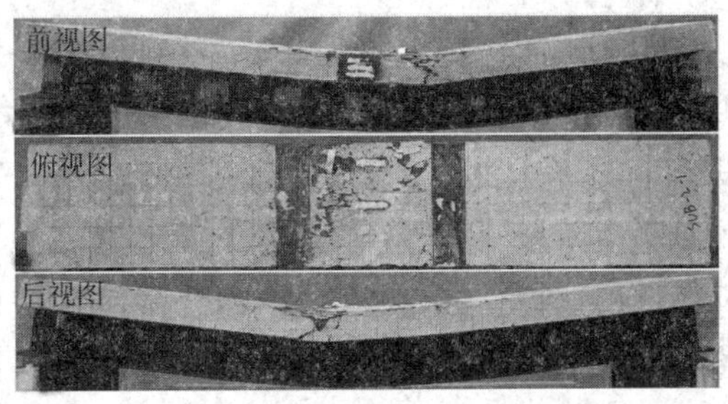

（b）

（c） （d）

（e）

图 7.7 正弯矩荷载作用下钢 -UHPC 组合梁破坏形态

（a）SUB-1-2 （b）SUB-2-1 （c）SUB-3-1 （d）SUB-3-2 （e）SUB-4-2

7.1.3 试验结果

1. 主要试验结果

正弯矩荷载作用下组合梁试件主要试验结果见表 7-4。其中，P_y 表示钢梁下翼缘开始屈服时组合梁跨中截面荷载；δ_y 为与 P_y 对应的组合梁跨中挠度试验值；P_u 表示组合梁跨中截面峰值荷载；δ_u 为与 P_u 对应的组合梁跨中挠度试验值；P_{max} 为 85%P_u（UHPC 试件取 90% P_u）；δ_{max} 为与 P_{max} 对应的组合梁跨中挠度试验值；K_0 为组合梁刚度。

2. 跨中荷载 - 挠度曲线

单调荷载作用下组合梁典型跨中荷载 - 挠度曲线如图 7.8（a）所示，大致可分为以下四个阶段。①弹性阶段：跨中荷载与挠度呈线性增长，以钢梁下翼缘开始屈服作为弹性阶段结束的标志，混凝土板出现少量微裂缝，实测组合梁跨中屈服荷载为（65%~75%）P_u。②弹塑性阶段：钢梁受拉区自下而上逐渐屈服，组合梁刚度逐渐降低，挠度增长速率快于荷载增长速率。③塑性阶段：组合梁跨中挠度大幅增长，荷载增长放缓，组合梁刚度明显降低，当接近极限荷载时跨中混凝土翼板上缘逐步压碎。④下降阶段：组合梁承载力逐步下降，跨中混凝土破坏加剧，出现大面积剥落，跨中横向及纵向钢筋外露，钢梁出现较大弯曲变形。

重复荷载作用下组合梁典型荷载 - 挠度曲线如图 7.8（b）所示，同时取其外包络线即骨架曲线进行分析。重复荷载作用下，组合梁骨架曲线与单调荷载作用下荷载 - 挠度曲线形状基本一致，同样可分为四个阶段：弹性阶段、弹塑性阶段、塑性阶段和下降阶段，不再赘述。重复荷载作用下组合梁荷载 - 挠度曲线可更加直观地反映组合梁的塑性损伤及刚度变化。

与骨架曲线相对应，在加载初期，试件基本处于弹性阶段，每级循环加载结束后残余挠度很小。随着荷载及挠度的不断增加，损伤逐步积累，试件刚度不断减小，挠度增长速率加快，跨中混凝土翼缘裂缝逐步开展，当达到峰值荷载时，跨中混凝土破坏较明显，之后试件承载力下降，混凝土出现大面积剥落，跨中纵筋向上鼓曲。

表 7-4　正弯矩荷载作用下钢 - 混凝土组合梁试验结果汇总

组号	试件编号	混凝土类型	T（℃）	η	ρ_{st}（%）	加载方式	P_y（kN）	δ_y（mm	P_u（kN）	δ_u（mm）	P_{max}（kN）	δ_{max}（mm）	K_0（kN/mm）	破坏模式
I	SCB-1-1	C40	20	0.996	0.83	单调	218.4	5.64	321.9	21.10	273.6	23.88	39.61	弯曲
	SCB-1-2	C40	20	0.996	0.83	重复	203.5	5.33	319.4	25.85	271.5	29.65	38.10	弯曲
	SCB-2-1	C40	-30	0.996	0.83	单调	161.4	3.99	355.0	20.84	301.8	31.85	40.82	弯曲
	SCB-2-2	C40	-30	0.996	0.83	重复	231.9	4.34	349.1	21.51	296.7	28.20	52.66	弯曲
	SCB-3-1	C40	-60	0.996	0.83	单调	215.0	4.88	398.3	22.68	338.6	29.63	45.98	弯曲
	SCB-3-2	C40	-60	0.996	0.83	重复	254.4	5.48	383	21.38	325.6	29.10	46.40	弯曲
	SCB-4-1	C40	-80	0.996	0.83	单调	293.0	5.15	417.9	22.61	355.1	29.12	58.53	弯曲
	SCB-4-2	C40	-80	0.996	0.83	重复	266.1	4.06	396.5	21.78	337.0	27.30	65.90	弯曲
	SCB-5-1	C20	20	0.996	0.83	重复	188.0	5.38	308.9	27.26	262.6	34.60	35.23	弯曲
	SCB-5-2	C20	-60	0.996	0.83	重复	244.7	5.10	355.3	22.90	302.0	33.90	47.50	弯曲
	SCB-6-1	C60	20	0.996	0.83	重复	216.3	3.60	365.7	21.34	310.8	25.00	58.26	弯曲
	SCB-6-2	C60	-60	0.996	0.83	重复	225.0	4.62	390.6	16.70	332.0	26.20	52.51	弯曲
	SCB-7-1	C40	20	0.644	0.83	单调	195.0	5.45	297.5	31.91	252.9	42.05	36.60	弯曲
	SCB-7-2	C40	20	0.644	0.83	重复	200.6	6.45	306.0	27.72	260.1	45.50	33.51	剪切
	SCB-8-2	C40	-60	0.644	0.83	重复	257.9	5.65	382.1	31.19	324.8	56.8	45.77	弯曲
	SCB-9-2	C40	-60	0.483	0.83	重复	255.0	4.61	336.6	55.07	286.11	61.8	55.68	剪切
	SCB-10-1	C40	-30	0.996	0.44	重复	225.7	5.29	354.6	18.79	301.4	22.70	43.00	弯曲
	SCB-10-2	C40	-30	0.996	0.44	重复	240.3	5.83	370.3	19.08	314.8	22.80	41.46	弯曲
	SCB-11-1	C40	-60	0.996	0.58	重复	215.3	6.11	335.5	19.92	285.2	28.20	35.64	弯曲
	SCB-11-2	C40	-60	0.996	0.58	重复	273.1	5.01	374.8	21.78	318.6	29.20	54.74	弯曲
II	SUB-1-2	UHPC	20	0.996	0.54	重复	217.1	6.28	363.9	35.43	327.5	46.60	42.56	弯曲
	SUB-2-1	UHPC	-30	0.996	0.54	重复	223.1	4.90	397.3	35.74	357.5	46.00	45.36	弯曲
	SUB-3-1	UHPC	-60	0.996	0.54	重复	230.2	5.49	393.5	35.98	354.1	44.10	41.76	弯曲
	SUB-3-2	UHPC	-60	0.483	0.54	重复	235.1	6.17	326.8	40.77	294.1	51.10	38.00	弯曲
	SUB-4-2	UHPC	-80	0.996	0.54	重复	270.0	4.86	416.5	39.93	374.9	68.73	54.52	弯曲

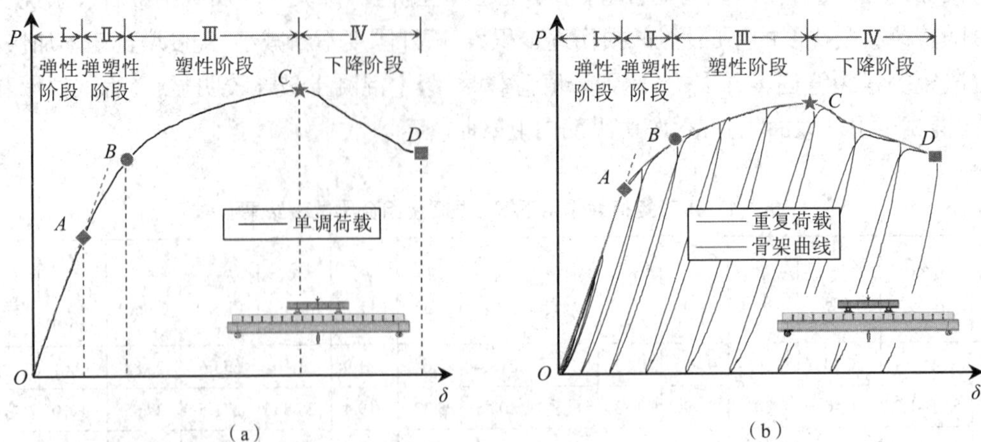

图 7.8 正弯矩荷载作用下组合梁典型跨中荷载 - 挠度曲线

（a）单调荷载（SCB-3-1）（b）重复荷载（SCB-3-2）

7.1.4 分析及讨论

1. 温度及加载制度的影响

取试件 SCB-1-1、SCB-2-1、SCB-3-1 和 SCB-4-1 为 A 组，试件 SCB-1-2、SCB-2-2、SCB-3-2 和 SCB-4-2 为 B 组，分别分析温度对单调、重复荷载作用下钢 - 普通混凝土组合梁跨中荷载 - 挠度曲线的影响，两组试件的几何尺寸、横向钢筋及纵向钢筋配筋率均相同，混凝土设计强度等级均为 C40，抗剪连接程度均为 0.996，各组试件试验温度分别为 20 ℃、-30 ℃、-60 ℃和 -80 ℃，A、B 两组试件仅加载制度不同。

取 A、B 组试件及 SCB-7-1 和 SCB-7-2 共计 10 个试件分析加载制度对组合梁跨中荷载 - 挠度曲线的影响，其中 SCB-7-1/2 与 A、B 组的区别为抗剪连接程度为 0.644。各试件荷载 - 挠度曲线及包络线对比如图 7.9 和图 7.10 所示。

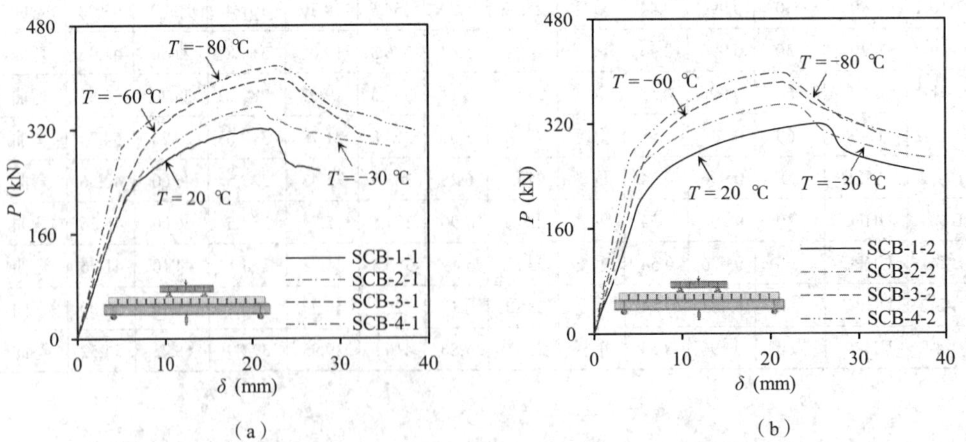

图 7.9 温度对正弯矩荷载下钢 - 普通混凝土组合梁跨中荷载 - 挠度曲线的影响

（a）单调加载组合梁 P-δ 曲线 （b）重复加载组合梁 P-δ 包络线

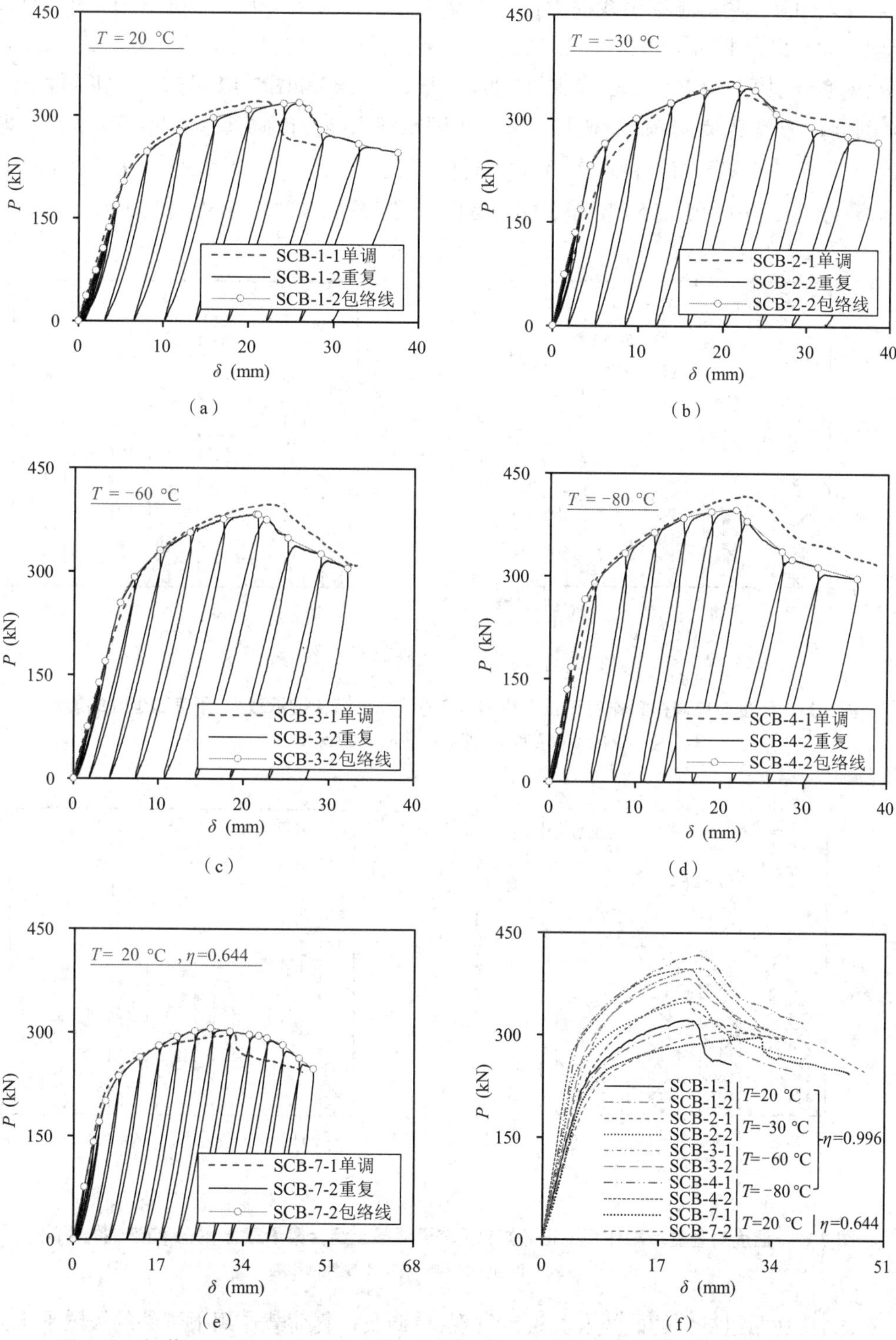

图 7.10　加载制度对正弯矩荷载下钢 - 普通混凝土组合梁跨中荷载 - 挠度曲线的影响

(a) T= 20 ℃, η=0.996　(b) T= −30 ℃, η=0.996　(c) T= −60 ℃, η=0.996
(d) T=−80 ℃, η=0.996　(e) T=20 ℃, η=0.644　(f)汇总曲线

从图 7.9(a)和图 7.11 可知，A 组试件的极限承载力、刚度均随着温度的降低而提高。

极限承载力随温度降低基本呈线性增长。当温度从常温降至 -30 ℃、-60 ℃和 -80 ℃时，试件极限承载力分别提高 10.3%、23.7% 和 29.8%，屈服荷载分别提高 -26.1%、-1.6% 和 34.2%，刚度分别提高 3.1%、16.1% 和 47.8%。从图 7.9(b)和图 7.12 可知，B 组试件极限承载力、刚度均随着温度的降低呈增长趋势。极限承载力随温度降低基本呈线性增长。当温度从常温降至 -30 ℃、-60 ℃和 -80 ℃时，试件极限承载力分别提高 9.3%、19.9% 和 24.1%，屈服荷载分别提高 14.0%、25.0% 和 30.8%，刚度分别提高 38.2%、21.8% 和 73.0%。

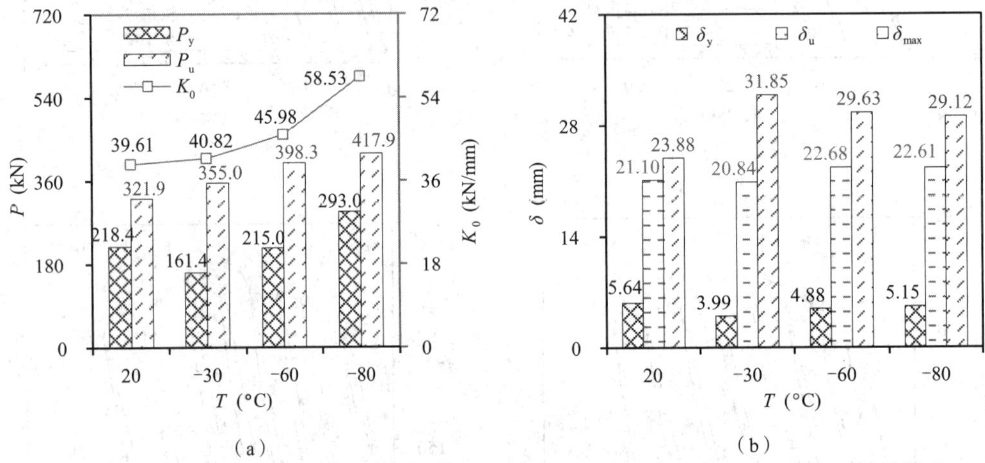

图 7.11 温度对单调荷载作用下正弯矩钢 - 普通混凝土组合梁承载力、刚度和延性的影响

(a)对承载力和刚度的影响 (b)对延性的影响

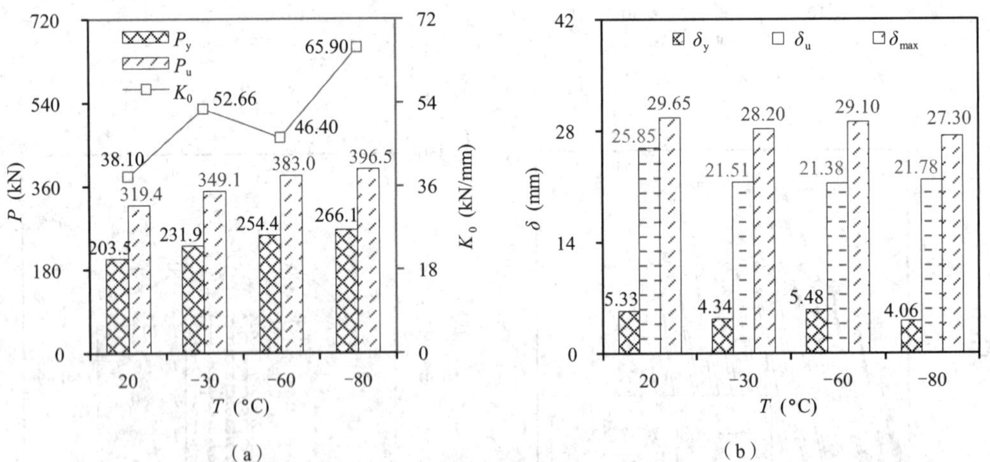

图 7.12 温度对重复荷载作用下正弯矩钢 - 普通混凝土组合梁承载力、刚度和延性的影响

(a)对承载力和刚度的影响 (b)对延性的影响

对比 A、B 两组试件的曲线及关键点发现，单调及重复荷载作用下试件的极限承载力和刚度均随着温度的降低而提高，这主要是由于低温下混凝土及型钢的强度和弹性模量均有不同程度的增长。屈服荷载和极限荷载对应的跨中挠度均在一定范围内波动，无明显提高。当温度从常温降至 -80 ℃时，型钢材料性能的屈服应变从 1 564 με 提高至 1 990 με(增长 27.3%)，对应至组合梁跨中挠度增长量为 1 mm 左右，与测量误差累积，最终反映为屈曲挠度在一定范围内波动。当跨中荷载达到极限荷载的 90% 以上时，组合梁跨中挠度变形大幅度增长，荷载 - 挠度曲线呈水平趋势发展，梁处于塑性工作阶段，试件极限挠度随着温度的降低在一定范围内波动也较为合理。同时，从图 7.10 也可发现，单调荷载作用下试件的荷载 - 挠度曲线与重复荷载作用下试件的荷载 - 挠度曲线的包络线基本重合，但是单调加载试件承载力略高于重复加载试件承载力，这主要是反复加卸载造成的损伤积累导致的。重复加卸载制度下，可直接测得试件的刚度、延性及残余变形变化，因此后续研究以重复加载制度为主。

A、B 两组试件的跨中截面型钢及混凝板表面均粘贴应变片，得到的各测点应变随荷载变化的曲线如图 7.13 所示。其中，B 组试件重复加载制度导致相应的荷载 - 应变曲线形状与荷载 - 挠度曲线一致，也存在多个滞回环，为方便对比，同样取包络线进行分析。从图 7.13 中可以看出，不同温度下，型钢下翼缘荷载 - 应变曲线出现拐点位置的应变值与型钢材料性能试验得到的屈服应变基本一致，在 20 到 −80 ℃范围内，为 1 500~2 000 με。根据应变片屈服判断得到的试件屈服荷载与荷载 - 挠度曲线出现拐点的荷载值基本一致。当试件屈服以后，跨中挠度迅速增长，型钢下翼缘应变片快速失效。此外，混凝土板顶表面应变片会随着裂缝的开展而失效，因此基本未能测得其极限应变对应的荷载值。

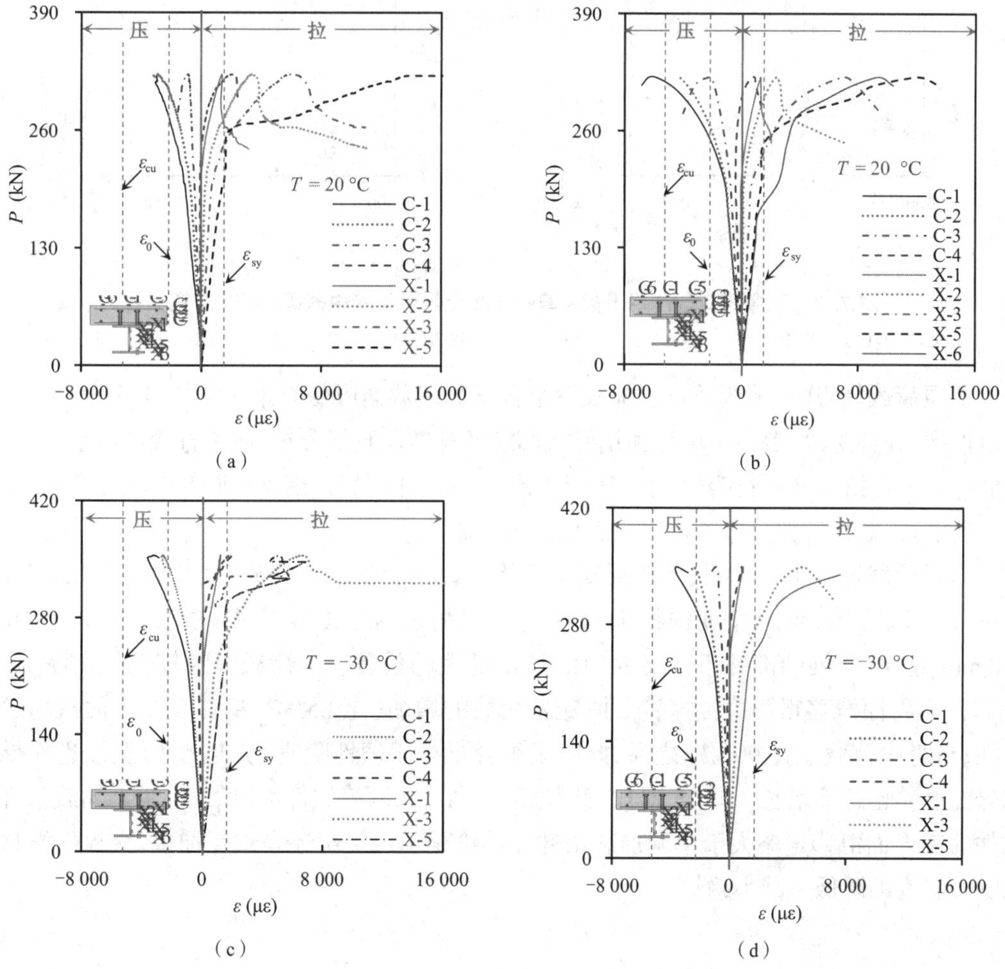

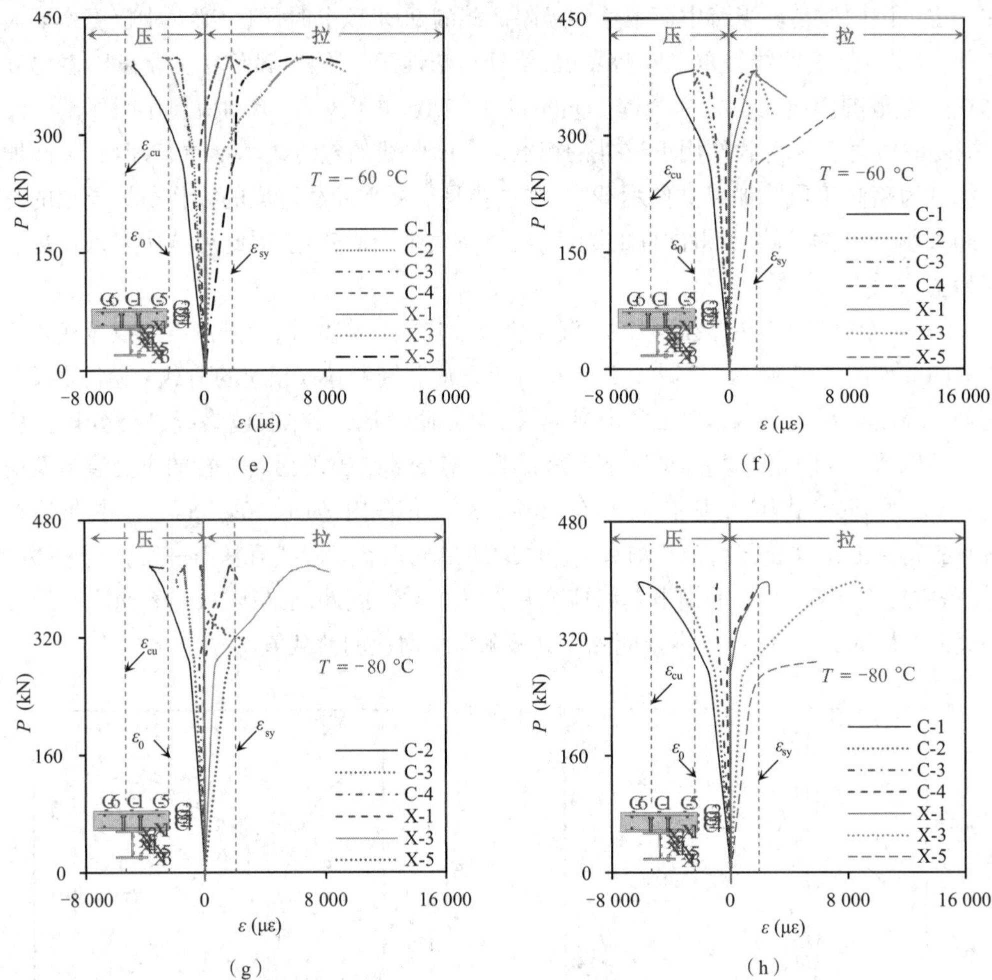

图 7.13 正弯矩荷载作用下钢 - 普通混凝土组合梁跨中截面荷载 - 应变曲线

(a)SCB-1-1 (b)SCB-1-2 (c)SCB-2-1 (d)SCB-2-2 (e)SCB-3-1 (f)SCB-3-2 (g)SCB-4-1 (h)SCB-4-2

不同荷载等级下，单调及重复加载下组合梁跨中截面应变分布如图 7.14 所示。从图中可以得到，弹性阶段，混凝土翼缘和钢梁截面应变基本呈直线分布，两条直线基本平行，二者截面存在一定滑移，但滑移量很小；进入弹塑性及塑性阶段后，钢梁从底部向上逐渐屈服，应变快速增长，截面应变分布不再完全满足平截面假定。

不同荷载等级下，半跨长度内混凝土翼缘与型钢交界面滑移分布情况如图 7.15 所示。从图中可以看出，半跨长度内最大滑移量出现的位置主要集中在距离跨中 400 mm 和 600 mm 处，组合梁端部并不是交界面滑移量最大的位置。当荷载等级较低（20%P_u 及以下）时，交界面滑移很小，可忽略不计；随着荷载的增加（至 85%P_u 左右），交界面滑移逐步增加；当跨中荷载超过 90%P_u 之后，此阶段组合梁处于塑性阶段，挠度迅速增长，进而导致交界面滑移也迅速增长。同时，对比相同温度下 A、B 两组试件可以发现，重复加载条件下试件的交界面滑移量略大于单调加载条件。不论是单调加载还是重复加载，交界面滑移量均随着温度的降低呈减小趋势。

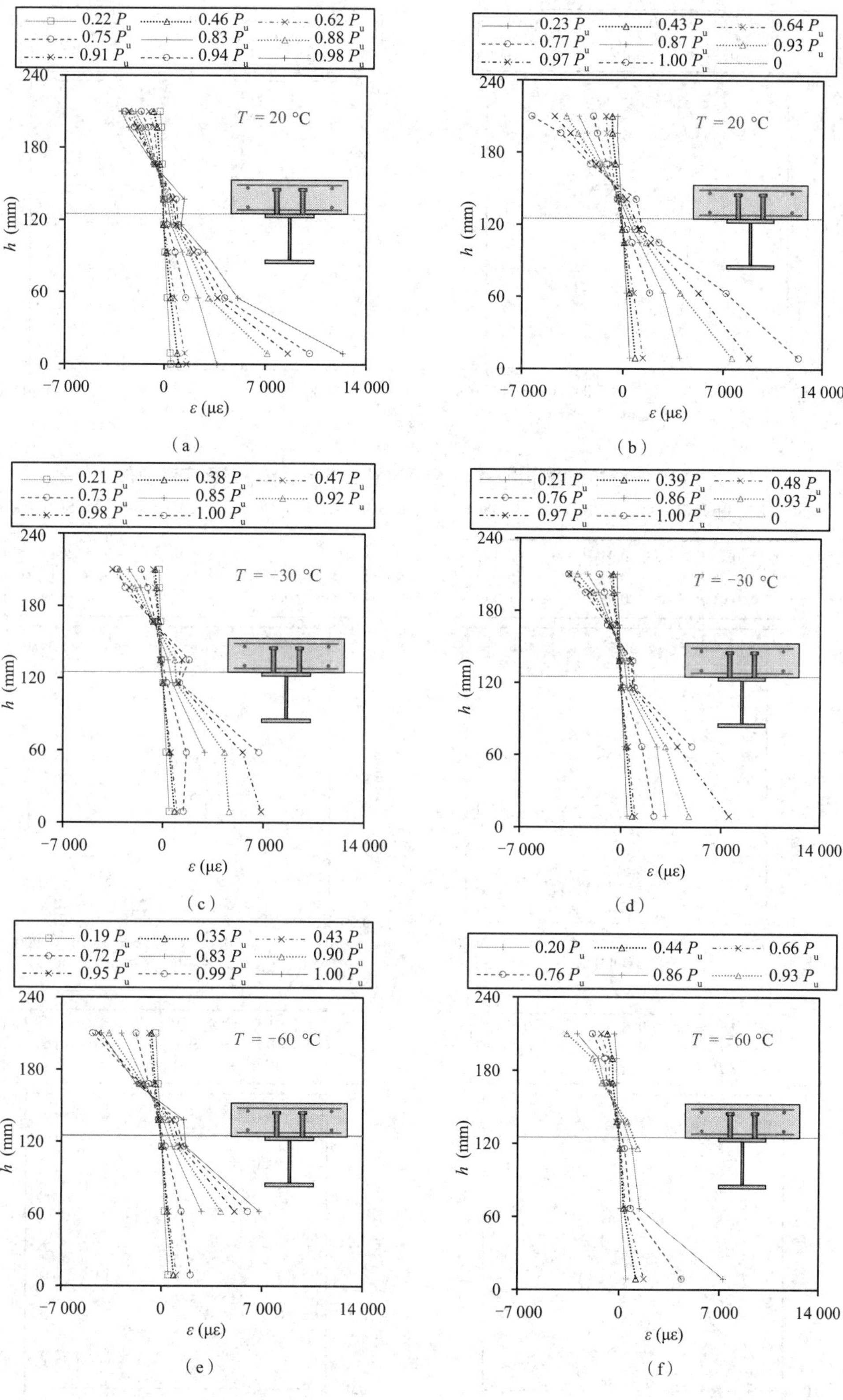
0.22 P_u
0.46 P_u
0.62 P_u
0.75 P_u
0.83 P_u
0.88 P_u
0.91 P_u
0.94 P_u
0.98 P_u
T = 20 °C
h (mm)
ε (με)
(a)
0.23 P_u
0.43 P_u
0.64 P_u
0.77 P_u
0.87 P_u
0.93 P_u
0.97 P_u
1.00 P_u
0
T = 20 °C
(b)
0.21 P_u
0.38 P_u
0.47 P_u
0.73 P_u
0.85 P_u
0.92 P_u
0.98 P_u
1.00 P_u
T = −30 °C
(c)
0.21 P_u
0.39 P_u
0.48 P_u
0.76 P_u
0.86 P_u
0.93 P_u
0.97 P_u
1.00 P_u
0
T = −30 °C
(d)
0.19 P_u
0.35 P_u
0.43 P_u
0.72 P_u
0.83 P_u
0.90 P_u
0.95 P_u
0.99 P_u
1.00 P_u
T = −60 °C
(e)
0.20 P_u
0.44 P_u
0.66 P_u
0.76 P_u
0.86 P_u
0.93 P_u
T = −60 °C
(f)

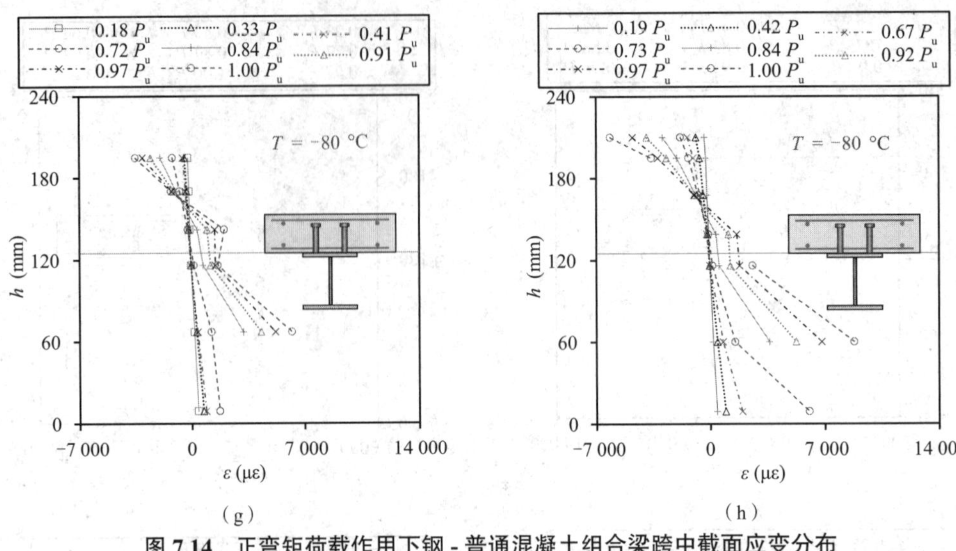

(g) (h)

图 7.14　正弯矩荷载作用下钢 - 普通混凝土组合梁跨中截面应变分布

(a)SCB-1-1 (b)SCB-1-2 (c)SCB-2-1 (d)SCB-2-2 (e)SCB-3-1 (f)SCB-3-2 (g)SCB-4-1 (h)SCB-4-2

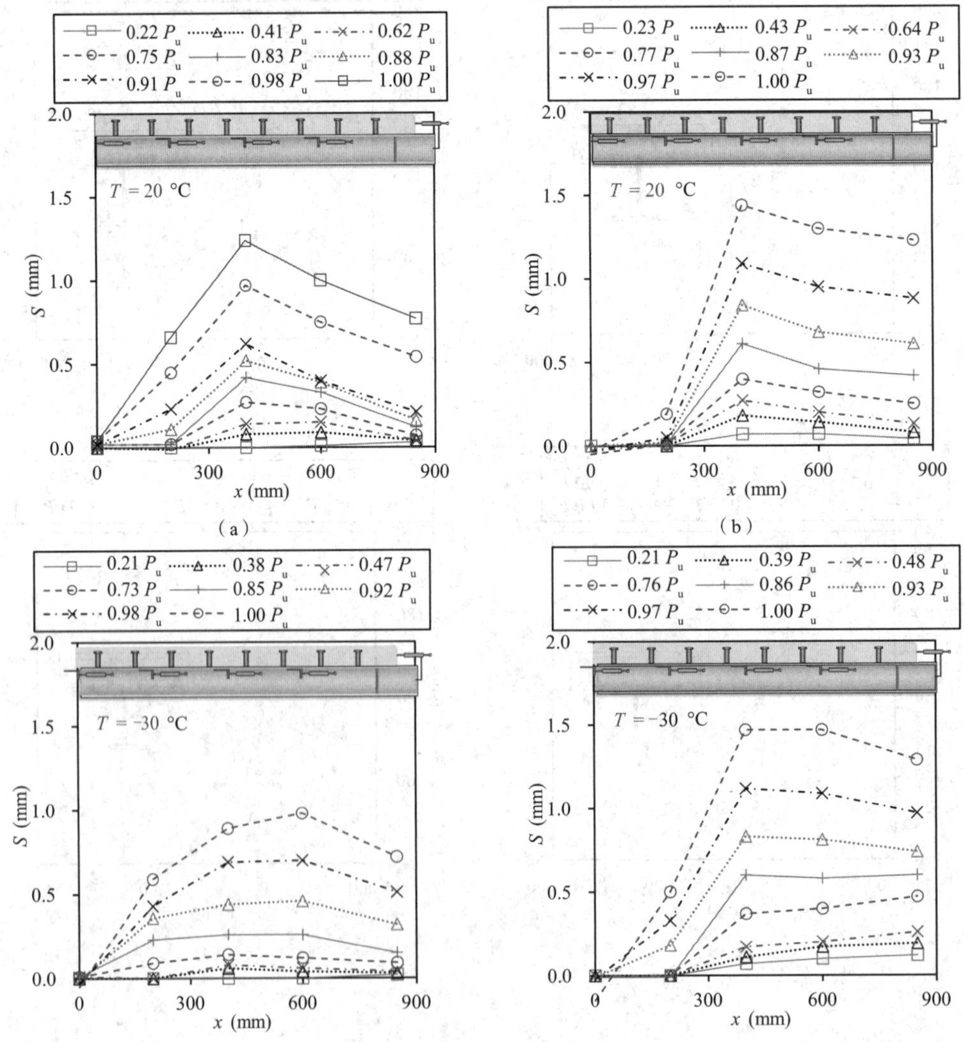

(a) (b)

(c) (d)

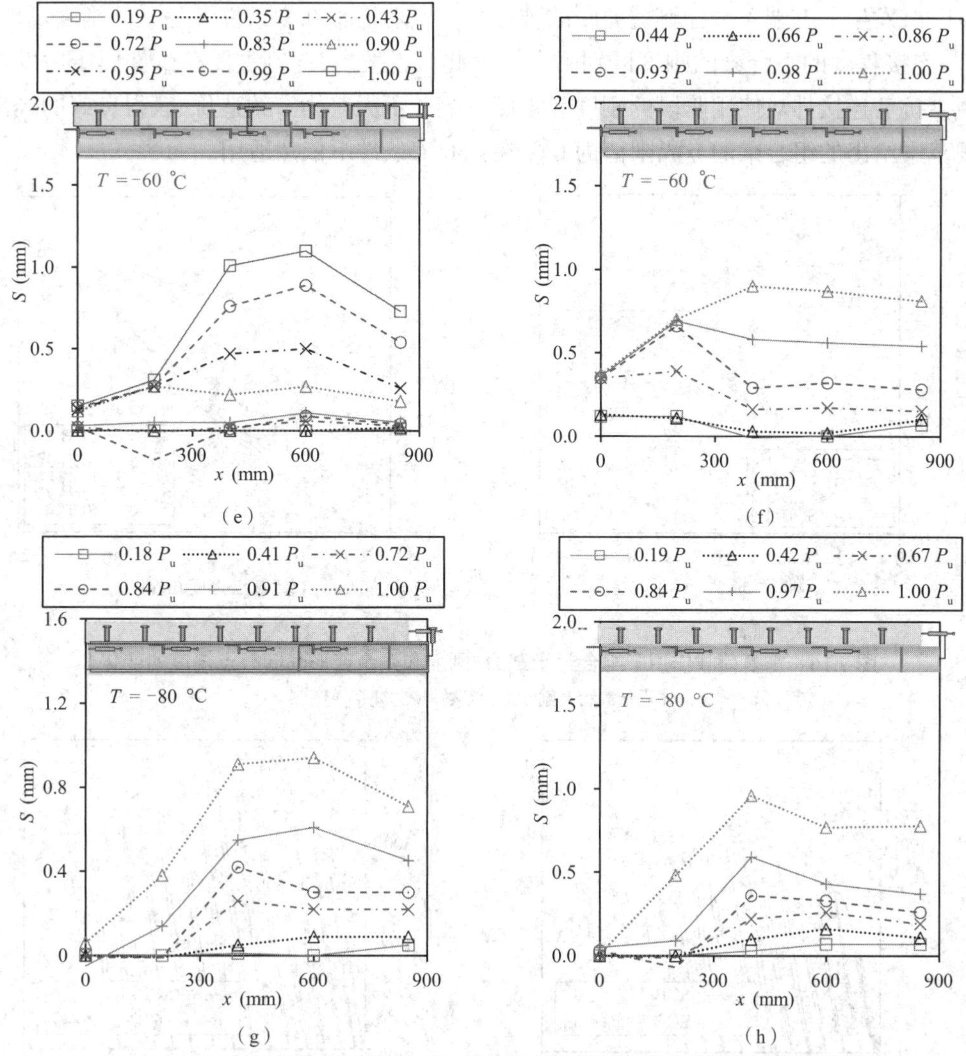

图 7.15　正弯矩荷载作用下钢 - 普通混凝土组合梁半跨长度内界面滑移分布

(a)SCB-1-1 (b)SCB-1-2 (c)SCB-2-1 (d)SCB-2-2 (e)SCB-3-1 (f)SCB-3-2 (g)SCB-4-1 (h)SCB-4-2

从 B 组试件得到的试件刚度退化系数(卸载点的割线模量)、承载力退化系数(再加载至卸载点挠度时对应的荷载与卸载点挠度对应的荷载的比值)及残余变形与卸载点挠度的关系曲线如图 7.16 所示。从图 7.16(a)可以看出,所有试件的承载力退化系数在 0.9~1.0 范围内波动,温度的降低对承载力退化系数的影响不明显;试件刚度退化系数随卸载点挠度的增大迅速下降,曲线接近抛物线, SCB-2-2 和 SCB-4-2 刚度退化速率略大于试件 SCB-1-2 和 SCB-3-2,可能是由于前两个试件弹性刚度偏大(均明显大于单调荷载作用下 A 组同温度试验条件试件的弹性刚度)。

2. 抗剪连接程度的影响

图 7.17 给出了常温及 −60 ℃条件下不同抗剪连接程度组合梁的跨中荷载 - 挠度曲线变化情况。从图中可以看出,当 η=0.644 时,可获得与完全抗剪连接试件相当的极限承载力,但对应的极限挠度明显大于 η=0.996 的试件。当 η 低至 0.483 时,试件承载力显著降低, −60 ℃条件下较 η=0.996 的试件降低 12.1%,且组合梁挠度明显增大,试件破坏时,除弯

曲破坏外,发生了一端 4 个栓钉被剪断的破坏现象。对比 -60 ℃条件下各试件刚度发现,不同抗剪连接程度的组合梁的刚度区别不大。因此可以发现,栓钉主要在试件屈服后发挥作用,减少抗剪连接件对使用阶段的刚度和强度影响并不大。为节约造价、获得良好的经济效益,规范中给出的组合梁的 η 界限值为 0.6,在 -60 ℃条件下依然适用。

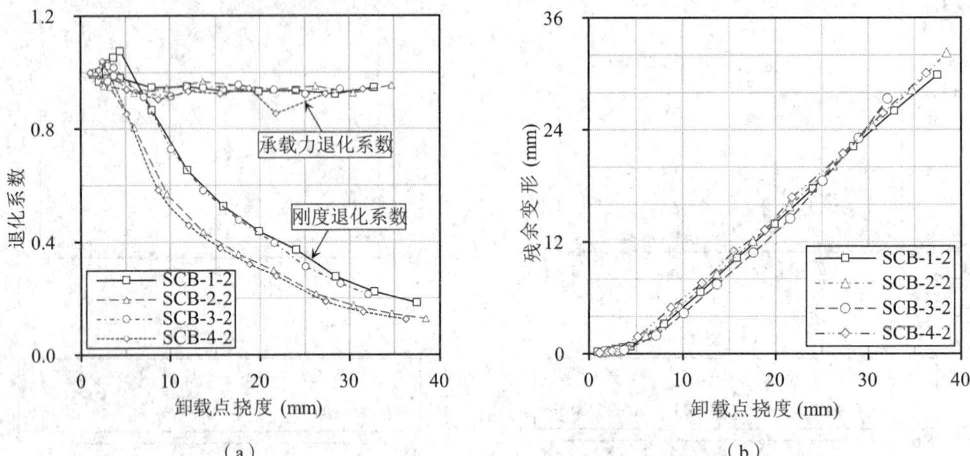

图 7.16 重复荷载作用下组合梁承载力、刚度和残余变形随卸载点挠度的变化

(a)承载力及刚度退化系数 (b)残余变形

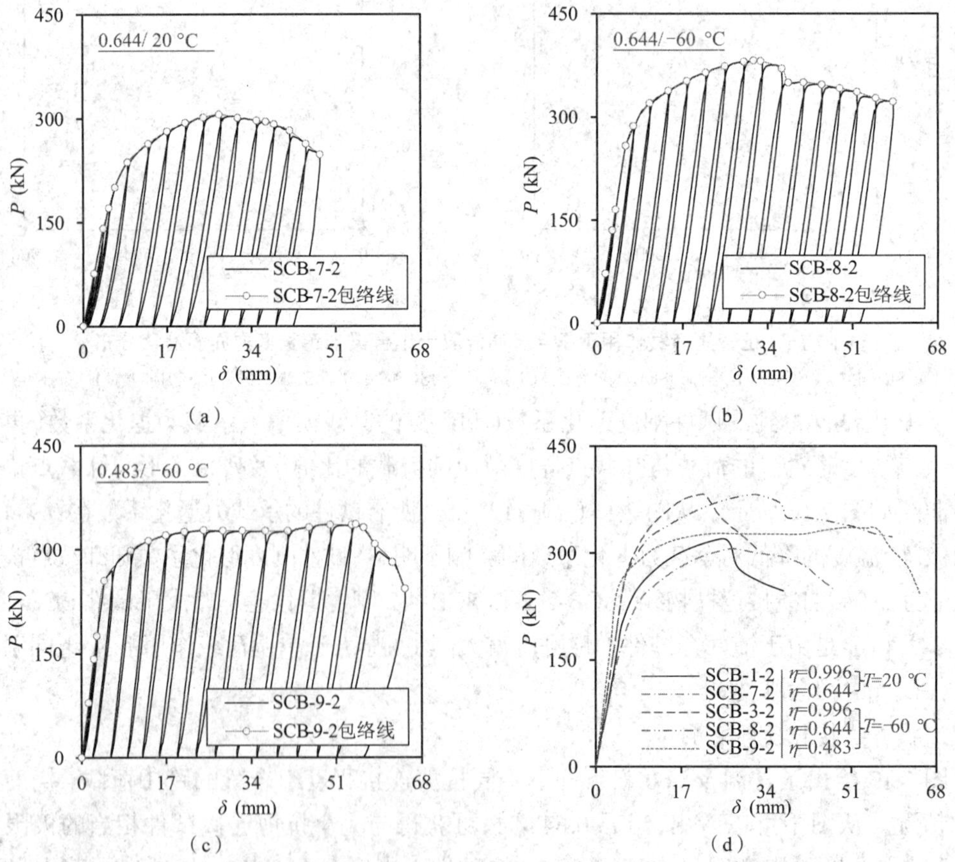

图 7.17 抗剪连接程度对正弯矩钢 - 普通混凝土组合梁跨中荷载 - 挠度曲线的影响

(a)SCB-7-2 (b)SCB-8-2 (c)SCB-9-2 (d)不同抗剪连接程度组合梁包络线汇总

取 -60 ℃条件下不同抗剪连接程度的试件 SCB-3-2(0.996)、SCB-8-2(0.644)和 SCB-9-2(0.483)进行进一步分析。试件跨中截面应变分布如图 7.18 所示,各试件混凝土翼板和型钢的应变分布基本呈线性分布,且基本平行,但随着抗剪连接程度的增大,交界面滑移逐渐增大,体现在图 7.18 中,上、下截面曲线错位更加明显。图 7.19 显示了不同抗剪连接程度组合梁半跨截面内的交界面滑移分布情况,与图 7.18 得到的结论一致,抗剪连接程度的降低导致交界面滑移显著增加,滑移量最大的位置出现在距离跨中 400 mm 和 600 mm 处,其中试件 SCB-9-2 一端 4 个栓钉发生剪断破坏,导致在图 7.19(c)中梁端滑移量达到与距离跨中 400 mm 和 600 mm 处滑移量相当的程度。

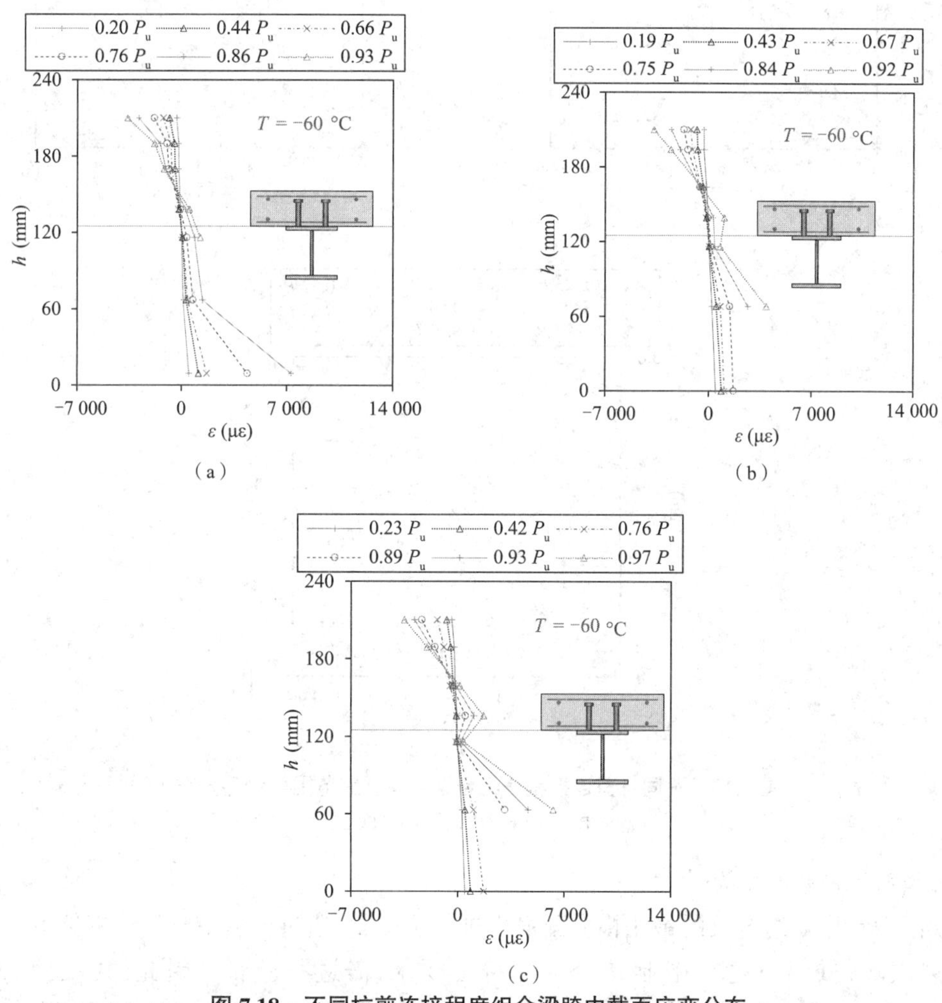

图 7.18　不同抗剪连接程度组合梁跨中截面应变分布

(a)SCB-3-2　(b)SCB-8-2　(c)SCB-9-2

为研究不同抗剪连接程度的组合梁试件中栓钉的实际受力情况,在各试件双排布置的同侧栓钉中按一定间距粘贴应变片,并在中间栓钉左右两侧均粘贴应变片,以获得其受拉及受压侧应变变化情况,同样取 -60 ℃条件下不同抗剪连接程度的试件 SCB-3-2(0.996)、SCB-8-2(0.644)和 SCB-9-2(0.483)进行分析,如图 7.20 所示。从图中可以看出,随着抗剪连接程度的减小，各试件中单个栓钉承受的界面剪力明显增大，导致各栓钉拉压两侧应变均有不同程度的增长。

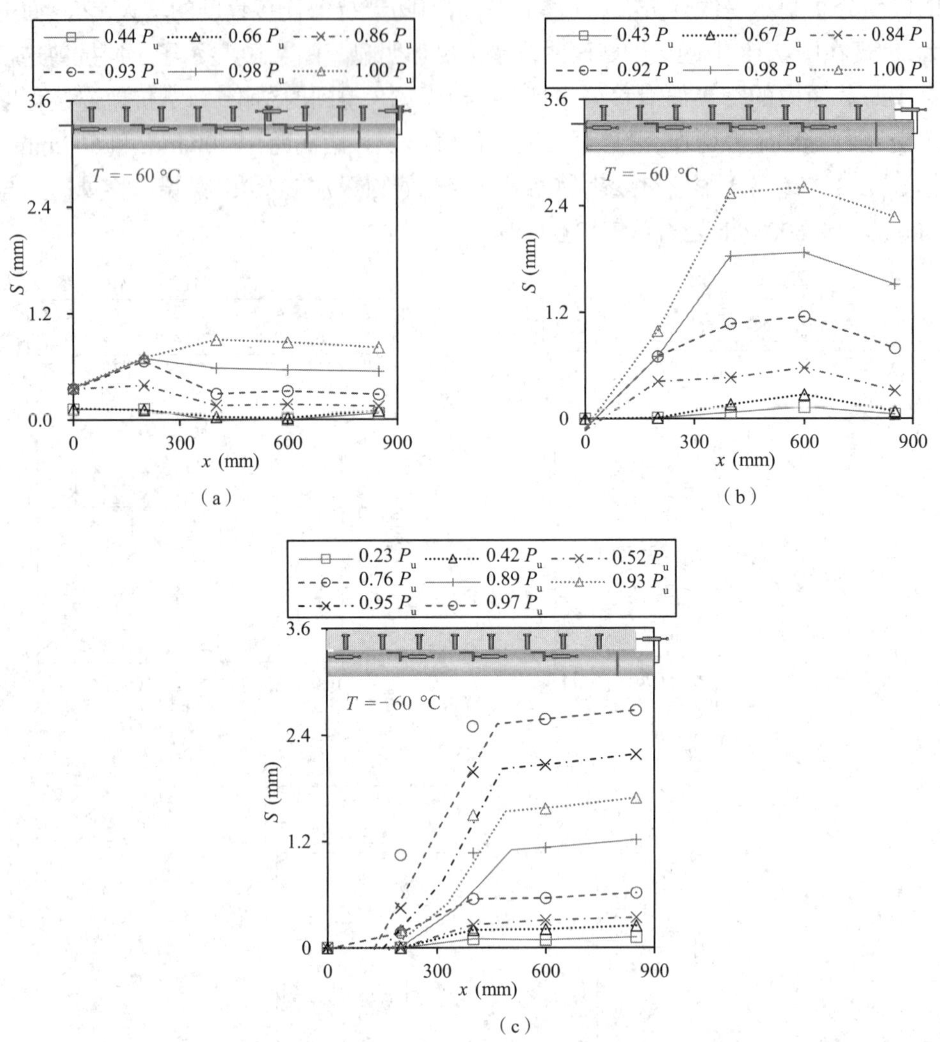

图 7.19 不同抗剪连接程度组合梁半跨长度范围内滑移分布

(a)SCB-3-2 (b)SCB-8-2 (c)SCB-9-2

3. 横向配筋率的影响

实际设计中对组合梁的最小横向配筋率进行了限制，通过构造措施保证试件不发生纵向劈裂破坏，低温下这一限制是否依然符合要求，需进行验证。因此，共设计 -30 ℃和 -60 ℃低温作用下两组试件进行研究，得到的跨中 - 荷载挠度曲线及包络线如图 7.21 所示。从图中可以看出，横向配筋率对组合梁承载力及延性均有一定程度的影响，虽然试验中未发生明显的组合梁纵向劈裂破坏，但横向配筋率过低(0.44%)导致组合梁破坏更加突然，下降段更陡，承载力下降至极限荷载的 85% 时对应的跨中挠度明显小于其他试件。-30 ℃及 -60 ℃低温下，随着横向配筋率的降低，试件的极限荷载及其对应的挠度值均呈降低趋势。此外，横向配筋率对试件刚度的影响很小，表明横向钢筋在弹性阶段作用并不明显。

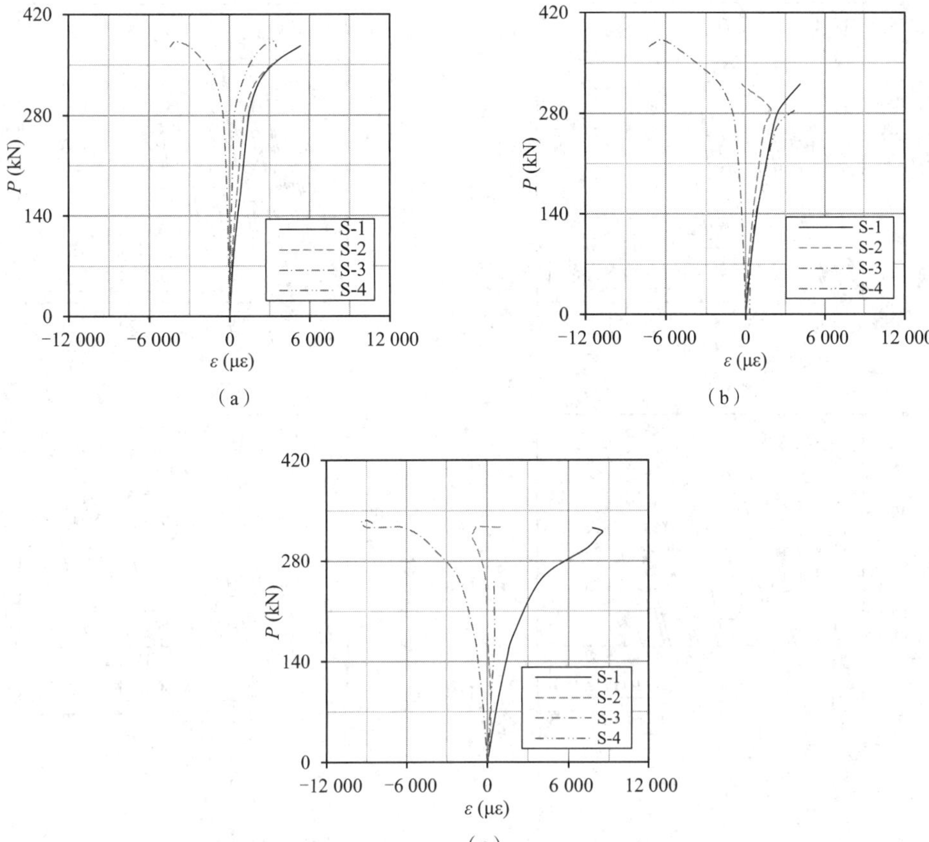

（a）　（b）　（c）

图 7.20　不同抗剪连接程度组合梁半跨长度内栓钉应变分布

（a）SCB-3-2　（b）SCB-8-2　（c）SCB-9-2

4. 混凝土强度等级的影响

共设计常温和 −60 ℃两组试件研究混凝土强度等级对组合梁受弯性能的影响，常温工况下试件为 SCB-1-2、SCB-5-1 和 SCB-6-1，−60 ℃条件下试件为 SCB-3-2、SCB-5-2 和 SCB-6-2，得到的各试件的跨中荷载 - 挠度曲线及包络线如图 7.22 所示。所有试件的设计参数均相同，仅混凝土强度等级及试验温度不同。

常温（−60 ℃）条件下，当试件强度等级从 C20 增长至 C40 及 C60 时，试件极限承载力分别提高 3.4%（7.8%）和 18.4%（9.9%），试件刚度呈增长趋势，混凝土强度等级的增长对试件承载力的影响更加显著，但是随着温度的降低，这种增强作用呈减弱趋势。随着强度的增长，试件延性有一定程度的降低，试件破坏更加迅速，下降段更陡。

5. 钢 -UHPC 组合梁

相比钢 - 普通混凝土组合梁，UHPC 具有较高的抗压强度，可以更大程度地发挥钢材高抗拉强度的优势，且混凝土厚度更薄，对减轻结构自重具有重要意义。因此，设计第Ⅱ组试件研究低温下钢 -UHPC 组合梁的受弯性能。试验主要研究低温和抗剪连接程度的影响，得到的跨中荷载 - 挠度曲线及包络线如图 7.23 所示。

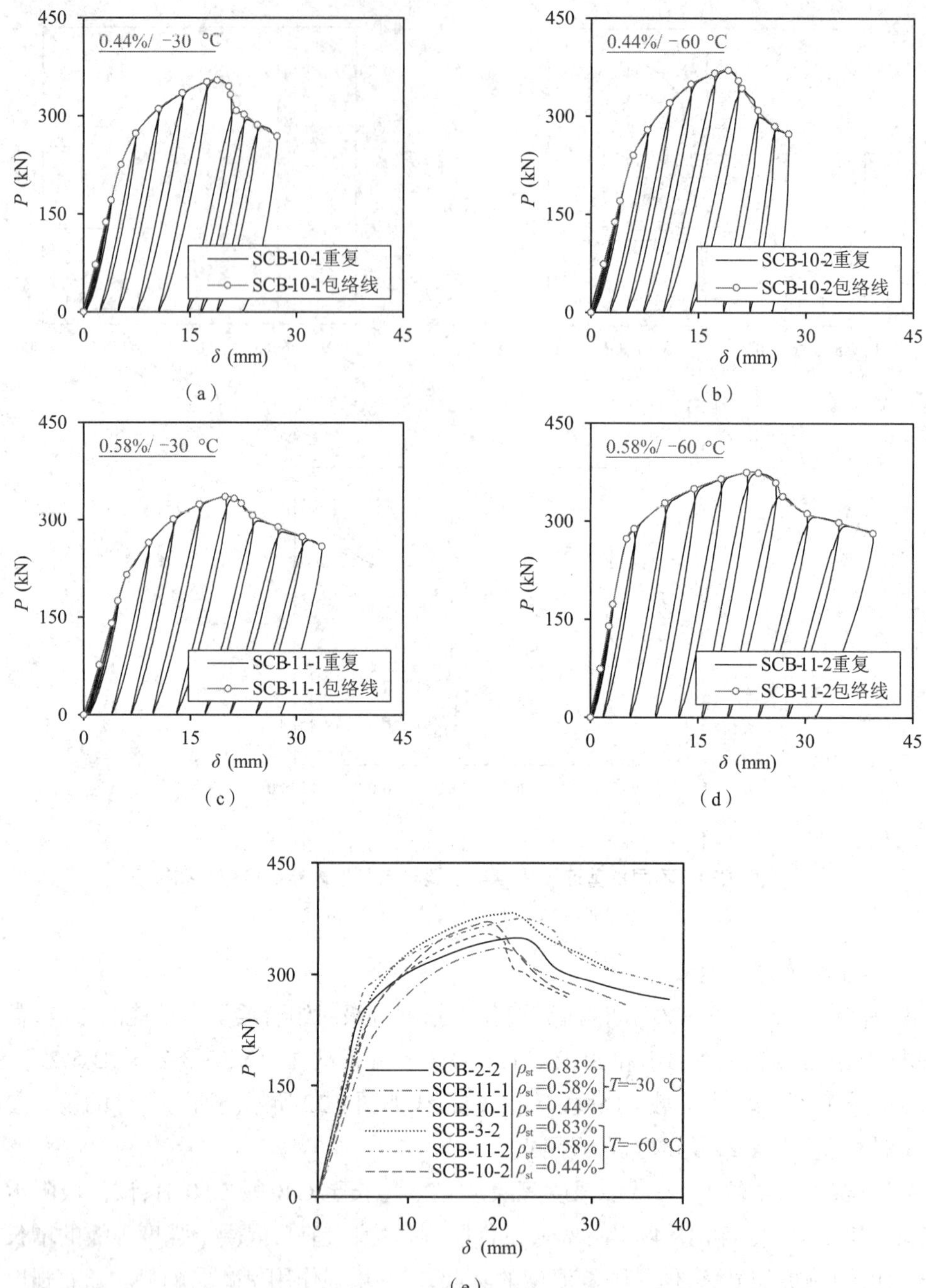

图 7.21 横向配筋率对正弯矩钢 - 普通混凝土组合梁跨中荷载 - 挠度曲线的影响

（a）SCB-10-1 （b）SCB-10-2 （c）SCB-11-1 （d）SCB-11-2 （e）不同横向配筋率组合梁试件包络线汇总

与钢 - 普通混凝土组合梁相比，钢 -UHPC 组合梁试件的混凝土厚度为 65 mm，减小 20 mm，相应栓钉也采用 ML13 × 50 的短钉，得到的组合梁试件常温下承载力（363.9 kN）明显高于 C40 组合梁（319.4 kN），但当温度低至 −80 ℃时，UHPC 与 C40 组合梁承载力相差不大，分别为 416.5 kN 和 396.5 kN。当温度从常温降低至 −30 ℃、−60 ℃和 −80 ℃时，UHPC（C40）组合梁极限承载力分别提高 9.2%（10.3%）、8.1%（23.7%）和 14.5%（29.8%）。可以发现，随着温度的降低，不论是钢 - 普通混凝土还是钢 -UHPC 组合梁的承载力均有一定程度的提高，但这种提高作用对普通混凝土组合梁的影响更加显著，这主要是因为普通混凝土含水率较高，低温下强度增长更加明显，-80 ℃条件下 C40 混凝土和 UHPC 轴心抗压强度的增幅分别为 71.1% 和 55.8%，差距较为明显。此外，在一定范围内混凝土强度的增长对试件承载力提高有利，但是与型钢性能相互制约，不能无限增长。

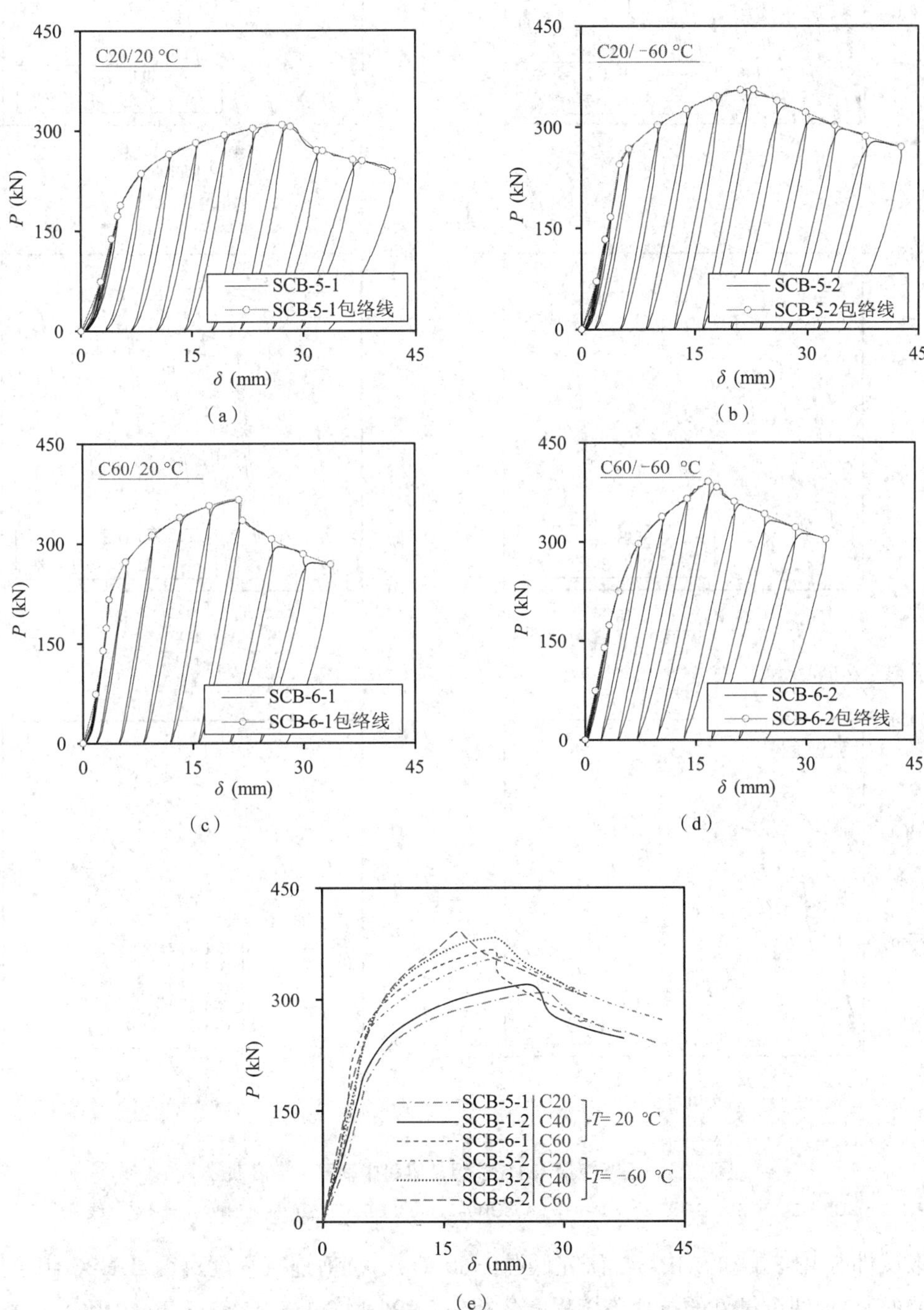

图 7.22　混凝土强度等级对正弯矩钢 - 普通混凝土组合梁跨中荷载 - 挠度曲线的影响

（a）SCB-5-1　（b）SCB-5-2　（c）SCB-6-1　（d）SCB-6-2　（e）不同强度等级组合梁试件包络线汇总

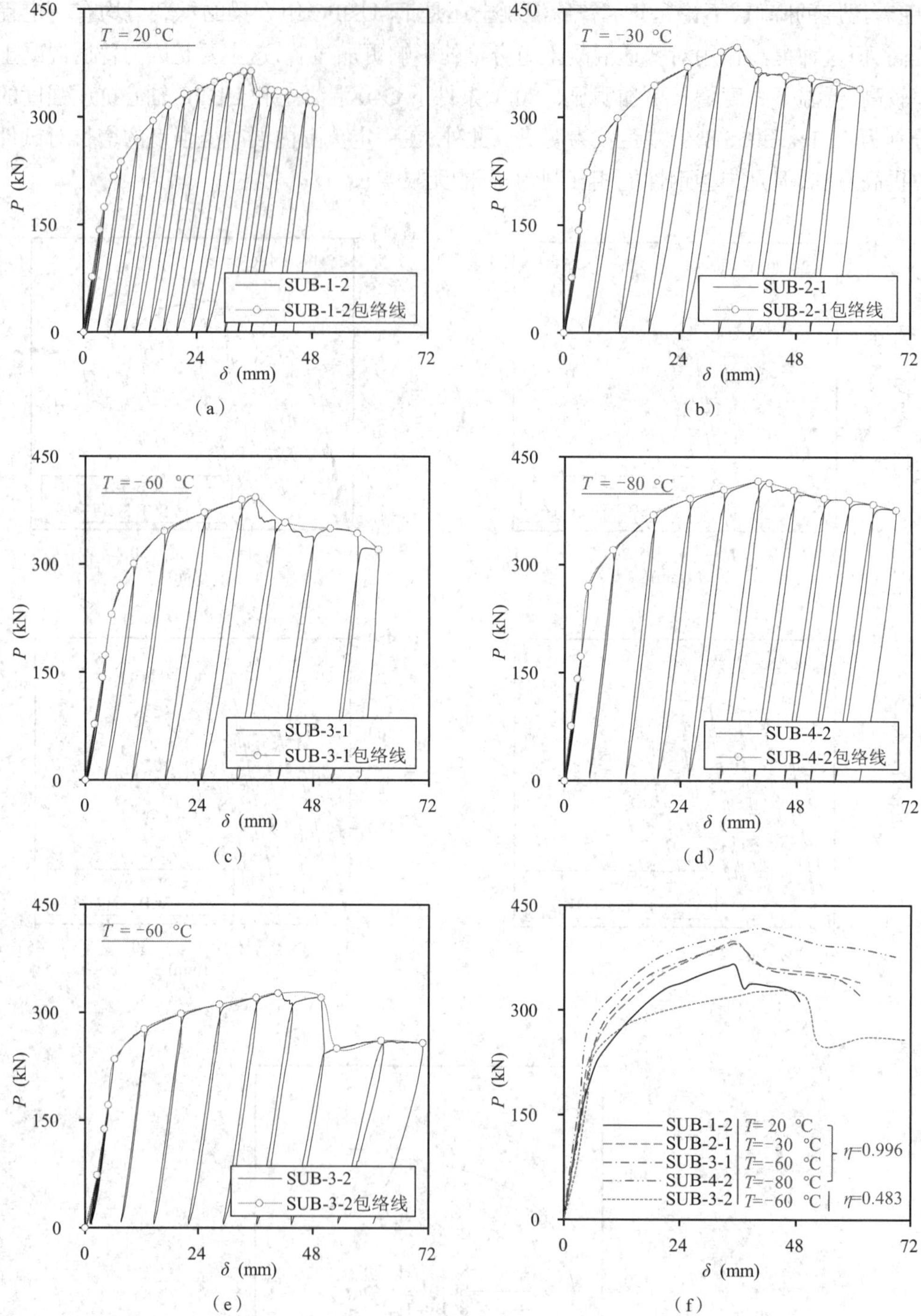

图 7.23 正弯矩钢 -UHPC 组合梁跨中荷载 - 挠度曲线

(a)SUB-1-2 (b)SUB-2-1 (c)SUB-3-1 (d)SUB-4-2 (e)SUB-3-2 (f)钢 -UHPC 组合梁包络线汇总

取试件 SUB-3-1 和 SUB-3-2 研究低温(−60 ℃)下抗剪连接程度对钢 -UHPC 组合梁受弯性能的影响,两个试件的抗剪连接程度分别为 0.996 和 0.483,与 SUB-3-1 相比,−60 ℃下承载力从 393.5 kN 降低至 326.8 kN,降幅达 17.0%,承载力也明显低于常温下试件 SUB-1-2

（363.9 kN）。此外，抗剪连接程度较低的试件 SUB-3-2 的刚度也明显低于其他试件。因此，与钢 - 普通混凝土组合梁相同，栓钉的布置对低温下钢 -UHPC 组合梁受力性能的影响显著。

低温下钢 -UHPC 组合梁刚度随温度的降低呈增长趋势如图 7.24 所示。当温度从常温降低至 −30 ℃、−60 ℃和 −80 ℃时，钢 -UHPC 组合梁的刚度分别提高 6.6%、−1.9% 和 28.1%，同样与低温下 UHPC 及型钢弹性模量均有一定程度的增长有关。此外，可以发现，钢 -UHPC 组合梁延性明显高于钢 - 普通混凝土组合梁，承载力下降更加缓慢，这主要与 UHPC 本身的材料性能有关，UHPC 中掺加钢纤维，当组合梁达到极限承载力时，钢 - 普通混凝土组合梁跨中混凝土压碎、剥落，但由于钢纤维的桥联作用，钢 -UHPC 组合梁跨中混凝土出现多条裂缝，但未出现大块剥落等。当试件承载力下降至 90%P_u 时，各温度下组合梁跨中挠度均超过 44 mm，且之后随着挠度的增长，承载力下降缓慢，故在承载力未降至 85%P_u，但组合梁挠度已经较大时，停止试验。

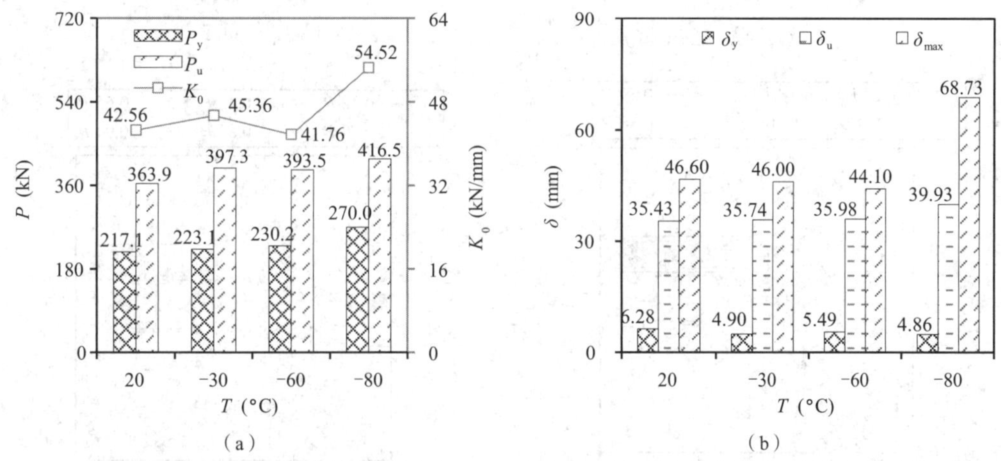

图 7.24　温度对单调荷载作用下正弯矩钢 -UHPC 组合梁承载力、刚度和延性的影响

（a）对承载力和刚度的影响　（b）对延性的影响

同样在钢 -UHPC 组合梁跨中截面型钢和 UHPC 板表面粘贴应变片测量其应变分布情况，如图 7.25 所示。钢 -UHPC 组合梁试件达到极限承载力时，跨中挠度（均超过 35 mm）明显高于钢 - 普通混凝土组合梁（21 mm 左右），因此当试件挠度较大但未到极限承载力时，粘贴在试件跨中及下翼缘的应变片已因变形过大而失效。从图 7.25 可以发现，在荷载达到 90%P_u 之前，UHPC 板和型钢应变基本呈线性分布，交界面滑移量很小，基本符合平截面假定；当荷载超过 90%P_u 以后，试件挠度迅速增长，交界面滑移量明显增加，应变片快速失效。

不同荷载等级下，钢 -UHPC 组合梁各试件半跨长度内 UHPC 板和型钢交界面滑移分布如图 7.26 所示。其中，试件 SUB-3-1 由于测量失误导致未能获得准确的滑移数据。对比分析试件 SUB-1-2、SUB-2-1 和 SUB-4-2，发现不同温度下各组合梁试件最大滑移量均主要集中于距离跨中 400 mm 及 600 mm 处，梁端部滑移量明显低于上述两个位置，当试件达到极限承载力时，组合梁最大滑移量均基本达到 1.5 mm，温度的降低对滑移量的影响较小。但是对于抗剪连接程度很低的试件 SUB-3-2，虽然各荷载等级下最大滑移量同样位于距离跨中 400 mm 和 600 mm 处，但当试件达到极限荷载时，其最大滑移量超过 3 mm，明显高于其他试件，且组合梁端部的滑移量也较大，接近最大滑移量。

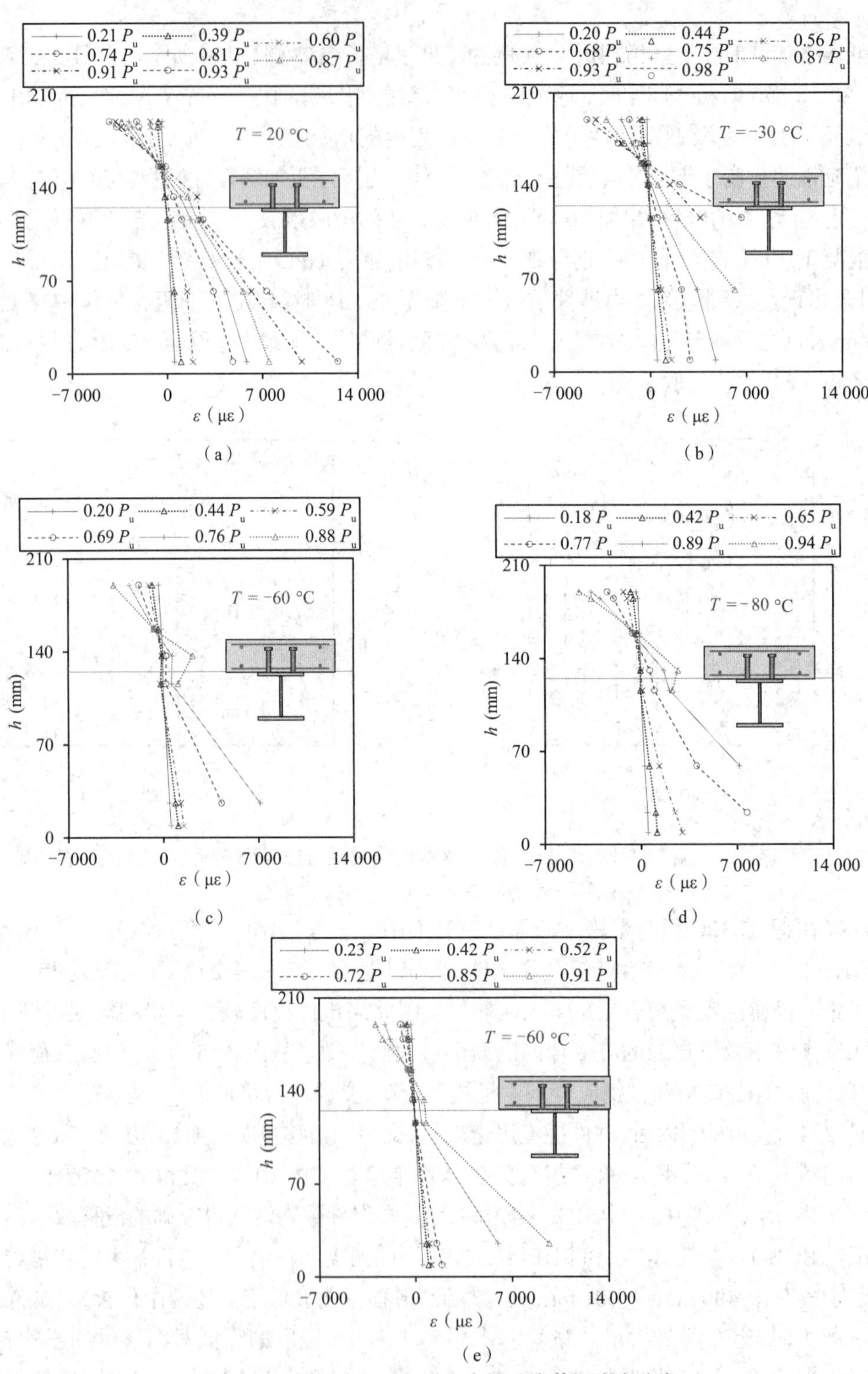

图 7.25 正弯矩钢 -UHPC 组合梁跨中截面应变分布

(a)SUB-1-2 (b)SUB-2-1 (c)SUB-3-1 d)SUB-4-2 (e)SUB-3-2

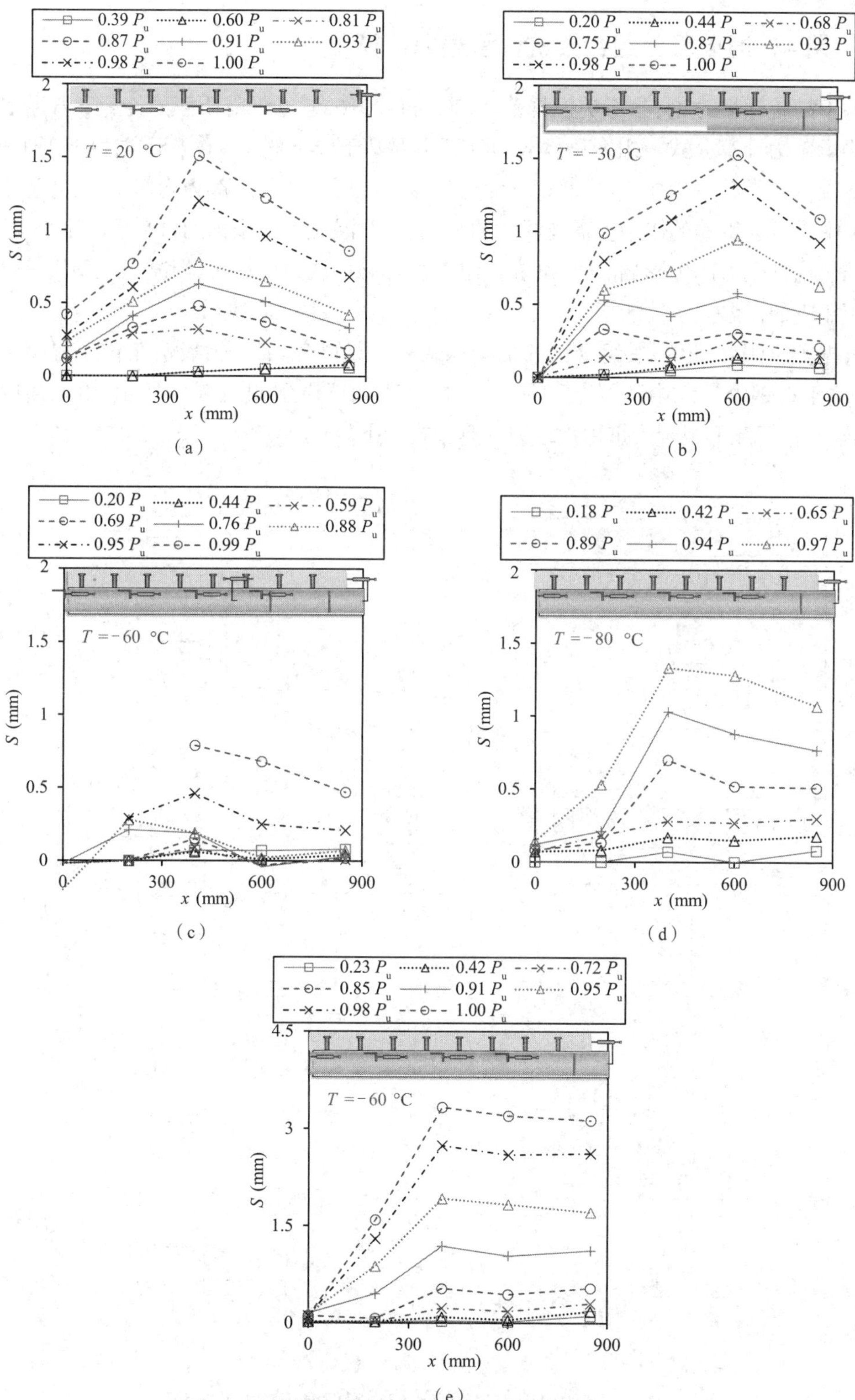

图 7.26　正弯矩钢 -UHPC 组合梁半跨长度范围内滑移分布

(a)SUB-1-2　(b)SUB-2-1　(c)SUB-3-1　(d)SUB-4-2　(e)SUB-3-2

7.1.5 钢 - 普通混凝土组合梁抗弯承载力计算

基于简化塑性理论,参考美国规范 AISC 360-2016,建立低温下正弯矩钢 - 普通混凝土组合梁承载力计算公式。组合梁承载力计算主要基于以下假定:①位于塑性中和轴一侧的受拉混凝土开裂后不参加工作;②钢梁无论是受拉区还是受压区都为均匀受力;③忽略混凝土翼板中受压区钢筋的作用。需要注意的是,低温对混凝土及型钢的材料性能影响显著,进而对结构构件受力产生影响。因此,在低温下组合梁承载力计算时,混凝土及型钢等材料均应采用相应的低温力学性能指标。

根据塑性中和轴位置,组合梁的抗弯承载力计算可分为三种情况:①位于混凝土翼板内;②位于型钢上翼缘内;③位于型钢腹板内。其计算模型如图 7.27 所示,由截面内力平衡,得到各种情况下组合梁抗弯承载力计算公式如下。

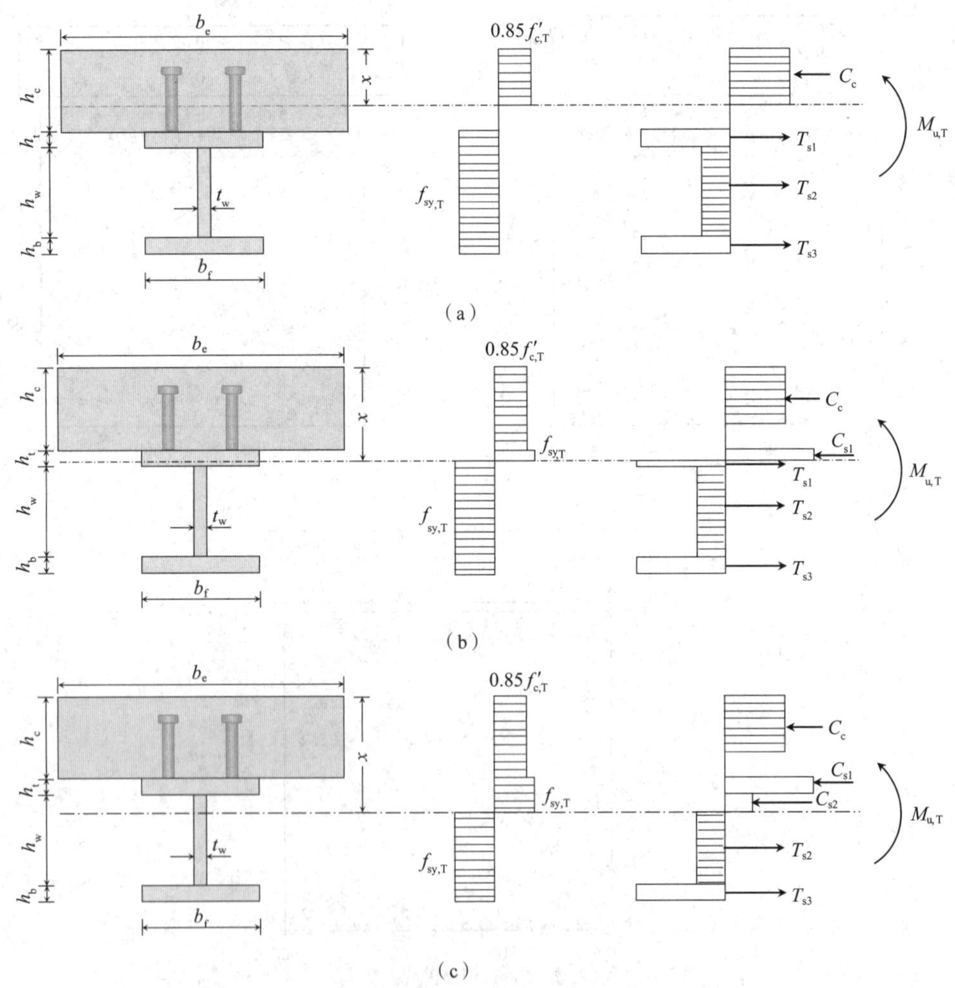

图 7.27 正弯矩钢 - 普通混凝土组合梁低温承载力计算简图

(a) $x \leqslant h_c$ (b) $h_c \leqslant x \leqslant h_c + h_t$ (c) $x > h_c + h_t$

（1）塑性中和轴位于混凝土翼板内（$x \leqslant h_c$）：

$$C_c = T_{s1} + T_{s2} + T_{s3} \tag{7.1}$$

$$C_c = 0.85 f'_{c,T} x b_e \tag{7.2}$$

$$T_{s1} = f_{sy,T} h_t b_f \tag{7.3}$$

$$T_{s2} = f_{sy,T} h_w t_w \tag{7.4}$$

$$T_{s3} = f_{sy,T} h_b b_f \tag{7.5}$$

$$x = \frac{f_{sy,T}(h_t b_f + h_w t_w + h_b b_f)}{0.85 f'_{c,T} b_e} \tag{7.6}$$

$$M_{u,T} = 0.85 f'_{c,T} x b_e (h_c + \frac{h_t + h_w + h_b - x}{2}) \tag{7.7}$$

（2）塑性中和轴位于型钢上翼缘内（$h_c \leqslant x \leqslant h_c + h_t$）：

$$C_c + C_{s1} = T_{s1} + T_{s2} + T_{s3} \tag{7.8}$$

$$C_c = 0.85 f'_{c,T} h_c b_e \tag{7.9}$$

$$C_{s1} = f_{sy,T}(x - h_c) b_f \tag{7.10}$$

$$T_{s1} = f_{sy,T}(h_c + h_t - x) b_f \tag{7.11}$$

$$T_{s2} = f_{sy,T} h_w t_w \tag{7.12}$$

$$T_{s3} = f_{sy,T} h_b b_f \tag{7.13}$$

$$x = \frac{f_{sy,T}(2h_c b_f + h_t b_f + h_w t_w + h_b b_f) - 0.85 f'_{c,T} h_c b_e}{2 f_{sy,T} b_f} \tag{7.14}$$

$$M_{u,T} = 0.5T_{s1}(h_c + h_t - x) + T_{s2}(0.5h_w + h_c + h_t - x) + T_{s3}(0.5h_b + h_w + h_c + h_t - x) + C_c(x - 0.5h_c) + 0.5C_{s1}(x - h_c) \tag{7.15}$$

（3）塑性中和轴位于型钢腹板内（$x > h_c + h_t$）：

$$C_c + C_{s1} + C_{s2} = T_{s2} + T_{s3} \tag{7.16}$$

$$C_c = 0.85 f'_{c,T} h_c b_e \tag{7.17}$$

$$C_{s1} = f_{sy,T} h_t b_f \tag{7.18}$$

$$C_{s2} = f_{sy,T}(x - h_t - h_c) t_w \tag{7.19}$$

$$T_{s2} = f_{sy,T}(h_w + h_c + h_t - x) t_w \tag{7.20}$$

$$T_{s3} = f_{sy,T} h_b b_f \tag{7.21}$$

$$x = \frac{f_{sy,T}(h_w t_w + 2h_c t_w + 2h_t t_w + h_b b_f - h_t b_f) - 0.85 f'_{c,T} h_c b_e}{2 f_{sy,T} t_w} \tag{7.22}$$

$$M_{u,T} = 0.5T_{s2}(h_c + h_t + h_w - x) + T_{s3}(0.5h_b + h_c + h_t + h_w - x) + C_c(x - 0.5h_c) + C_{s1}(x - h_c - 0.5h_t) + 0.5C_{s2}(x - h_c - h_t) \tag{7.23}$$

通过上述公式计算得到低温下正弯矩钢 - 普通混凝土组合梁的极限抗弯承载力，然后根据试件受力形式（图 7.28），确定组合梁跨中截面极限荷载：

$$P_{u,T} = 2M_{u,T} / a \tag{7.24}$$

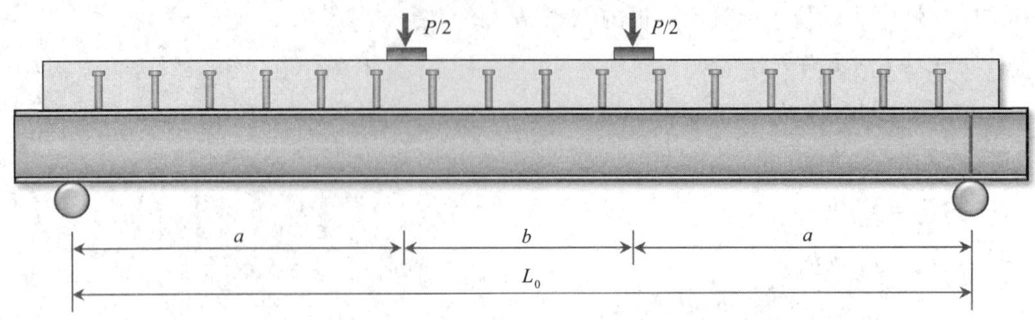

图 7.28 正弯矩钢 - 普通混凝土组合梁受力示意图

上述计算公式中,各参数具体含义如下:a 表示组合梁剪跨段长度,mm;b 表示组合梁纯弯段长度,mm; L_0 表示组合梁有效长度,mm; b_e 和 b_f 分别表示混凝土翼板和型钢翼缘的宽度,mm; h_t 和 h_b 分别表示型钢上、下翼缘的高度,mm; h_w 表示型钢腹板的高度,mm; h_c 表示混凝土翼板的高度,mm; t_w 表示型钢腹板的厚度,mm; x 表示中和轴与混凝土翼板上表面的距离,mm; $f'_{c,T}$ 表示温度 T 下混凝土圆柱体抗压强度,MPa; $f_{sy,T}$ 表示温度 T 下型钢的屈服强度,MPa; C_c 表示混凝土翼板内压力的合力,N; C_{s1} 表示型钢上翼缘内压力的合力,N; C_{s2} 表示型钢腹板内压力的合力, N; T_{s1} 表示型钢上翼缘拉力的合力, N; T_{s2} 表示型钢腹板拉力的合力,N; T_{s3} 表示型钢下翼缘拉力的合力,N; $M_{u,T}$ 表示温度 T 下钢 - 普通混凝土组合梁的极限抗弯承载力,N·mm; $P_{u,T}$ 表示温度 T 下钢 - 普通混凝土组合梁跨中截面的极限荷载,N。

根据上述方法计算得到的不同强度等级、温度下钢 - 普通混凝土组合梁跨中极限荷载的理论计算值 $P_{u,E}$ 和试验实测值 P_u 见表 7-5。从表中可以发现,上述预测公式对单调荷载作用下钢 - 普通混凝土组合梁承载力的预测更加准确,对重复加载制度下组合梁极限荷载的预测准确度降低,这主要是由于重复加载造成组合梁塑性损伤积累,尤其对高强组合梁的损伤作用更加显著,导致随着强度增大、温度降低,预测准确度降低。

表 7-5 正弯矩钢 - 普通混凝土组合梁极限荷载试验值与理论值对比

试件编号	T(℃)	加载形式	P_u(kN)	$P_{u,E}$(kN)	$P_u/P_{u,E}$
SCB-1-1	20	单调	321.9	323.5	1.049
SCB-2-1	-30	单调	355.0	373.4	1.002
SCB-3-1	-60	单调	398.3	412.3	1.010
SCB-4-1	-80	单调	417.9	444.9	0.990
SCB-1-2	20	重复	319.4	323.5	1.040
SCB-2-2	-30	重复	349.1	373.4	0.985
SCB-3-2	-60	重复	383.0	412.3	0.979
SCB-4-2	-80	重复	396.5	444.9	0.939
SCB-5-1	20	重复	308.9	277.1	1.175
SCB-5-2	-60	重复	355.3	391.0	0.957
SCB-6-1	20	重复	365.7	384.6	1.002
SCB-6-2	-60	重复	390.6	481.8	0.854

7.2　负弯矩作用下钢 - 混凝土组合梁低温受弯性能研究

7.2.1　试验设计

1. 试件设计

本节考虑温度（20 ℃、-60 ℃）、混凝土类型（C40、UHPC）、抗剪连接程度（0.996、0.644 和 0.483）和纵向配筋率（1.19%、0.79%）等参数对负弯矩荷载作用下钢 - 混凝土组合梁受弯性能的影响，共设计 11 个组合梁试件，具体参数见表 7-6，尺寸及具体构造见图 7.29。试件总长度 1 800 mm，计算长度 1 600 mm，其中纯弯段长度为 400 mm，剪跨段长度为 600 mm。钢梁采用 Q235 级 H 型钢，截面尺寸为 HW125 × 125 × 6.5 × 9，长 1 800 mm，在左右支座（距离端部 100 mm）、加载点处设置厚度为 6 mm 的加劲肋，防止试件在支座处发生局部失稳。

表 7-6　负弯矩作用下钢 - 混凝土组合梁试件基本参数

组号	试件编号	混凝土类型	T（℃）	h_c（mm）	h（mm）	s（mm）	横向钢筋	纵向钢筋	η	ρ_{st}（%）	ρ（%）	加载方式
Ⅰ	SCB-12-1	C40	20	85	65	100	C6@80	6C8	0.996	0.83	1.19	重复
	SCB-12-2	C40	-60	85	65	100	C6@80	6C8	0.996	0.83	1.19	重复
	SCB-13	C40	-60	85	65	150	C6@80	6C8	0.644	0.83	1.19	重复
	SCB-14	C40	-60	85	65	200	C6@80	6C8	0.483	0.83	1.19	重复
	SCB-8-1	C40	-60	85	65	150	C6@80	4C8	0.644	0.83	0.79	重复
	SCB-9-1	C40	-60	85	65	200	C6@80	4C8	0.483	0.83	0.79	重复
Ⅱ	SUB-1-1	UHPC	20	65	50	100	C6@80	3C8	0.996	0.54	0.77	重复
	SUB-4-1 SUB-5-1	UHPC	-60	65	50	100	C6@80	3C8	0.996	0.54	0.77	重复
	SUB-2-2 SUB-5-2	UHPC	-60	65	50	200	C6@80	3C8	0.483	0.54	0.77	重复

注：h_c—混凝土板厚度；h—栓钉直径；s—栓钉纵向间距；T—试验温度；η—抗剪连接程度；ρ_{st}—横向配筋率；ρ—纵向配筋率。

根据混凝土类型将试件分为两组：第Ⅰ组为钢 - 普通混凝土组合梁试件，用 SCB 表示，共 6 个试件；第Ⅱ组为钢 - 超高性能混凝土（UHPC）组合梁试件，用 SUB 表示，共 5 个试件。

第Ⅰ组试件中，混凝土翼板截面尺寸为 300 mm × 85 mm，长 1 700 mm；栓钉采用 ML13 × 65，双排布置，横向间距为 60 mm，共设计 3 种不同的抗剪连接程度 η（0.996、0.644 和 0.483），与之对应的栓钉纵向间距为 100 mm、150 mm 和 200 mm；混凝土翼板横向及纵向钢筋均采用 HRB400 钢筋，双层布置，横向钢筋为 C6@80 mm，纵向钢筋包括 4C8 和 6C8，如图 7.29（b）所示。

与正弯矩组合梁试件相同，为充分发挥 UHPC 的超高受力特性，减小混凝土翼板厚度及栓钉高度，第Ⅱ组试件中，UHPC 翼板截面尺寸为 300 mm × 65 mm，长 1 700 mm；栓钉采用 ML13 × 50，均按照完全抗剪连接双排布置，横向间距为 60 mm，纵向间距为 100 mm；UHPC 翼板布置单层钢筋网片，横向钢筋为 C6@80，纵向钢筋为 3C8，如图 7.29（c）所示。其中，包括两组平行试件，SCB-4-1 和 SCB-5-1、SCB-2-2 和 SCB-5-2 为平行试件。

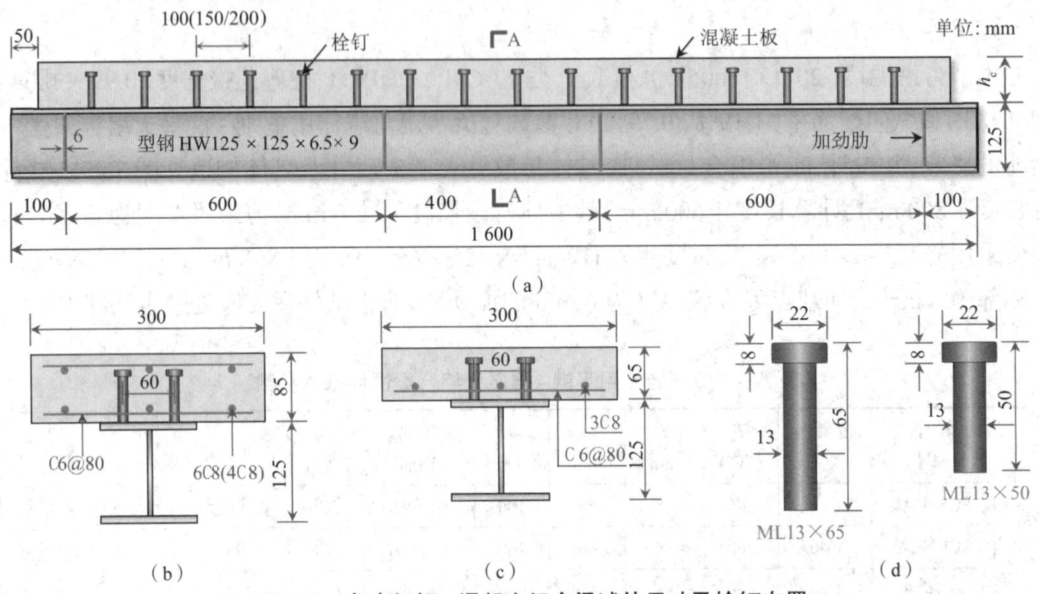

图 7.29 负弯矩钢 - 混凝土组合梁试件尺寸及栓钉布置

（a）负弯矩组合梁试件尺寸 （b）第Ⅰ组试件 A—A 截面 （c）第Ⅱ组试件 A—A 截面 （d）栓钉尺寸

对与组合梁中横向钢筋和纵向钢筋同批次的钢筋分别进行低温拉伸试验，获得 20 ℃、−30 ℃、−60 ℃和 −80 ℃下钢筋的屈服强度、抗拉强度、屈服应变和极限应变等拉伸力学性能指标，具体结果见表 7-7。正、负弯矩组合梁试件同批次浇筑，混凝土及型钢为同批材料，负弯矩组合梁低温力学性能指标与正弯矩组合梁试件相同，见 7.1.1 节第 4 部分材料性能，在此不再赘述。

表 7-7 低温下钢筋的力学性能

直径（mm）	T（℃）	f_y（MPa）	f_u（MPa）	ε_y（%）	ε_u（%）	ψ（%）	E_s（GPa）
6	20	600.6	777.1	0.250 8	6.61	66.1	240.9
	−30	620.7	770.2	0.248 6	6.33	66.5	251.0
	−60	629.2	767.7	0.237 1	4.81	64.7	266.5
	−80	632.8	791.5	0.234 6	5.65	63.5	272.1
8	20	604.7	785.7	0.275 6	7.31	66.0	223.2
	−30	666.4	850.1	0.294 3	8.22	61.6	227.6
	−60	687.0	883.1	0.283 3	8.50	61.2	253.8
	−80	701.4	889.2	0.283 1	9.54	62.0	257.4

注：f_y、f_u—钢筋的屈服强度和抗拉强度；ε_y、ε_u—屈服应变和极限应变；ψ—断面收缩率；E_s—弹性模量。

2. 试验装置及测点布置

负弯矩荷载作用下组合梁试验步骤及测点布置与正弯矩荷载作用下组合梁试验基本一致，在此不再赘述。其试验装置示意图及实景图如图 7.30 和图 7.31 所示，温度及应变测点布置如图 7.32 所示。

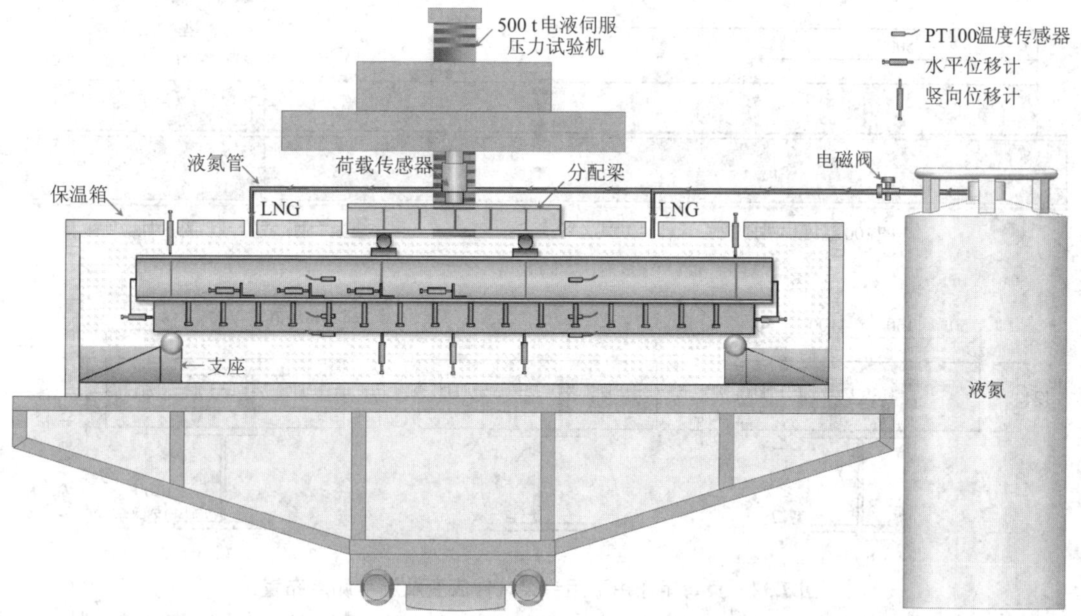

图 7.30　负弯矩作用下组合梁受弯试验装置示意图

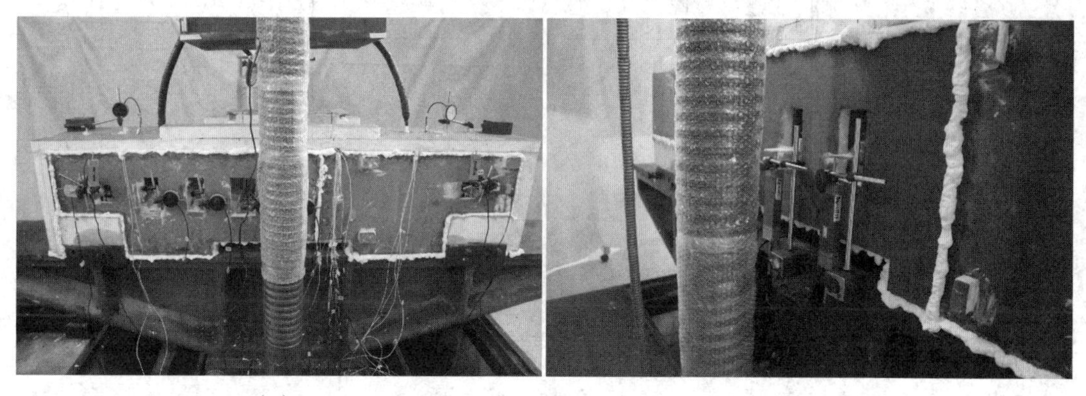

（a）　（b）

图 7.31　负弯矩作用下组合梁受弯试验装置实景图

（a）前视图　（b）后视图

3. 加载制度

负荷载作用下组合梁试验均采用重复加载制度，加载程序分为预加载和正式加载两个阶段。预加载至 20 kN，消除初始空隙导致的测量误差，检查荷载传感器、位移计及 PT100 温度传感器等是否正常工作。正式加载采用荷载 - 位移混合控制加载：荷载控制加载，以 80 kN 和 160 kN 为级差进行力控制加载，加载速率为 0.5 kN/s，加载至目标荷载后，将荷载卸至 0 kN，再次进行加载；位移控制加载，当荷载达到 160 kN(Δ_0)后，改为位移控制加载，加载步为 $\Delta_0+\Delta \rightarrow \Delta_0+3\Delta \rightarrow \Delta_0+5\Delta \rightarrow \Delta_0+7\Delta \rightarrow \Delta_0+9\Delta$……，其中 Δ 为 4 mm，加载速率为 0.5 mm/min，加载至目标位移后，卸载至 0 kN，再次进行加载，反复加卸载直至试验梁破坏，具体加载制度如图 7.33 所示。

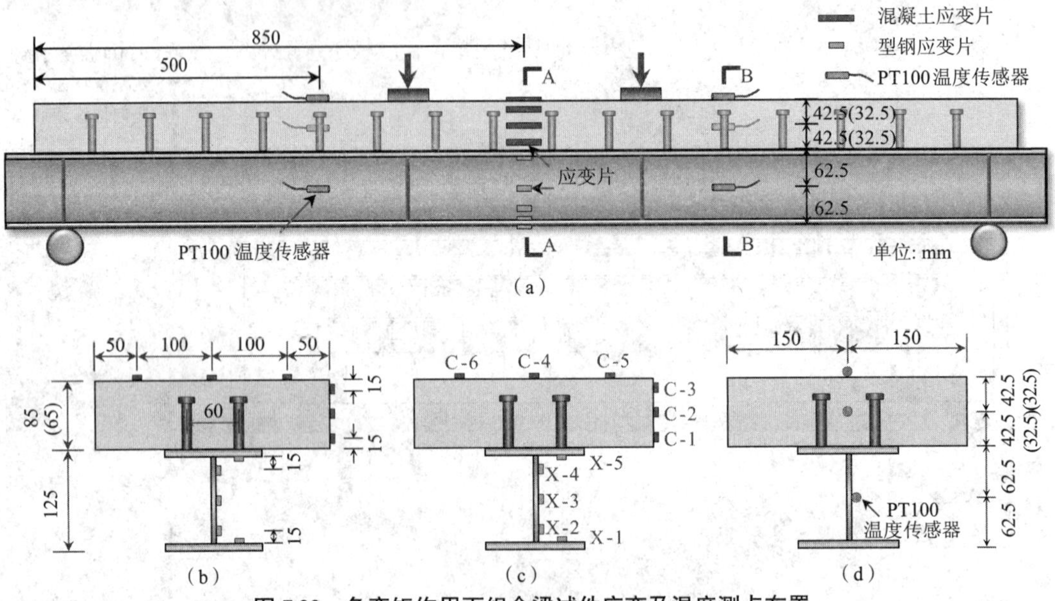

图 7.32 负弯矩作用下组合梁试件应变及温度测点布置

(a)应变及温度测点布置整体图 (b)A—A 截面应变片位置示意图 (c)A—A 截面应变片编号 (d)B—B 截面温度测点示意图

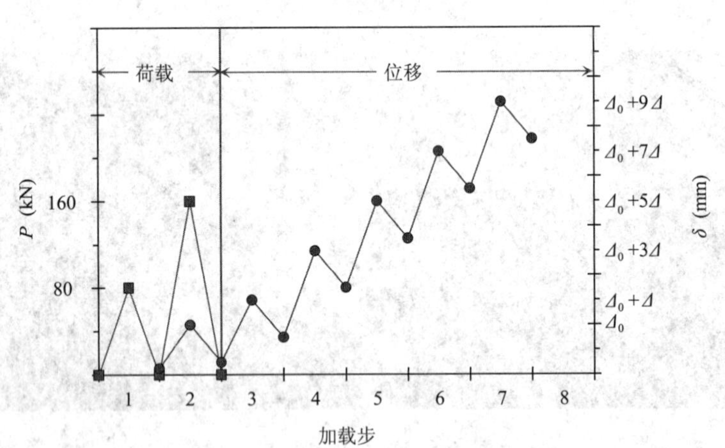

图 7.33 负弯矩作用下组合梁受弯试验重复加载制度

7.2.2 破坏形态

负弯矩荷载作用下，组合梁试件破坏形态如图 7.34 和图 7.35 所示。钢 - 普通混凝土组合梁和钢 -UHPC 组合梁均发生典型的弯曲破坏。当组合梁挠度较大时，跨中纯弯段及加载点左右两侧型钢出现不同程度的局部屈曲。试件 SCB-12-1 加载点处未设置加劲肋，局部屈曲更加明显。钢 - 普通混凝土组合梁试件，混凝土板出现 3 条及以上主裂缝，除主裂缝外，其余裂缝宽度也较大。钢 -UHPC 组合梁试件的 UHPC 板出现 1~3 条主裂缝，与钢 - 普通混凝土组合梁相比，主裂缝宽度更大，其余裂缝更加窄而密。

（a）（b）

（c）（d）

（e）（f）

图 7.34 负弯矩荷载作用下钢 - 普通混凝土组合梁破坏形态

（a）SCB-12-1 （b）SCB-12-2 （c）SCB-13 （d）SCB-14 （e）SCB-8-1 （f）SCB-9-1

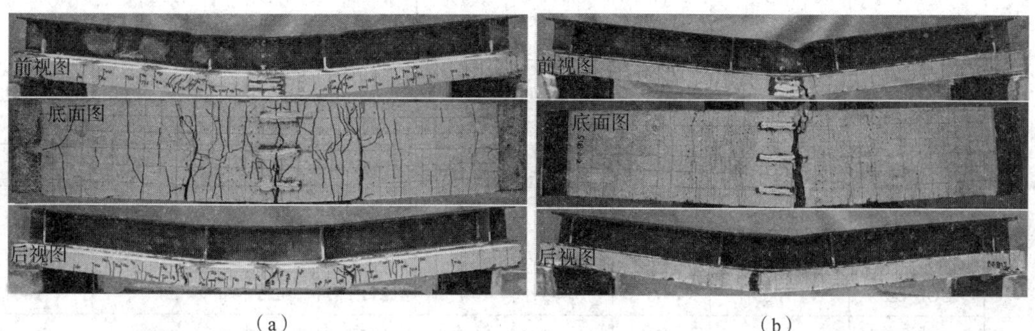

（a）（b）

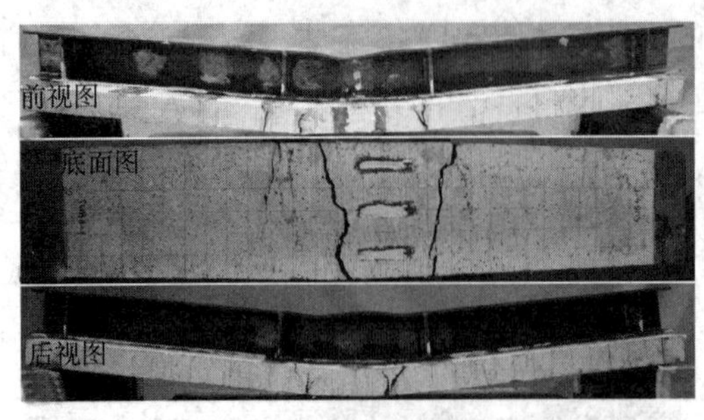

（c）

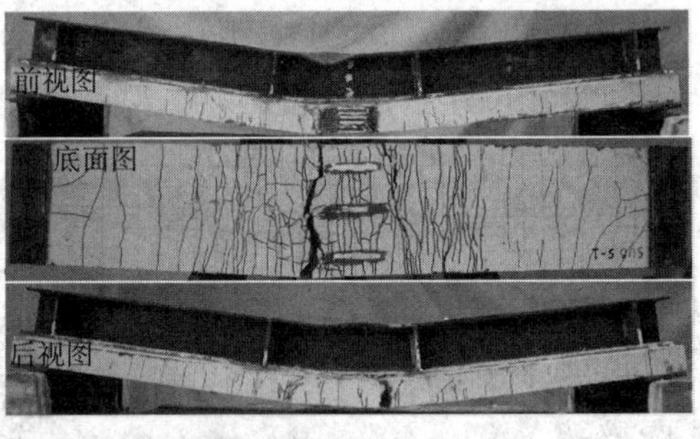

（d）

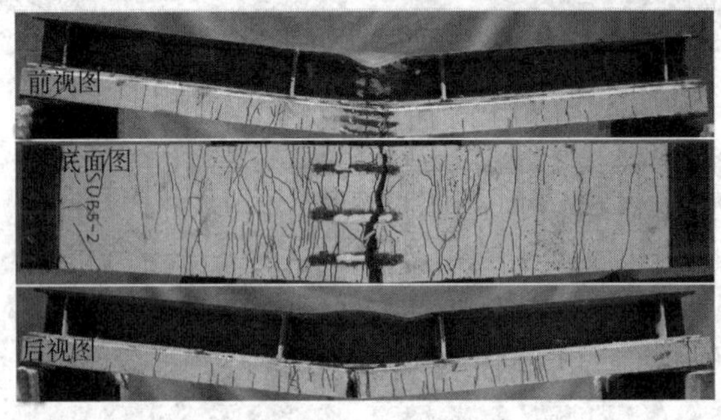

（e）

图 7.35 负弯矩荷载作用下钢 -UHPC 组合梁破坏形态

（a）SUB-1-1 （b）SUB-2-2 （c）SUB-4-1 （d）SUB-5-1 （e）SUB-5-2

7.2.3 试验结果

1. 关键点汇总

负弯矩荷载作用下组合梁试件主要试验结果见表 7-8。其中，P_u 表示组合梁跨中截面峰值荷载；δ_u 为与 P_u 对应的组合梁跨中挠度试验值；K_0 为组合梁刚度。

表 7-8 负弯矩荷载作用下钢 - 混凝土组合梁试验结果汇总

组号	试件编号	混凝土类型	T（℃）	η	ρ（%）	P_u（kN）	δ_u（mm）	K_0（kN/mm）	破坏模式
Ⅰ	SCB-12-1	C40	20	0.996	1.19	196.5	51.5	20.73	弯曲
	SCB-12-2	C40	−60	0.996	1.19	241.3	80.04	22.63	弯曲
	SCB-13	C40	−60	0.644	1.19	256.4	73.53	22.67	弯曲
	SCB-14	C40	−60	0.483	1.19	230.4	66.83	23.91	弯曲
	SCB-8-1	C40	−60	0.644	0.79	219.6	70.07	20.60	弯曲
	SCB-9-1	C40	−60	0.483	0.79	218.1	72.45	22.32	弯曲
Ⅱ	SUB-1-1	UHPC	20	0.996	0.77	219.1	79.93	31.93	弯曲
	SUB-4-1	UHPC	−60	0.996	0.77	217.0	60.06	36.94	弯曲
	SUB-5-1	UHPC	−60	0.996	0.77	220.2	55.76	35.98	弯曲
	SUB-2-2	UHPC	−60	0.483	0.77	217.2	62.61	34.12	弯曲
	SUB-5-2	UHPC	−60	0.483	0.77	205.5	46.97	34.53	弯曲

2. 跨中荷载 - 挠度曲线

负弯矩荷载作用下，钢 - 普通混凝土和钢 -UHPC 组合梁试件的跨中荷载 - 挠度曲线如图 7.36 和图 7.37 所示。负弯矩荷载作用下组合梁典型荷载 - 挠度曲线及包络线如图 7.38 所示。从图 7.38 中可以看出，荷载 - 挠度曲线可划分为三个阶段。①弹性阶段：钢梁和混凝

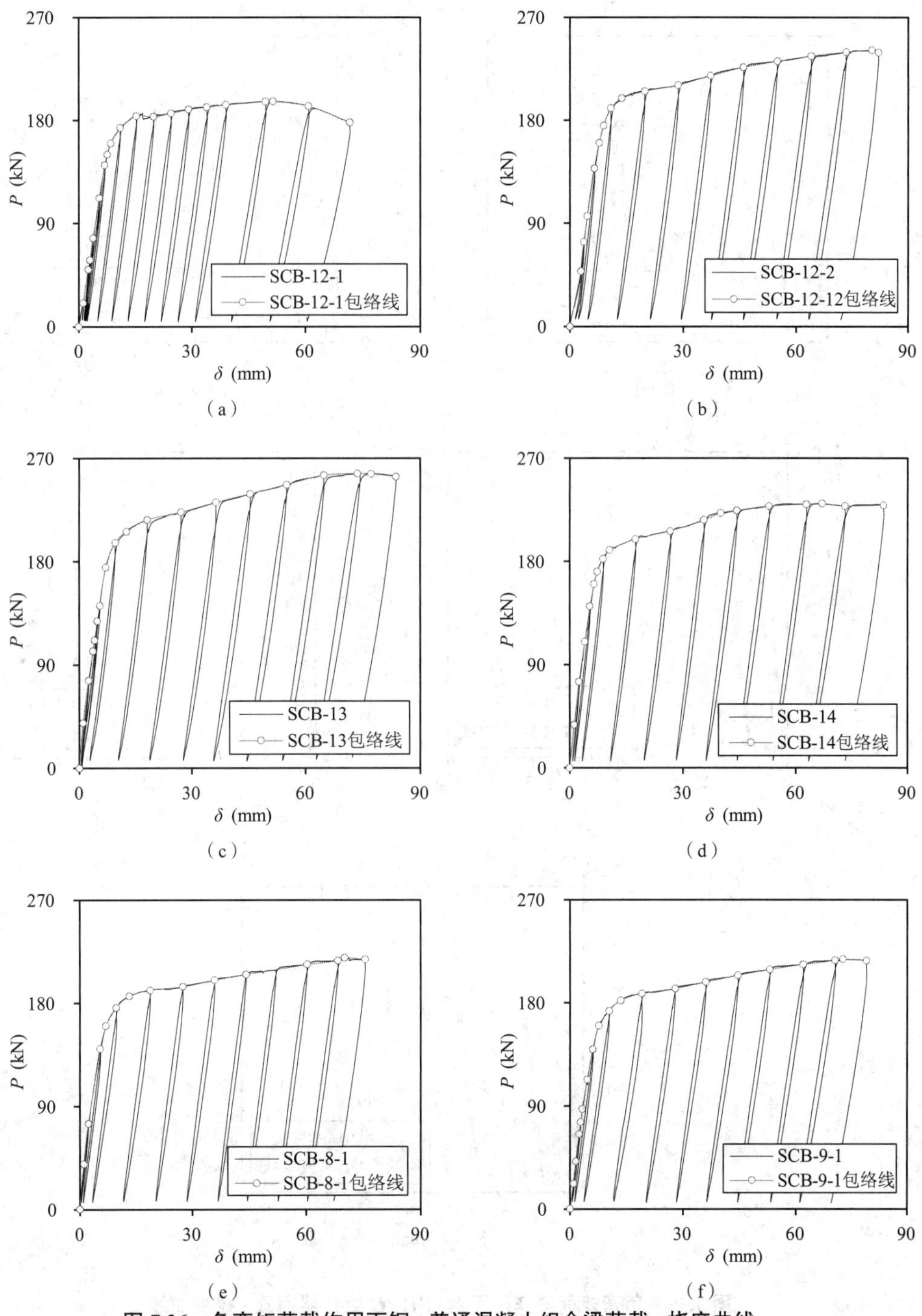

图 7.36　负弯矩荷载作用下钢 - 普通混凝土组合梁荷载 - 挠度曲线

(a)SCB-12-1　(b)SCB-12-2　(c)SCB-13　(d)SCB-14　(e)SCB-8-1　(f)SCB-9-1

土板均处于弹性工作阶段,荷载和挠度呈线性增长,直至达到屈服荷载。②屈服阶段:混凝土翼板中纵向钢筋受拉屈服、钢梁下翼缘受压屈服,试件挠度快速增加,荷载与挠度关系表现出明显的非线性。③强化阶段:组合梁跨中挠度急剧增加,荷载增幅不大,混凝土翼板裂缝宽度迅速增加。不论是钢 - 普通混凝土组合梁还是钢 -UHPC 组合梁,均具有很长的强化段,当组合梁挠度过大时停止试验,部分试件承载力未出现明显下降。

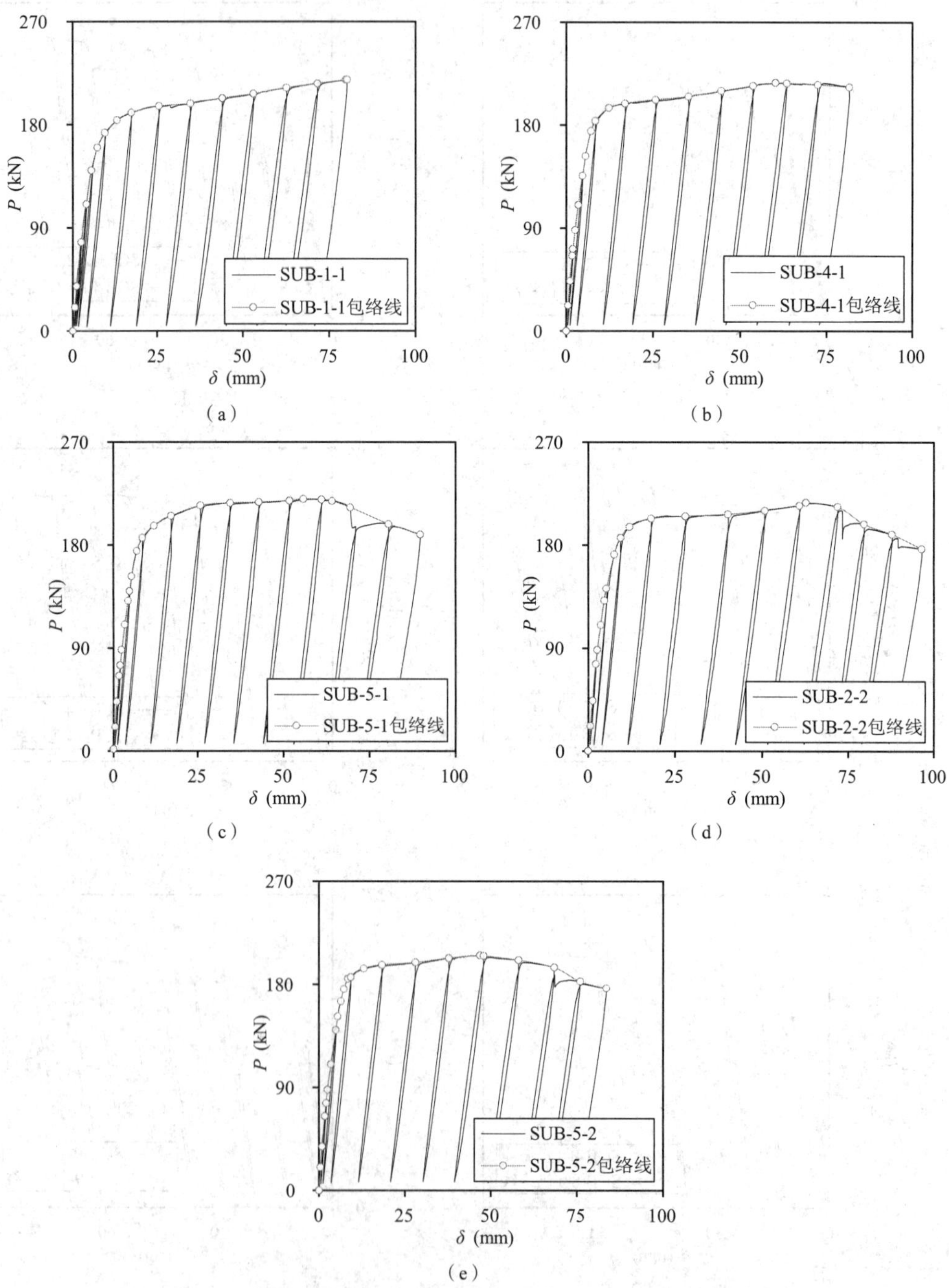

图 7.37 负弯矩荷载作用下钢 -UHPC 组合梁荷载 - 挠度曲线

(a)SUB-1-1 (b)SUB-4-1 (c)SUB-5-1 (d)SUB-2-2 (e)SUB-5-2

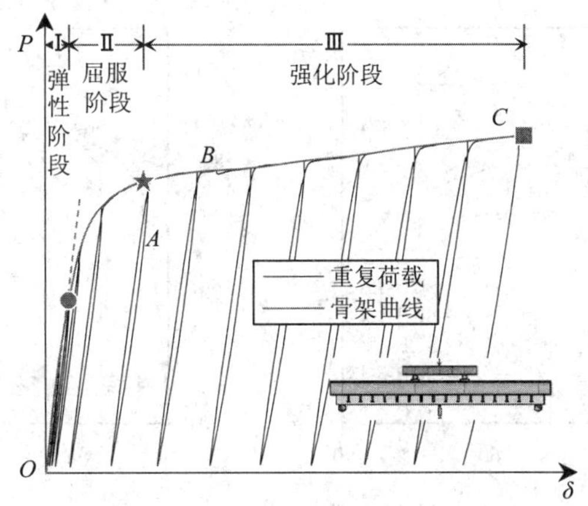

图 7.38　负弯矩荷载作用下组合梁典型荷载 - 挠度曲线及包络线

7.2.4　分析及讨论

1. 钢 - 普通混凝土组合梁

钢 - 普通混凝土组合梁荷载 - 挠度曲线包络线汇总如图 7.39（a）所示。其中，在试件 SCB-12-1 试验过程中发现，当组合梁挠度较大时，加载点下部型钢出现明显局部屈曲，随着挠度的增大，局部屈曲更加明显。因此，在后续试验中，在所有负弯矩组合梁试件加载点对应的型钢腹板位置焊接加劲肋，避免钢梁过早出现局部屈曲，影响其承载力。从图 7.39（a）中也可以发现，仅试件 SCB-12-1 的荷载 - 挠度曲线出现明显下降段，其余试件承载力试验结束时仅出现轻微下降，甚至未下降。

取试件 SCB-12-1 和试件 SCB-12-2，分析低温对负弯矩组合梁受弯性能的影响。当温度从常温降至 −60 ℃时，组合梁承载力提高 22.8%，刚度提高 9.2%，低温对组合梁承载力的影响更加显著。

取低温条件（−60 ℃）下试件 SCB-12-2、SCB-13 和 SCB-14，分析抗剪连接程度对负弯矩钢 - 普通混凝土组合梁受弯性能的影响，发现抗剪连接程度对其承载力及刚度影响很小，甚至出现试件 SCB-13 的承载力高于试件 SCB-12-2 的现象。对比不同抗剪连接程度的试件 SCB-8-1 和 SCB-9-1 的荷载 - 挠度曲线，两个试件的曲线几乎重合，这进一步验证了抗剪连接程度对负弯矩组合梁受弯性能影响很小的结论。

取低温条件（−60 ℃）下试件 SCB-13 和 SCB-8-1、SCB-14 和 SCB-9-1 分别分析不同抗剪连接程度下组合梁纵向配筋率对其受弯性能的影响，发现低温下随着纵向配筋率的提高，组合梁承载力及刚度均呈现不同程度的提高。当纵向配筋率从 0.79% 提高至 1.19% 时，两组试件承载力分别提高 16.8% 和 5.6%，刚度分别提高 10.0% 和 7.1%。

所有钢 - 普通混凝土组合梁荷载 - 挠度曲线均存在较长的强化段，表现出良好的延性。

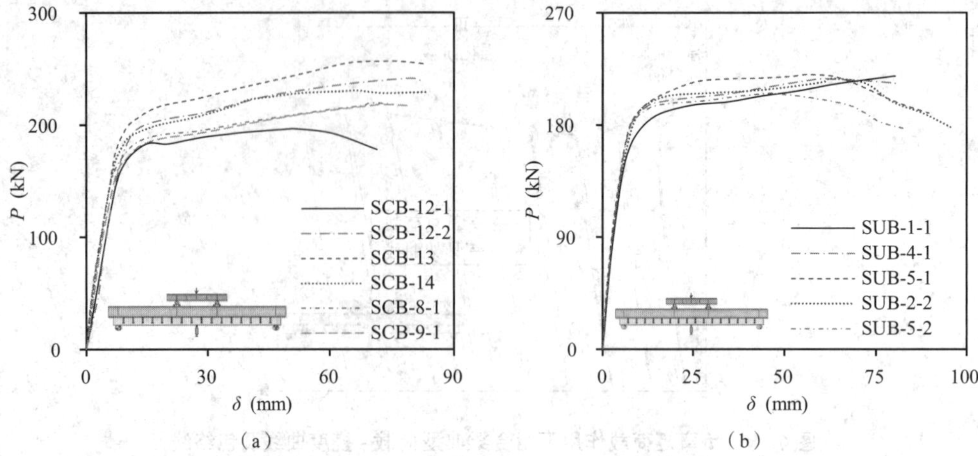

图 7.39 负弯矩荷载作用下组合梁包络线汇总

(a)负弯矩钢 - 普通混凝土组合梁包络线汇总 (b)负弯矩钢 -UHPC 组合梁包络线汇总

负弯矩钢 - 普通混凝土组合梁各试件跨中截面各测点应变随荷载的变化曲线如图 7.40 所示。从图中可以看出,粘贴在混凝土底面及侧面的应变片受混凝土开裂影响,在荷载等级较低时已失效。以负弯矩加载时试件方向为正向,粘贴在型钢上翼缘及腹板上、中部的应变片基本处于受压区,粘贴在型钢腹板下部及下翼缘的应变片基本处于受拉区,随着跨中荷载的不断增大,型钢最终实现全截面屈服。

负弯矩钢 - 普通混凝土组合梁各试件半跨长度内各测点滑移量随荷载的变化曲线如图 7.41 所示。由于距离跨中 +200 mm 处设置加劲肋,对测点布置有一定阻碍作用,导致该点滑移测量出现较大误差,因此未在图中体现。从图中可以看出,抗剪连接程度较低的负弯矩组合梁交界面滑移量大于完全抗剪连接组合梁,但所有试件整体滑移量水平均较小,未超过 1.2 mm。与正弯矩组合梁试件不同,部分试件最大滑移量出现在组合梁端部;且由于加载条件等偏差,组合梁受力并不完全对称,体现在组合梁左右端部滑移量并不完全一致。此外,随着跨中挠度的增大,负弯矩组合梁跨中钢梁局部屈曲加剧,固定于该位置的位移计出现较大波动,部分试件测得的滑移量明显偏大。

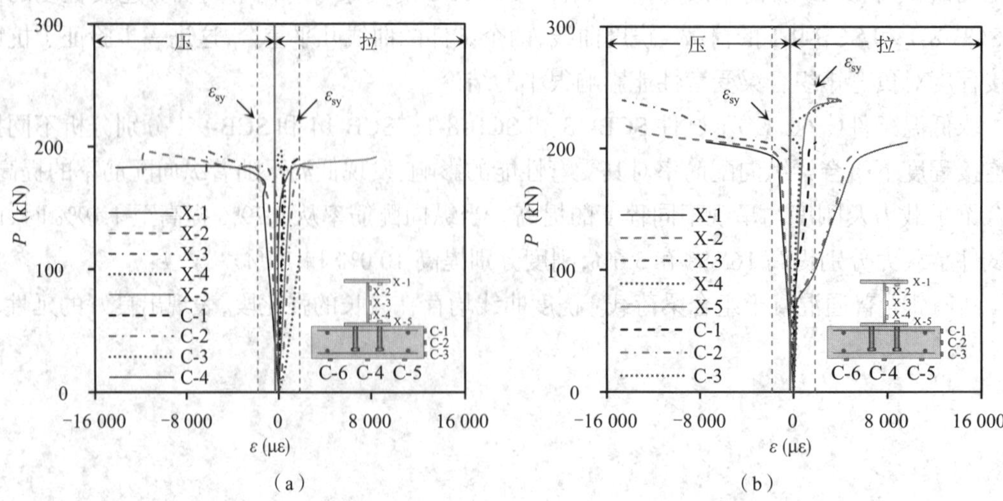

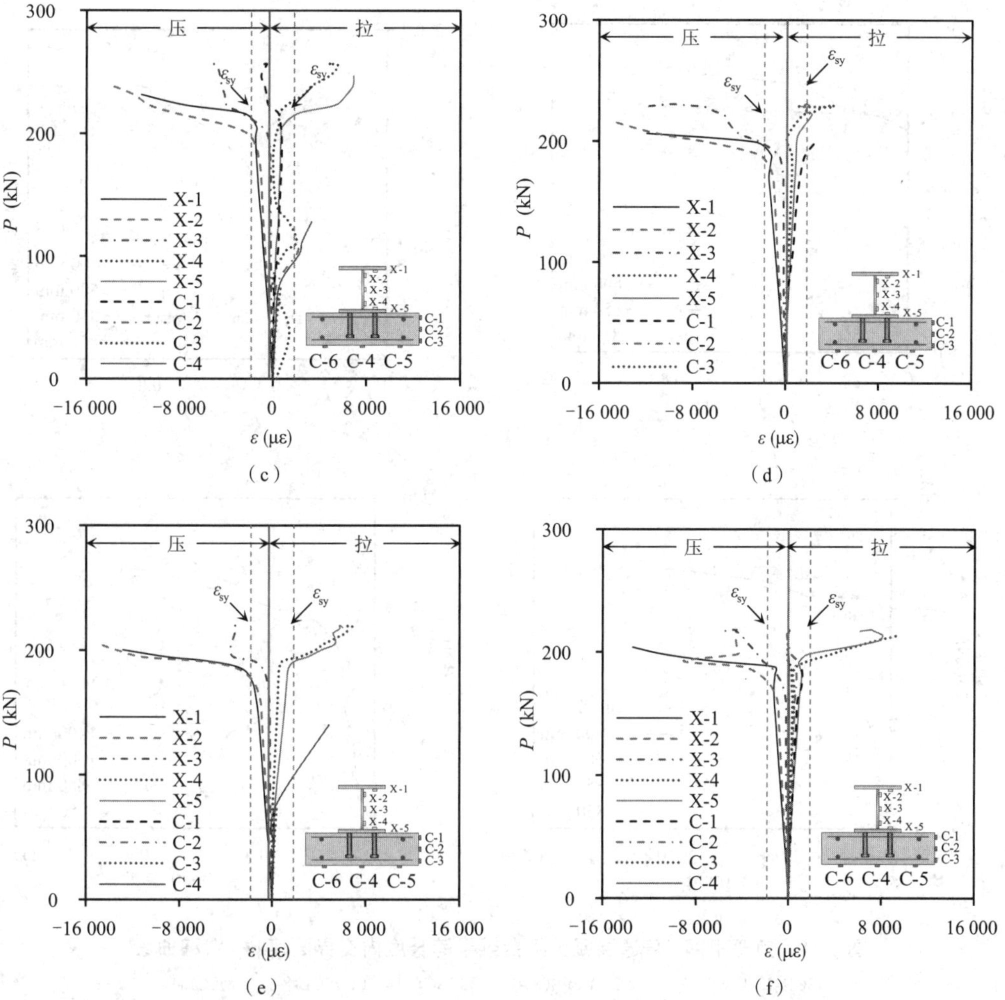

（c）

（d）

（e）

（f）

图 7.40　负弯矩钢 - 普通混凝土组合梁跨中截面荷载 - 应变曲线

（a）SCB-12-1　（b）SCB-12-2　（c）SCB-13　（d）SCB-14　（e）SCB-8-1　（f）SCB-9-1

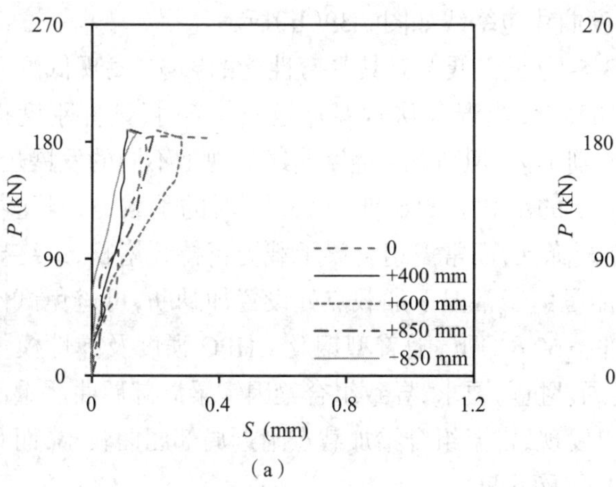

（a）

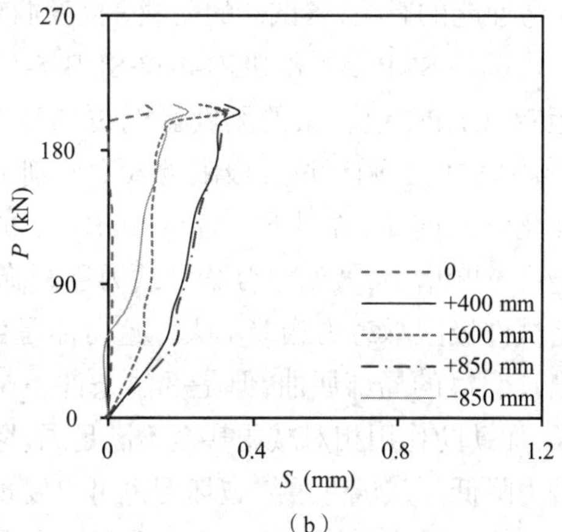

（b）

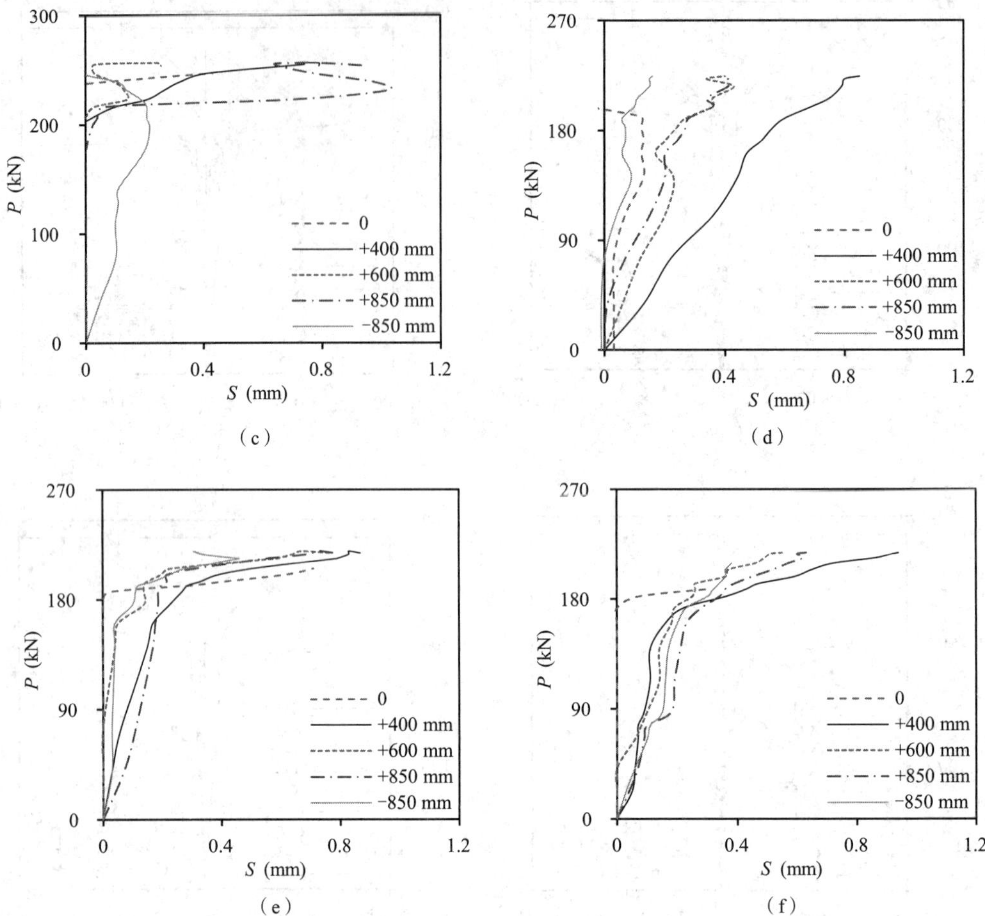

图 7.41 负弯矩钢 - 普通混凝土组合梁半跨长度内交界面荷载 - 滑移曲线

（a）SCB-12-1 （b）SCB-12-2 （c）SCB-13 （d）SCB-14 （e）SCB-8-1 （f）SCB-9-1

2. 钢 -UHPC 组合梁

钢 -UHPC 组合梁试件包含 5 个，共计 3 组试件，试验主要研究低温和抗剪连接程度对其受弯性能的影响，各试件的荷载 - 挠度曲线包络线如图 7.39（b）所示。

取试件 SUB-1-1 和 SUB-4-1（SUB-5-1）研究低温对其受弯性能的影响，发现低温对负弯矩钢 -UHPC 组合梁的刚度影响更加显著，当温度从常温降至 −60 ℃时，试件刚度提高 15.7%（12.7%），两组试件极限承载力差别不大，但荷载 - 挠度曲线呈现出不同的发展规律。在强化阶段前期，常温下组合梁 SUB-1-1 的承载力明显低于 −60 ℃时的承载力，但随着试件挠度不断增大，低温组合梁承载力逐渐降低，而常温组合梁承载力仍持续增长，最终导致两组试件极限承载力相差不大。这可能是由于常温下加载点处设置加劲肋，可避免试件过早出现明显的局部屈曲，但是低温条件（−60 ℃）下，随着型钢及 UHPC 强度及弹性模量的增长，加劲肋作用相对减弱甚至不满足局部抗剪要求，导致组合梁因钢梁局部屈曲严重而使承载力降低。从试件最终破坏图也可以发现，常温组合梁加载点附近局部屈曲较小，而其余低温试件钢梁均在跨中位置出现明显上凸及下凹。

取低温条件（−60 ℃）下试件 SUB-4-1（SUB-5-1）和 SUB-2-2（SUB-5-2）分析抗剪连接

程度对负弯矩钢 -UHPC 组合梁抗弯承载力的影响。低温条件下，随着抗剪连接程度的提高，组合梁试件刚度呈增长趋势（约为 6.2%）。抗剪连接程度高的试件 SUB-4-1（SUB-5-1）承载力略高于试件 SUB-2-2（SUB-5-2），但区别不大（3.4%）。

所有钢 -UHPC 组合梁的荷载 - 挠度曲线均存在较长的强化段，表现出良好的延性。

钢 -UHPC 组合梁跨中截面应变发展情况如图 7.42 所示。与钢 - 普通混凝土组合梁相比，其混凝土翼板表面应变片失效较晚，体现了 UHPC 在抗拉性能方面的优越性。同样可从图中看出，型钢全截面受压区及受拉区逐渐屈服。

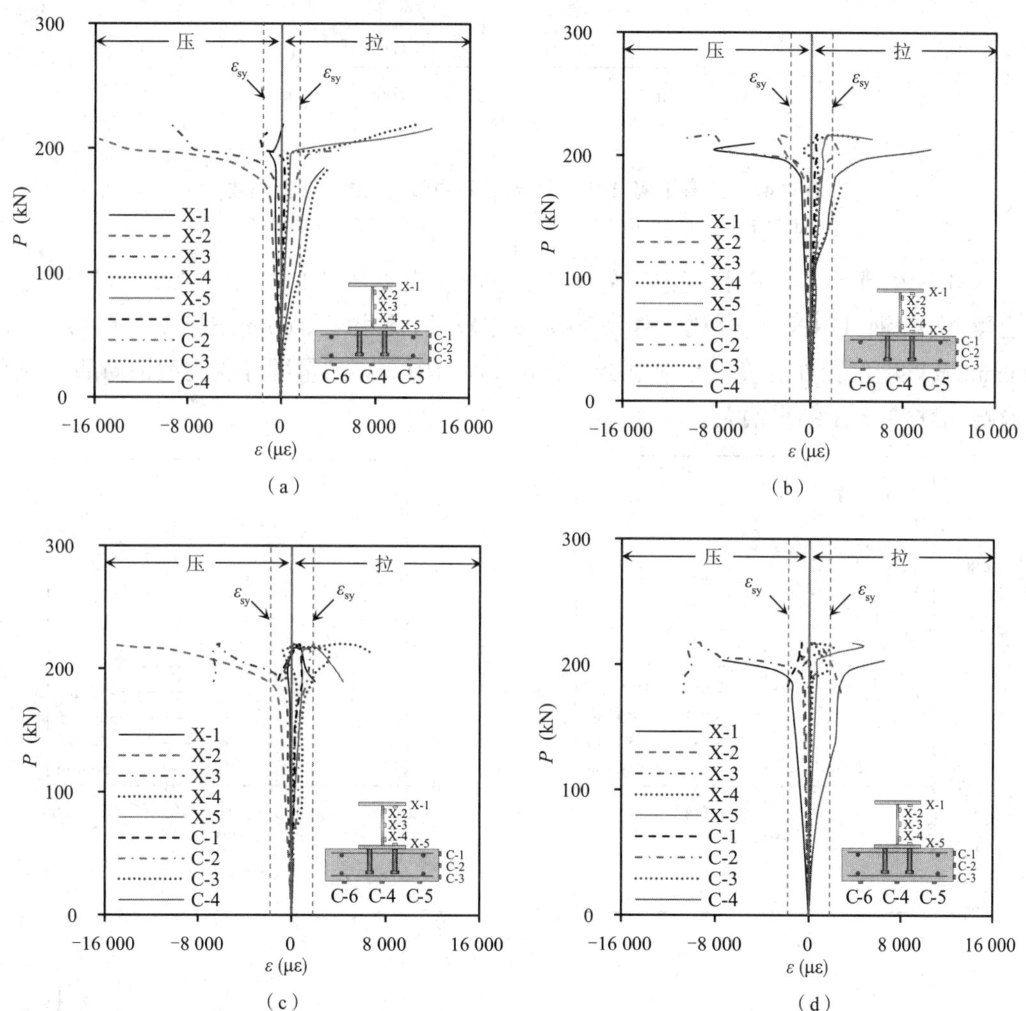

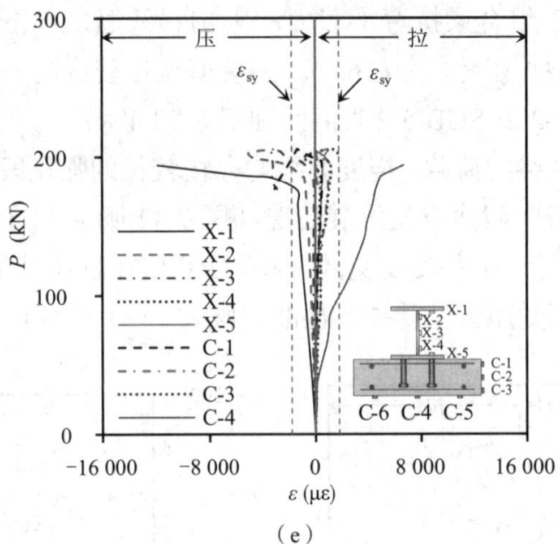

（e）

图 7.42 负弯矩钢 -UHPC 组合梁跨中截面荷载 - 应变曲线

（a）SUB-1-1 （b）SUB-4-1 （c）SUB-5-1 （d）SUB-2-2 （e）SUB-5-2

钢 -UHPC 组合梁半跨长度内交界面滑移变化情况如图 7.43 所示，与钢 - 普通混凝土组合梁相比，钢 -UHPC 组合梁试件滑移量整体较低，均小于 0.6 mm，距离跨中 400 mm、600 mm 及梁端位置处滑移量区别很小。部分试件跨中滑移测量同样受到型钢局部大变形的影响，滑移量测量结果偏大。

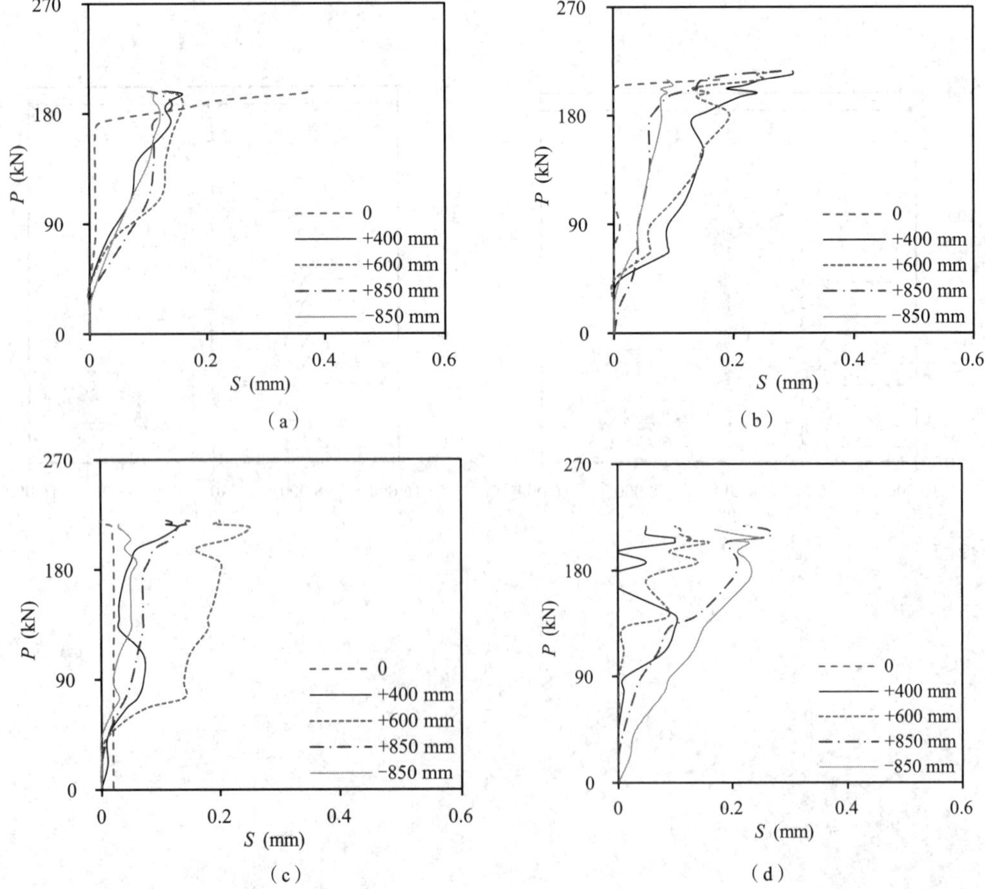

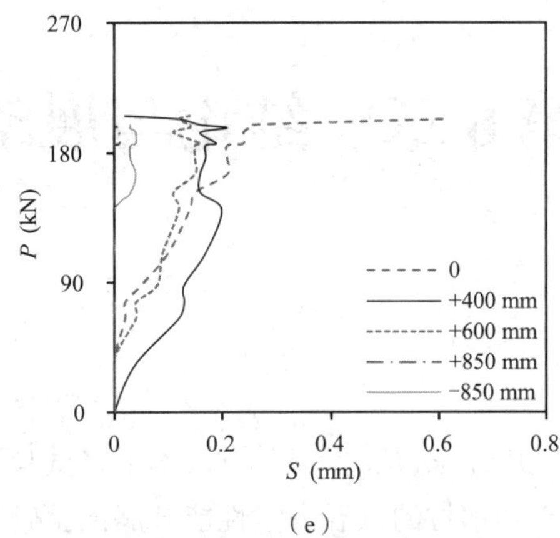

(e)

图 7.43　负弯矩钢 -UHPC 组合梁半跨长度内交界面荷载 - 滑移曲线

(a)SUB-1-1 (b)SUB-4-1 (c)SUB-5-1 (d)SUB-2-2 (e)SUB-5-2

7.3　小结

本章针对钢 - 混凝土组合梁低温性能研究不足阻碍其在极地及高寒地区广泛应用的问题,分别开展了低温下正、负弯矩钢 - 混凝土组合梁受弯试验,研究了低温、混凝土强度等级 / 种类、加载制度、配筋率等参数对组合梁受弯性能的影响规律,主要得到以下结论。

(1)无论是正弯矩组合梁还是负弯矩组合梁的荷载 - 挠度曲线,均存在较长的强化段,组合梁从屈服到破坏都经历了较长的发展过程,具有良好的延性。

(2)低温对正、负弯矩组合梁的受弯性能均有一定程度的提高,这种提高作用对钢 - 普通混凝土组合梁更加显著,这主要是由于混凝土含水率较高,低温下强度及弹性模量均有较大幅度提升,而 UHPC 内部结构紧密、含水率低,低温对其强度及弹性模量的提高作用较弱。

(3)常温和低温条件下,正弯矩钢 -UHPC 组合梁减小了翼板厚度及栓钉高度,但获得了与 C60 普通混凝土组合梁相当的抗弯承载力。钢 -UHPC 组合梁可降低结构自重,在实际工程中具有一定的应用优势。

(4)20 到 −80 ℃温度范围内,与单调加载相比,重复加载的加载方式导致组合梁损伤积累,承载力出现一定程度的下降,且随着温度降低,降低程度呈增长趋势。

(5)与常温工况相同,低温条件下同样可通过适当减少栓钉布置数量节约造价,达到与完全抗剪连接正弯矩组合梁相当的承载力和刚度。此外,低温下组合梁横向配筋率仍需满足一定要求。

(6)负弯矩钢 -UHPC 组合梁的板厚限制了其内部纵筋的配置数量,但 UHPC 内部的钢纤维的桥联作用可在一定程度上承受拉力作用,二者相互作用,可实现与钢 - 普通混凝土组合梁相当的受弯性能。此外,设计中应多关注负弯矩组合梁中加劲肋的设置。

第 8 章　结论与展望

8.1　结论

针对极地寒区工程的应用需求，从材料到构件，本书将试验研究、理论分许和数值模拟方法相结合：首先，对混凝土和钢材的低温力学性能开展试验研究，建立相应的低温本构模型；然后，对组合结构中常用的栓钉连接件的低温抗剪性能和抗拉拔性能进行系统研究，为后续组合结构构件研究奠定基础；最后，克服低温下大尺寸构件试验难题，对低温下组合柱、组合墙的轴压性能和组合梁的受弯性能进行研究，为组合结构在极地资源开发和寒区基础设计建设等领域的安全可靠应用提供理论支持。具体结论如下。

（1）低温下混凝土的受压性能指标和断裂性能指标均有所提高，但各指标提高幅度不同；型钢和栓钉的屈服强度、极限强度、屈服应变和极限应变均随温度的降低而提高，但温度降低对二者弹性模量的影响有限，可忽略不计。

（2）温度、混凝土强度、栓钉直径和长径比等参数均在一定程度上影响栓钉连接件的抗剪和抗拉拔性能；低温下栓钉连接件的抗剪及抗拉承载力计算公式均基于不同破坏模式建立，分为混凝土破坏和钢材破坏。

（3）温度、管壁厚度和截面形式均对钢管短柱的轴压性能有一定程度的影响，低温下圆钢管短柱较矩形及方形钢管短柱延性更好；以上述研究为基础，进一步开展钢 - 混凝土组合柱低温轴压试验，结果发现圆形组合柱大部分试件发生剪切破坏，而方形组合柱相反，主要为混凝土压碎破坏。

（4）轴压荷载作用下，组合墙的钢板和混凝土通过连接件实现共同受力；温度降低可以提高组合梁的极限承载力和初始刚度，但会降低其延性系数；相同受压性能条件下，与栓钉连接件相比，J 形钩连接件可降低组合墙含钢率，节约成本。

（5）低温下，承受弯曲荷载作用的双钢板 - 混凝土组合梁更趋向于发生弯曲破坏；双钢板 - 混凝土组合墙的刚度和承载力指标均随温度的降低而提高，得到的荷载 - 挠度曲线具有较长的强化阶段，无明显下降段。

（6）低温下，正、负弯矩组合梁的受弯性能均有一定程度的提高，组合梁从屈服到破坏都经历了较长的发展过程，荷载 - 挠度曲线均存在较长的强化段，具有良好的延性；与钢 -UHPC 组合梁相比，低温对钢 - 普通混凝土组合梁的提高作用更加显著。

8.2　展望

极地具有丰富的能源、矿产和生物资源，是人类未来发展的新疆域，也是大国之间竞争的战略制高点，开展极地科学与工程研究具有重大的战略意义和经济价值。极地是我国四大战略新疆域之一。中国先后发表了《中国的南极事业》和《中国的北极政策》白皮书，倡导科学研究，推进国际合作。国家科技部在“十四五”期间发布了国家重点研发计划“深海和极地关键技术与装备”重点专项的申报指南，国家自然基金委也曾于 2019 年启动了“极地基础科学前沿”专项项目，并于 2021 年发布了“极地环境载荷及其与海洋结构物的耦合特性”重大项目指南。在以上政策要求及现实需求的双重作用下，加快对极地寒区基础设施的建设已变得愈发重要。然而，极地地区气候极端恶劣，常年被冰雪覆盖，南北极最低温度分别可达 -89 ℃和 -68 ℃，极地基础设施建设是一项极具挑战性的工作。

在极地寒区基础设施建设中，钢 - 混凝土组合结构是最适宜的结构形式之一。本书从材料、连接、构件等层面较为系统地总结了作者及其科研团队近年来在该领域的相关研究工作，但由于作者水平及试验条件的限制，目前的研究仍存在令人不满意的地方。基于目前已有研究成果的不足，以及今后工程应用范围不断扩展所带来的新要求，未来仍需对一些问题进行更加深入的研究与探索。

（1）极端环境的耦合作用。钢 - 混凝土组合结构从常温环境进入极地海洋环境将面临严苛复杂极地环境的挑战。极地地区常年狂风、暴雪、严寒，环境条件极端恶劣。结构物不仅面临低温的问题，还要同时受到大风、海浪、洋流、腐蚀等极端环境的共同作用，而不同环境荷载的耦合作用必定比单纯的低温作用更为不利。

（2）冲击作用对组合结构的影响。低温环境下服役的钢 - 混凝土组合结构，除了承受静荷载外，不可避免地要承受动荷载作用。例如，混凝土海洋平台要承受冰、海浪的冲击作用，漂流物或飞行物的撞击作用，同时 LNG 储罐结构等还要考虑偶然的爆炸作用。冲击和爆炸一旦发生，将导致核心区混凝土或钢材失效，会严重削弱结构抵抗力和整体性。而目前对低温环境下钢 - 混凝土组合结构抗冲击作用的研究很少，其受力机理也不明确。因此，研究低温环境下钢 - 混凝土组合结构在动态冲击荷载下的性能显得十分必要。

（3）极地寒区结构形式的多样化。通过提升试验手段，使极地低温环境下的研究工作由常规的混凝土和钢材扩展至更广泛的土木工程材料，如铝合金、耐候钢、UHPC、FRP 以及改性冰等，以丰富低温环境下土木工程材料及结构的形式。研究低温对不同材料的强度增强或损伤机理，以选取或开发更加适用于极地低温环境的土木工程结构形式。